# 幾何光学の正準理論

山本義隆 著

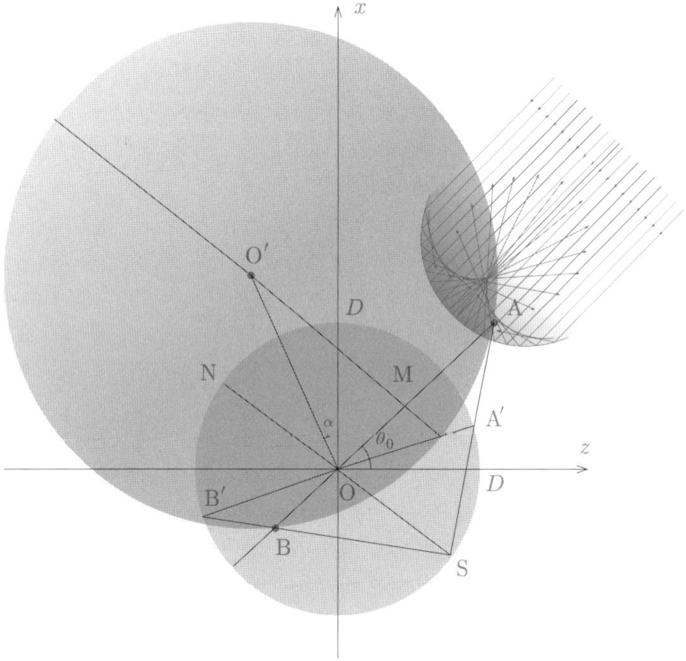


数学書房

# はじめに

本書は幾何光学の書物ですが，基本的な内容は，第一には，フェルマの原理から導かれる正準形式の幾何光学の数学的構造 —— とりわけそのシンプレクティック構造 —— をわかりやすく説明するものであり，第二に，力学の量子化とパラレルに幾何光学の波動化を論じることで，変分原理としてのフェルマの原理の物理的意味を解き明かすものです．通常，幾何光学といえば，光学機器の設計者でもなければ，その詳細については物理学科の学生が正面から取り組むテーマとは見なされていないようです．しかし実際には，ハミルトン形式のその数学的構造においても，その変分原理のもつ意味においても，現代物理学の理解につながるモダーンな内容を有しています．

幾何光学はもっとも古い物理学の理論のひとつです．たとえば平らな鏡による反射では入射角と反射角は等しいと主張する反射の法則は，古代のピュタゴラス学派の人たちに知られていたようで，紀元前 4 世紀から 3 世紀にかけての人であるユークリッドも知っていました．にもかかわらずその幾何光学の数学は，現在の先端的な物理学の数学にかかわっています．実際，正準形式の幾何光学は，なによりもそのシンプレクティック構造によって特徴づけられます．そしてまた，現代の多くの物理学理論の内部に潜むシンプレクティック構造を学ぶための第一歩としても，幾何光学の正準理論はきわめて有効と考えられます．

一例を挙げておきます．MIT の数学者 Victor Guillemin とハーバードの数学者 Shlomo Sternberg による 1984 年の書『物理学のシンプレクティック技法（*Symplectic Techniques in Physics*）』の冒頭には「シンプレクティック幾何学 —— とりわけその旧い名称である〈正準変換の理論〉と称されてきたもの —— は，数理物理学における尊重すべき話題（venerable topic）である」とあります．そして同書は，じつに幾何光学から始まっています．実際，同書の第 1 章は，第 1 節「ガウス光学」に始まり，第 2 節「ガウス光学におけるハミルトンの方法」，第 3 節「フェルマの原理」，第 4 節「ガウス光学から線形光学へ」，第 5 節「幾何光学，ハミルトンの方法，そして幾何学的収差」，第 6 節「フェルマの原理とハミルトンの原理」と続き，その後，回折理論，そして量子化へと議論は進み，その章末は「シンプレクティック幾何学が古典物理学と量子物理学の多くの分野の定式化において決定的な役割を果たしていることを，この長い章をとおして読者に確信させたであろうと，私たちは望んでいる」と締めくくられています．このことだけでも，現代物理学にとってのシンプレクティック理論の重要性とともに，幾何光学の学習の意義が垣間見れるでしょう．

幾何光学の現代的意義は，いまひとつの点においても認められます．先に反射の法則がもっとも古い物理法則だと言いました．一見したところ，それはあまりに単純すぎて，それ以上解釈しようがないように思われます．しかし，20 世紀物理学は，それにまったく新しい意味を与えました．一点 A から出て，鏡面上で反射して，他の一点 B に達する光の経路として，幾何光学の書物には，入射角と反射角が等しくなるようにその二点と鏡面上の一点を結ぶ折れ線が書かれています．つまり光（光線）は鏡面上の（ほぼ中央の）一点で反射したように書かれています．それは，光は点 A と鏡面の一点と点 B を繋ぐ線のうちもっとも短いもの（正確には所要時間が近くの経路にくらべて少ないもの）を選ぶというフェルマの原理から導かれることです．

しかし Richard Feynman の『光と物質のふしぎな理論』（釜江常好・大貫昌子訳，岩波書店）には「量子電磁力学は，鏡の中央が光の反射に関して大切な部分であるという正解を出しましたが，その正しい結果にたどりつくためには，光は鏡のさまざまな場所で反射するということを信じたり，結局は打ち消しあうことになる多数の矢印を足し算したりしたわけです」とあり実際には「光は鏡のあらゆる面で反射している」と結論づけています．もっとも古い物理法則としての反射の法則も，20 世紀の量子物理学によってはじめてその深い意味が明らかになったのです．この点からも，幾何光学の学習は現代的な意義を有していると思われます．

ちょっと格好良く言えば，これまで物理学のマイナーな部分のように見られてきた幾何光学は，それなりに「知的刺激」に満ちているのです．

本書の原稿の元となる部分は，随分以前に書かれたものです．わたしは 1998 年に朝倉書店から，中村孔一氏と共著の『解析力学 I』『同 II』を上梓しましたが，そのとき，幾何光学もまったく同様に扱えるので，趣味的にではありますが，いくつものメモを残しておきました．その後，もっぱら科学史の学習に没頭していたので放り出していたのですが，みすず書房から出版することになった『磁力と重力の発見』『一六世紀文化革命』を書き終えたのち，2007 年頃に，半分は TEX の練習のつもりで以前のメモを原稿化しておきました．その当時は，それを書物にする気はなかったのですが，昨年『一六世紀文化革命』の続きとしての『世界の見方の転換』を脱稿したのち，あらためて原稿をひっぱりだし眺めてみて，それはそれで面白いし，それに類書も見当たらないので，出版する意味もあるのではないかと思い直し，数学書房の横山伸氏に相談したところ，こころよく出版を引き受けてくださいました．

以前に『解析力学 I, II』を書いたときには，まだ多少は馬力もあり，数学的に込み入った部分も面倒がらずに記述するだけの根気もあったのですが，今回は，数学的な煩わしさを避け，記述をずっとシンプルにしました．面倒であったということもありますが，それよりも，もともと地味な印象を持たれている幾何光学にたいして，あまり数学的な体裁を与えると，ますます敬遠されるのではないかと思ったからでもあります．そんなわけで，物理学の学生に馴染みやすい記述に終始しました．一般的な理論をいくつもの具体例で説明したのも，同様の狙いがあります．その意味では，いささか我が田に水を引く類のもの言いではありますが，本書は『解析力学 I, II』への入門書としても用いうるかと思われます．

まったくの私的なメモを書物の原稿に整理して書き直すにあたっては，もちろん，いくつかの光学の教科書を参考にしました．私はその方面の専門家でなく，誤解しているところがあってはいけないし，とくに言葉遣いなどに間違いがあってはいけないと思ったからです．もちろん最終的には自分なりに納得して書いたものではありますが，それでもまだ誤解が潜んでいるかもしれません．その点については，読者のご海容を願いたいと思っています．

そんなわけで，原稿執筆の段階で，何冊かの光学の教科書に眼を通しました．それらすべてに多かれ少なかれ世話になっていますが，あえてひとつだけ挙げるとすれば，単行本ではありませんが，雑誌 *Journal of Surface Analysis* に 2004 年から 2009 年まで都合 13 回にわたって連載された嘉藤誠氏の手になる

「電子光学入門 — 電子分光装置の理解のために —」ということになります．標題からわかるように，幾何光学を主題として書かれたものではありませんし，私自身，そのすべてに目を通したわけではなく，またそのすべてを理解したわけでもありません．しかし電子光学だけではなく幾何光学についての記述も詳しく優れていて，図版も素晴らしく，私には勉強になりました．

本書の出版にあたっては，先述の横山氏に大変お世話になりました．とくにゲラの校正にさいしては，再校や三校の段階で図版をふくむ大幅な書き直しやさらなる書き足しを許容していただきました．この場をかりて御礼申し上げます．

2014 年 4 月 23 日

山本義隆

# 目　次

# 例一覧

# 第 1 章

# フェルマの原理 —— 光線光学

## 1.1 はじめに —— 光線概念と不確定性

可視光線は数千オングストロームという短い波長（$3.8 \times 10^{-7}$ m〜$7.8 \times 10^{-7}$ m）の電磁波である．光源から出て，小さいが波長にくらべれば大きい穴を通過した可視光線のエネルギーはあたかも平行な光線の束（ビーム）であるかのように進んでゆく．その様子は，カーテンの小さな隙間や雨戸の小穴から差し込んだ朝日が室内の空気中に漂う細かな埃を光らせて進むときに見てとれる．**幾何光学**ないしは**光線光学**とよばれる物理学の分野は，光のエネルギーの通過する経路としてのこの「光線」概念で光の伝播を記述する光学の分野であり，問題は光線経路の決定に帰着する．

ここで「小さいが波長の大きさにくらべれば大きい」と断ったことの意味を，はじめに簡単に説明しておこう．

「光線」概念は，19 世紀になって光（可視光）が電磁波すなわち電磁場のある振動数領域の波動としての伝播であるということが明らかになる以前からすでに語られていた．その概念の起源は，おそらくは古代にまで遡るであろうが，すくなくとも近代自然科学が生まれたきわめて初期に,「光線」への明確なかたちでの言及が認められる．たとえばデカルトの 1637 年の『屈折光学』の冒頭には「まず光と光線の説明から始めよう」とあり,「発光体の光と見なされるべきものは，その物体の運動ではなくてむしろ作用なのだと考えるならば，その光線（rayon）とはまさしくその作用がそれに沿って向かっていく線以外のなにものでもない」と説明されている．そしてそのような「光線」の概念は「光の粒子」という概念に容易に結びつくものであった．そのかぎりで「光線」とは点状の光の粒子の軌跡のようにイメージされている．デカルトは光線の屈折をテニスボールの運動とのアナロジーで語っている．そしてニュートンの 1704 年の『光学』の冒頭には「最小の光（the least light）を，私は光の射線（ray of light）とよぶ」とある．

しかし，古典力学における「質点」と同様に，このような「光線」概念が抽象化された数学的概念であることは避けられない．

そのことは，18 世紀にレオンハルト・オイラーが「無限に小さくて点と見なすことのできる物体」として「質点」概念を導入した事実に見てとれるであろう．それはあきらかに「点は部分のないものである」という古代ユークリッドの幾何学的規定を踏まえている．とするならば「光線」概念にあっても，同様にユークリッドの「線は幅のない長さである」という規定が背後に想定されていると見てよい．実際，大きさをもたない質点の動いた軌跡として「線」を表象するかぎり，それは自然なことであろう．

そして「線」には,「幅のない」つまり「太さのない」という規定とならんで，いまひとつ，各点で確定した方向をもつ（各点で接線が一意的に決まる）という性質が考えられていた．その意味では，デカルトの『屈折光学』のいま引いた箇所に邦訳者が付した「光は運動の力（conatus）でしかない」「光線は幾何学的な線であり，各点におけるその接線はこの力の方向である」という注は，しごくもっともと考えられる [1)]．古典力学で質点は各瞬間に確定した位置と確定した運動量（ないし決まった方向への決まった大きさの速度）をもつと信じられていたが，それとまったく同様に，光線も空間の決まった点を決まった方向に向かって通過してゆくと思念されていたのである．

しかしこのような幾何学的な描像は，その後ホイヘンスが光の波動的伝播を提唱し，19 世紀に干渉現象にもとづいて光の波動像が確立されてゆく過程で，大きな修正を迫られることになる．波動論の立場からでは，波動力学の創始者シュレーディンガーが 1934 年にノーベル賞講演で語ったように,「光線」とは「仮構としての意味（fictive Bedeutung)」しか有さず「何らかの光の粒子の軌道ではなく，いうならば，思考のうえでのガイドラインとしての数学的構成にすぎない」のである．

---

1) Descartes『屈折光学』赤木昭三訳,『デカルト著作集 1』（白水社,1973）pp.114, 117f., 214.

実際，波動論の立場では，光源からの光は，光源が十分に小さくて点のように見なしうるならば，その光源を中心として放射線状に広がってゆく．それゆえ「光線」概念を十分によくあらわす光のビームを実現するためには，絞りのついた衝立でもってその光の大部分をさえぎり，十分に小さな穴をとおる細い線状の光ビームを取りださなければならない．そこで，その絞りを十分に小さく絞ったとしよう．そのとき，目的どおり細い光の「線」を作りだす，あるいは取りだすことができるだろうか．

ホイヘンスの原理によれば，光は波面上の各点を点波源として発生する 2 次的球面波の重ね合わせとして伝播してゆくとされる．だとすれば，絞りの開きを十分に小さくすれば，そこには事実上一個の点波源があるだけということになり，目的に反して，光はその点状の穴を中心とした球面波として広がり，衝立の背後に回りこむことになるだろう．絞りの開きが「事実上一個の点波源」と見なしうるとは，どの方向から見てもその穴の面上の各点からの光に位相差がないということであるから，穴の大きさが波長にくらべて十分に小さいということになる．波長にくらべて小さい隙間を通過した光が広がって衝立の背後に回りこむこの現象は**回折**とよばれ，実在することが認められている．つまりその場合には，絞りを通過したのち，光線の方向が不確定になる．それゆえこの回折が起こるのを避けて，方向が十分にそろった光の束としてのビームを作りだすためには，逆に絞りの開きをある程度 —— 波長以上に —— 大きくとらなければならないが，そうすれば今度は光線の位置が不確定になる．

もうすこし丁寧にいうと，つぎのようになる．

十分に細い光のビームを作る目的で，平面波としての光を開き幅 $D$ のスリット AB をもつ衝立に垂直に入射させるとしよう（図 1.1-1）．このとき，スリット面内での光線の位置は $\Delta x = D$ の不確定性を有している．さてこの場合，スリット面自体が入射平面波の波面であり，ホイヘンスの原理によれば，その波は，この波面（つまりスリット面）上の各点を点波源とする球面波の重ね合わせとして進む．それを，少々技巧的にスリット面上でその上半分（図 AO 間）に並ぶ点光源を出た光と下半分（図 OB 間）に並ぶ点光源を出た光の重ね合わせと考えることにしよう．屈折率 $\mu$ の媒質中で考える．真空中の波長を $\lambda_0$ とすれば，この媒質中での波長は $\lambda = \lambda_0/\mu$．スリットの開き $D$ にくらべてスク

リーンまでの距離 $l$ は十分に大きいので，その上下の点光源とスクリーン上の一点 P を結ぶ直線は事実上平行と見てよい．それゆえ，元の平面波の進行方向から角度 $\theta$ の方向に逸れてスクリーンに向かう光の場合，その上下の対応する二つの点光源から光の経路差は $D(\sin\theta)/2$ であり，$|D(\sin\theta)/2| < \lambda/2$ の範囲でこの二つの光は強めあい，したがって光は $|\sin\theta| < \lambda/D$ の範囲に広がる，言い換えれば光の方向は $\Delta\sin\theta = \lambda/D = \lambda/\Delta x$ の不確定性を有する．

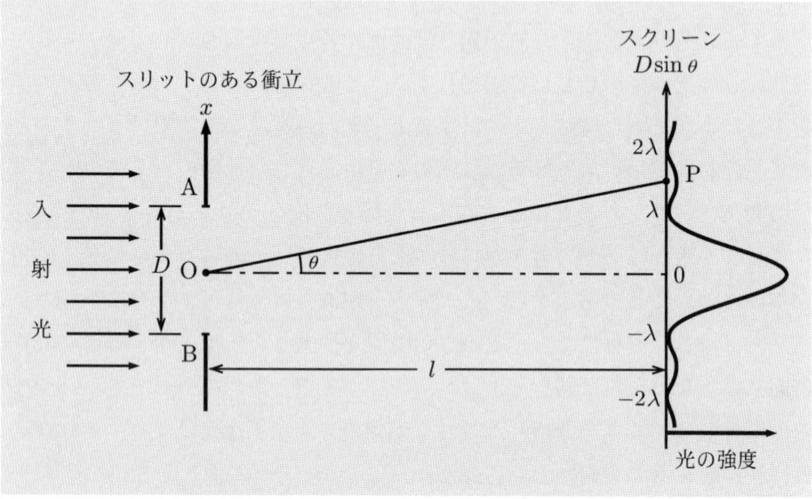


図 1.1-1 スリットをとおった光の回折

これより，位置と方向の不確定にかんして

$$\Delta x\Delta\sin\theta = \lambda, \tag{1.1}$$

あるいは，光線方向（図の $\overrightarrow{\mathrm{OP}}$ 方向）の単位ベクトルを $\vec{e}_t$ として，$\vec{p} := \mu\vec{e}_t$ を光線ベクトル，そして $\mu\sin\theta = p_x$ を光線ベクトルの $x$ 成分として定義すると

$$\Delta x\Delta p_x = \lambda_0 \tag{1.2}$$

が成り立つ（$\vec{p} := \mu\vec{e}_t$ は $\mu\vec{e}_t$ で $\vec{p}$ を定義したことをあらわす）．

つまり光線は，ビームを細くしてその通過位置を確定する（$\Delta x$ を小さくする）ならば方向が定まらなくなり，逆に方向を確定させる（$\Delta p_x = \mu\Delta\sin\theta$ を

小さくする）ためには，ビームに十分な広がりをもたせなければならないのである．これを，**光線概念における不確定性原理**ということができよう．とくに，$D \leqq \lambda$ の場合，回折光の広がりは $|\sin\theta| \leqq 1$ すなわち $|\theta| \leqq \pi/2$，つまり，光線の位置を特定するために光のビームの広がりを波長以下に制限すれば，その光線の方向がまったく決まらなくなる．

ようするに，空間内のある決まった点を決まった方向に通過してゆく一本の線としての「光線」という表象は，屈折率が大きく変化する領域が波長にくらべて十分に大きく，波長以下の大きさのスリットや障害物が存在しないかぎりで有効な，あるいは波長が十分小さい光を扱っているかぎりで有効な，近似的概念なのである．この点についても，後章で詳しく論ずることにしよう．同様の反省が「質点」にたいしても必要なことが，やがて 20 世紀になって明らかになるが，その点は本書最終章で触れる．

いずれにせよ，幾何光学で光線を論じている際には，じつはある広がりをもったビームとしての光線の集まり，つまりある共通の性質を持った光線の集合の存在を前提としたうえで，そのなかの一本に着目しているのだと考えなければならない．その点については，とりわけその「共通の性質」がなんであるのかについては，おいおい語ってゆくつもりである．

## 1.2 区分的に均質な媒質の場合

幾何光学の経験的基礎は，**光線の直進性**，**反射の法則**，**屈折の法則**，**光線の逆進性**，**および光線の独立性**の五点である．すなわち，第一に，均質等方媒質中では光線は直進する．第二に，異なる媒質の接する面では，光は一部反射し一部屈折し，入射光および反射光・屈折光のそれぞれの光線の接線ベクトルと境界面の法線ベクトルは同一平面上にあり，入射角と反射角は等しい [2)]．第三に境界面で屈折するときには入射角の正弦と屈折角の正弦が両側の媒質に固有の一定比をなす．なお，光線は反射と屈折のさいに途切れることはなく連続的

---

2) 正確には，物体表面での反射には正反射と乱反射があり，乱反射は表面に細かい凹凸があるときに生じる．以下では表面が十分に滑らかで，正反射となる場合のみを扱い，それを反射という．

につながっている．そして第四に，光線がある点 A からある特定の経路をとおってある点 B に達したとき，B から逆向きに出る光線はおなじ経路を逆行して A に戻る．第五に，それぞれの光線は独立に振る舞い，たとえ交叉しても他の光線の影響を受けることはなく，他の光線に干渉することもない．

そしてそれらを統一的に説明する包括的な原理として**フェルマの原理**，すなわち「与えられた 2 点間をとおる光線は所要時間が最小となる経路をとる」という要請が置かれる[3]．

ただし，真の経路では，所要時間が極小，つまりそのすぐ近くの経路をとるときにくらべて小さいだけであって絶対的に最小になるわけではないケースや，凹面での反射があるような場合には，むしろ最長時間ないし極大時間になるケースもありうる．たとえば図 1.2-1 で 1 点 A から出て球面鏡 OPQ の点 P で反射して点 B に戻る光線を考える．均質媒質中ゆえ，所要時間は経路長に比例している．AB を二つの焦点とし P をとおる回転楕円面を考える．この楕円面が球面鏡に外から接する場合，$\overline{\mathrm{AP}} + \overline{\mathrm{PB}}$ は球面鏡のすべての点で反射した光線のうちで最長である．逆に，この楕円面が球面に内から接する場合，あるいはおなじ点 P で接する平面鏡 $\mathrm{O_0PQ_0}$ を考えると，あきらかに $\overline{\mathrm{AP}} + \overline{\mathrm{PB}}$ はこの球面鏡ないし平面鏡のすべての点で反射した光線のうちで最短である．しかし，そもそも点 A から点 B にゆく光線のうちでは，A から B に直接向かうも

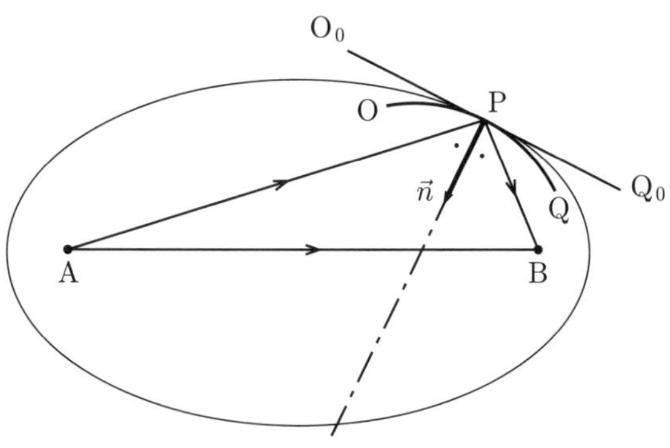


**図 1.2-1** 光線の球面と平面での反射

[3] Pierre de Fermat が 1660 年頃に提唱したものである．

のが絶対的最短である（この点については§4.4 の脚注 13 参照）．

そこでさらにフェルマの原理の最小時間の条件を緩めれば「**光線は所要時間が停留値となる経路をとって進む**」ということができる．ここで「停留値」とは，経路をわずかに変化させても所要時間が変化しない（変化が高次の無限小である）ことをいう．以下では，これを**フェルマの原理**とする．

力学でも同様の極値原理が存在する（第 6 章参照）．このような原理は，光線ないし粒子の観点からすると，不可解な印象を与える．つまり粒子や光線はどのようにして最短時間の経路を見出したのかという疑問が生じるのは否めない．そしてここから，自然は単純を好むとか，あるいはそこに神意を読みとるような，自然にたいする擬人的な，ないしは理神論的な解釈が生まれてくる．しかし光線や粒子にたいして波動の性質を与えるならば，このような極値原理も自然現象の合法則性の範囲で解釈しうる．

実際，光を波動的な立場で見ると，このことはつぎのように理解できる．波は波源からある広がりをもって進んでゆく．ある経路およびそれと少し離れた経路上の接近した 2 点では波源からの距離もほぼ等しいから，ふたつの経路上の波は通常はほぼ同位相の状態にあり，打ち消しあうことなく広がりをもって進んでゆく．しかし波長が短くなった極限では，経路長のわずかな差でも何波長もの違いになるため，波は打ち消しあい，その結果として波はきわめて狭い領域のみに残される．こうして，経路長が停留値をとり，少し離れた経路でも到達時間に差が生じない位置にだけ，波が残ることになる．すなわち，フェルマの原理は短波長の極限での波の経路を与えるのである．この点について詳しくは最終章であらためて見ることにする．

もっとも簡単な例として，均質な媒質（透明な誘電体）中の光線を考える．均質であるということは，その中では光速が一定であることを意味している．

媒質中の光速を $v$，真空中の光速を $c$ とすれば，かならず $v < c$ であり，媒質に固有の定数 $\mu = c/v$ をその媒質の**屈折率**，ないし真空の屈折率にたいする比という意味で**絶対屈折率**という（本書では「屈折率」を「絶対屈折率」の意味で用いる）．屈折率 $\mu$ にたいしては，原理的には $\mu \geq 1$ 以外には制約がない．しかし可視光線にたいしては，実際には屈折率はダイヤモンドの 2.4 がほぼ最

大で，通常は 1 と 2 の間にある [4]．しかし屈折率のこのわずかな相違がさまざまな光学現象を引き起こし，さまざまな光学機器の製作を可能にする．たとえば水の屈折率は赤色光から紫色光にいたるまで，わずかに 1.33 から 1.34 に変化するだけであるが，そのわずかな変化が天空に壮大な虹を生みだす．

さて均質媒質中の場合，2 点間を最短時間で通過するためには，最短距離，つまり直線経路をとればよい．すなわち**均質媒質中では，光線は直進する** [5]．

それぞれ均質な 2 種類の媒質が接しているケースでは，その境界面で反射と屈折が生じる．

はじめに**反射の場合**，つまり始点 A と終点 B が境界面のおなじ側（屈折率 $\mu$ の媒質中）にある場合を考える（図 1.2-2）．実際に光が進んでゆく空間の座標を $(x, y, z)$ であらわし，点 A : $\vec{r}_1 = (x_1, y_1, z_1)$ から出た光線が境界面上の点

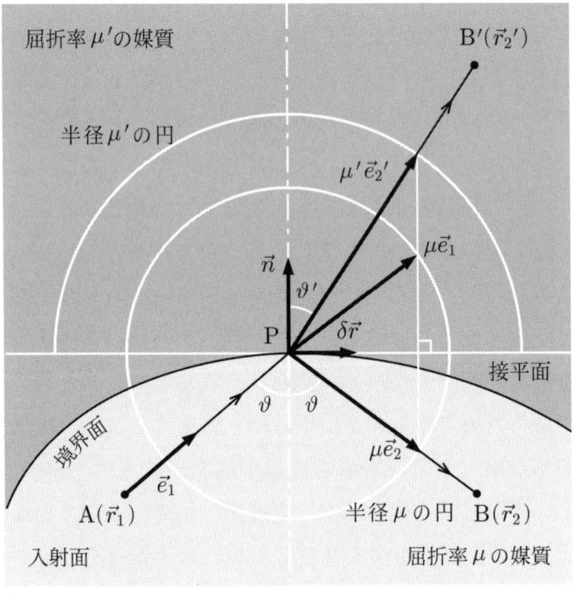


**図 1.2-2** 反射と屈折とデカルトの球面

---

4) 波長 589.3 nm のナトリウムの D 線にたいする諸々の物質の屈折率：石英ガラス 1.4585，20°C の水 1.3330，1 気圧で 0°C の空気 1.000292.『理科年表』2013 年版より．

5) 実際にはこれは直線の定義というべきかもしれない．

$\mathrm{P}:\vec{r}=(x,y,z)$ で反射して点 $\mathrm{B}:\vec{r}_2=(x_2,y_2,z_2)$ に戻るとする．その間，光速は変わらず $v=c/\mu$ ゆえ，所要時間は，点 P の関数であり

$$T(\mathrm{P})=\frac{1}{v}(\overline{\mathrm{AP}}+\overline{\mathrm{PB}})=\frac{\mu}{c}(\overline{\mathrm{AP}}+\overline{\mathrm{PB}}).$$

しかし真空中の光速 $c$ は定数であるから，所要時間 $T(\mathrm{P})$ が停留値をとる条件も $cT(\mathrm{P})\equiv J(\mathrm{P})$ が停留値をとる条件も同一であり，以下ではこの $J(\mathrm{P})$ で議論しよう．この $J(\mathrm{P})$ は同一時間内に真空中で光が進む距離，つまり真空中に換算した経路の長さであり，これを**光路長**という．それに，そもそもが「光の伝播に要する時間」という概念は波動光学のものであり，光線経路のみを問題にする幾何光学では時間——状態の時間的変化や時間的発展——を問うことはない．それゆえ「所要時間」より「光路長」で議論するほうが筋がとおっている．そこで，フェルマの原理を「**与えられた 2 点をとおる光線は，その光路長が停留値となる経路をとる**」と言い直すことにしよう．

今の場合，定点 A から出て P で反射し定点 B に戻る光の光路長は

$$J(\mathrm{P})=\mu(\overline{\mathrm{AP}}+\overline{\mathrm{PB}})=\mu(|\vec{r}-\vec{r}_1|+|\vec{r}_2-\vec{r}|).$$

P 点を境界面上で $\delta\vec{r}=(\delta x,\delta y,\delta z)$ だけ微小（無限小）に変位させたとき，

$$(\vec{r}-\vec{r}_1)^2=|\vec{r}-\vec{r}_1|^2 \qquad \text{より} \qquad 2(\vec{r}-\vec{r}_1)\cdot\delta\vec{r}=2|\vec{r}-\vec{r}_1|\delta|\vec{r}-\vec{r}_1|$$

であることを考慮して，それぞれの光路長の変化は

$$\delta\overline{\mathrm{AP}}=\delta|\vec{r}-\vec{r}_1|=\frac{(\vec{r}-\vec{r}_1)\cdot\delta\vec{r}}{|\vec{r}-\vec{r}_1|}=\frac{\overrightarrow{\mathrm{AP}}}{\overline{\mathrm{AP}}}\cdot\delta\vec{r}=\vec{e}_1\cdot\delta\vec{r},$$

$$\delta\overline{\mathrm{PB}}=\delta|\vec{r}_2-\vec{r}|=-\frac{(\vec{r}_2-\vec{r})\cdot\delta\vec{r}}{|\vec{r}_2-\vec{r}|}=-\frac{\overrightarrow{\mathrm{PB}}}{\overline{\mathrm{PB}}}\cdot\delta\vec{r}=-\vec{e}_2\cdot\delta\vec{r}.$$

ここに $\overrightarrow{\mathrm{AP}}/\overline{\mathrm{AP}}=\vec{e}_1$，$\overrightarrow{\mathrm{PB}}/\overline{\mathrm{PB}}=\vec{e}_2$ はそれぞれ入射光線，反射光線の方向の単位ベクトル（接線ベクトル）であり，この場合のフェルマの原理，つまり $J$ が停留値をとる条件は

$$\delta J=\mu(\vec{e}_1-\vec{e}_2)\cdot\delta\vec{r}=0. \tag{1.3}$$

この関係が点 P を始点とする境界面上のすべての微小ベクトル $\delta\vec{r}$ にたいして

成り立つためには，$\vec{e}_2 - \vec{e}_1$ は境界面に直交，すなわち境界面の法線ベクトル $\vec{n}$ に平行でなければならない．

したがって，第一に，入射光線と反射光線のそれぞれの接線ベクトル $\vec{e}_1, \vec{e}_2$ と境界面の法線ベクトル $\vec{n}$ が同一平面上にあることがわかる．さらには，$\vec{e}_2$，$\vec{e}_1$ のそれぞれが単位ベクトルであるから $\vec{e}_2 - \vec{e}_1$ は二つのベクトル $\vec{e}_2$ と $-\vec{e}_1$ を 2 等分するベクトルであり，$\vec{e}_2 - \vec{e}_1$ が $\vec{n}$ に平行であることは，第二に，入射角（$\vec{e}_1$ と $\vec{n}$ のなす角）と反射角（$\vec{e}_2$ と $-\vec{n}$ のなす角）が等しいことを意味している．この二つの事実は，$\vec{n}$ が境界面から外向き（図で屈折率 $\mu$ の媒質から $\mu'$ の媒質への向き）として，ひとまとめに

$$\vec{e}_2 = \vec{e}_1 - 2(\vec{e}_1 \cdot \vec{n})\vec{n} \tag{1.4}$$

とあらわされ，**反射の法則**として古くからよく知られている．

同様に，**屈折の場合**を考える．このとき B は A にたいして境界面（屈折面）の反対側にあり，図では反射の場合の B と区別して B′ と記した．B′ 側の媒質の屈折率を $\mu'$ とすると屈折後の光速は $v' = c/\mu'$．ここでも全所要時間は

$$T(\mathrm{P}) = \frac{\overline{\mathrm{AP}}}{v} + \frac{\overline{\mathrm{PB'}}}{v'} = \frac{1}{c}(\mu\,\overline{\mathrm{AP}} + \mu'\,\overline{\mathrm{PB'}}),$$

であるが，その時間内に真空中で光が進む距離としての光路長

$$J(\mathrm{P}) = cT(\mathrm{P}) = \mu\,\overline{\mathrm{AP}} + \mu'\,\overline{\mathrm{PB'}}$$

を用いれば，反射の場合とまったく同様に，$\overrightarrow{\mathrm{PB'}}/\overline{\mathrm{PB'}} = \vec{e}_2{}'$ として，フェルマの原理は

$$\delta J(\mathrm{P}) = (\mu\vec{e}_1 - \mu'\vec{e}_2{}') \cdot \delta\vec{r} = 0. \tag{1.5}$$

これが境界面上のすべての微小ベクトル $\delta\vec{r}$ について成り立つためには，反射の場合と同様に，入射光線と屈折光線のそれぞれの接線ベクトル $\vec{e}_1, \vec{e}_2$ と境界面の法線ベクトル $\vec{n}$ が同一平面上にあり，さらに

$$\mu'\vec{e}_2{}' = \mu\vec{e}_1 + (\mu'\vec{e}_2{}' \cdot \vec{n} - \mu\vec{e}_1 \cdot \vec{n})\vec{n}, \tag{1.6}$$

すなわち，入射角 ($\vec{e}_1$ と $\vec{n}$ のなす角 $\vartheta$）と屈折角 ($\vec{e}_2{}'$ と $\vec{n}$ のなす角 $\vartheta'$）のあいだに

$$\mu \sin \vartheta = \mu' \sin \vartheta' \tag{1.7}$$

の関係があることがわかる[6]．これらの事実をひとまとめにあらわすと

$$\mu' \vec{e}_2{}' \times \vec{n} = \mu \vec{e}_1 \times \vec{n}. \tag{1.8}$$

これら (1.6) (1.7) (1.8) を**屈折の法則**ないし**イブン・サール=スネルの法則**という[7]．図 1.2-2 で二つの白線の円はそれぞれ半径が $\mu$ と $\mu'$ の円であり，これはデカルトの球面といわれる．なお (1.7) 式は

$$\vec{p} := \mu \vec{e} \tag{1.9}$$

で定義される**光線ベクトル**の屈折面に平行な成分の値が屈折の前後で変わらない（保存される）ことをあらわしている[8]．

以上で，境界面での入射光線，反射光線，屈折光線は，すべて境界面の法線を含む同一平面上にある．このことは「光線は捩れない」とあらわされる．

ここで，楕円を長軸のまわりに回転させた回転楕円体の内面を鏡面としたもの（回転楕円鏡）を考える（図 1.2-3）．楕円の性質より，この楕円に接する任意の平面の接点 P での内向き法線は P と二つの焦点（図の A と B）を結ぶ二本

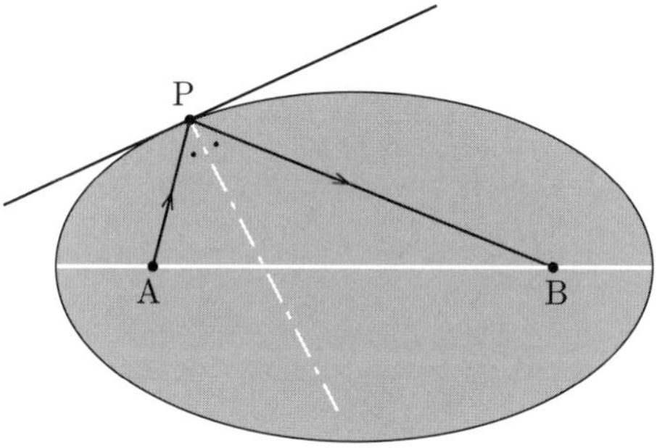


図 1.2-3 楕円鏡での反射

---

6) なお $\mu_{\mathrm{AB}'} = \mu'/\mu$ を A 側媒質にたいする B′ 側媒質の（相対）屈折率という．

7) Ibn Sahl が 984 年に，Willebrord Snel が 1621 年に提唱した．

8) 実際には，境界面で反射と屈折の両方が起こっている．ただし屈折の法則より $\mu > \mu'$ であれば $\vartheta < \vartheta'$ で，この場合 $\vartheta$ を大きくしてゆくと $\vartheta = \vartheta_{\mathrm{c}} < \pi/2$ で $\vartheta' = \pi/2$ となり，屈折光は境界面に接して進む．そして $\vartheta > \vartheta_{\mathrm{c}}$ では屈折光はなくなる．この現象を**全反射**，そして角 $\vartheta_{\mathrm{c}} := \sin^{-1}(\mu'/\mu)$ を**臨界角**という．§2.8 参照．

の直線のなす角度を二等分する．それゆえ一方の焦点に置かれた点光源から出てこの点 P で反射した光線は，他方の焦点をとおる．しかし P 点は楕円上の任意の点であるから，一方の焦点から出たすべての光線が鏡面で反射してのちもう一方の焦点に集まる（それが「焦点」という言葉の由来である）．実際に，楕円の性質より，二つの焦点と楕円上の点 P を結ぶ直線の長さの和は P の位置によらず一定である．

一般にこの現象，つまり一点 A からさまざまな方向に出た光線がある一点 B に集まる現象を**結像**，そしてそのとき二つの点 A と B をたがいに**共役**という．今の場合，楕円の二つの焦点は共役である．そして回転楕円鏡のように一方の焦点から出たすべての光線が他方の焦点に集束する場合，**完全結像**といわれる．

回転楕円体が球になった球面鏡の場合，二つの焦点は球の中心 C に一致し，中心 C から出たすべての光線は球の内面で反射してのち中心に戻ってくる（図 1.2-4）．したがって中心 C は自分自身に共役である．光源が中心から離れた位置 K にある場合，その光源と中心をとおる直径 QR を考えると，光源に戻ってくる光線はその直径の両端で反射したものだけである．光源 K に近いほうの端 Q で反射した光線は光路長が最小であるが，光源 K から遠いほうの端 R で反射した光線は光路長が最大になっている．

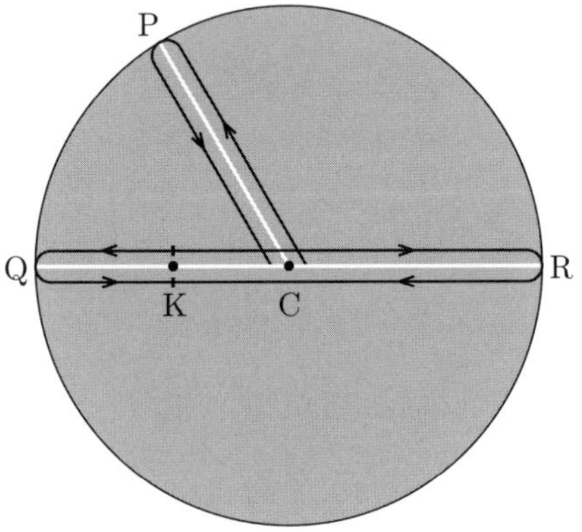


図 1.2-4 球面鏡での反射

このように，光路長が最大になる場合を含めてフェルマの原理をひとまとめに表現するために，ギリシャの数学者カラテオドリーは**「光線が実際にとる経**

路は，その微小部分を任意にわずか変化させたものにくらべて，その光路長が短いもの」と定式化した．この意味では，フェルマの原理も局所的と見るべきものかもしれない．いずれにせよこの表現が便利なケースもある．

**例 1.2-1（最小偏角法による屈折率の測定）**

三角プリズム（頂角 $\alpha$）を用いてガラスの屈折率を求める．

簡単のため空気の屈折率を 1，求めるガラスの屈折率を $n$ とする．図 1.2-5 の一方の側面から入射角 $\vartheta_1$ で入射した光線が屈折角 $\vartheta_1'$ で屈折し，そのまま内側からもう一方の面に角度 $\vartheta_2'$ で入射し，屈折角 $\vartheta_2$ で空気中に出てゆくとする．あきらかに $\vartheta_1' + \vartheta_2' = \alpha$ ゆえ，偏角，すなわち全体のふれの角は

$$\delta := (\vartheta_1 - \vartheta_1') + (\vartheta_2 - \vartheta_2') = \vartheta_1 + \vartheta_2 - \alpha.$$

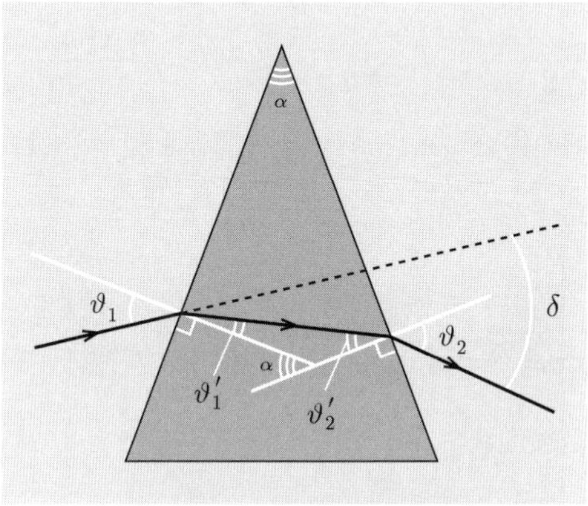


図 1.2-5 プリズムによる光の屈折

両側での屈折の法則は，それぞれ $\sin\vartheta_1 = n\sin\vartheta_1'$，$\sin\vartheta_2 = n\sin\vartheta_2'$．これより $\cos\vartheta_1 d\vartheta_1 = n\cos\vartheta_1' d\vartheta_1'$，$\cos\vartheta_2 d\vartheta_2 = n\cos\vartheta_2' d\vartheta_2'$．他方，$d\vartheta_1' + d\vartheta_2' = d\alpha = 0$．したがって

$$\frac{d\vartheta_2}{d\vartheta_1} = \frac{\cos\vartheta_1}{\cos\vartheta_2} \cdot \frac{\cos\vartheta_2'}{\cos\vartheta_1'} \frac{d\vartheta_2'}{d\vartheta_1'} = -\frac{\cos\vartheta_1}{\cos\vartheta_2} \cdot \frac{\sqrt{n^2 - \sin^2\vartheta_2}}{\sqrt{n^2 - \sin^2\vartheta_1}}.$$

また，この式の両辺に $-1$ をかけてから対数をとって $\vartheta_1$ で微分することにより

$$\left(\frac{d\vartheta_2}{d\vartheta_1}\right)^{-1}\frac{d^2\vartheta_2}{d\vartheta_1^2}$$
$$=-\frac{\sin\vartheta_1}{\cos\vartheta_1}+\frac{\sin\vartheta_1\cos\vartheta_1}{n^2-\sin^2\vartheta_1}+\left(\frac{\sin\vartheta_2}{\cos\vartheta_2}-\frac{\sin\vartheta_2\cos\vartheta_2}{n^2-\sin^2\vartheta_2}\right)\frac{d\vartheta_2}{d\vartheta_1}.$$

さて，偏角 $\delta$ は入射角 $\vartheta_1$ の関数であり，それが極値をとるとき

$$\frac{d\delta}{d\vartheta_1}=1+\frac{d\vartheta_2}{d\vartheta_1}=0 \quad \therefore \quad \frac{d\vartheta_2}{d\vartheta_1}=-\frac{\cos\vartheta_1}{\cos\vartheta_2}\cdot\frac{\sqrt{n^2-\sin^2\vartheta_2}}{\sqrt{n^2-\sin^2\vartheta_1}}=-1.$$

これより，$n>1$ を考慮すれば $\vartheta_1=\vartheta_2$，$\vartheta_1'=\vartheta_2'$ が導かれる．そのときの角度を $\vartheta_1=\vartheta_2=\vartheta_0$ とすると

$$\left.\frac{d^2\delta}{d\vartheta_1^2}\right|_{\vartheta_1=\vartheta_2=\vartheta_0}=\left.\frac{d^2\vartheta_2}{d\vartheta_1^2}\right|_{\vartheta_1=\vartheta_2=\vartheta_0}=2\tan\vartheta_0\frac{n^2-1}{n^2-\sin^2\vartheta_0}>0$$

ゆえ，このとき偏角 $\delta$ はたしかに極小値 $\delta_{\min}$ をとり，

$$\vartheta_1=\frac{\delta_{\min}+\alpha}{2},\quad \vartheta_1'=\frac{\alpha}{2} \qquad \therefore\ n=\frac{\sin\{(\delta_{\min}+\alpha)/2\}}{\sin(\alpha/2)}.$$

$n=1.5$, $\alpha=45^\circ$ の場合の $\delta$, $\vartheta_2$ と $\vartheta_1$ の関係を図 1.2-6 に挙げておいた．た

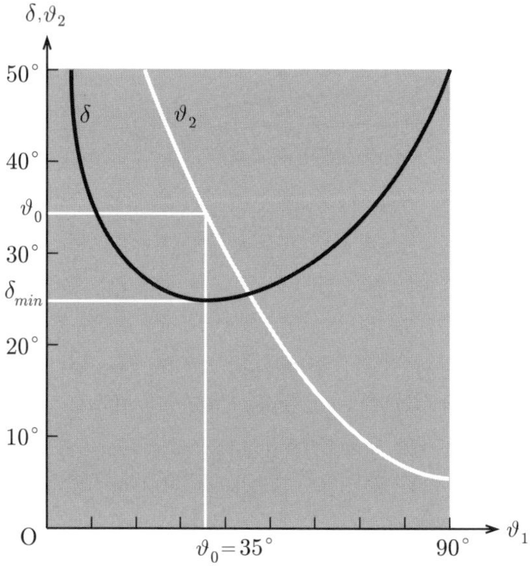


図 1.2-6 偏角の変化．$n=1.5$, $\alpha=45^\circ$の場合

だし，$n\sin(\alpha/2) = \sin\{(\delta_{\min}+\alpha)/2\} < 1$ ゆえ，$\alpha < 2\sin^{-1}(1/n)$ でないと，最小偏角は測定できない．

## 1.3 不均質で等方的な媒質の場合

媒質が不均質で，屈折率が一定ではなく位置とともに変化する場合を考える．このような場合，**分布屈折率媒質系**といわれている．ただし**媒質は等方的**，つまり屈折率が位置のみの関数でその位置での光の進行方向に無関係であるとして $\mu = \mu(\vec{r}) = \mu(x, y, z)$ のようにあらわされると仮定する[9]．またここでは，$\mu(\vec{r})$ は，座標成分 $x, y, z$ の連続な関数で，必要なだけ微分可能とする．

点 A から出た光線がある経路をとおって点 B に達したとしよう (図 1.3-1)．この媒質中の光速は $v(x, y, z) = c/\mu(x, y, z)$．したがって，光が媒質中の微小距離 $ds = \sqrt{dx^2 + dy^2 + dz^2}$ を伝わるのに要する時間は $dt = ds/v(x, y, z) = \mu(x, y, z)ds/c$，2 点 AB 間を光が伝わるのに要する時間はこれを経路にそって

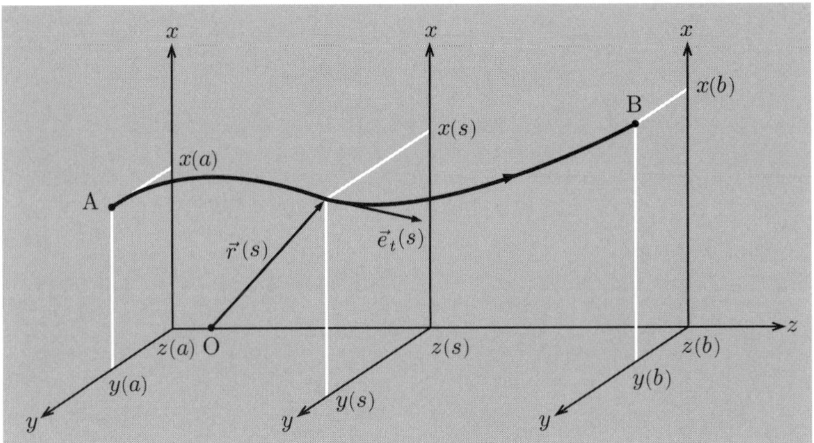


図 1.3-1 光線経路と座標系

9) 一般には，屈折率は光の振動数により変化するが，本書では単色光のみを扱うので，その効果は考えない．

足し合わせた（積分した）

$$T = \int_{\mathrm{A}}^{\mathrm{B}} \frac{\mu(x,y,z)}{c}\sqrt{dx^2+dy^2+dz^2} = \int_a^b \frac{\mu(x,y,z)}{c}\sqrt{\dot{x}^2+\dot{y}^2+\dot{z}^2}ds \tag{1.10}$$

で与えられる．そのさい，経路長 $s = \int ds$ をパラメータにとって途中の経路を曲線

$$\tilde{\Lambda}:\ \vec{r} = \vec{r}(s) \quad \text{i.e.} \quad x = x(s),\ y = y(s),\ z = z(s) \quad (a \leqq s \leqq b)$$

であらわし，$\vec{r}(a) = \mathrm{A}$，$\vec{r}(b) = \mathrm{B}$ として，積分はこの曲線にそって A から B までの範囲でおこなう．

なお上式では，$s$ による導関数をドットで記して

$$\frac{dx(s)}{ds} \equiv \dot{x}, \qquad \frac{dy(s)}{ds} \equiv \dot{y}, \qquad \frac{dz(s)}{ds} \equiv \dot{z}$$

と記した．$|\dot{\vec{r}}| = 1$ ゆえ，$\dot{\vec{r}} = d\vec{r}/ds = (\dot{x},\dot{y},\dot{z})$ はこの曲線の接線方向の単位ベクトル $\vec{e}_t$ である（添え字 $t$ は tangential の意味），すなわち

$$\frac{d\vec{r}}{ds} = \frac{d}{ds}\begin{pmatrix} x \\ y \\ z \end{pmatrix} = \begin{pmatrix} \dot{x} \\ \dot{y} \\ \dot{z} \end{pmatrix} =: \vec{e}_t. \tag{1.11}$$

この $\vec{e}_t$ は §1.2 で見た均質媒質中で直進する光線の進行方向の単位ベクトル $\vec{e}$ を曲線経路に一般化したものである．

ここでも所要時間 $T$ ではなく光路長 $J = cT$ を考える．フェルマの原理は，2 点 AB をとおる光線は光路長

$$J[\tilde{\Lambda}] = \int_{\mathrm{A}}^{\mathrm{B}} \mu(x,y,z)\sqrt{dx^2+dy^2+dz^2} = \int_a^b \mu(\vec{r}(s))|\dot{\vec{r}}(s)|ds \tag{1.12}$$

を停留値とする経路をとる，とあらわされる．$J[\tilde{\Lambda}]$ は曲線 $\tilde{\Lambda}$ にそった光路長をあらわす．このような問題は，数学では**変分法**といわれる．変分法とは，一般的には曲線や関数を変数（変‘関数’）とする関数，言いかえれば無限次元空

間上の関数（汎関数といわれる）[10] の極値問題を指す．

たとえば今の場合のように，3 次元空間内の与えられた二点 AB を結ぶ曲線 $\tilde{\Lambda} : \vec{r} = \vec{r}(s)$ すなわち $x = x(s), y = y(s), z = z(s)$ で，$\vec{r}\,(s)$ と $\dot{\vec{r}}\,(s)$ の関数 $L(\vec{r}\,(s), \dot{\vec{r}}\,(s))$ のその曲線にそった積分

$$J[\tilde{\Lambda}] = \int_a^b \tilde{L}(\vec{r}(s), \dot{\vec{r}}(s))\, ds \tag{1.13}$$

を考えると，この積分の値は積分経路 $\tilde{\Lambda}$ をあらわす曲線 $\vec{r}(s)$ の 3 成分つまり三つの関数 $x(s), y(s), z(s)$ によって決まるので，$J[\tilde{\Lambda}]$ はこの三つの関数を「変数」とする汎関数（積分形の汎関数）と見なしうる（経路曲線 $\vec{r}(s)$ を定めれば $\dot{\vec{r}}(s)$ は決まるので，$\dot{x}, \dot{y}, \dot{z}$ は $x, y, z$ と独立ではない）．この場合，変分法はこの $J[\tilde{\Lambda}]$ の値を極小または極大にする $\vec{r}(s)$ を求めるという問題となる．そしてこの被積分関数 $\tilde{L}(x(s), y(s), z(s), \dot{x}(s), \dot{y}(s), \dot{z}(s))$ を一般に**ラグランジアン**という．

そのさい，ある曲線にたいしてこの積分つまり汎関数が「極小」「極大」とは，積分の値がその近くにあるすべての曲線にそった積分値より小さい，ないし大きいことを意味し，つぎのように定式化される．ただし本節では，とくに断らないかぎり，ラグランジアンはすべての変数について連続な 1 階および 2 階の導関数をもち，$x(s), y(s), z(s)$ も 2 階まで微分可能で連続とする．

今の場合，フェルマの原理は，ラグランジアン

$$\tilde{L}(\vec{r}\,(s), \dot{\vec{r}}\,(s)) = \mu(x(s), y(s), z(s))\sqrt{\dot{x}(s)^2 + \dot{y}(s)^2 + \dot{z}(s)^2} \tag{1.14}$$

にたいして，両端 $\vec{r}\,(a) = \mathrm{A}$ と $\vec{r}\,(b) = \mathrm{B}$ を固定したときの変分問題であらわされる．

ただしこの場合，つぎの注意が必要である．$s$ は「経路長」という幾何学的に決まった意味をもち，それゆえ変形した経路ではおなじ値 $s = b$ で端点 B に達するとはかぎらないという不都合がある．そのために，ここでは曲線のパラ

---

10) 通常の関数では，その変数をある値に特定すれば，それに応じて数値（関数のとる値）が決まる．それにたいして「汎関数」では，その変数としての「関数」をある関数に特定すれば，それに応じて数値（汎関数のとる値）が決まる．

メータを一時的に $\tau$ に変更する．ただし $ds/d\tau > 0$．A で $\tau = \alpha$, B で $\tau = \beta$ とする．このとき

$$\left(\frac{dx}{d\tau}, \frac{dy}{d\tau}, \frac{dz}{d\tau}\right) =: (v_x, v_y, v_z) = \vec{v}, \qquad \bar{L}(\vec{r}, \vec{v}) =: \tilde{L}(\vec{r}, \dot{\vec{r}})\frac{ds}{d\tau}$$

として [11)]

$$J[\tilde{\Lambda}] = \int_{\mathrm{A}}^{\mathrm{B}} \mu(x,y,z)\sqrt{v_x^2 + v_y^2 + v_z^2}\, d\tau = \int_{\alpha}^{\beta} \bar{L}(x,y,z,v_x,v_y,v_z)\, d\tau.$$

いま $\epsilon$ を微小量，ベクトル $\vec{h}(\tau)$ はその各成分 $(h^1(\tau), h^2(\tau), h^3(\tau))$ が連続で微分可能な関数として，もとの曲線 $\vec{r}(\tau)$ を $\vec{r}(\tau) + \delta\vec{r}(\tau) = \vec{r}(\tau) + \epsilon\vec{h}(\tau)$ に変えたときの $J$ の変化 $\Delta J = J[\vec{r} + \epsilon\vec{h}] - J[\vec{r}]$ は，

$$\Delta J = \epsilon \int_{\alpha}^{\beta} \left(\frac{\partial \bar{L}}{\partial \vec{r}} \cdot \vec{h} + \frac{\partial \bar{L}}{\partial \vec{v}} \cdot \frac{d\vec{h}}{d\tau}\right) d\tau + O(\epsilon^2) = \delta J + O(\epsilon^2).$$

ここに $\delta\vec{r} = \epsilon\vec{h}$ を $\vec{r}$ の**変分**，そして $\epsilon$ の 1 次の項 $\delta J$ を**第 1 変分**という．第 1 変分は $d\vec{h}/d\tau$ のかかっている項を部分積分することで

$$\delta J = \epsilon \left[\frac{\partial \bar{L}}{\partial \vec{v}} \cdot \vec{h}\right]_{\tau=\alpha}^{\tau=\beta} - \epsilon \int_{\alpha}^{\beta} \left[\left\{\frac{d}{d\tau}\left(\frac{\partial \bar{L}}{\partial \vec{v}}\right) - \frac{\partial \bar{L}}{\partial \vec{r}}\right\} \cdot \vec{h}\right] d\tau \tag{1.15}$$

と書き直される．$\vec{r}(\tau)$ が汎関数 $J$ の停留値を与える（$\vec{r}$ の微小変化にたいして $J$ の変化が高次の微小量になる）ためには，この第 1 変分が 0，すなわち

$$\lim_{\epsilon \to 0} \frac{1}{\epsilon}(J[\vec{r} + \epsilon\vec{h}] - J[\vec{r}]) = 0$$

---

11) 3 次元ベクトルは基本的に縦ベクトルとするが，印刷の便宜のため，文中に埋め込むときには横ベクトルで記し，その他の場合にも横ベクトルであらわすこともある．また，以下では 3 次元勾配ベクトル $\left(\frac{\partial L}{\partial x}, \frac{\partial L}{\partial y}, \frac{\partial L}{\partial z}\right)$ を $\frac{\partial L}{\partial \vec{r}}$，ないし $\vec{\nabla} L$ と記す（とくに文中に埋め込まれた式では，印刷の便宜のために $\vec{\nabla} L$ を利用することが多い）．したがって

$$\frac{\partial L}{\partial \vec{r}} \cdot \vec{h} = \vec{\nabla} L \cdot \vec{h} = \frac{\partial L}{\partial x}h^1 + \frac{\partial L}{\partial y}h^2 + \frac{\partial L}{\partial z}h^3.$$

なお，勾配ベクトルをあらわすナブラ記号は，通常は単に $\nabla$ と記して，頭に矢線をつけないが，本書では 3 次元ベクトルを矢線ベクトルで，2 次元ベクトルを太字（ボールドタイプ）で区別して記している関係で，3 次元勾配ベクトルには $\vec{\nabla}$ の記号を使用する．

が任意の $\vec{r}$ にたいして成り立たなければならない．

とくに境界条件として端点を固定した変分問題を考える．そのことは曲線 $\vec{r}(\tau)$ をとおっても $\vec{r}(\tau)+\delta\vec{r}(\tau)$ をとおっても，同一の $\tau$ の値で A を出発し同一の $\tau$ の値で B に達する，つまり $\delta\vec{r}(\alpha)=0$，$\delta\vec{r}(\beta)=0$ を意味する．そのとき $\vec{h}(\alpha)=\vec{h}(\beta)=0$ であるから，上式 (1.15) の最初の括弧の項（境界項）は 0（このように両端を固定した変分問題は**固定端変分**の問題といわれる）．そして，$\alpha \leqq \tau \leqq \beta$ の範囲で連続で両端で 0 の任意の関数 $\theta(\tau)$ にたいして連続関数 $F(\tau)$ が $\displaystyle\int_\alpha^\beta F(\tau)\theta(\tau)\,d\tau=0$ であれば，その範囲で $F(\tau)=0$ であることがいえるから [12]，今の場合，つぎの 2 階常微分方程式が得られる：

$$\frac{d}{d\tau}\frac{\partial\bar{L}}{\partial\vec{v}}-\frac{\partial\bar{L}}{\partial\vec{r}}=\frac{ds}{d\tau}\left(\frac{d}{ds}\frac{\partial\tilde{L}}{\partial\dot{\vec{r}}}-\frac{\partial\tilde{L}}{\partial\vec{r}}\right)=0.$$

ここで $ds/d\tau>0$ であるゆえ，ただちに

$$\frac{d}{ds}\left(\frac{\partial\tilde{L}}{\partial\dot{\vec{r}}}\right)-\frac{\partial\tilde{L}}{\partial\vec{r}}=0 \tag{1.16}$$

が導かれる．この式は，変分法では**オイラー方程式**として知られている．

そしてこの段階ではもはや $\tau$ が現れないので，以下では曲線のパラメータを経路長 $s$ に戻す．$s$ を $\tau$ に変えてオイラー方程式を導くこのやり方は少々トリッキーで騙されたような感じになるから，もうすこし一般的な導き方も記しておこう．二度手間のようだが，この一般的な議論はあとで必要になるから，無駄にはならない．

連続な関数 $\tilde{L}(\vec{r},\dot{\vec{r}})$ の積分の端点 A,B を固定しない場合の変分を考える [13]．

始点 A : $\vec{r}(a)$ から曲線 $\vec{r}(s)$ にそって点 B : $\vec{r}(b)$ にいたる光路長の積分と，それをわずかにずらした曲線 $\vec{r}(s)+\delta\vec{r}(s)$ にそって A の近くの点 A* : $\vec{r}(a+$

---

12) ほとんどトリヴィアル．もしも $\tau=c$ $(\alpha\leqq c\leqq\beta)$ で $F(c)>0$ ないし $F(c)<0$ であったとすれば，連続関数 $F(\tau)$ はその近傍で正ないし負ゆえ，その範囲で正，その外では 0 となる関数 $\theta(\tau)$ を考えれば $\displaystyle\int_\alpha^\beta F(\tau)\theta(\tau)d\tau>0$ ないし $<0$ となり，仮定に反する．

13) この場合は端点を固定しないので，曲線のパラメータを経路長 $s$ のままで変分計算をおこなってよい．

$\Delta a) + \delta\vec{r}(a+\Delta a)$ から B の近くの点 $\mathrm{B}^* : \vec{r}(b+\Delta b) + \delta\vec{r}(b+\Delta b)$ にいたる光路長の積分の差

$$\begin{aligned}\Delta J &= \int_{a+\Delta a}^{b+\Delta b} \tilde{L}(\vec{r}(s)+\delta\vec{r}(s), \dot{\vec{r}}(s)+\delta\dot{\vec{r}}(s))\,ds - \int_a^b \tilde{L}(\vec{r}(s), \dot{\vec{r}}(s))\,ds \\ &= \int_b^{b+\Delta b} \tilde{L}(\vec{r}+\delta\vec{r}, \dot{\vec{r}}+\delta\dot{\vec{r}})\,ds - \int_a^{a+\Delta a} \tilde{L}(\vec{r}+\delta\vec{r}, \dot{\vec{r}}+\delta\dot{\vec{r}})\,ds \\ &\quad + \int_a^b \{\tilde{L}(\vec{r}+\delta\vec{r}, \dot{\vec{r}}+\delta\dot{\vec{r}}) - \tilde{L}(\vec{r}, \dot{\vec{r}})\}\,ds\end{aligned}$$

を考える(図 1.3-2).

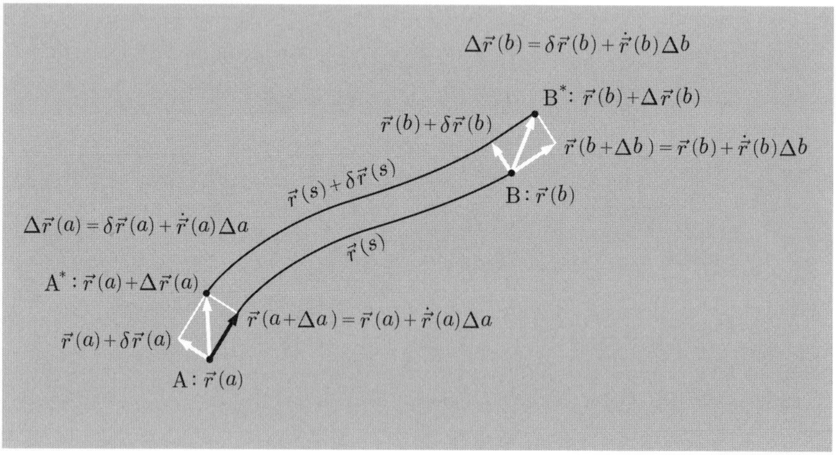


**図 1.3-2** 光線経路の微小変位

すべての変化が微小であるとして 1 次の微小量までとるのであれば，この式のはじめの二つの積分，つまり $b$ から $b+\Delta b$ までおよび $a$ から $a+\Delta a$ までの微小区間の積分は，それぞれ $\tilde{L}(\vec{r}(b), \dot{\vec{r}}(b))\Delta b$，$\tilde{L}(\vec{r}(a), \dot{\vec{r}}(a))\Delta a$ としてよい．最後の積分（$a$ から $b$ までの積分）では，途中の関数の変分はおなじ $s$ での差になり，上にやったのと同様に部分積分して，この場合の第 1 変分は

$$\begin{aligned}\delta J &= \left[\tilde{L}\Delta s\right]_{s=a}^{s=b} + \int_a^b \left(\frac{\partial\tilde{L}}{\partial\vec{r}} \cdot \delta\vec{r} + \frac{\partial\tilde{L}}{\partial\dot{\vec{r}}} \cdot \delta\dot{\vec{r}}\right) ds \\ &= \left[\tilde{L}\Delta s + \frac{\partial\tilde{L}}{\partial\dot{\vec{r}}} \cdot \delta\vec{r}\right]_{s=a}^{s=b} - \int_a^b \left[\left\{\frac{d}{ds}\left(\frac{\partial\tilde{L}}{\partial\dot{\vec{r}}}\right) - \frac{\partial\tilde{L}}{\partial\vec{r}}\right\} \cdot \delta\vec{r}\right] ds. \qquad (1.17)\end{aligned}$$

ここに $\delta\vec{r}$ は曲線の変化による変分，つまりおなじ $s$ での差をあらわす．1 行目から 2 行目への書き直しは，$\delta\dot{\vec{r}} = \delta(d\vec{r}/ds) = d(\delta\vec{r})/ds$ を用いて，部分積分の公式を使う．

これにたいして端点における，$s$ の値の変化による変化も含めた全変分は，A 点：$s = a$ では

$$\Delta\vec{r}(a) = \vec{r}(a+\Delta a) + \delta\vec{r}(a+\Delta a) - \vec{r}(a) = \delta\vec{r}(a) + \dot{\vec{r}}(a)\Delta a \tag{1.18}$$

(B 点：$s = b$ にたいしても同様．$\delta\vec{r}$ は経路曲線の変化による変分，$\dot{\vec{r}}\Delta a$ は曲線 $\vec{r}(s)$ にそった端点の移動による変分)．なお，$\delta\vec{r}(s)$ 自体が微小量ゆえ，微小量の 1 次までとる範囲では $\delta\vec{r}(a+\Delta a) = \delta\vec{r}(a)$ とすることができる．

そこで，端点での変分を $\delta\vec{r} = \Delta\vec{r} - \dot{\vec{r}}\Delta s$ と書き直して，

$$\begin{aligned}\delta J = &\left[\frac{\partial\tilde{L}}{\partial\dot{\vec{r}}}\cdot\Delta\vec{r} + \left(\tilde{L} - \dot{\vec{r}}\cdot\frac{\partial\tilde{L}}{\partial\dot{\vec{r}}}\right)\Delta s\right]_{s=a}^{s=b} \\ &- \int_a^b \left[\left\{\frac{d}{ds}\left(\frac{\partial\tilde{L}}{\partial\dot{\vec{r}}}\right) - \frac{\partial\tilde{L}}{\partial\vec{r}}\right\}\cdot\delta\vec{r}\right] ds.\end{aligned} \tag{1.19}$$

ただし今の場合，ラグランジアン $\tilde{L} = \mu(\vec{r})\sqrt{\dot{x}^2+\dot{y}^2+\dot{z}^2}$ は $\dot{\vec{r}}$ の成分の 1 次同次式ゆえ

$$\tilde{L} - \dot{\vec{r}}\cdot\frac{\partial\tilde{L}}{\partial\dot{\vec{r}}} = 0 \tag{1.20}$$

が恒等的に成り立つ．さらに

$$\frac{d\tilde{L}}{ds} = \frac{\partial\tilde{L}}{\partial\vec{r}}\cdot\dot{\vec{r}} + \frac{\partial\tilde{L}}{\partial\dot{\vec{r}}}\cdot\frac{d\dot{\vec{r}}}{ds} = \frac{\partial\tilde{L}}{\partial\vec{r}}\cdot\dot{\vec{r}} + \frac{d}{ds}\left(\frac{\partial\tilde{L}}{\partial\dot{\vec{r}}}\cdot\dot{\vec{r}}\right) - \frac{d}{ds}\left(\frac{\partial\tilde{L}}{\partial\dot{\vec{r}}}\right)\cdot\dot{\vec{r}},$$

したがって

$$\left\{\frac{d}{ds}\left(\frac{\partial\tilde{L}}{\partial\dot{\vec{r}}}\right) - \frac{\partial\tilde{L}}{\partial\vec{r}}\right\}\cdot\dot{\vec{r}} = \frac{d}{ds}\left(\frac{\partial\tilde{L}}{\partial\dot{\vec{r}}}\cdot\dot{\vec{r}} - \tilde{L}\right) = 0. \tag{1.21}$$

それゆえ，この場合は

$$\begin{aligned}\left\{\frac{d}{ds}\left(\frac{\partial\tilde{L}}{\partial\dot{\vec{r}}}\right) - \frac{\partial\tilde{L}}{\partial\vec{r}}\right\}\cdot\delta\vec{r} &= \left\{\frac{d}{ds}\left(\frac{\partial\tilde{L}}{\partial\dot{\vec{r}}}\right) - \frac{\partial\tilde{L}}{\partial\vec{r}}\right\}\cdot(\Delta\vec{r} - \dot{\vec{r}}\Delta s) \\ &= \left\{\frac{d}{ds}\left(\frac{\partial\tilde{L}}{\partial\dot{\vec{r}}}\right) - \frac{\partial\tilde{L}}{\partial\vec{r}}\right\}\cdot\Delta\vec{r}\end{aligned}$$

としてよく，結局 (1.17) 式は

$$\delta J = \left[\frac{\partial \tilde{L}}{\partial \dot{\vec{r}}}\cdot\Delta\vec{r}\right]_{s=a}^{s=b} - \int_a^b \left[\left\{\frac{d}{ds}\left(\frac{\partial \tilde{L}}{\partial \dot{\vec{r}}}\right) - \frac{\partial \tilde{L}}{\partial \vec{r}}\right\}\cdot\Delta\vec{r}\right] ds. \tag{1.22}$$

(1.17) (1.22) を**変分法の基本公式**という．積分の中の $\Delta\vec{r}$ は $\delta\vec{r}$ でもよい．

したがって，この場合の端点固定での変分問題（つまり経路ごとに通過距離が異なるので端点で $\Delta s = 0$ とはかぎらないが，端点で $\Delta\vec{r}(s) = 0$ とするときの変分問題）より，あらためてオイラー方程式 (1.16) が導かれる．

この結果は，変分問題としてのフェルマの原理を微分方程式に還元するものであり，この方程式を解くことによって汎関数 $J$ の停留値を与える曲線として光線経路が決定される．ただし，2 階微分方程式は初期条件として始点での関数値とそこでの導関数の値（今の場合 $\vec{r}(a)$ と $\dot{\vec{r}}(a)$）が与えられるのが通常であるが，固定域変分の問題におけるオイラー方程式は，境界条件として始点と終点での関数値（$\vec{r}(a)$ と $\vec{r}(b)$）が与えられたときの，その間の全域での関数を求める問題である．

これからわかるように，曲線がオイラー方程式を満たすことは汎関数 $J$ が停留値をとるための必要条件であり，これから決まる曲線は**停留曲線**といわれる．

なお，ラグランジアン $\tilde{L}(\vec{r}, \dot{\vec{r}})$ にたいして，それとある関数 $S(\vec{r}, s)$ の全微分だけ異なる関数

$$\tilde{L}^*(\vec{r}, \dot{\vec{r}}) = \tilde{L}(\vec{r}, \dot{\vec{r}}) - \frac{dS(\vec{r}, s)}{ds} \tag{1.23}$$

では

$$J^* = \int_a^b \tilde{L}^* ds = \int_a^b \left(\tilde{L} - \frac{dS}{ds}\right) ds = J - \{S(\mathrm{B}) - S(\mathrm{A})\}. \tag{1.24}$$

したがって，端点を固定した変分では $\delta J^* = \delta J$ となり (1.16) と同一のオイラー方程式が得られる．その意味で $\tilde{L}$ と $\tilde{L}^*$ は**等価ラグランジアン**といわれる．そしてラグランジアンのこの変換 $\tilde{L} \mapsto \tilde{L}^* = \tilde{L} - dS/ds$ を**ラグランジアンのゲージ変換**という．もちろん，ラグランジアン $\tilde{L}$ にたいして，$\lambda$ を任意の定数として $\lambda\tilde{L}$ もおなじオイラー方程式を与える．

とするならば，フェルマの原理は，もはや所要時間が最短，あるいはそれを

ひろげた光路長が停留値をとるという物理的意味を離れ，不均質であれ内部に不連続面のない媒質中での光線経路はラグランジアン (1.14) ないしそれと等価な $\tilde{L}^* = \tilde{L} - dS/ds$ にたいするオイラー方程式 (1.16) の解として与えられる，と言い直すことができる．

## 1.4 光線方程式と光線経路

ラグランジアン (1.14) にたいするオイラー方程式 (1.16) は

$$\frac{d}{ds}\frac{\partial \tilde{L}}{\partial \dot{\vec{r}}} - \frac{\partial \tilde{L}}{\partial \vec{r}} = \frac{d}{ds}\left(\mu(\vec{r})\frac{\dot{\vec{r}}}{|\dot{\vec{r}}|}\right) - |\dot{\vec{r}}|\frac{\partial \mu(\vec{r})}{\partial \vec{r}} = 0 \tag{1.25}$$

である．ここで $\dot{\vec{r}}$ による微分演算の後は $|\dot{\vec{r}}| = |d\vec{r}/ds| = 1$ としてよいので，この場合のオイラー方程式は

$$\frac{d}{ds}\left(\mu(\vec{r})\frac{d\vec{r}}{ds}\right) = \frac{\partial \mu(\vec{r})}{\partial \vec{r}}. \tag{1.26}$$

これが光線経路を決定する微分方程式で，**光線方程式**といわれる．成分に分けて記せば

$$\frac{d}{ds}\left(\mu\frac{dx}{ds}\right) = \frac{\partial \mu}{\partial x}, \quad \frac{d}{ds}\left(\mu\frac{dy}{ds}\right) = \frac{\partial \mu}{\partial y}, \quad \frac{d}{ds}\left(\mu\frac{dz}{ds}\right) = \frac{\partial \mu}{\partial z}. \tag{1.27}$$

ただし $|\dot{\vec{r}}|^2 = \dot{x}^2 + \dot{y}^2 + \dot{z}^2 = 1$ ゆえ，このうち二つだけが独立である [14]．

さらには，$\mu = 0$ になることはないので，パラメータを

$$\sigma := \int \frac{ds}{\mu(x,y,z)} \qquad \therefore\ d\sigma = \frac{ds}{\mu(x,y,z)} \tag{1.28}$$

---

14) このはじめの 2 式にそれぞれ $\dot{x}$, $\dot{y}$ をかけて足し合わせると

$$\frac{d\mu}{ds}(\dot{x}^2 + \dot{y}^2) + \mu(\dot{x}\ddot{x} + \dot{y}\ddot{y}) = \frac{\partial \mu}{\partial x}\dot{x} + \frac{\partial \mu}{\partial y}\dot{y} = \frac{d\mu}{ds} - \frac{\partial \mu}{\partial z}\dot{z}.$$

ここで，この式の左辺に $\dot{x}^2 + \dot{y}^2 = 1 - \dot{z}^2$，$\dot{x}\ddot{x} + \dot{y}\ddot{y} = -\dot{z}\ddot{z}$ を用いれば

$$\dot{z}\left\{\frac{d}{ds}\left(\mu\frac{dz}{ds}\right) - \frac{\partial \mu}{\partial z}\right\} = 0.$$

と変換すれば，光線方程式はまた

$$\frac{d^2x}{d\sigma^2} = \frac{\partial}{\partial x}\left(\frac{\mu^2}{2}\right), \qquad \frac{d^2y}{d\sigma^2} = \frac{\partial}{\partial y}\left(\frac{\mu^2}{2}\right), \qquad \frac{d^2z}{d\sigma^2} = \frac{\partial}{\partial z}\left(\frac{\mu^2}{2}\right) \tag{1.29}$$

とも書き直される．ベクトルを用いれば

$$\frac{d^2\vec{r}}{d\sigma^2} = \frac{\partial}{\partial \vec{r}}\left(\frac{\mu(\vec{r})^2}{2}\right). \tag{1.30}$$

結局，フェルマの原理にもとづく光線経路は，これらの微分方程式を解くことで決定される．

なお，(1.9) で均質媒質中の直線経路の場合に光線ベクトルを $\vec{p} = \mu\vec{e}$ と定義したが，これを一般の不均質媒質の曲線経路の場合に拡張した

$$\vec{p}_L := \frac{\partial \tilde{L}}{\partial \dot{\vec{r}}} = \frac{\mu(\vec{r})\dot{\vec{r}}}{\sqrt{\dot{x}^2 + \dot{y}^2 + \dot{z}^2}} = \mu(\vec{r})\frac{d\vec{r}}{ds} = \mu(\vec{r})\vec{e}_t \tag{1.31}$$

によって，あらためて**光線ベクトル**を定義する．そのとき光線方程式 (1.26) は

$$\frac{d\vec{p}_L}{ds} = \frac{\partial \mu(\vec{r})}{\partial \vec{r}} \tag{1.32}$$

とあらわされる [15)]．

この式は，じつは媒質が不連続に変化する場合の屈折の法則の，媒質が連続的に変化する場合への一般化になっている．実際，屈折の法則 (1.6) および図 1.2-2 は，$\mu'\vec{e}_2{}' - \mu\vec{e}_1 = \vec{p}_2 - \vec{p}_1$ が媒質の不連続面と直交していることをあらわしているから，不連続面の法線ベクトルを $\vec{n}$ として $\vec{p}_2 - \vec{p}_1 = K\vec{n}$ とおくことができる（$K$ は比例定数）．媒質が連続的に変化する場合には，光線経路上の点 $\vec{r}(s)$ をとおる $\mu = \mu_1$ の面と，そのすぐ近くの点 $\vec{r}(s+\Delta s)$ をとおる $\mu = \mu_2$ の面にはさまれた薄い層を不連続面と見なせば，その法線 $\vec{n}$ はベクトル $\partial\mu/\partial\vec{r}$ に平行ゆえ，$k$ を新しい比例定数として，前式は，

$$\vec{p}_L(s+\Delta s) - \vec{p}_L(s) = K\vec{n} = k\frac{\partial \mu(\vec{r})}{\partial \vec{r}}\Delta s$$

---

15) この光線ベクトルが経路曲線の接線方向を向いている（$\vec{p}_L \propto d\vec{r}/ds$）のは，屈折率が $\mu(\vec{r})$ の形をしていてその位置だけで決まる等方性媒質の場合にかぎられる．

と書き直すことができる．この式を $\Delta s$ で割って $\Delta s \to 0$ の極限をとると

$$\frac{d\vec{p}_L(s)}{ds} = k\frac{\partial \mu(\vec{r})}{\partial \vec{r}} \quad \therefore\ \vec{p}_L \cdot \frac{d\vec{p}_L}{ds} = k\vec{p}_L \cdot \frac{\partial \mu(\vec{r})}{\partial \vec{r}}.$$

他方で，$\vec{p}_L \cdot \vec{p}_L = \mu^2$ の両辺を $s$ で微分して

$$\vec{p}_L \cdot \frac{d\vec{p}_L}{ds} = \mu(\vec{r})\frac{\partial \mu(\vec{r})}{\partial \vec{r}} \cdot \frac{d\vec{r}(s)}{ds} = \vec{p}_L \cdot \frac{\partial \mu(\vec{r})}{\partial \vec{r}}.$$

この二式を見くらべて，比例定数が $k = 1$ と定まり，したがって，はじめの式 $\vec{p}_2 - \vec{p}_1 = K\vec{n}$ は光線方程式 (1.32) にほかならないことがわかる．

光線方程式 (1.26) (1.30) (1.32) は，形式的には，力学における運動方程式に相当し，光線ベクトル (1.31) は力学における運動量に対応する．

ここで，各点における光線の方向を特定する量として $\dot{\vec{r}}$ のかわりに $\vec{p}_L$ を導入したことは，力学では速度のかわりに運動量を導入したことに対応するが，幾何光学の数学的定式化にとって重要なステップである．ただし光線ベクトルは力学の運動量と異なり，無次元量であることに注意．

なお，光線ベクトルの成分を**光線成分**，とくに $p_{Li} = \partial L/\partial \dot{x}_i = \mu(\vec{r})e_{ti}$ を座標成分 $x_i$ に共役な光線成分という．

光線方程式として，フェルマの原理よりオイラー方程式の 2 組 (1.26) (1.30) の表現を導いた．次章でいまひとつの表現を与える．それらはたがいに等価であるが，具体的な使用としてはそれぞれ一長一短あり，問題ごとに適したものを選べばよい．光線経路の一般的な性質や振る舞いを議論するには (1.26) が適しているが，(1.30) は古典力学の運動方程式とおなじ形をしているので，問題によっては力学の問題の解を転用できるという利点がある．

とくに均質な媒質で $\mu$ が一定の場合には，光線方程式 (1.26) とその解は

$$\mu\frac{d}{ds}\left(\frac{d\vec{r}}{ds}\right) = 0$$

$$\therefore\ \vec{r} = s\vec{e} + \vec{c} \quad (\vec{e}, \vec{c} \text{ は定ベクトルで } |\vec{e}| = 1), \tag{1.33}$$

すなわち，均質媒質中で光線は直進する．はじめに与えた光線の第一の性質である．

ところで，(1.11) に見たように，経路長 $s$ をパラメータとする一般の曲線に

おいて，ベクトル $d\vec{r}/ds = \vec{e}_t$ は経路曲線の接線方向の単位ベクトルである．さらに経路曲線の主法線ベクトル（曲率中心方向の単位ベクトル）を $\vec{e}_n$，その点での曲率半径を $\rho$ として，$d^2\vec{r}/ds^2 = d\vec{e}_t/ds = \vec{e}_n/\rho$ であることが示されるから，光線方程式 (1.26) はまた

$$\frac{d\mu}{ds}\vec{e}_t + \frac{\mu}{\rho}\vec{e}_n = \frac{\partial\mu}{\partial\vec{r}} \tag{1.34}$$

とあらわされる．この両辺と $\vec{e}_n$ の内積を作ると，$\vec{e}_n \cdot \vec{\nabla}\mu = \mu/\rho > 0$ ゆえ，$\vec{e}_n$ は $\vec{\nabla}\mu$ の向き，すなわち**光線は屈折率の大きくなる向きに曲がってゆく**．このことは，力学的に考えれば，光線方程式 (1.32) において，光線ベクトル $\vec{p}_L$ にたいしてつねに力 $\vec{\nabla}\mu$ が働き，それによって光線が曲げられるからであると解釈することができる．

とくに屈折率が一定方向にのみ変化してゆくとする．そのとき，$\mu = \text{const.}$ の面は平面であり，その面の法線ベクトル $\vec{n} = \vec{\nabla}\mu/|\vec{\nabla}\mu|$ が一定である．それゆえ，

$$\frac{d}{ds}(\mu\vec{n} \times \vec{e}_t) = \vec{n} \times \frac{d}{ds}\left(\mu\frac{d\vec{r}}{ds}\right) = \vec{n} \times \frac{\partial\mu}{\partial\vec{r}} = 0,$$

すなわち

$$\mu\vec{n} \times \vec{e}_t = \mu\sin\theta\vec{c} = \text{定ベクトル}. \tag{1.35}$$

これは，屈折率が不連続に変化する場合の屈折の法則 (1.7) (1.8) の，屈折率が連続的に変化する場合への一般化になっている．

この結果は，つぎのようにしても得られる．

媒質の屈折率の変化する方向を $z$ 方向とすれば，この場合のラグランジアンは $\tilde{L} = \mu(z)\sqrt{\dot{x}^2 + \dot{y}^2 + \dot{z}^2}$ で，$x, y$ によらないから，$\partial\tilde{L}/\partial x = 0$，$\partial\tilde{L}/\partial y = 0$．したがって，光線方程式 (1.26) より

$$p_{Lx} = \frac{\partial\tilde{L}}{\partial\dot{x}} = \frac{\mu(z)\dot{x}}{\sqrt{\dot{x}^2 + \dot{y}^2 + \dot{z}^2}} = \mu\dot{x} = \mu e_{t1} = \mu\sin\theta\cos\phi = \text{const.},$$

$$p_{Ly} = \frac{\partial\tilde{L}}{\partial\dot{y}} = \frac{\mu(z)\dot{y}}{\sqrt{\dot{x}^2 + \dot{y}^2 + \dot{z}^2}} = \mu\dot{y} = \mu e_{t2} = \mu\sin\theta\sin\phi = \text{const.}.$$

ここに，$\theta$ は $\vec{e}_t$ の $z$ 軸との角度（天頂角），$\phi$ は $\vec{e}_t$ と $z$ 軸を含む面と $(z, x)$ 面

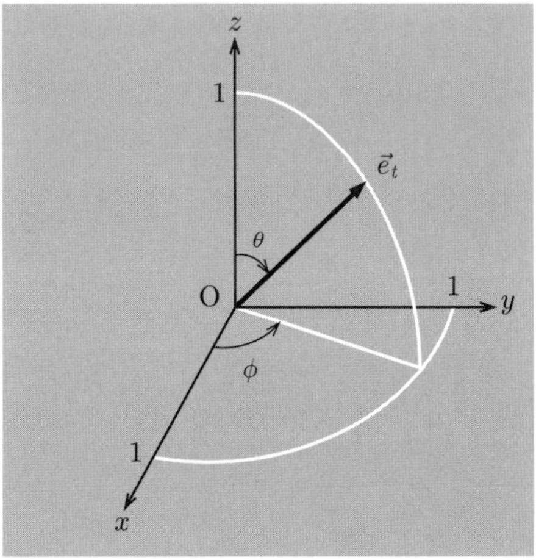


図 1.4-1 方位角 $\phi$ と天頂角 $\theta$

の間の角度（方位角）であり（図 1.4-1），この結果は $\phi = \text{const.}$，すなわち光線は $z$ 軸（$\mu(z) = \text{const.}$ の面の法線）を含む一定平面（子午面）上にあり，かつ，屈折の法則 $\mu \sin\theta = \text{const.}$ が成り立つことを示している．

結論は，もちろんおなじであるが，ここでのロジックは，ラグランジアンに陽に含まれていない座標（**循環座標**といわれる）に共役な運動量成分は保存するという，力学についてよく知られている議論とおなじもので，幾何光学では運動量のところに光線ベクトルがくる．すなわち屈折率に陽に含まれていない座標成分に共役な光線ベクトル成分は保存する．

光線経路の決定の例をいくつか挙げておこう．

### 例 1.4－1（逃げ水と浮き船）

真夏の日中，直射日光をうけて地面，とくに熱容量の小さいコンクリートやアスファルトの面あるいは砂漠の表面等，が熱せられると，地面に接する空気が高温希薄になり，地面から離れるにつれて空気の温度が下がって大気密度が上がる．ところが大気の屈折率は $\mu = 1 + \Delta n$ として，$\Delta n$ は小さくて密度にほぼ比例している（ゴールドストーン＝デイルの法則）．そのため鉛直上向きに屈折率が大きくなる．その状況を，地面に $x, z$ 平面を，鉛直上向きに $y$ 軸をとり，屈折率が $\mu(y) = n_0 + Ky$ で与えられるとモデル化しよう．

この場合，$x$ と $z$ は循環座標ゆえ，光線方程式 (1.25) より

$$\frac{\partial \tilde{L}}{\partial \dot{x}} = \frac{\mu(y)\dot{x}}{\sqrt{\dot{x}^2 + \dot{y}^2 + \dot{z}^2}} = C_1, \qquad \frac{\partial \tilde{L}}{\partial \dot{z}} = \frac{\mu(y)\dot{z}}{\sqrt{\dot{x}^2 + \dot{y}^2 + \dot{z}^2}} = C.$$

これより，$\dot{x}/\dot{z} = dx/dz = C_1/C$，ゆえに $x = (C_1/C)z + C_0$．これは光線の地面への射影が直線であることをあらわしている．そこで，あらためてこの直線の方向を $z$ 軸にとろう．つまり $C_1 = 0$ としたことで，このとき $\dot{x} = 0$．したがってこの第 2 式は，$\mu(y)\dot{z} = C\sqrt{\dot{y}^2 + \dot{z}^2}$，または，鉛直線（つまり屈折率が変化する方向）と光線のなす角度を $\theta$ として $\mu(y)\sin\theta = C$，すなわち屈折の法則を与える．あるいは書き直して

$$C\frac{dy}{dz} = \pm\sqrt{\mu(y)^2 - C^2} \qquad \text{i.e.} \quad \int \frac{C\,dy}{\sqrt{\mu(y)^2 - C^2}} = \pm \int dz. \qquad (1.36)$$

積分は $\mu(y) = n_0 + Ky = C\cosh\eta$ と変数変換すれば，

$$\eta = \pm\frac{K}{C}(z + C') \qquad \therefore \;\; y = \frac{C}{K}\cosh\left(\frac{K(z + C')}{C}\right) - \frac{n_0}{K}.$$

初期条件を $z = 0$ で $y = H$，$dy/dz = 0$ とする．積分定数が $C = \mu(H) = n_0 + KH$，$C' = 0$ と決まり，光線経路は懸垂線（線密度が一様で柔らかい紐の両端をおなじ高さに固定して吊したときに作られる曲線）

$$y = \frac{\mu(H)}{K}\cosh\left(\frac{Kz}{\mu(H)}\right) - \frac{\mu(0)}{K} \qquad (1.37)$$

であることがわかる（図 1.4-2）．経路は図のように下に凸の曲線になっている．光線ベクトルが力 $\vec{\nabla}\mu = (0, K, 0)$ を受けてつねに上向き（$+y$ 方向）に押されるからである．

もっともこの結果は，方程式 (1.30) を用いれば，はじめから $x = 0$ として

$$\frac{d^2y}{d\sigma^2} = K^2\left(y + \frac{n_0}{K}\right), \qquad \frac{d^2z}{d\sigma^2} = 0$$

したがって

$$y = ae^{K\sigma} + be^{-K\sigma} - \frac{n_0}{K}, \qquad z = c\sigma + d$$

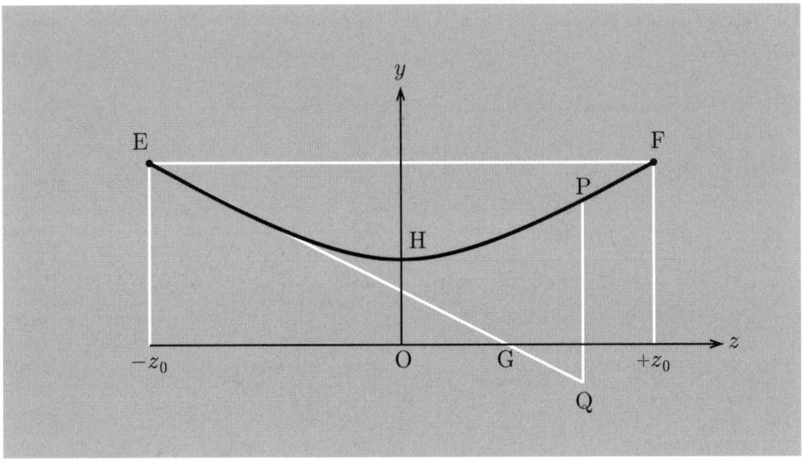


図 1.4-2　逃げ水

と，簡単に求めることができる．初期条件および (1.28) の条件を用いて積分定数 $a, b, c, d$ を定めれば，上に得たものとおなじになる（条件が三つで四つの定数 $a, b, c, d$ を決めることはできないように思われるが，実際には，決めるべき定数は $ae^{-Kd/c}, be^{Kd/c}, c$ の三つである）．

フェルマの原理にまで遡れば，端点を固定した積分 $\int(n_0+Ky)\sqrt{dy^2+dz^2}=0$ を最小にする曲線を求めることであるが，これは，線密度 $\rho$ の紐を両端でおなじ高さに固定して吊したときに位置エネルギー $\int \rho g(y_0+y)\sqrt{dy^2+dz^2}$ が最小になる形を求める問題と数学的に同型である．得られた形が懸垂線になる根拠である．

もちろん，以上の議論の前提としての屈折率にたいする $\mu(y)=n_0+Ky$ の仮定は，現実をきわめて単純化したモデルであり，実際の屈折率はもっと複雑な形をしているであろう．しかし定性的な振る舞いは，この程度のモデルでも十分によく示されている．

この結果は，おなじ高さの 2 点 $z=-z_0$，$y=y(-z_0)$ と $z=z_0$，$y=y(z_0)$（図 1.4-2 の E と F）をつなぐ最短時間の経路が $y=y(z_0)$ という水平な直線ではないことを示している．下にいくほうが屈折率が小さくて光速が速くなるので，幾何学的な距離は長くなっても所要時間は短縮されるからである．

この結果より，図 1.4-2 で E の位置にある目で見たときに，実際には P の位置にある物体があたかも地面の Q の方向にあるように見える．とくに物体がなにもなければ，空が地面の G の点に映って見える．これは遠くから見ると地面に水があるように見えるが，近づいてもそれにつれて遠ざかるので，**逃げ水**とよばれる．蜃気楼の一種である．

逆に海面上で，海面に接する空気が冷やされて屈折率が大きくなり，上空が暖かくて屈折率が小さい場合には，光線は上に凸に曲げられ，そのため遠くの海上の物体（船）が持ち上げられて見える．これを**浮き船**という．この現象は日本では富山湾の魚津で 3 月から 5 月にかけて時たま見られる．アルプスの冷たい雪解け水が富山湾に流れ込み，それが真水のため海水より比重が小さくて海面に分布して海面に接する空気を冷やし，他方，その上空の空気は太陽光によって暖められ，海面上の大気に温度勾配ができるためと考えられている．

### 例 1.4-2（天体からの光の大気中での屈折）

上の例と同様に，鉛直上方に $y$ 軸をとる．大気の屈折率と真空の屈折率の差 $\mu(\vec{r})-1$ はほぼ大気密度 $\rho(\vec{r})$ に比例している（ゴールドストーンとデイルが 1858 年と 63 年に提唱）．天頂に近い方向からの光にたいしては地球表面をほぼ平面と見なしてよく，大気層の曲率は無視できるので，大気密度は高度 $y$ のみの関数と近似できる．そこで，高度 $y$ での大気の屈折率が近似的に $\mu(y)=1+\epsilon(y)$ の形をしているとする．$\epsilon(y)$ は $y$ の減少関数で，$y\to\infty$ で $\epsilon(y)\to 0$ である．このとき，鉛直線とある角度をなして大気層に入射した光線は，わずかに湾曲して（弧を描いて）地表に到達する．

光線の高度 $y$ での鉛直線との角度を $\vartheta(y)$，地表に到達したときの鉛直線との角度（天頂からの角度）を $\vartheta(0)$ とする．地表面との角度 $90^\circ-\vartheta(0)$ が地上での視高度，$90^\circ-\vartheta(\infty)$ が真高度．屈折の法則は $\mu(y)\sin\vartheta(y)=\mu(0)\sin\vartheta(0)$．

この場合は $\vec{\nabla}\mu$ が $-y$ 方向を向いているので，光線が下向きに曲げられ，そのトータルな曲がりは $\delta=\vartheta(\infty)-\vartheta(0)$（図 1.4-3）．したがって

$$\sin(\vartheta(0)+\delta)=(1+\epsilon(0))\sin\vartheta(0).$$

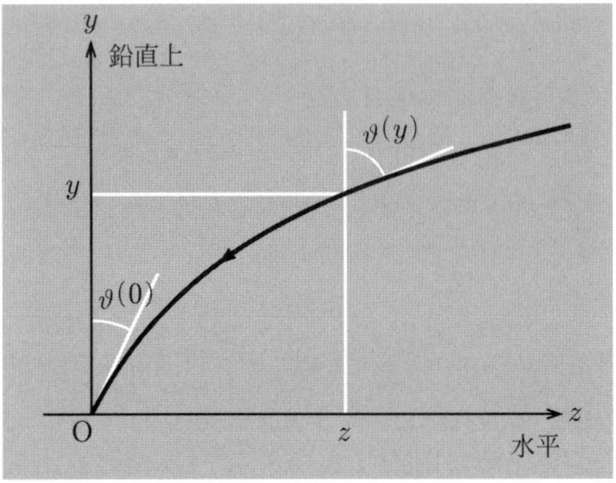


図 1.4-3 大気差

ただし地表での大気の屈折率は $\mu(0) = 1 + \epsilon(0) \fallingdotseq 1.00029$ 程度であるから，$\epsilon(0)$ はきわめて小さい．そこで $\epsilon(0)$ を微小量としてその 1 次までとると，$\delta$ が $\epsilon(0)$ のオーダーの微小量であることに注意して

$$\delta = \epsilon(0) \tan\vartheta(0) = 0.00029 \tan\vartheta(0) \fallingdotseq 60'' \tan\vartheta(0). \tag{1.38}$$

これが天体からの光線の大気による屈折の角度を与え，**大気差**とよばれている．天頂からの角度が $\vartheta(0) \leqq 45^\circ$ 位までの範囲では，この簡単な式がかなり正確な大気差を与える（精密な計算式は『理科年表』天文部「大気差」の項にあるが，それによるとたとえば視高度 $70^\circ$ つまり $\vartheta(0) = 20^\circ$ で $\delta = 21''$ であり，この結果 $\delta = 22''$ とほとんど変わらない）．

例 1.4-3（ルーネベルク・レンズ）

半径が $R$ で，屈折率が中心からの距離 $r$ の関数として $\mu(r) = \sqrt{2 - (r/R)^2}$ で与えられる球形のレンズに屈折率が 1 の外部の空間から入射した光線の屈折を考える．この場合は，$\sigma$ を変数にとった (1.30) の形の方程式が便利である．レンズの中心 O を原点にとり，ベクトルで表せば，$r \leqq R$ で

$$\frac{d^2\vec{r}}{d\sigma^2} = \frac{\partial}{\partial\vec{r}}\left(\frac{\mu(x,y,z)^2}{2}\right) = -\frac{\vec{r}}{R^2}.$$

これは 3 次元等方調和振動の方程式と同型で，一般解は，$\sigma/R = \phi$ と記して

$$x = A\cos(\phi+\alpha), \quad y = B\cos(\phi+\beta), \quad z = C\cos(\phi+\gamma).$$

いま，平行に入射する光線の進行方向に $z$ 軸（光軸）をとり，$x = a$ ($|a| < R$)，$y = 0$ の点 P で球面に入射する一本の光線を考え，その点で $\sigma = 0$ととる．$a$ を入射高という．球表面のすぐ内側では $\mu = 1$ としてよいから，光線はすぐには屈折せず，したがって，初期条件は

$$\sigma = 0 \text{ で } x = a,\ \frac{dx}{d\sigma} = 0,\ y = 0,\ \frac{dy}{d\sigma} = 0,\ z = -\sqrt{R^2 - a^2},\ \frac{dz}{d\sigma} = 1.$$

これより，積分定数 $A, B, C, \alpha, \beta, \gamma$ が決まり

$$x = a\cos\phi, \quad y = 0, \quad z = R\sin\phi - \sqrt{R^2 - a^2}\cos\phi.$$

ここで $y = 0$ は，光線が入射光線とレンズの中心を含む一定平面にあることを意味している．この平面を**子午面**という．そしてこの $x$ と $z$ から $\phi$ を消去してその子午面上でのレンズ内の光線経路が得られる：

$$\left(\frac{x}{a}\right)^2 + \left(\frac{z}{R} + \sqrt{1 - \left(\frac{a}{R}\right)^2}\frac{x}{a}\right)^2 = 1. \tag{1.39}$$

これは楕円をあらわし，この結果より，入射高 $a$ に無関係に $x = 0$ で $z = R$,

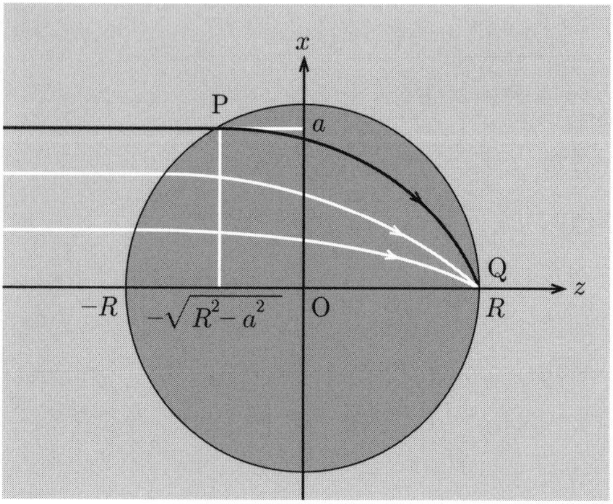


**図 1.4-4** ルーネベルク・レンズ

すなわち，球面の一方の側から光軸に平行に入射したすべての光線が反対側の球面の一点（図の光軸と球面の交点 Q）に集束することが示される（図 1.4-4）．この集束レンズを**ルーネベルク・レンズ**という．

## 1.5 ネーターの定理

前節で，循環座標に共役な光線ベクトル成分が保存する事実に言及した．それはもうすこし一般的に見れば，系の有する対称性に対応して保存量が存在するという，力学におけるネーターの定理に相当するものの一例である．

ある座標たとえば $x$ が循環座標であれば，$x$ 方向の平行移動に関してその系は対称性を有し，$x$ を $x+\Delta x$ に変えてもラグランジアンは変化しない．同様に，系がある対称性をもち，そのため無限小変換 $\vec{r}(s) \mapsto \vec{r}(s) + \epsilon\vec{f}(\vec{r}(s))$ によってラグランジアンが全微分項をのぞいて変化しないとする．すなわち

$$\delta\tilde{L} = \epsilon\left(\frac{\partial\tilde{L}}{\partial\vec{r}}\cdot\vec{f} + \frac{\partial\tilde{L}}{\partial\dot{\vec{r}}}\cdot\dot{\vec{f}}\right) = \epsilon\frac{dG}{ds}.$$

この式を書き直すと，

$$\frac{d}{ds}\left(\frac{\partial\tilde{L}}{\partial\dot{\vec{r}}}\cdot\vec{f} - G\right) = \left\{\frac{d}{ds}\left(\frac{\partial\tilde{L}}{\partial\dot{\vec{r}}}\right) - \frac{\partial\tilde{L}}{\partial\vec{r}}\right\}\cdot\vec{f}.$$

したがって，とくに $G$ が 0 の場合，オイラー方程式 (1.16) を満たす $\vec{r}(s)$ にたいして，つまり現実の光線経路にそって

$$\frac{d}{ds}\left(\frac{\partial\tilde{L}}{\partial\dot{\vec{r}}}\cdot\vec{f}\right) = 0 \qquad \therefore\ F(\vec{r},\dot{\vec{r}}) := \vec{f}\cdot\frac{\partial\tilde{L}}{\partial\dot{\vec{r}}} = \text{const.} \tag{1.40}$$

すなわち，$\vec{r}(s)$ がオイラー方程式の解のとき $F(\vec{r}(s), \dot{\vec{r}}(s)) = F(\vec{r}(0), \dot{\vec{r}}(0))$．このように方程式の解にそって保存される（値が一定となる）関数はその方程式の**第 1 積分**といわれる（ラグランジアンの変化 $\delta\tilde{L}$ に全微分項 $\epsilon\, dG/ds$ が残るときは $F-G$ が第 1 積分であるが，以下ではこのケースは考えない）．

ここで，さきに定義した光線ベクトル $\vec{p}_L = \mu\vec{e}_t$ を用いてあらわされたこの

$$F(\vec{r},\dot{\vec{r}}) = \vec{f}\cdot\frac{\partial\tilde{L}}{\partial\dot{\vec{r}}} = \vec{f}\cdot\vec{p}_L = \mu\vec{f}\cdot\vec{e}_t \tag{1.41}$$

は**モーメント関数**といわれる．系がある対称性を有するとき，それに対応するモーメント関数は第 1 積分である．これが**ネーターの定理**である．

たとえば，系が $\vec{n}$ 方向への平行移動で不変で，それゆえ $\vec{r} \mapsto \vec{r} + \kappa\vec{n}$ の変換でラグランジアンが変化しないとしよう．このとき $F(\vec{r}, \dot{\vec{r}}) = \kappa\vec{n} \cdot \vec{p}_L$，すなわち $\vec{p}_L$ の $\vec{n}$ 方向成分 $\mu(\vec{r})\vec{e}_t \cdot \vec{n}$ は保存される．とくに，$\mu(\vec{r})$ が $z$ 方向にのみ変化し $x$ と $y$ には依存しないときには，$x, y$ が循環座標で，それに共役な光線成分 $p_{Lx} = \mu e_{tx}$ と $p_{Ly} = \mu e_{ty}$ が保存する．§1.4 の末尾に記したことである．

また，系が軸対称で，対称軸として光軸を有する場合を考える．その光軸を $z$ 軸にとり屈折率が $\mu(z, \sqrt{x^2 + y^2})$ の形をしているとしよう．このとき，$z$ 軸のまわりの無限小回転 $x \mapsto x - \epsilon y$，$y \mapsto y + \epsilon x$ によって，ラグランジアンは変化しない．この場合 $\vec{f} = (-y, +x, 0)$ で，そのモーメント関数は

$$M_z(x, y, p_{Lx}, p_{Ly}) := xp_{Ly} - yp_{Lx} = (\vec{r} \times \vec{p}_L)_z. \tag{1.42}$$

であり，この量は幾何光学では**スキュー度関数**といわれている [16)]．これは 3 次元の $\vec{r}$ ベクトルと $\vec{p}_L$ ベクトルを $x, y$ 平面に射影したときの二つの 2 次元ベクトルのなす平行四辺形の面積に等しい．そしてネーターの定理は，軸対称な系ではこの量が保存することを要求している．この保存は力学における角運動量の $z$ 成分の保存に対応する．光学ではこの保存量の値は**スキュー度**とよばれている．スキュー度 0 とは光線が光軸を含む定平面（子午面）内にあることを意味し，0 でないスキュー度はそれからのはずれ（光線のねじれ）の度合いを示す．

さらに，系が球対称（点対称）で屈折率が $\mu(\sqrt{x^2 + y^2 + z^2}) = \mu(|\vec{r}|)$ の形をしている場合を考える．

地球をとりまく大気による光の屈折が近似的にこの条件を満たしていると考えられる．というのも大気密度は，近似的には地球の中心からの距離とともに減少してゆき，それにともなって屈折率も 1 に近づいてゆくが，方向（緯度や経度）にはあまり依存しないと考えられるからである．この場合，$z$ 軸のまわりだけではなく，$x$ 軸，$y$ 軸のまわりにも上と同様の議論ができるので，ベクトル $\vec{M} := \vec{r} \times \vec{p}_L = \mu\vec{r} \times \vec{e}_t$ 自体，つまりその 3 成分のそれぞれが第 1 積

---

16) $M_z^2$ はときに「ペッツバール不変量」ともいわれる．

分であり，保存される．力学における中心力の場のなかでの角運動量ベクトル $\overrightarrow{M}_{mec} = \vec{r} \times \vec{p}$ の保存に対応している．

ベクトル $\vec{r} \times \vec{e}_t$ の向きが一定ということは $\vec{r}$ と $\vec{e}_t$ を含む平面が定平面であり，したがって光線経路が中心を含む一定平面（子午面）上にあることを意味している．そのことはすでにルーネベルク・レンズの例で示したとおりである．そこで $\vec{r} \times \vec{e}_t$ が $y$ 軸方向を向き，光線経路が光源を含む $zx$ 平面にあるとして，$r = |\vec{r}| = r(\theta)$ であらわされるとしよう（図 1.5-1）．$\theta$ は $\vec{r}$ と $z$ 軸のなす角度である．このとき

$$\mu(r)\vec{r} \times \vec{e}_t = \mu(r)\begin{pmatrix} r\sin\theta \\ 0 \\ r\cos\theta \end{pmatrix} \times \frac{1}{\sqrt{r^2 + (dr/d\theta)^2}}\begin{pmatrix} (dr/d\theta)\sin\theta + r\cos\theta \\ 0 \\ (dr/d\theta)\cos\theta - r\sin\theta \end{pmatrix}$$

$$= \frac{\mu(r)r^2}{\sqrt{r^2 + (dr/d\theta)^2}}\begin{pmatrix} 0 \\ 1 \\ 0 \end{pmatrix} = \text{定ベクトル}.$$

したがって，$\vec{r}$ と $\vec{e}_t$ のなす角度を $\varphi$ として

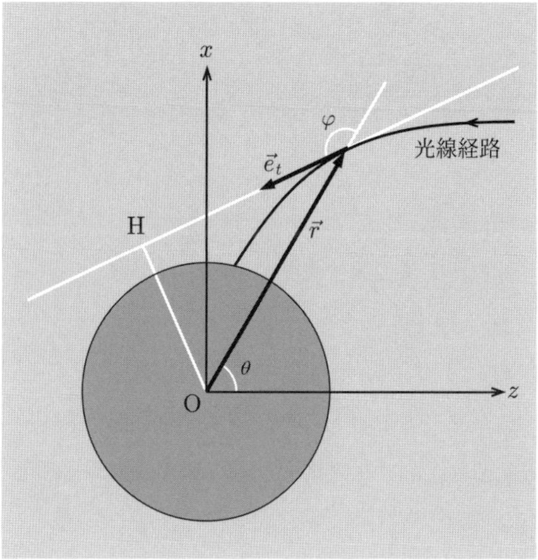


図 1.5-1　地球をとりまく大気中での光線の屈折

$$\mu(r) r \sin\varphi = \frac{\mu(r) r^2}{\sqrt{r^2 + (dr/d\theta)^2}} = m \text{（定数）}. \tag{1.43}$$

この左辺の量は**スミス=ヘルムホルツ不変量**といわれているものである．なお $m$ は定ベクトル $\overrightarrow{M} = \mu(r)\vec{r} \times \vec{e}_t$ の大きさにほかならない．

この式はまた，図 1.5-1 で光線経路の $\vec{r}$ 点での接線に地球の中心 O から下ろした垂線の足を H として $\mu\,\overline{\mathrm{OH}} = \mathrm{const.}$ とあらわされ，**ブーゲの法則**とよばれている．上空にゆくにつれて $\mu$ が減少する（1 に近づく）ために，$\overline{\mathrm{OH}}$ が増し，光線は図の向きに湾曲する．したがって太陽は，日没で地平面下に沈んだはずの状態でも少しの時間見え続けることになる．

なお，上式を書き直せば

$$\frac{dr}{d\theta} = \pm\frac{r}{m}\sqrt{\mu(r)^2 r^2 - m^2}, \quad \text{i.e.} \quad \theta = \pm\int^r \frac{m\,dr}{r\sqrt{\mu(r)^2 r^2 - m^2}}. \tag{1.44}$$

球対称な系における，2 次元極座標で書いた光線経路の方程式である．

### 例 1.5-1（ケプラー運動類似問題）

屈折率が $\mu = \sqrt{a + b/r}$ であらわされる球対称な媒質を考える．このとき，光線は原点を含む一定平面上にあり，光線経路の方程式 (1.44) は，この場合

$$\theta = \pm\int^r \frac{m\,dr}{r^2\sqrt{a + \frac{b}{r} - \frac{m^2}{r^2}}} = \pm\int^r \frac{dr}{r^2\sqrt{\frac{b^2+4am^2}{4m^4} - \left(\frac{1}{r} - \frac{b}{2m^2}\right)^2}}.$$

ここで，

$$\frac{1}{r} - \frac{b}{2m^2} = \sqrt{\frac{b^2 + 4am^2}{4m^4}}\cos\psi$$

と変数変換すれば，$\theta = \pm\psi + \theta_0$，すなわち

$$r = \frac{2m^2/b}{1 + \sqrt{1 + 4am^2/b^2}\cos(\theta - \theta_0)}. \tag{1.45}$$

これは円錐曲線であり，$a < 0$ で楕円，$a = 0$ で放物線，そして $a > 0$ で双曲線をあらわす．

例 1.5-2（視高度 0 での大気差）

日没時に太陽が地平面下に沈んだときに，どのくらいの角度まで見えるか，つまり視高度 0 のときの大気差を考える．地球のまわりの大気密度はほぼ球対称ゆえ，大気の屈折率は地球の中心からの距離 $r$ の関数 $\mu(r)$ であらわされる．そして地表 $r = R$ で $\mu(R) = 1.000292 = 1 + \varepsilon$，無限遠で $\mu(\infty) = 1$ であることがわかっている．いま，地表に水平に入射する光線を考えているので，図 1.5-1 で $r = R$ のとき $\varphi = \pi/2$ ゆえ，(1.43) より $m = R\mu(R)$.

もっとも単純なモデルとして，例 1.5-1 の結果が使用できるように，$\mu(r) = \sqrt{1 + b/r}$ $(b = R\mu(R)^2 - R \fallingdotseq 2\varepsilon R \ll m)$ とおいてみよう．この場合，(1.45) 式において $a = 1$ ゆえ経路は双曲線で，$r \to \infty$ のとき $\theta = \theta_\infty$ として

$$\cos(\theta_\infty - \theta_0) = \frac{-1}{\sqrt{1 + 4m^2/b^2}} \fallingdotseq -\frac{b}{2m} \fallingdotseq -\varepsilon.$$

近似は，$\mu(R) \fallingdotseq 1$，$b/2m \fallingdotseq \varepsilon/\mu(R) \fallingdotseq \varepsilon = 0.000292 \ll 1$ を考慮した．おなじ近似で

$$\theta_\infty - \theta_0 = \frac{\pi}{2} + \frac{b}{2m} = \frac{\pi}{2} + \varepsilon.$$

他方，地表に水平に入射する光に着目しているゆえ，$r = R$ で $dr/d\theta = 0$．これより，地表で $\theta = \theta_R$ として，$\sin(\theta_R - \theta_0) = 0$．すなわち $\theta_R - \theta_0 = 0$．したがって，この場合の大気差は

$$\theta_\infty - \frac{\pi}{2} - \theta_R = \varepsilon = 0.000292 = 1'.$$

『理科年表』によると，大気差はもっと大きく視高度 $0°$ で $\delta = 34'24''$ ゆえ，このモデルは現実からは大きく外れていて，失格といわざるをえない．

そこで，屈折率の変化の割合（高度による減少の割合）がもう少し大きいモデルとして，$\mu(r) = \sqrt{1 + (b/r)^2}$ $(b^2 = \mu(R)^2 R^2 - R^2 \fallingdotseq 2\varepsilon R^2 \ll m^2)$ としてみよう．このとき，(1.44) 式より

$$\theta = \pm \int^r \frac{m dr}{r\sqrt{r^2 + b^2 - m^2}} = \pm \frac{m}{\sqrt{m^2 - b^2}} \int^r \frac{dr}{r^2 \sqrt{\frac{1}{m^2 - b^2} - \frac{1}{r^2}}}.$$

ここでも $1/r = \cos\phi/\sqrt{m^2 - b^2}$ とおいて積分すれば $\theta = \pm m\phi/\sqrt{m^2 - b^2} + \theta_0$.

それゆえ光線の経路は

$$r = \frac{\sqrt{m^2 - b^2}}{\cos\{\frac{\sqrt{m^2-b^2}}{m}(\theta - \theta_0)\}}.$$

これより

$$\theta_\infty - \theta_0 = \frac{\pi}{2}\frac{m}{\sqrt{m^2 - b^2}} \fallingdotseq \frac{\pi}{2}\left(1 + \frac{b^2}{2m^2}\right) \fallingdotseq \frac{\pi}{2}(1+\varepsilon), \quad \theta_R - \theta_0 = 0.$$

したがって，この場合の大気差は

$$\theta_\infty - \frac{\pi}{2} - \theta_R \fallingdotseq \frac{\pi}{2}\varepsilon = 1'34''.$$

すこしは現実の値に近づいたとはいえ，はじめのモデルと五十歩百歩で，実際の大気差の説明としてはやはり失格である．

ということは，大気密度の高度による減少，したがって屈折率の真空との差の減少が実際にはもっと急激で，むしろ指数関数的なものに近いと考えられる．実際,『理科年表』の標準大気では，大気密度 $\rho$ の変化はつぎのようになっている（$e = 2.71$ は自然対数の底）：

| 高度（単位 km） | 大気密度（単位 kg/m$^3$） |
|---|---|
| 0 | $1.225 = \rho(0)$, |
| 9 | $0.467 = 1.225 \div 2.62 \fallingdotseq \rho(0) \div e$, |
| 16 | $0.166 = 1.225 \div (2.71)^2 \fallingdotseq \rho(0) \div e^2$, |
| 22 | $0.065 = 1.225 \div (2.66)^3 \fallingdotseq \rho(0) \div e^3$, |
| 29 | $0.021 = 1.225 \div (2.76)^4 \fallingdotseq \rho(0) \div e^4$. |

すなわち高度を $h$ で記して，大気密度の高度変化を $\rho(h) \fallingdotseq \rho(0)\exp(-h/\lambda)$, $\lambda \fallingdotseq 7$ km と近似できよう．そして大気の屈折率 $\mu(r)$ の真空との差が大気密度に比例するとすれば，$\mu(r = R + h) = 1 + \varepsilon\exp(-h/\lambda)$ とすることができる．

そこで，思いきって，地表から高度 $\bar{h}$ までは大気の屈折率がほぼ地表の値 $\mu(R) = 1 + \varepsilon$ を保ち，それを越えると一挙に減少して真空のもの $\mu(\infty) = 1$ になると単純化してみよう．

このとき，高度 $\bar{h}$ での屈折の法則と振れの角 $\delta$ は，図 1.5-2 より

$$\sin(\sigma+\delta)=\mu(R)\sin\sigma \qquad \therefore \quad \delta=\varepsilon\tan\sigma.$$

他方，図で $\tan\sigma=R/\sqrt{(R+\bar{h})^2-R^2}\fallingdotseq\sqrt{R/2\bar{h}}$. したがって $\delta=\varepsilon\sqrt{R/2\bar{h}}$. 実際には光線は連続的に曲がっている．そこで，図 1.52 の折れ線を無限遠から湾曲しながら地表に達する光線の無限遠と地表での接線と見なして，ブーゲの法則を用いても，おなじ結果が得られる．

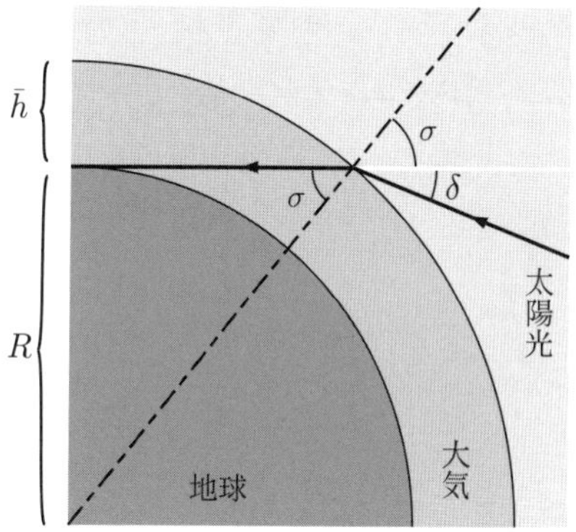


図 1.5-2 視高度 0 の大気差

この $\bar{h}$ の値としては，つぎのように考える．光は実際には $1+\varepsilon\exp(-h/\lambda)$ の屈折率のなかを $h=\infty$ から $h=0$ まで進んできたのを，モデルとして，$h=\infty$ から $\bar{h}$ までは真空つまり屈折率 $\mu=1$ のなかを，そして $h=\bar{h}$ から 0 まで屈折率 $1+\varepsilon$ のなかを進んだことにするのであるから，

$$\varepsilon\bar{h}=\int_0^\infty\varepsilon\exp(-h/\lambda)dh=\varepsilon\lambda \qquad \therefore \quad \bar{h}=\lambda=7\ \mathrm{km}$$

ととるのが合理的であろう．そのとき地球半径を $R=6400$ km として，

$$\delta=0.000292\sqrt{\frac{6400}{2\times 7}}=0.0062=21'.$$

これでも実際よりは小さいが，しかしオーダーは合っている．したがって現実はこれに近いかたちで屈折率が急速に減少しているのであろう．いずれにせよ，

これからわかるように，大気差をもたらす地表の大気層の厚さは，せいぜい数 km の程度と考えられる．

## 1.6 マクスウェルの魚眼と完全結像

屈折率が

$$\mu(r) = \frac{n_0 D^2}{D^2 + r^2} \qquad ただし\ n_0 > 1 \tag{1.46}$$

で与えられる球対称な媒質中の光線を考える．この場合，前節に見たように，ベクトル $\overrightarrow{M} = \vec{r} \times \vec{p}_L = \mu \vec{r} \times \dot{\vec{r}}$ 自体が保存する．光線はこの定ベクトルに垂直な平面内にあり，その平面上での 2 次元極座標を用いた軌道の方程式 (1.44) は，この場合，一定値をとる $\overrightarrow{M}$ の大きさを $m$ として

$$\theta = \int^r \frac{\pm m\, dr}{r\sqrt{\{n_0^2 D^4/(D^2+r^2)^2\} r^2 - m^2}}.$$

積分は，積分変数を

$$\eta = \frac{r}{D} - \frac{D}{r}$$

に変換すれば，$m/n_0 D = a$ と書いて

$$\theta = \int^r \frac{\pm a\, d\eta}{\sqrt{1 - a^2(\eta^2 + 4)}}.$$

ただし (1.43) より

$$m \leqq \mu(r) r = \frac{n_0 r D^2}{D^2 + r^2} \leqq \frac{1}{2} n_0 D$$

ゆえ，$a \leqq 1/2$. そこでもう一度，$\eta = (\sqrt{1 - 4a^2}/a)\sin\psi$ と変換すれば，上式は $\theta = \pm \int d\psi = \pm\psi + \alpha$ となり，これより

$$\eta = \frac{r}{D} - \frac{D}{r} = \pm\frac{\sqrt{1-4a^2}}{a}\sin(\theta - \alpha). \tag{1.47}$$

$\overrightarrow{M}$ 方向を $y$ 軸にとれば，光線は $z, x$ 平面上にある．光線経路は，2 次元極座標 $z = r\cos\theta$, $x = r\sin\theta$ で表せば，$\pm D\sqrt{1-4a^2}/a = 2b$ とおいて，

$$(x - b\cos\alpha)^2 + (z + b\sin\alpha)^2 = D^2 + b^2, \tag{1.48}$$

すなわち，中心 $(z, x) = (-b\sin\alpha, b\cos\alpha)$，半径 $\sqrt{D^2 + b^2} = \sqrt{\mu(0)/\mu(b)}\,D$ の円である．

そして，点 A : $(r = r_0,\ \theta = \theta_0)$ が (1.47) を満たせば，$b$ と $\alpha$ の値によらず点 B : $(r = D^2/r_0,\ \theta = \theta_0 + \pi)$ も (1.47) を満たす．つまり点 A から出たすべての光線は点 B をとおる．このように一点から出たすべての光線が別の一点に集束するので，マクスウェルの魚眼は**完全結像系**である．光線の逆進性より，点 A と B の役割を入れかえることができ，点 A と B はたがいに共役である．

光線経路は，つぎのように作図される．

$z, x$ 平面上で原点 O を中心とする半径 $D$ の円を描く．O をとおる任意の直線を描き，その上の一点を A とする．$\overline{\mathrm{OA}} = r_0$，そして直線 OA が $z$ 軸となす角度が $\theta_0$ である．OA に直交する直径 NS を引き，AS と円周との交点を A′，A′ をとおる直径の他端を B′ として，直線 B′S と直線 OA の交点が B である．実際，OB と $z$ 軸のなす角度は $\theta_0 + \pi$ で一定で，$\angle \mathrm{A'SB'} = \pi/2$ ゆえ

$$\triangle\mathrm{AOS} \backsim \triangle\mathrm{SOB} \qquad \therefore\ \overline{\mathrm{AO}}\cdot\overline{\mathrm{OB}} = \overline{\mathrm{OS}}^2 = D^2, \tag{1.49}$$

すなわち $\overline{\mathrm{OB}} = D^2/r_0$ で，たしかに B が A の共役点である．そこで AB の垂直 2 等分線上の任意の点を中心 O′ とし，点 AB をとおる円を描けば，これはひとつの光線経路を与える．なお，$\overline{\mathrm{OO'}} = b$，そして OO′ が $x$ 軸となす角度が $\alpha$ である（図 1.6-1）．このとき，AB の中点を M として

$$\overline{\mathrm{O'A}}^2 = \overline{\mathrm{O'M}}^2 + \overline{\mathrm{MA}}^2 = \overline{\mathrm{O'O}}^2 - \overline{\mathrm{OM}}^2 + \overline{\mathrm{MA}}^2$$
$$= \overline{\mathrm{O'O}}^2 + \overline{\mathrm{OA}}\cdot\overline{\mathrm{OB}} = b^2 + D^2$$

で，軌道円の半径はたしかに $\sqrt{b^2 + D^2}$．

じつは，この問題では，ラグランジアン

$$\tilde{L} = \mu(x, y, z)\sqrt{\dot{x}^2 + \dot{y}^2 + \dot{z}^2} = \frac{n_0 D^2}{D^2 + \sum_i x_i^2}\sqrt{\sum_i \dot{x}_i^2} \tag{1.50}$$

が回転対称性以外に特異な対称性を有しているので，いまひとつのベクトルの保存量を有している（$(x_1, x_2, x_3) = (x, y, z)$，$\sum_i$ は $i = 1, 2, 3$ についての和）．

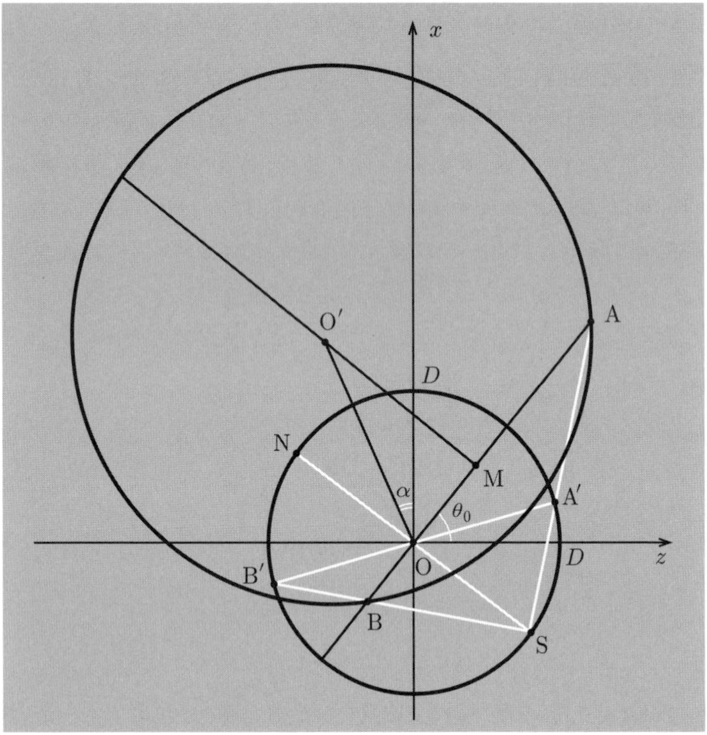


図 1.6-1 マクスウェルの魚眼

実際，このラグランジアンにたいして微小変換

$$x_i \mapsto x_i + \epsilon f_i^{(k)} = x_i + \frac{\epsilon}{2}(D^2 - r^2)\delta_{ki} + \epsilon x_k x_i,$$

$$\dot{x}_i \mapsto \dot{x}_i + \epsilon \dot{f}_i^{(k)} = \dot{x}_i - \epsilon \sum_j x_j \dot{x}_j \delta_{ki} + \epsilon(\dot{x}_k x_i + x_k \dot{x}_i)$$

を施す（$k = 1, 2, 3$，$\epsilon$ は微小量，$r^2 = \sum_i x_i^2$，$\delta_{ki}$ はクロネッカーのデルタ）．直接の計算でわかるように，この微小変換にともなうラグランジアンの変化は $\tilde{L} \mapsto \tilde{L} + O(\epsilon^2)$．すなわちこの無限小変換でラグランジアンは不変に保たれ，したがってこれに対応するモーメント関数

$$N^k = \sum_i \left(\frac{\partial \tilde{L}}{\partial \dot{x}_i}\right) f_i^{(k)} = \frac{\mu}{2}(D^2 - r^2)\dot{x}_k + \mu(\vec{r} \cdot \dot{\vec{r}})x_k \qquad (k = 1, 2, 3)$$

が保存する(第1積分である). ベクトルで書けば

$$\begin{aligned}\vec{N} &= \frac{\mu(D^2+r^2)}{2}\dot{\vec{r}} + \mu(\vec{r}\cdot\dot{\vec{r}})\vec{r} - \mu r^2\dot{\vec{r}} \\ &= \frac{\mu(D^2+r^2)}{2}\dot{\vec{r}} + \mu\vec{r}\times(\vec{r}\times\dot{\vec{r}}) = \text{const.}\end{aligned} \tag{1.51}$$

このような, 実空間の対称性ではなく, 系の数学的構造のなかに潜む対称性は**隠れた対称性**といわれる. 今の場合のベクトル $\vec{N}$ の保存は, 力学におけるケプラー問題でのレンツ・ベクトルの保存に相当する, 隠れた対称性に対応する保存量である. この量が実際に保存することは, 光線方程式を用いて直接示すことができる. これより,

$$\vec{r}\times\vec{N} = \frac{D^2+r^2}{2}\vec{r}\times\mu\dot{\vec{r}} + \vec{r}\times(\vec{r}\times(\vec{r}\times\mu\dot{\vec{r}})) = \frac{D^2-r^2}{2}\vec{M}.$$

ところが §1.5 で見たように, この場合 $\vec{M}=\mu\vec{r}\times\dot{\vec{r}}$ が定ベクトルで, かつ $\vec{r}$ と $\dot{\vec{r}}$ に直交しているので, この $\vec{N}$ ベクトルは $\vec{M}$ に直交する定平面内にある. それゆえ, $\vec{M}$ 方向を $y$ 軸にとり $\vec{M}=(0,m,0)$ とすると, $\vec{r}=(x,0,z)$, $\vec{N}=(N_x,0,N_z)$ であり, 上式の $y$ 成分は

$$\begin{aligned} zN_x - xN_z &= \frac{D^2-x^2-z^2}{2}m \\ \text{i.e.}\quad \left(x-\frac{N_z}{m}\right)^2 + \left(z+\frac{N_x}{m}\right)^2 &= D^2 + \frac{N^2}{m^2}.\end{aligned}$$

これは先に求めた光線経路の式 (1.48) に他ならず, こうして積分することなく光線の式が求まる. またこの式を (1.48) とくらべて, $N_x = mb\sin\alpha$, $N_z = mb\cos\alpha$, すなわち $\vec{N}$ ベクトルは, 大きさが $mb$ で, $z$ 軸と $\alpha$ の傾きの方向.

なお, この結果をオイラー方程式によらず直接フェルマの原理から導き出す, カラテオドリーが考案した巧妙な立体射影の方法があるので, 記しておこう(図 1.6-2, 以下本項では3次元座標成分を $z,x,y$ の順に記す).

2次元平面上の点は3次元球面上の点と（1点を除き）1対1に対応している. 実際, $z,x$ 平面に垂直に $y$ 軸をとり, 原点を中心とした半径 $D$ の球面をこの空間に作る. $z,x$ 平面を赤道面, 点 $(z=x=0, y=D)$ を北極 N, 点 $(z=x=0, y=-D)$ を南極 S とし, 南極 S と $z,x$ 面（$y=0$ の面）上の点 P : $(z,x,0)$

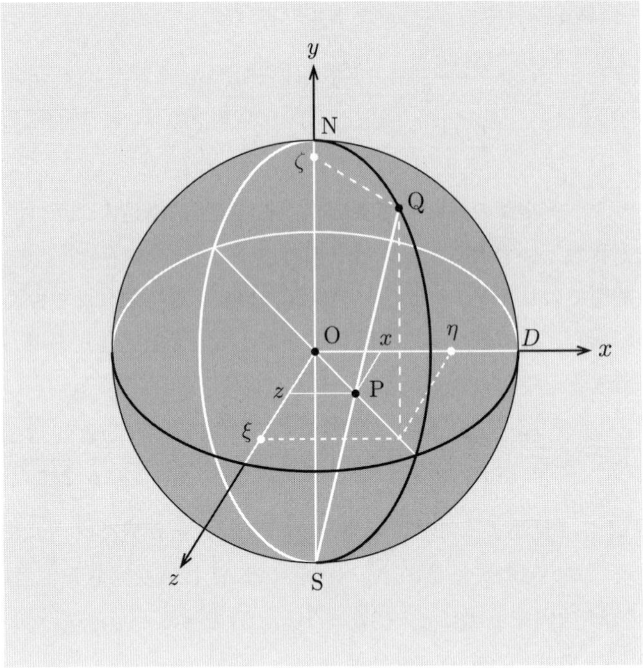


図 1.6-2 カラテオドリーの立体射影の方法

を結んだ直線がその球と交わる点を Q とすると，Q の $z, x, y$ 座標は

$$\xi = \frac{2D^2 z}{D^2 + x^2 + z^2}, \qquad \eta = \frac{2D^2 x}{D^2 + x^2 + z^2}, \qquad \zeta = \frac{D^2 - z^2 - x^2}{D^2 + x^2 + z^2} D. \tag{1.52}$$

これにより，球面上の南極以外の点が $z, x$ 平面上の点に 1 対 1 に対応し，$x, z$ 平面上の関係をこの球面上の関係に置き換えることができる．直接の計算で

$$d\xi^2 + d\eta^2 + d\zeta^2 = \frac{4D^4(dx^2 + dz^2)}{(D^2 + z^2 + x^2)^2} = 4\,\frac{\mu^2}{n_0^2}(dx^2 + dz^2).$$

したがって，平面上の点 A, B に対応する球面上の点を $\tilde{\mathrm{A}}, \tilde{\mathrm{B}}$ として，光路長は

$$J = \int_{\mathrm{A}}^{\mathrm{B}} \mu\sqrt{dx^2 + dz^2} = \frac{n_0}{2}\int_{\tilde{\mathrm{A}}}^{\tilde{\mathrm{B}}} \sqrt{d\xi^2 + d\eta^2 + d\zeta^2}. \tag{1.53}$$

右辺の積分はあきらかに 2 点 $\tilde{\mathrm{A}}, \tilde{\mathrm{B}}$ をつなぐ球面上の曲線の長さであり，それが光線経路をあらわすためには，フェルマの定理よりこの積分値が極値にならなければならないが，それは球面上では $\tilde{\mathrm{A}}$ と $\tilde{\mathrm{B}}$ をつなぐ大円である．そして，その大円を (1.52) 式によって $z, x$ 平面に射影した曲線は円であることが示される．実際，3 次元極座標を用いると $\xi = D\sin\Theta\cos\Phi$，$\eta = D\sin\Theta\sin\Phi$，$\zeta = D\cos\Theta$ として，大円の方程式は

$$D\{\cos\Theta\cos\Theta_0 + \sin\Theta\sin\Theta_0\sin(\Phi - \Phi_0)\} = 0$$

$$\text{i.e.} \qquad \zeta\cos\Theta_0 + \eta\sin\Theta_0\cos\Phi_0 - \xi\sin\Theta_0\sin\Phi_0 = 0.$$

これを $(z, x)$ 座標で書き直すと

$$(x - D\tan\Theta_0\cos\Phi_0)^2 + (z + D\tan\Theta_0\sin\Phi_0)^2 = D^2 + (D\tan\Theta_0)^2.$$

これは $D\tan\Theta_0 = b$，$\Phi_0 = \alpha$ とすれば，(1.48) とおなじもので，大円の赤道面への射影として得られた光線経路はたしかに円となる．

なお，$\mathrm{A} : (r_0, \theta_0)$ と $\mathrm{B} : (D^2/r_0, \theta_0 + \pi)$ は，球上ではそれぞれ

$$\tilde{\mathrm{A}} : \left(+\frac{2D^2}{D^2 + r_0^2} r_0\cos\theta_0,\ +\frac{2D^2}{D^2 + r_0^2} r_0\sin\theta_0,\ +\frac{D^2 - r_0^2}{D^2 + r_0^2} D\right),$$

$$\tilde{\mathrm{B}} : \left(-\frac{2D^2}{D^2 + r_0^2} r_0\cos\theta_0,\ -\frac{2D^2}{D^2 + r_0^2} r_0\sin\theta_0,\ -\frac{D^2 - r_0^2}{D^2 + r_0^2} D\right)$$

であり，$\tilde{\mathrm{A}}$ と $\tilde{\mathrm{B}}$ は対蹠点になっている．したがってそれを大円にそって結ぶ経路長はすべて $\pi D$ であり，(1.53) 式より，AB 間の光線の光路長はすべて $J = \pi n_0 D/2$ で等しい，つまり所要時間は経路によらず同一である．A からのすべての光線が B に集束するのであるから，当然である．

なお，(1.46) の屈折率が $\mu(r) \geqq 1$ ゆえ，マクスウェルの魚眼の条件を満たす物質は $r \leqq \sqrt{n_0 - 1}D$ の領域に限られる．

### 例 1.6-1（デカルトの卵形曲線）

屈折率が $\mu = n$ (const.) の空間の 1 点 A から出て，媒質の境界面で屈折した光線のすべてが，屈折率 $\mu = n'$ (const.) の空間の 1 点 B に集束するような，境界面を求める．AB を結ぶ直線にそって $z$ 軸，境界面が $z$ 軸を切る点を $z = 0$，A の座標を $z = a < 0$，B の座標を $z = b > 0$ ととる．系は $z$ 軸のまわり

に軸対称ゆえ，境界面は $z$ 軸からの距離 $\rho = \sqrt{x^2 + y^2}$ の関数で $z = \Phi(\rho)$ とあらわされ，$\Phi(0) = 0$ である．

A からのすべての光線が B に集束するという条件より

$$n'\sqrt{\rho^2 + (b - z)^2} + n\sqrt{\rho^2 + (z - a)^2} = n'b - na.$$

この回転面を $z$ 軸を含む平面で切った切断面の曲線が，**デカルトの卵形曲線**である（図 1.6-3）．作図は $n'b - na = C$ としたときに，いくつもの $l$ の値にたいして，A を中心とする半径 $l$ の円と B を中心とする半径 $l' = (C - nl)/n'$ の円の交点を作り，それらの点をつないでゆけばよい．

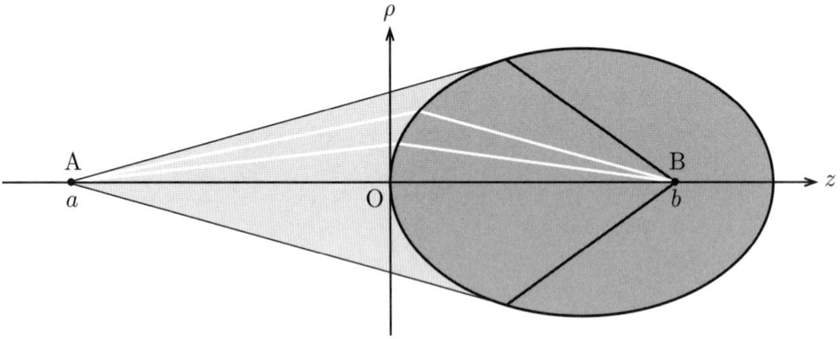


**図 1.6-3** デカルトの卵形曲線（$n'/n = 1.4$ の場合）

とくに点 A が無限遠にあるとき（$a \to -\infty$），

$$\sqrt{\rho^2 + (z - a)^2} + a = \frac{\rho^2 + z^2 - 2az}{\sqrt{\rho^2 + (z - a)^2} - a} \to z$$

としてよいから，もとの条件は $n'\sqrt{\rho^2 + (b - z)^2} + nz = n'b$ となり，これより

$$\left(z - \frac{n'b}{n' + n}\right)^2 + \frac{n'^2}{n'^2 - n^2}(x^2 + y^2) = \left(\frac{n'b}{n' + n}\right)^2,$$

あるいは，$n'b/(n + n') = \bar{b}$，$n/n' = e$ として

$$\frac{(z - \bar{b})^2}{\bar{b}^2} + \frac{x^2 + y^2}{\bar{b}^2(1 - e^2)} = 1.$$

これは $n < n'$ $(e < 1)$ で回転楕円体，$n > n'$ $(e > 1)$ で回転双曲面をあらわす．前者，$e < 1$ で回転楕円体の場合，無限遠の光源からの光のうち，楕円体に入射する光線のすべてが軸上の $z = b$ の点に集束する．後者，$e > 1$ で回転双曲面の場合，無限遠の光源からのすべての光が軸上の $z = b$ の点に集束するので，この場合は**完全結像**である．

なお，上の楕円（デカルトの楕円という）は，$z$ 軸上の $z = 0$ の近傍では

$$z = \bar{b} - \sqrt{\bar{b}^2 - \frac{n'^2}{n'^2 - n^2}\rho^2}$$
$$= \frac{n'^2}{n'^2 - n^2}\frac{\rho^2}{2\bar{b}} + \left(\frac{n'^2}{n'^2 - n^2}\right)^2 \frac{\rho^4}{8\bar{b}^3} + O(\rho^6/\bar{b}^5).$$

これを，この楕円に $z = 0$ で接している半径 $R$ の球 $(z - R)^2 + \rho^2 = R^2$ の $z = 0$ の近傍，すなわち

$$z = R - \sqrt{R^2 - \rho^2} = \frac{\rho^2}{2R} + \frac{\rho^4}{8R^3} + O(\rho^6/R^5)$$

とくらべる，その結果，このデカルトの楕円の $z = 0$ での曲率半径が $R = (1 - n^2/n'^2)\bar{b} = (1 - e^2)\bar{b}$ であることがわかり，デカルトの楕円はこの曲率半径を用いて

$$z = \frac{\rho^2}{2R} + \frac{\rho^4}{8R^3}\left(1 - \frac{n^2}{n'^2}\right) \tag{1.54}$$

とあらわされる．すなわち，デカルトの楕円は球にくらべると軸から離れるにつれてわずかに曲がり具合の少なくなる曲面であることがわかる．逆に言えば，球は軸から離れるにつれてデカルトの楕円より曲がりがわずかに大きく，そのため軸から離れた光線は屈折が大きくなり，入射した平行光線束が1点に集束しなくなる．これは収差とよばれる現象で，第5章で詳しく見ることにする．

## 1.7 不連続面の連続条件

変分法についての前節までの議論は，ラグランジアンが連続で微分可能という前提でおこなわれていた．しかしそれでは，媒質の性質が不連続に変化して反射や屈折が生じる場合には適用できない．そこで反射や屈折を扱うために，

変分法の議論をラグランジアンに不連続がある場合に拡大しよう.

その準備として，前節までの両端を固定した場合の変分問題を拡張し，ここでは始点 A だけ固定し（したがって $\delta\vec{r}(a)=0$, $\Delta a=0$），終点 B を自由に変化させたときに汎関数 $J$ が停留値をとる条件を求めよう．用いる式は (1.22) である（図 1.3-2）.

この場合，曲線を任意に微小に変化させて $\delta J=0$ となるためには，もちろん終点 B を動かさない場合でも $J$ が停留値をとらなければならないから，固定端変分の問題も含まれていることになり，したがって曲線上でオイラー方程式は満たされ，積分項は消える．そこでさらに B をその近くの点 B* に動かしたとすると，残りの項も 0 にならなければならない：

$$\delta J=\Big[\vec{p}_L\cdot\Delta\vec{r}\Big]_{s=b}=\Big[\mu\vec{e}_t\cdot\Delta\vec{r}\Big]_{s=b}=0 \quad \text{ただし}\quad \Delta\vec{r}\,|_{s=b}=\overrightarrow{\mathrm{BB}}^{*}. \tag{1.55}$$

とくに，端点 B が曲面 $\Psi(x,y,z)=0$ 上を動く場合には，曲面にそって

$$\Delta\Psi=\frac{\partial\Psi}{\partial x}\Delta x+\frac{\partial\Psi}{\partial y}\Delta y+\frac{\partial\Psi}{\partial z}\Delta z=0$$

ゆえ，上の条件は（$\partial\Psi/\partial x$ のような偏導関数を $\Psi_x$ のように記して）

$$\frac{p_{Lx}}{\Psi_x}=\frac{p_{Ly}}{\Psi_y}=\frac{p_{Lz}}{\Psi_z} \tag{1.56}$$

とあらわされる．これを**横断条件**といおう．これは，光線ベクトル $\vec{p}_L=\mu\vec{e}_t$ が $\vec{\nabla}\Psi=(\Psi_x,\Psi_y,\Psi_z)$ に平行，すなわち光線が曲面 $\Psi(x,y,z)=0$ に直交することをあらわしている.

さて，ラグランジアン $\tilde{L}$ が曲面 $\Sigma: z=\Phi(x,y)$ で不連続の場合を考察しよう．$\Phi(x,y)$ はすべての点ですくなくとも 2 回微分可能とする.

A からこの曲面上の点 P をとおって B にいたる経路と，この曲面上の P の近くの点 P* をとおって B にいたる経路での積分の差を考える（図 1.7-1）．経路を AP と PB に分けて考える．積分の差はそれぞれが (1.22) 式で表わされるから，この場合の第 1 変分は，P 点の前後での値を $s=\sigma-0$, $s=\sigma+0$ で記して

$$\delta J=\Big[\vec{p}_L\cdot\Delta\vec{r}\Big]_{\sigma-0}-\int_a^{\sigma-0}\left[\left\{\frac{d}{dz}\left(\frac{\partial\tilde{L}}{\partial\dot{\vec{r}}}\right)-\frac{\partial\tilde{L}}{\partial\vec{r}}\right\}\cdot\Delta\vec{r}(s)\right]ds$$

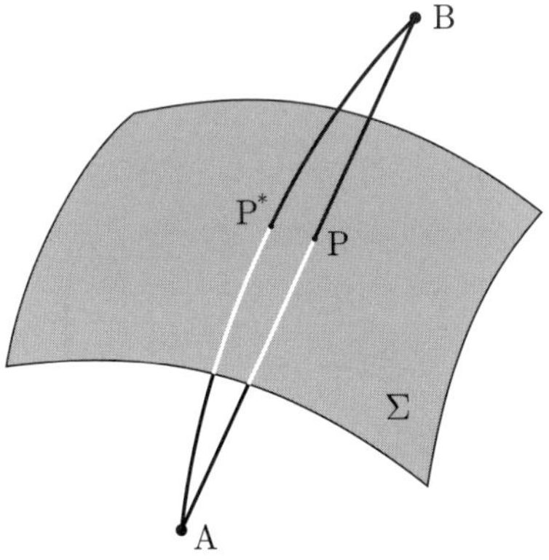


図 1.7-1 不連続面をとおる経路の変分

$$
-\left[\vec{p}_L \cdot \Delta\vec{r}\right]_{\sigma+0} - \int_{\sigma+0}^{b} \left[\left\{\frac{d}{dz}\left(\frac{\partial \tilde{L}}{\partial \dot{\vec{r}}}\right) - \frac{\partial \tilde{L}}{\partial \vec{r}}\right\} \cdot \Delta\vec{r}(s)\right] ds.
$$

この場合も，変分原理 $\delta J = 0$ は，もちろん P と P* が一致する場合も含まれているから，AP 間，PB 間でオイラー方程式が満たされなければならず，積分項はそれだけで 0. したがって不連続面からの寄与である残りの部分にたいして

$$
\left[\vec{p}_L \cdot \Delta\vec{r}\right]_{\sigma-0} = \left[\vec{p}_L \cdot \Delta\vec{r}\right]_{\sigma+0} \tag{1.57}
$$

すなわち，[ ] 内の量が不連続面 Σ の前後で連続でなければならない．これを**ワイヤシュトラス＝エルドマンの条件**という．

不連続面 $z = \Phi(x, y)$ 上では，$\Delta z = \Phi_x \Delta x + \Phi_y \Delta y$ であるから（ここでも $\partial\Phi/\partial x$ のような偏導関数を $\Phi_x$ のように記し），[ ] 内の量，すなわち

$$
\vec{p}_L \cdot \Delta\vec{r} = \mu\vec{e}_t \cdot \Delta\vec{r} = \mu\{e_{t1}\Delta x + e_{t2}\Delta y + e_{t3}(\Phi_x \Delta x + \Phi_y \Delta y)\}
$$

が不連続面 Σ の前後で連続であることを意味する．ここで $\Delta x, \Delta y$ が独立であり，さらに $\Phi_x, \Phi_y$ 自身も連続であることを考慮すると，このことは

$$
\mu(e_{t1} + e_{t3}\Phi_x) = p_{Lx} + p_{Lz}\Phi_x, \tag{1.58}
$$

$$
\mu(e_{t2} + e_{t3}\Phi_y) = p_{Ly} + p_{Lz}\Phi_y \tag{1.59}
$$

のそれぞれが連続で，したがってまた，この第 2 式 $\times\Phi_x$ と第 1 式 $\times\Phi_y$ の差，

つまり

$$\mu(e_{t2}\Phi_x - e_{t1}\Phi_y) = p_{Ly}\Phi_x - p_{Lx}\Phi_y$$

も連続であることがわかる．ところで，不連続面 $\Sigma$: $\Phi(x, y) - z = 0$ の法線は

$$\vec{n} = \frac{1}{\sqrt{\Phi_x^2 + \Phi_y^2 + 1}} \begin{pmatrix} \Phi_x \\ \Phi_y \\ -1 \end{pmatrix}$$

であるから，この場合，ワイヤシュトラス＝エルドマンの条件は

$$\mu\vec{n} \times \vec{e}_t = \frac{\mu}{\sqrt{\Phi_x^2 + \Phi_y^2 + 1}} \begin{pmatrix} e_{t2} + e_{t3}\Phi_y \\ -e_{t1} - e_{t3}\Phi_x \\ e_{t2}\Phi_x - e_{t1}\Phi_y \end{pmatrix} \tag{1.60}$$

が不連続面の前後で連続になることを要求している．これは $\vec{n}$ と $\vec{e}_t$ のなす角度を $\vartheta$，その二つのベクトルに直交する単位ベクトルを $\vec{c}$ として，$\mu \sin\vartheta\vec{c}$ が連続と言い直すことができる．

点 A と B が不連続面にたいしておなじ側であれば，屈折率の値に変化はないから，このことは，入射光線と反射光線と境界面の法線が同一平面上にあり，かつ入射角と反射角が等しいという，反射の法則をあらわす．

また，A と B が不連続面の反対側にあれば，これは屈折の法則 (1.7) (1.8) にほかならない．

なお，不連続面 $\Sigma : \Phi(x, y) - z = 0$ があるときのネーターの定理は，つぎのように示される．

上記の連続条件は，屈折率の不連続面の前後での値を in と out で区別すれば

$$\Big[p_{Lx} + p_{Lz}\Phi_x(\vec{r})\Big]_{\text{out}} = \Big[p_{Lx} + p_{Lz}\Phi_x(\vec{r})\Big]_{\text{in}}, \tag{1.61}$$

$$\Big[p_{Ly} + p_{Lz}\Phi_y(\vec{r})\Big]_{\text{out}} = \Big[p_{Ly} + p_{Lz}\Phi_y(\vec{r})\Big]_{\text{in}}. \tag{1.62}$$

この 2 式は，一般には特別な名称がついていないが，非常に重要ゆえ，本書では**不連続面での連続条件**とよぶことにする [17)]．

---

17) §2.8 であらためてこの条件に触れる．

モーメント関数 $F = \vec{f} \cdot \vec{p}_L = f_x p_{Lx} + f_y p_{Ly} + f_z p_{Lz}$ の不連続面 $\Sigma$ の前後での変化は，

$$\begin{aligned} \Delta F = F^{\text{out}} - F^{\text{in}} &= \vec{f} \cdot ({\vec{p}_L}^{\text{out}} - {\vec{p}_L}^{\text{in}}) \\ &= f_x({p_{Lx}}^{\text{out}} - {p_{Lx}}^{\text{in}}) + f_y({p_{Ly}}^{\text{out}} - {p_{Ly}}^{\text{in}}) + f_z({p_{Lz}}^{\text{out}} - {p_{Lz}}^{\text{in}}) \\ &= -(f_x \Phi_x + f_y \Phi_y - f_z)({p_{Lz}}^{\text{out}} - {p_{Lz}}^{\text{in}}). \end{aligned}$$

最後の等号は不連続面での連続条件を用いた（$f_x, f_y, f_z$ は $\vec{f}$ の成分，他方，$\Phi_x = \partial\Phi/\partial x, \Phi_y = \partial\Phi/\partial y$ であることに注意）.

ところで，ネーターの定理の前提より，系が微小変換 $\vec{r} \mapsto \vec{r} + \epsilon\vec{f}(\vec{r})$ で不変であるから，不連続面の式 $z = \Phi(x, y)$ 自体もこの変換で不変でなければならない．すなわち $z + \epsilon f_z = \Phi(x + \epsilon f_x, y + \epsilon f_y) = \Phi(x, y) + \epsilon(f_x \Phi_x + f_y \Phi_y)$. これより $f_z = f_x \Phi_x + f_y \Phi_y$ が導かれ，したがって $\Delta F = 0$.

すなわち，**モーメント関数は不連続面（屈折面や反射面）の前後でも保存する**．いちじるしい事実である.

とくに系が軸対称で不連続面たとえば屈折面が $z = \Phi(\sqrt{x^2 + y^2})$ とあらわされる場合，$\rho = \sqrt{x^2 + y^2}$ とおけば，

$$\Phi_x = \frac{d\Phi}{d\rho}\frac{\partial\rho}{\partial x} = \frac{d\Phi}{d\rho}\frac{x}{\rho}, \qquad \Phi_y = \frac{d\Phi}{d\rho}\frac{\partial\rho}{\partial y} = \frac{d\Phi}{d\rho}\frac{y}{\rho}$$

ゆえ，(1.60) の第 3 成分を書けば，

$$(\mu\vec{n} \times \vec{e}_t)_z = \frac{d\Phi/d\rho}{\rho\sqrt{\Phi_x^2 + \Phi_y^2 + 1}}\{\mu(x\dot{y} - y\dot{x})\} = \frac{d\Phi/d\rho}{\rho\sqrt{\Phi_x^2 + \Phi_y^2 + 1}} M_z \quad (1.63)$$

が屈折面の前後で連続であることを要求している．もちろん $\Phi$ やその偏微分係数は屈折面の前後で値が等しいから，このことは，**系が軸対称であれば，媒質の屈折率が不連続に変化する場合も，スキュー度関数 $M_z$ が保存する**ことを示している.

第 2 章

# 幾何光学の正準形式 —— ハミルトン光学

## 2.1 配位空間と状態空間の導入

前章で求めた光線方程式 (1.26) の三つの成分 (1.27) は，以前に見たように独立ではない．このことは以下のように直接確かめられる．

ラグランジアン (1.14) にたいするもとのオイラー方程式 (1.25) を成分で記すと

$$\frac{\partial^2\tilde{L}}{\partial\dot{x}^2}\ddot{x}+\frac{\partial^2\tilde{L}}{\partial\dot{y}\partial\dot{x}}\ddot{y}+\frac{\partial^2\tilde{L}}{\partial\dot{z}\partial\dot{x}}\ddot{z}=\frac{\mu\{(\dot{y}^2+\dot{z}^2)\ddot{x}-\dot{x}\dot{y}\ddot{y}-\dot{x}\dot{z}\ddot{z}\}}{(\sqrt{\dot{x}^2+\dot{y}^2+\dot{z}^2})^3}=f_x(\vec{r},\dot{\vec{r}}),$$

$$\frac{\partial^2\tilde{L}}{\partial\dot{x}\partial\dot{y}}\ddot{x}+\frac{\partial^2\tilde{L}}{\partial\dot{y}^2}\ddot{y}+\frac{\partial^2\tilde{L}}{\partial\dot{y}\partial\dot{z}}\ddot{z}=\frac{\mu\{-\dot{y}\dot{x}\ddot{x}+(\dot{z}^2+\dot{x}^2)\ddot{y}-\dot{y}\dot{z}\ddot{z}\}}{(\sqrt{\dot{x}^2+\dot{y}^2+\dot{z}^2})^3}=f_y(\vec{r},\dot{\vec{r}}),$$

$$\frac{\partial^2\tilde{L}}{\partial\dot{x}\partial\dot{z}}\ddot{x}+\frac{\partial^2\tilde{L}}{\partial\dot{y}\partial\dot{z}}\ddot{y}+\frac{\partial^2\tilde{L}}{\partial\dot{z}^2}\ddot{z}=\frac{\mu\{-\dot{z}\dot{x}\ddot{x}-\dot{z}\dot{y}\ddot{y}+(\dot{x}^2+\dot{y}^2)\ddot{z}\}}{(\sqrt{\dot{x}^2+\dot{y}^2+\dot{z}^2})^3}=f_z(\vec{r},\dot{\vec{r}})$$

の形にあらわされる．ここに，

$$f_x(\vec{r},\dot{\vec{r}})=\frac{\partial\tilde{L}}{\partial x}-\frac{\partial}{\partial\vec{r}}\left(\frac{\partial\tilde{L}}{\partial\dot{x}}\right)\cdot\dot{\vec{r}},\qquad f_y(\vec{r},\dot{\vec{r}}),\ f_z(\vec{r},\dot{\vec{r}})\ \text{も同様.}$$

ところが，$\ddot{x},\ddot{y},\ddot{z}$ の係数の行列式（ヘッシアン）は，$\partial^2\tilde{L}/\partial\dot{x}\partial\dot{y}=\tilde{L}_{\dot{x}\dot{y}}$ のように記して

$$\begin{vmatrix}\tilde{L}_{\dot{x}\dot{x}} & \tilde{L}_{\dot{y}\dot{x}} & \tilde{L}_{\dot{z}\dot{x}}\\ \tilde{L}_{\dot{x}\dot{y}} & \tilde{L}_{\dot{y}\dot{y}} & \tilde{L}_{\dot{z}\dot{y}}\\ \tilde{L}_{\dot{x}\dot{z}} & \tilde{L}_{\dot{y}\dot{z}} & \tilde{L}_{\dot{z}\dot{z}}\end{vmatrix}\propto\begin{vmatrix}\dot{y}^2+\dot{z}^2 & -\dot{x}\dot{y} & -\dot{x}\dot{z}\\ -\dot{y}\dot{x} & \dot{z}^2+\dot{x}^2 & -\dot{y}\dot{z}\\ -\dot{z}\dot{x} & -\dot{z}\dot{y} & \dot{x}^2+\dot{y}^2\end{vmatrix}=0. \tag{2.1}$$

それゆえこれらの三つの方程式は独立ではなく，上のオイラー方程式を一意的に

$$\ddot{x} = g_x(\vec{r}, \dot{\vec{r}}), \qquad \ddot{y} = g_y(\vec{r}, \dot{\vec{r}}), \qquad \ddot{z} = g_z(\vec{r}, \dot{\vec{r}})$$

の形に書き直すことができない．このようなラグランジアンは「特異」または「正則ではない」といわれる．

実際の光学系では，多くの場合，3 次元の実空間における「光軸」とよばれる軸にそってレンズなどの光学素子が配置されている．そこで，この光軸を $z$ 軸に，そして曲線のパラメータを $z$ にとり，曲線を $x = x(z), y = y(z)$ で記すことにする．つまり，$z$ 軸に垂直で $x, y$ 軸を座標軸にもつ 2 次元平面としての仮想的可動スクリーン $\Sigma(z)$ があり，このスクリーンが $z$ 軸方向に動いてゆくときに，光線がこのスクリーンを通過する点がこのスクリーン上，つまり平面 $\Sigma(z)$ 上を動いてゆくと見る．あるいは，図 1.3-1 のような 3 次元の曲線としての光線をたとえば $z = 0$ に固定された標準スクリーン $\Sigma(0)$ 上に射影したと考えてもよい(図 2.1-1)．そのとき光線は，$z$ をパラメータとしてこの $\Sigma(z)$ ないし $\Sigma(0)$ 平面上を動く点であらわされる．$(x, y)$ 座標軸をもつこの 2 次元平面 $\Sigma$ を**配位空間**といい，**N** で記す．

そしてこの配位空間の点を 2 次元ベクトル $\boldsymbol{q} = (x, y)$ であらわす．また $z$ による導関数をプライム $'$ で記して

$$\frac{dx(z)}{dz} \equiv x', \qquad \frac{dy(z)}{dz} \equiv y'$$

とあらわし，これもまとめて $(x', y') = \boldsymbol{q}'$ のように記すことにしよう．$\boldsymbol{q}'$ は 3 次元ベクトル $d\vec{r}/dz$ の配位空間への射影であり，配位空間上の曲線 $\boldsymbol{q}(z)$ の接線方向のベクトルでもある[1)]．

この場合，曲線の長さの要素は

$$ds = \sqrt{dx^2 + dy^2 + dz^2} = \sqrt{x'^2 + y'^2 + 1}\, dz = \sqrt{\boldsymbol{q}'^2 + 1}\, dz \tag{2.2}$$

であるから，点 A : $(\boldsymbol{q}(a), a)$ と点 B : $(\boldsymbol{q}(b), b)$ を結ぶ曲線 $\Lambda_L$: $\boldsymbol{q} = \boldsymbol{q}(z)$ にそった光路長は

---

[1)] 本書では，3 次元空間のベクトルを頭に矢をのせた矢線ベクトルで，2 次元空間のベクトルをボールドタイプで表記する．

また以下では 2 次元ベクトル $\left(\dfrac{\partial L}{\partial x}, \dfrac{\partial L}{\partial y}\right)$ を $\dfrac{\partial L}{\partial \boldsymbol{q}}$，$\left(\dfrac{\partial L}{\partial x'}, \dfrac{\partial L}{\partial y'}\right)$ を $\dfrac{\partial L}{\partial \boldsymbol{q}'}$ のように記す．

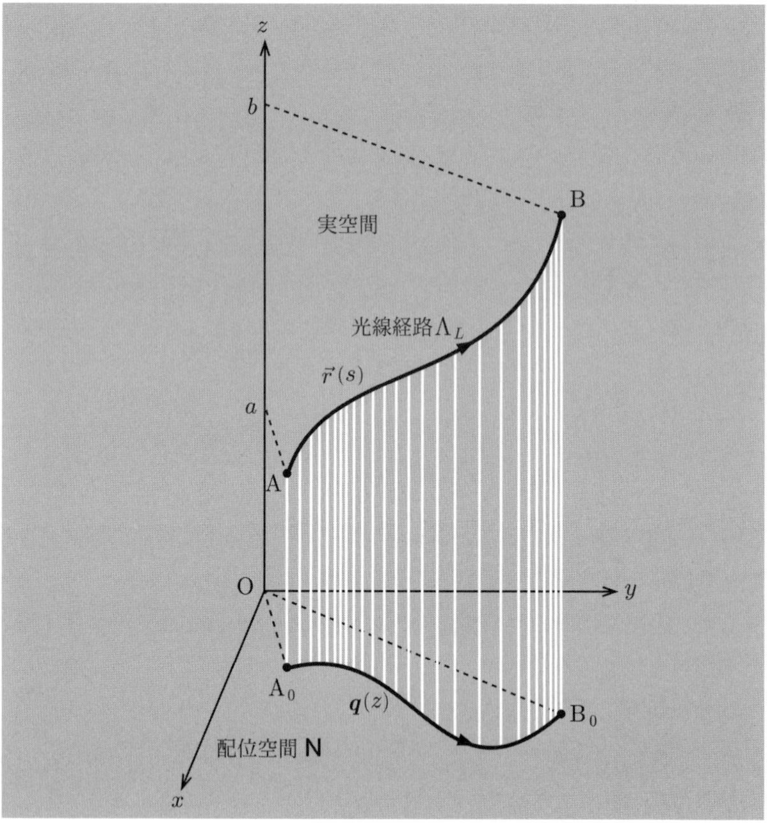


図 2.1-1 実空間での光線経路 $\Lambda_L$ とその配位空間 N 上への射影

$$J[\Lambda_L] = \int_a^b \mu(\boldsymbol{q}, z)\sqrt{\boldsymbol{q}'^2 + 1}dz \tag{2.3}$$

とあらわされる．この場合は $z$ がパラメータであることをはっきりさせるために，$\mu(x, y, z)$ を $\mu(\boldsymbol{q}, z)$ と記した．これは丁寧に書くと $\mu(\boldsymbol{q}(z), z)$ である．

そして，フェルマの原理はこの量を停留値にする曲線 $\boldsymbol{q}(z)$ が配位空間上の光線経路を与えると言い直される．

第 1 章における変分法の議論によれば，新しいラグランジアン

$$L(z, \boldsymbol{q}, \boldsymbol{q}') := \mu(\boldsymbol{q}, z)\sqrt{\boldsymbol{q}'^2 + 1} \tag{2.4}$$

にたいして，軌道を仮想的に $\delta\boldsymbol{q}$ 変化させ，さらに端点を $\Delta z$ 動かしたときの第 1 変分は，(1.17) と同様にして

$$\delta J = \int_{a+\Delta a}^{b+\Delta b} L(z, \boldsymbol{q}+\delta\boldsymbol{q}, \boldsymbol{q}'+\delta\boldsymbol{q}')dz - \int_a^b L(z,\boldsymbol{q},\boldsymbol{q}')dz$$
$$= \left[L\Delta z + \frac{\partial L}{\partial \boldsymbol{q}'}\cdot\delta\boldsymbol{q}\right]_a^b - \int_a^b \left\{\frac{d}{dz}\left(\frac{\partial L}{\partial \boldsymbol{q}'}\right) - \frac{\partial L}{\partial \boldsymbol{q}}\right\}\cdot\delta\boldsymbol{q}dz. \tag{2.5}$$

ここで，$\delta\boldsymbol{q} = \Delta\boldsymbol{q} - \boldsymbol{q}'\Delta z$ の書き直しをして

$$\delta J = \left[\left(L - \frac{\partial L}{\partial \boldsymbol{q}'}\cdot\boldsymbol{q}'\right)\Delta z + \frac{\partial L}{\partial \boldsymbol{q}'}\cdot\Delta\boldsymbol{q}\right]_a^b - \int_a^b \left\{\frac{d}{dz}\left(\frac{\partial L}{\partial \boldsymbol{q}'}\right) - \frac{\partial L}{\partial \boldsymbol{q}}\right\}\cdot\delta\boldsymbol{q}dz. \tag{2.6}$$

フェルマの原理は，端点固定で $J$ が停留値をとる曲線が現実の光線経路であるとするもので，これより得られるオイラー方程式

$$\frac{d}{dz}\left(\frac{\partial L}{\partial \boldsymbol{q}'}\right) - \frac{\partial L}{\partial \boldsymbol{q}} = \frac{d}{dz}\left(\frac{\mu(\boldsymbol{q},z)\boldsymbol{q}'}{\sqrt{\boldsymbol{q}'^2+1}}\right) - \sqrt{\boldsymbol{q}'^2+1}\,\frac{\partial\mu(\boldsymbol{q},z)}{\partial\boldsymbol{q}} = 0 \tag{2.7}$$

が**配位空間上の光線方程式**であり，その解曲線が配位空間上の光線経路を与える．$\boldsymbol{q}' = \sqrt{\boldsymbol{q}'^2+1}\,\dot{\boldsymbol{q}}$ ゆえ，この式は前章で導いた光線方程式 (1.27) のはじめの 2 成分に対応している [2)]．この場合も，ラグランジアン $L(z,\boldsymbol{q},\boldsymbol{q}')$ と $L^*(z,\boldsymbol{q},\boldsymbol{q}') = L(z,\boldsymbol{q},\boldsymbol{q}') - dS(\boldsymbol{q},z)/dz$ は等価である (§3.3 参照)．

この新しいラグランジアン $L$ と前章で扱ったラグランジアン $\tilde{L}$ との関係は，$\dot{x} = dx/ds = (dx/dz)(dz/ds) = x'\dot{z}$，同様に $\dot{y} = y'\dot{z}$ であるから

$$\mu(x,y,z)\sqrt{\dot{x}^2+\dot{y}^2+\dot{z}^2} = \mu(x,y,z)\sqrt{x'^2+y'^2+1}\,\dot{z},$$
$$\text{i.e.}\quad \tilde{L}(x,y,z,\dot{x},\dot{y},\dot{z}) = L(z,\boldsymbol{q},\boldsymbol{q}')\dot{z}. \tag{2.8}$$

この $L(z,\boldsymbol{q},\boldsymbol{q}') = \mu(\boldsymbol{q},z)\sqrt{\boldsymbol{q}'^2+1}$ はときに**光学ラグランジアン**とよばれる．

配位空間上の光線経路の方程式である (2.7) 式を成分で書くと

$$\frac{\partial^2 L}{\partial x'^2}x'' + \frac{\partial^2 L}{\partial y'\partial x'}y'' = f_1(z,\boldsymbol{q},\boldsymbol{q}'),$$
$$\frac{\partial^2 L}{\partial y'\partial x'}x'' + \frac{\partial^2 L}{\partial y'^2}y'' = f_2(z,\boldsymbol{q},\boldsymbol{q}')$$

---

2) この 2 式より (1.27) の第 3 成分が導かれることは，本章脚注 5 参照．

の形をしている．これにたいしては，$x'', y''$ のヘッシアン（係数の行列式）が

$$\begin{vmatrix} L_{x'x'} & L_{y'x'} \\ L_{x'y'} & L_{y'y'} \end{vmatrix} = \frac{\mu^2}{(\boldsymbol{q}'^2+1)^3}\begin{vmatrix} y'^2+1 & -x'y' \\ -x'y' & x'^2+1 \end{vmatrix} = \frac{\mu^2}{(\boldsymbol{q}'^2+1)^2} \neq 0.$$

であるので（$L_{x'y'}$ は $\partial^2 L/\partial x'\partial y'$ をあらわす），この方程式を

$$\frac{d^2x}{dz^2} = g_1(z, \boldsymbol{q}, \boldsymbol{q}'), \qquad \frac{d^2y}{dz^2} = g_2(z, \boldsymbol{q}, \boldsymbol{q}')$$

の形に一意的に表現することができる[3)]．その意味で光学ラグランジアン $L(z, \boldsymbol{q}, \boldsymbol{q}')$ は**正則**であるといわれる．

そしてこのとき，$x' = u_1$，$y' = u_2$，すなわち $\boldsymbol{q}' = \boldsymbol{u}$ とおいて $\boldsymbol{u}$ と $\boldsymbol{q}$ を独立な量と見なし，配位空間を $(x, y, u_1, u_2) = (\boldsymbol{q}, \boldsymbol{u})$ を座標にもつ 4 次元空間に拡大し，2 階の微分方程式としてのオイラー方程式を 1 階の連立微分方程式

$$\frac{dx}{dz} = u_1, \quad \frac{dy}{dz} = u_2, \quad \frac{du_1}{dz} = g_1(z, \boldsymbol{q}, \boldsymbol{u}), \quad \frac{du_2}{dz} = g_2(z, \boldsymbol{q}, \boldsymbol{u})$$

に書き直すことができる．この 4 次元空間を**状態空間**という．$(x, y, u_1, u_2) = (\boldsymbol{q}, \boldsymbol{u})$ はその座標である[4)]．

しかし数学的には，$\boldsymbol{q}$ と $\boldsymbol{q}' = \boldsymbol{u}$ を使用するよりも，$\boldsymbol{u}$ のかわりに，

$$\boldsymbol{p}_L := \frac{\partial L}{\partial \boldsymbol{q}'} = \frac{\mu(\boldsymbol{q}, z)\boldsymbol{q}'}{\sqrt{\boldsymbol{q}'^2+1}} \tag{2.9}$$

で定義されるベクトルを用いるほうが対称性がよく，より広い変換を許容するので優れている．$\boldsymbol{p}_L$ は，形式的には力学の運動量に対応しているが，力学の運動量とは異なり，無次元量でかつ $|\boldsymbol{p}_L| \leqq \mu$ の制限があることに注意．

---

3) 明示的な表現では

$$\frac{d^2x}{dz^2} = \frac{\boldsymbol{q}'^2+1}{\mu}\Big(\frac{\partial\mu}{\partial x} - x'\frac{\partial\mu}{\partial z}\Big), \quad \frac{d^2y}{dz^2} = \frac{\boldsymbol{q}'^2+1}{\mu}\Big(\frac{\partial\mu}{\partial y} - y'\frac{\partial\mu}{\partial z}\Big).$$

4) 状態空間は配位空間の各点 $\mathrm{Q} = \boldsymbol{q}_{\mathrm{Q}}$ にその点での速度ベクトル $\boldsymbol{u}$ の張る 2 次元ベクトル空間（接空間）を貼り付けたものである．配位空間上の点 Q をとおる曲線 $\boldsymbol{q}(z)$ を一本定めれば，$\boldsymbol{u}$ は $\boldsymbol{q}'(z)$ としてひとつに決まる．詳しくは巻末付録参照．

なお，3 次元で定義された光線ベクトル (1.31) は，$x', y'$ を用いて

$$\vec{p}_L = \frac{\partial \tilde{L}}{\partial \dot{\vec{r}}} = \frac{\mu(x,y,z)}{\sqrt{\dot{x}^2+\dot{y}^2+\dot{z}^2}}\frac{d\vec{r}}{ds} = \frac{\mu(x,y,z)}{\sqrt{x'^2+y'^2+1}}\frac{d\vec{r}}{dz} \tag{2.10}$$

とあらわされるから，配位空間でのベクトル $\boldsymbol{p}_L$ の成分は 3 次元の光線ベクトルの $x$ 成分と $y$ 成分を $x', y'$ で書き直したものに等しい．つまり $\boldsymbol{p}_L$ は 3 次元ベクトル $\vec{p}_L$ の $x, y$ 平面への射影である．以下では，この $\boldsymbol{p}_L$ も**光線ベクトル**とよぶ．この $\boldsymbol{p}_L$ を用いれば，オイラー方程式 (2.7) は

$$\frac{d\boldsymbol{p}_L}{dz} = \frac{\partial L}{\partial \boldsymbol{q}}. \tag{2.11}$$

他方，3 次元光線ベクトルの $z$ 成分は

$$p_{Lz} = \frac{\mu}{\sqrt{\boldsymbol{q}'^2+1}} = \mu\sqrt{\boldsymbol{q}'^2+1} - \frac{\mu\boldsymbol{q}'^2}{\sqrt{\boldsymbol{q}'^2+1}} = L - \frac{\partial L}{\partial \boldsymbol{q}'}\cdot\boldsymbol{q}' \tag{2.12}$$

のように光学ラグランジアン $L(z, \boldsymbol{q}, \boldsymbol{q}')$ であらわされる．

光線方程式の，$\boldsymbol{q}$ と $\boldsymbol{u} = \boldsymbol{q}'$ のかわりに $\boldsymbol{q}$ と $\boldsymbol{p}_L = \partial L/\partial \boldsymbol{q}'$ を独立な変数に用いる記述は正準形式とよばれているもので，以下でその議論に移るが，その前に配位空間でのネーターの定理と，それに関連する話題に触れておこう．

## 2.2 ネーターの定理再論

前章で論じたネーターの定理は，配位空間であらわすとつぎのようになる．

系がある対称性をもち，そのため微小変換 $\boldsymbol{q}(z) \mapsto \boldsymbol{q}(z) + \epsilon \boldsymbol{f}(\boldsymbol{q}(z))$ によって光学ラグランジアンが $\epsilon$ の 1 次までで変化しないとき，モーメント関数

$$F(\boldsymbol{q}, \boldsymbol{q}') := \boldsymbol{f}\cdot\frac{\partial L}{\partial \boldsymbol{q}'} = \boldsymbol{f}\cdot\boldsymbol{p}_L \tag{2.13}$$

はオイラー方程式 (2.7) を満たす光線経路にそって不変に保たれる，言い換えれば $F(\boldsymbol{q}, \boldsymbol{q}')$ は第 1 積分である（上記の微小変化によって光学ラグランジアンの変化が全微分 $\epsilon\, dG/dz$ となるときには $F - G$ が第 1 積分となるが，ここではそのケースは考えない）．証明は §1.5 とまったく同様にできるが，ここでは少し異なる証明を与えておこう．$\boldsymbol{q}$ にたいする上記の無限小変換にたいして光

学ラグランジアンが不変ゆえ，(2.5) 式で $\delta\boldsymbol{q} = \epsilon\boldsymbol{f}(\boldsymbol{q}(z))$，$\Delta z = 0$ として，

$$\begin{aligned}\delta J &= \int_a^b L(z, \boldsymbol{q}+\epsilon\boldsymbol{f}, \boldsymbol{q}'+\epsilon\boldsymbol{f}')dz - \int_a^b L(z, \boldsymbol{q}, \boldsymbol{q}')dz \\ &= \epsilon\left[\frac{\partial L}{\partial \boldsymbol{q}'}\cdot\boldsymbol{f}\right]_a^b - \epsilon\int_a^b \left\{\frac{d}{dz}\left(\frac{\partial L}{\partial \boldsymbol{q}'}\right) - \frac{\partial L}{\partial \boldsymbol{q}}\right\}\cdot\boldsymbol{f}dz = 0.\end{aligned}$$

オイラー方程式の解にそった光線経路では，積分項が 0 ゆえ，これより

$$\left.\frac{\partial L}{\partial \boldsymbol{q}'}\cdot\boldsymbol{f}\right|_a = \left.\frac{\partial L}{\partial \boldsymbol{q}'}\cdot\boldsymbol{f}\right|_b.$$

$a$ と $b$ は任意ゆえ，光線経路にそって

$$F = \frac{\partial L}{\partial \boldsymbol{q}'}\cdot\boldsymbol{f} = \text{const.}$$

これからただちに，$\mu$ が $x$ ないし $y$ に陽によらず，そのため光学ラグランジアンが $x \mapsto x+\epsilon$ ないし $y \mapsto y+\epsilon$ の変換で不変のとき，$p_{Lx} = \partial L/\partial x'$ ないし $p_{Ly} = \partial L/\partial y'$ が第 1 積分であることがわかる．

なお，(2.13) 式の形のモーメント関数ではないけれども，系が $z$ 方向への平行移動で不変であれば，それに対応する光線ベクトル成分 $p_{Lz}$ の保存が同様に示される．実際，(2.12) より

$$\begin{aligned}\frac{dp_{Lz}}{dz} &= \frac{\partial L}{\partial z} + \frac{\partial L}{\partial \boldsymbol{q}}\cdot\frac{d\boldsymbol{q}}{dz} + \frac{\partial L}{\partial \boldsymbol{q}'}\cdot\frac{d\boldsymbol{q}'}{dz} - \frac{d}{dz}\left(\frac{\partial L}{\partial \boldsymbol{q}'}\cdot\frac{d\boldsymbol{q}}{dz}\right) \\ &= \frac{\partial L}{\partial z} + \left\{\frac{\partial L}{\partial \boldsymbol{q}} - \frac{d}{dz}\left(\frac{\partial L}{\partial \boldsymbol{q}'}\right)\right\}\cdot\frac{d\boldsymbol{q}}{dz}\end{aligned}$$

ゆえ，$\mu$ が $\mu(\boldsymbol{q})$ の形をしていて系が陽に $z$ によらないとき，$p_{Lz}$ はオイラー方程式を満たす経路にそって不変に保たれる [5]．

また系が軸対称で，屈折率が $\mu(z, \sqrt{x^2+y^2})$ の形をしているとき，前章で見たように，$z$ 軸のまわりの無限小回転によって光学ラグランジアンは変化せ

---

5) この式より，(2.7) が満たされているとき，

$$\frac{dp_{Lz}}{dz} - \frac{\partial L}{\partial z} = \frac{d}{dz}\left(\frac{\mu(\boldsymbol{q}, z)}{\sqrt{\boldsymbol{q}'^2+1}}\right) - \sqrt{\boldsymbol{q}'^2+1}\,\frac{\partial \mu(\boldsymbol{q}, z)}{\partial z} = 0 \qquad (2.14)$$

が導かれるが，これは (1.27) の第 3 成分にほかならない．

ず，(1.42) で導いたスキュー度関数 $M_z(\boldsymbol{q},\boldsymbol{p}_L)$ の保存が成り立つ：

$$M_z = xp_{Ly} - yp_{Lx} = \mu\,\frac{xy' - yx'}{\sqrt{\boldsymbol{q}'^2 + 1}} = m\ (\text{const.}). \tag{2.15}$$

この不変量の値 $m$ がその系のスキュー度である．なお，以下，配位空間で考えるときには $M_z$ を単に $M$ と記す．

軸対称な系で，とくに初期条件として光線が光軸（$z$ 軸）を含む平面（$x,z$ 平面にとる）内に入射し，$z=z_0$ で $y=0$，$y'=0$ であったとする．このときスキュー度は $m=0$，したがって

$$\frac{d}{dz}\left(\frac{y}{x}\right) = 0 \qquad \therefore \qquad \frac{y}{x} = C = 0.$$

すなわち，光線はその後も $x,z$ 平面（子午面）内に留まるから，その平面上のみで光線追跡は可能になり，配位空間は事実上 1 次元に，状態空間は 2 次元に，次元が下げられる．スキュー度が 0 のこのような光線を**メリディオナル光線（子午面内光線）**という．この場合の，とくに近軸光線として扱いうるケースは，多くの光学系において第 0 近似として有効であり，それはとくに**ガウス光学**といわれ，後章（4 章）に詳しく見ることにする．

やはり軸対象ではあるが，光線が軸を含む面に斜めに入射した場合を考える．このような光線は**スキュー光線**といわれる．

この場合は，配位空間の座標として 2 次元極座標

$$x = \rho\cos\phi, \qquad y = \rho\sin\phi \tag{2.16}$$

をとるのが便利である．その場合 $\boldsymbol{q}^2 = \rho^2$，$\boldsymbol{q}'^2 = x'^2 + y'^2 = \rho'^2 + \rho^2\phi'^2$，かつ $xy' - yx' = \rho^2\phi'$ ゆえ，$\mu(z, \sqrt{x^2+y^2}) = \mu(z,\rho)$ と記して，(2.15) で定義されるスキュー度関数は

$$M = \frac{\mu(z,\rho)\rho^2\phi'}{\sqrt{1 + \rho'^2 + \rho^2\phi'^2}}. \tag{2.17}$$

これからわかるように，$M$ が一定なら $\phi' = d\phi/dz$ が定符号ゆえ，光線は光軸に 1 方向に巻きつきながら進んでゆく．

また，この式より $M = m(\text{const.})$ として，$|m| < \mu(z,\rho)\rho$ であり，さらに

$(1+\rho'^2)m^2 = (\rho^4\mu^2 - \rho^2 m^2)\phi'^2$. それゆえ，ここで

$$\nu(z,\rho) := \sqrt{\mu(z,\rho)^2 - \frac{m^2}{\rho^2}} \tag{2.18}$$

とおけば（いまの場合 $\mu$ は $z$ と $\rho$ だけの関数であるから $\nu$ も $z$ と $\rho$ だけの関数），$M$ と $\phi'$ が同符号であることに注意して

$$M = \frac{\nu\rho^2}{\sqrt{\rho'^2+1}}\frac{d\phi}{dz}. \tag{2.19}$$

他方，(2.15) をパラメータ $s$ および (1.28) で定義した $\sigma$ であらわすと，$ds = \mu\, d\sigma = \sqrt{\boldsymbol{q}'^2+1}dz$ に注意して

$$M = \mu(x\dot{y} - y\dot{x}) = \mu\rho^2\frac{d\phi}{ds} = \rho^2\frac{d\phi}{d\sigma}. \tag{2.20}$$

$M$ にたいするこの二つの表現を見くらべることにより，微分演算子の関係

$$\frac{d}{d\sigma} = \frac{\nu}{\sqrt{\rho'^2+1}}\frac{d}{dz} \tag{2.21}$$

が導かれる．そこで，$\sigma$ をパラメータとする光線方程式 (1.29) を極座標 (2.16) であらわそう．変換に必要な公式は

$$\frac{d^2x}{d\sigma^2} = \frac{d^2(\rho\cos\phi)}{d\sigma^2} = \left\{\frac{d^2\rho}{d\sigma^2} - \rho\left(\frac{d\phi}{d\sigma}\right)^2\right\}\cos\phi - \left(2\frac{d\rho}{d\sigma}\frac{d\phi}{d\sigma} + \rho\frac{d^2\phi}{d\sigma^2}\right)\sin\phi,$$
$$\frac{d^2y}{d\sigma^2} = \frac{d^2(\rho\sin\phi)}{d\sigma^2} = \left\{\frac{d^2\rho}{d\sigma^2} - \rho\left(\frac{d\phi}{d\sigma}\right)^2\right\}\sin\phi + \left(2\frac{d\rho}{d\sigma}\frac{d\phi}{d\sigma} + \rho\frac{d^2\phi}{d\sigma^2}\right)\cos\phi,$$

および

$$\frac{\partial}{\partial x} = \cos\phi\frac{\partial}{\partial\rho} - \frac{\sin\phi}{\rho}\frac{\partial}{\partial\phi}, \qquad \frac{\partial}{\partial y} = \sin\phi\frac{\partial}{\partial\rho} + \frac{\cos\phi}{\rho}\frac{\partial}{\partial\phi}.$$

いまの場合，軸対称ゆえ $\mu$ は $\phi$ によらず $\partial\mu/\partial\phi = 0$ となり，(1.29) の極座標表示は

$$\frac{d^2\rho}{d\sigma^2} - \rho\left(\frac{d\phi}{d\sigma}\right)^2 = \frac{\partial}{\partial\rho}\left(\frac{\mu^2}{2}\right), \qquad 2\frac{d\rho}{d\sigma}\frac{d\phi}{d\sigma} + \rho\frac{d^2\phi}{d\sigma^2} = \frac{1}{\rho}\frac{d}{d\sigma}\left(\rho^2\frac{d\phi}{d\sigma}\right) = 0.$$

この第 2 式は (2.20) であらわされる $M$ の保存 $M = m$ を与え，それを第 1 式

に代入することによって

$$\frac{d^2\rho}{d\sigma^2} = \frac{1}{2}\frac{\partial}{\partial\rho}\Big(\mu^2 - \frac{m^2}{\rho^2}\Big) = \frac{1}{2}\frac{\partial\nu^2}{\partial\rho} = \nu\frac{\partial\nu}{\partial\rho}.$$

ここで，上に導いた微分演算子の関係 (2.21) を用いて，パラメータを $z$ に変換すれば，$\rho$ についての方程式として最終的に次式が得られる：

$$\frac{1}{\sqrt{1+\rho'^2}}\frac{d}{dz}\left(\frac{\nu(z,\rho)\rho'}{\sqrt{1+\rho'^2}}\right) = \frac{\partial\nu(z,\rho)}{\partial\rho}. \tag{2.22}$$

これは (2.7) 式で $\boldsymbol{q} \mapsto (\rho, 0)$，$\mu(\boldsymbol{q}, z) \mapsto \nu(z,\rho)$ の置き換えをしたもので，屈折率 $\nu(z,\rho)$ の空間内の $(\rho, z)$ 平面内の曲線を与える．すなわち，スキュー光線にたいしても子午面内光線の場合とまったく同様に扱うことができる．そしてこれによって $\rho = \rho(z)$ が求まったならば，(2.19) を用いて

$$\phi = \int \frac{m\sqrt{\rho'^2+1}}{\nu(z,\rho)\rho^2}dz \tag{2.23}$$

より，たんなる積分演算で $\phi = \phi(z)$ が求まる（例 2.6-2 において，正準変換を用いることで光線方程式の極座標への変換が簡単に導きうることを示す）．

以下では，光学ラグランジアンを多くの場合，単にラグランジアンとよぶ．

## 2.3　配位空間の簡約とラウシアン

このように系のもつ対称性に由来する保存量（第 1 積分）がひとつあれば，配位空間の次元が実質的にひとつ下げられ，したがって状態空間の次元は二つ下げられることになる．これを配位空間の**簡約**という．このことの顕著な例は，以前に見たマクスウェルの魚眼に見てとれる．実際そこでは，スキュー度関数のほかに，隠れた対称性の結果としていまひとつの保存量（第 1 積分）が存在し，その結果，積分することなく軌道が求まったのである．

保存量の存在と配位空間の簡約の関係は，一般的にはつぎのように示される．

配位空間の座標変換 $\boldsymbol{q} = (q^1, q^2) \mapsto \boldsymbol{Q} = (Q^1, Q^2)$，すなわち $Q^i = \Phi^i(\boldsymbol{q})$ $(i = 1, 2)$ を考える [6]．逆変換は

---

[6] ここでは $\boldsymbol{q}$ の座標成分を $(x, y)$ のかわりに $(q^1, q^2)$ と記す．なお，$\boldsymbol{q}$ の成分を指示する添え字を上付きにする理由は，後章に述べる．

$$q^i = \varphi^i(\boldsymbol{Q}) \qquad (i = 1, 2). \tag{2.24}$$

ただし，変換は正則，すなわち，変換行列 $\hat{J} = (J^i{}_j) = (\partial\varphi^i/\partial Q^j)$ にたいして $\det \hat{J} = |J^i{}_j| \neq 0$ とする．この変換関係より (以下では $d\varphi^i(\boldsymbol{Q})/dz = \varphi'^i(\boldsymbol{Q})$ 等と記して)

$$\varphi'^i = \frac{\partial\varphi^i}{\partial Q^k} Q'^k \qquad \therefore \quad \frac{\partial\varphi'^i}{\partial Q'^k} = \frac{\partial\varphi^i}{\partial Q^k}. \tag{2.25}$$

ただし上下に同一の添え字がある項は，その添え字について 1,2 の和をとる．すなわち $(\partial\varphi^i/\partial Q^k)Q'^k$ は $(\partial\varphi^i/\partial Q^1)Q'^1 + (\partial\varphi^i/\partial Q^2)Q'^2$ をあらわす．

さて，新しい変数でのラグランジアンをつぎのように定義する：

$$L^*(z, \boldsymbol{Q}, \boldsymbol{Q}') := L(z, \varphi^1(\boldsymbol{Q}), \varphi^2(\boldsymbol{Q}), \varphi'^1(\boldsymbol{Q}), \varphi'^2(\boldsymbol{Q})). \tag{2.26}$$

元のラグランジアンが正則とする．そのとき元のラグランジアンのヘス行列 $\hat{A} = (A_{ij}) = (\partial^2 L/\partial q'^i \partial q'^j)$ にたいして $\det \hat{A} \neq 0$．変換されたラグランジアンのヘス行列 $\hat{A}^*$ の要素は

$$\begin{aligned} A^*_{ij} &= \frac{\partial^2 L^*}{\partial Q'^i \partial Q'^j} = \frac{\partial}{\partial Q'^i}\left(\frac{\partial L}{\partial q'^k}\frac{\partial\varphi'^k}{\partial Q'^j}\right) = \frac{\partial}{\partial Q'^i}\left(\frac{\partial L}{\partial q'^k}\frac{\partial\varphi^k}{\partial Q^j}\right) \\ &= \frac{\partial^2 L}{\partial q'^l \partial q'^k}\frac{\partial\varphi'^l}{\partial Q'^i}\frac{\partial\varphi^k}{\partial Q^j} = \frac{\partial^2 L}{\partial q'^l \partial q'^k}\frac{\partial\varphi^l}{\partial Q^i}\frac{\partial\varphi^k}{\partial Q^j} = J^l{}_i A_{lk} J^k{}_j. \end{aligned} \tag{2.27}$$

すなわち $\hat{A}^* = \hat{J}^t \hat{A} \hat{J}$ であり，したがって，変換が正則であるかぎり

$$\det \hat{A}^* = \det(\hat{J}^t \hat{A} \hat{J}) = \det \hat{J} \det \hat{A} \det \hat{J} \neq 0$$

で，変換されたラグランジアンも正則である．

この新しいラグランジアンにたいして

$$\begin{aligned} \frac{d}{dz}\left(\frac{\partial L^*}{\partial Q'^k}\right) - \frac{\partial L^*}{\partial Q^k} &= \frac{d}{dz}\left(\frac{\partial L}{\partial\varphi'^i}\frac{\partial\varphi'^i}{\partial Q'^k}\right) - \left(\frac{\partial L}{\partial\varphi^i}\frac{\partial\varphi^i}{\partial Q^k} + \frac{\partial L}{\partial\varphi'^i}\frac{\partial\varphi'^i}{\partial Q^k}\right) \\ &= \frac{\partial\varphi^i}{\partial Q^k}\left\{\frac{d}{dz}\left(\frac{\partial L}{\partial\varphi'^i}\right) - \frac{\partial L}{\partial\varphi^i}\right\}. \end{aligned}$$

座標変換の正則の条件を考慮すると，これより

$$\frac{d}{dz}\left(\frac{\partial L}{\partial q'^k}\right) - \frac{\partial L}{\partial q^k} = 0 \ \ (k = 1, 2) \iff \frac{d}{dz}\left(\frac{\partial L^*}{\partial Q'^k}\right) - \frac{\partial L^*}{\partial Q^k} = 0 \ \ (k = 1, 2),$$

すなわち，**オイラー方程式は座標変換で形を変えず**，新しい変数にたいしても，同様のオイラー方程式が成り立つ．

そこでいま，新しい変数では $Q^2$ が循環座標となり，ラグランジアンが $L^*(z, Q^1, Q'^1, Q'^2)$ の形をしているとする．このときオイラー方程式の対応する成分は

$$\frac{d}{dz}\left(\frac{\partial L^*}{\partial Q'^2}\right) = 0 \qquad \therefore \quad P_{L2} = \frac{\partial L^*}{\partial Q'^2} = \alpha \ (\text{const.}).$$

すなわち，循環座標 $Q^2$ に共役な光線成分 $P_{L2}$ が第 1 積分である．そしてこの式を逆に解いて

$$Q'^2 = \varPhi(\alpha, z, Q^1, Q'^1) \tag{2.28}$$

として，関数

$$\tilde{L}(z, Q^1, Q'^1) := L^*(z, Q^1, Q'^1, \varPhi(\alpha, z, Q^1, Q'^1))$$

を定義すると

$$\begin{aligned}
&\frac{d}{dz}\left(\frac{\partial \tilde{L}}{\partial Q'^1}\right) - \frac{\partial \tilde{L}}{\partial Q^1} \\
&= \left[\frac{d}{dz}\left(\frac{\partial L^*}{\partial Q'^1}\right) - \frac{\partial L^*}{\partial Q^1}\right] + \frac{d}{dz}\left(\left[\frac{\partial L^*}{\partial Q'^2}\right]\frac{\partial \varPhi}{\partial Q'^1}\right) - \left[\frac{\partial L^*}{\partial Q'^2}\right]\frac{\partial \varPhi}{\partial Q^1} \\
&= \left[\frac{d}{dz}\left(\frac{\partial L^*}{\partial Q'^1}\right) - \frac{\partial L^*}{\partial Q^1}\right] + \alpha\left\{\frac{d}{dz}\left(\frac{\partial \varPhi}{\partial Q'^1}\right) - \frac{\partial \varPhi}{\partial Q^1}\right\}.
\end{aligned}$$

ただし，[……] 内は微分演算後に $Q'^2 = \varPhi$ を代入する．そこでさらに関数

$$R(z, Q^1, Q'^1) := \tilde{L}(z, Q^1, Q'^1) - \alpha\varPhi(\alpha, z, Q^1, Q'^1) \tag{2.29}$$

を定義すると，これはオイラー方程式

$$\frac{d}{dz}\left(\frac{\partial R}{\partial Q'^1}\right) - \frac{\partial R}{\partial Q^1} = 0 \tag{2.30}$$

を満たしている．この方程式の解として得られた $Q^1 = Q^1(z)$ を (2.28) に代入して積分すれば $Q^2$ も得られる．こうして，たしかに問題は 1 次元配位空間（2 次元状態空間）の問題に簡約されることになった．この関数 $R$ は，力学ではラ

**ウシアン**あるいは**修正ラグランジアン**とよばれているものである[7].

具体例として，前節に見た軸対称な系 $\mu = \mu(z, \sqrt{x^2+y^2})$ をあらためてとりあげよう．座標変換は (2.16) で与えられる．新しいラグランジアンは

$$L^* = \mu(z,\rho)\sqrt{\rho'^2 + \rho^2\phi'^2 + 1}. \tag{2.31}$$

あきらかに $\phi$ が循環座標ゆえ，

$$p_\phi = \frac{\partial L^*}{\partial \phi'} = \frac{\mu\rho^2\phi'}{\sqrt{\rho'^2+\rho^2\phi'^2+1}} = m \ (\text{const.}). \tag{2.32}$$

もちろんこれはスキュー度関数 (2.17) の保存をあらわし，この保存は軸まわりの回転対称性の結果である．これを逆に解いて

$$\phi' = \frac{m\sqrt{\rho'^2+1}}{\rho\sqrt{\mu^2\rho^2-m^2}} =: \varPhi(z,\rho,\rho').$$

これより

$$\tilde{L} = \mu\sqrt{\rho'^2+\rho^2\varPhi^2+1} = \frac{\mu^2\rho\sqrt{\rho'^2+1}}{\sqrt{\mu^2\rho^2-m^2}},$$

したがってラウシアンは

$$R = \tilde{L} - m\varPhi = \sqrt{\mu^2 - m^2/\rho^2}\sqrt{\rho'^2+1}. \tag{2.33}$$

これは，屈折率が $\nu(z,\rho) = \sqrt{\mu^2(z,\rho) - m^2/\rho^2}$ で与えられる媒質中での 1 次元（つまり子午面内光線）の問題と見なすことができる．

**例 2.3-1（グラスファイバー）**

まっすぐで軸対称なグラスファイバーで，軸方向に $z$ 軸をとる．

屈折率が $\mu = \sqrt{n^2 - \kappa^2(x^2+y^2)} = \sqrt{n^2 - \kappa^2\boldsymbol{q}^2}$（$n$ は定数）の形をしているとする（屈折率 2 乗分布型光ファイバーの一例）．系は軸方向の平行移動で不変であり，前節の議論より $p_{Lz}$ が第 1 積分，すなわち

$$p_{Lz} = \frac{\mu(\boldsymbol{q})}{\sqrt{\boldsymbol{q}'^2+1}} = \sqrt{\mu(\boldsymbol{q})^2 - \boldsymbol{p}_L^2} = E \ (\text{const.}), \tag{2.34}$$

したがって

---

[7]「ラウシアン」は，符号を逆にとったもの，つまり $\alpha\varPhi - \tilde{L}$ を指すこともあるので注意．

$$\boldsymbol{p}_L = \frac{\mu(\boldsymbol{q})\boldsymbol{q}'}{\sqrt{\boldsymbol{q}'^2+1}} = E\boldsymbol{q}'. \tag{2.35}$$

このとき光線方程式 (2.7) は

$$\frac{E}{\mu}\frac{d}{dz}(E\boldsymbol{q}') = \frac{\partial\mu}{\partial\boldsymbol{q}} \qquad \text{i.e.} \qquad \frac{d^2\boldsymbol{q}}{dz^2} = \frac{1}{2E^2}\frac{\partial\mu^2}{\partial\boldsymbol{q}}. \tag{2.36}$$

ここに屈折率の表式を代入すれば，$\omega := \kappa/E$ として

$$\frac{d^2x}{dz^2} = -\omega^2 x, \qquad \frac{d^2y}{dz^2} = -\omega^2 y.$$

これより，$A, B, \alpha, \beta$ を積分定数として一般解は

$$x = A\sin(\omega z+\alpha), \qquad p_{Lx} = Ex' = \kappa A\cos(\omega z+\alpha),$$
$$y = B\sin(\omega z+\beta), \qquad p_{Ly} = Ey' = \kappa B\cos(\omega z+\beta).$$

図 2.3-1 に $x, p_{Lx}$ の解を，$\alpha = 0$ と $\alpha = \pi/2$ の場合について示しておいた．

配位空間上の光線経路，つまり実空間の光線経路を光軸に垂直な平面に射影したものは

$$B^2x^2 + A^2y^2 - 2AB\cos(\alpha-\beta)xy = (AB)^2\sin^2(\alpha-\beta)$$

の楕円．そしてこのとき，

$$\begin{aligned}&\sqrt{\mu^2-\boldsymbol{p}_L^2}\\&= \sqrt{n^2-\kappa^2(x^2+y^2)-(p_{Lx}^2+p_{Ly}^2)}\\&= \sqrt{n^2-\kappa^2(A^2+B^2)}.\end{aligned}$$

これは $p_{Lz}$ が保存量であること，つまり (2.34) を示している．系はまた軸対称ゆえ，スキュー度関数 $M_z$ が保存されるはずであるが，そのことは直接的に

$$\begin{aligned}&xp_{Ly} - yp_{Lx}\\&= E(xy' - yx')\\&= \kappa AB\{\sin(\omega z+\alpha)\cos(\omega z+\beta) - \cos(\omega z+\alpha)\sin(\omega z+\beta)\}\\&= \kappa AB\sin(\alpha-\beta)\end{aligned}$$

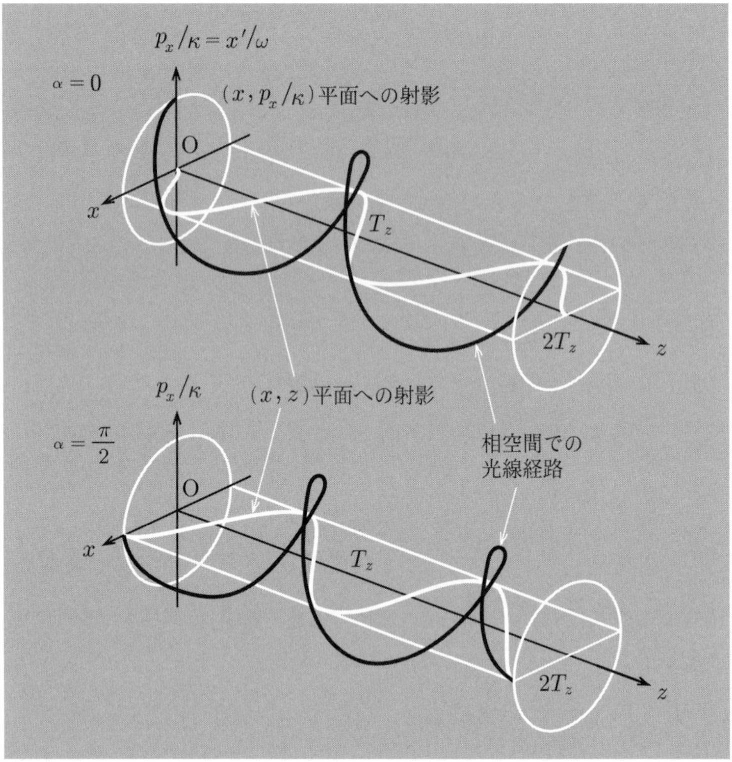


図 2.3-1 グラスファイバーにおける光線経路

のように示される．なお，上に求めた一般解より，第 1 積分（保存量）としては，上記の $M_z = xp_{Ly} - yp_{Lx}$ のほかに

$$p_{Lx}^2+\kappa^2x^2 = \kappa^2A^2,\ \ p_{Ly}^2+\kappa^2y^2 = \kappa^2B^2,\ \ p_{Lx}p_{Ly}+\kappa^2xy = \kappa^2AB\cos(\alpha-\beta)$$

が存在することが，直接的に見てとれる（$p_{Lz} = \sqrt{\mu^2 - \boldsymbol{p}_L^2}$ の保存は，このはじめの 2 式の結果）．これらの保存がいかなる対称性に由来するものであるのかは，例 2.9-1 で説明する．

形式的には力学における 2 次元調和振動とおなじで，この場合は，調和振動での振動周期に対応する量は

$$T_z = \frac{2\pi}{\omega} = 2\pi\frac{E}{\kappa} = 2\pi\frac{\mu(\boldsymbol{q}(0))}{\kappa\sqrt{\boldsymbol{q}'(0)^2+1}}$$

であり，光線は $\Delta z = T_z$ 毎に状態空間上のおなじ点 $(\boldsymbol{q}, \boldsymbol{q}')$ に戻ってくる．ただし，初期条件によって $T_z$ の値が異なるので，調和振動の場合の「等時性」に相当するものは成り立たない．そのことは，光軸上の1点 $(z=0, \boldsymbol{q}=\boldsymbol{q}(0))$ からさまざまな方向に出た光線（さまざまな $\boldsymbol{q}'(0)$ の値の光線）が光軸上の同一の点に集まらないことを意味している．

## 2.4 正準変数とハミルトン方程式

ここでは，先に約束したように，光線方程式を配位空間 N の座標と光線ベクトルで書き直すことを試みる．配位空間の光線ベクトルは，(2.9) すなわち

$$\boldsymbol{p}_L := \frac{\partial L}{\partial \boldsymbol{q}'} = \boldsymbol{\psi}(z, \boldsymbol{q}, \boldsymbol{q}') \quad \text{i.e.} \quad p_{L1} := \frac{\partial L}{\partial x'} = \psi_1,\ \ p_{L2} := \frac{\partial L}{\partial y'} = \psi_2 \tag{2.37}$$

で定義される．$\boldsymbol{q}'$ から $\boldsymbol{p}_L$ への変数変換は，ルジャンドル変換

$$L(z, \boldsymbol{q}, \boldsymbol{q}') \mapsto H_L := -L + \boldsymbol{q}' \cdot \frac{\partial L}{\partial \boldsymbol{q}'} = -L + \boldsymbol{q}' \cdot \boldsymbol{p}_L \tag{2.38}$$

で与えられる[8]．(2.12) より $H_L = -p_{Lz}$ であることがわかる．この $H_L$ がたしかに $z, \boldsymbol{q}, \boldsymbol{p}_L$ の関数であることは

$$\begin{aligned} dH_L &= -\left(\frac{\partial L}{\partial \boldsymbol{q}} \cdot d\boldsymbol{q} + \frac{\partial L}{\partial \boldsymbol{q}'} \cdot d\boldsymbol{q}'\right) - \frac{\partial L}{\partial z}dz + \frac{\partial L}{\partial \boldsymbol{q}'} \cdot d\boldsymbol{q}' + \boldsymbol{q}' \cdot d\left(\frac{\partial L}{\partial \boldsymbol{q}'}\right) \\ &= -\frac{\partial L}{\partial \boldsymbol{q}} \cdot d\boldsymbol{q} + \boldsymbol{q}' \cdot d\boldsymbol{p}_L - \frac{\partial L}{\partial z}dz \end{aligned} \tag{2.39}$$

よりあきらかである．ただしこの段階では $\boldsymbol{p}_L = \boldsymbol{\psi}(z, \boldsymbol{q}, \boldsymbol{q}')$ も $H_L$ も $\boldsymbol{q}, \boldsymbol{q}'$ であらわされているので，そのことをはっきりさせるために添え字 $L$ を付した．

しかし，ラグランジアン $L(z, \boldsymbol{q}, \boldsymbol{q}')$ が正則であるから，$\boldsymbol{p}_L$ と $\boldsymbol{q}'$ が1対1に対応し，上記の $\boldsymbol{p}_L = (p_{L1}, p_{L2})$ の定義 (2.9) (2.37) から逆に $\boldsymbol{q}' = (x', y')$ を求めることができる．その結果を

---

8) ルジャンドル変換については §2.5 に詳しく説明する．

$$\boldsymbol{q}' = \boldsymbol{\phi}(z, \boldsymbol{q}, \boldsymbol{p}_L) \tag{2.40}$$

としよう．こうすれば，今後は $\boldsymbol{q}$, $\boldsymbol{q}'$ のかわりに $\boldsymbol{q}$, $\boldsymbol{p}_L$ を独立な変数に採ることができるので，そのことをはっきりさせるために，添え字 $L$ をはずして $\boldsymbol{p} = (p_1, p_2)$ と記し，$\boldsymbol{q}, \boldsymbol{p}$ の組を**正準変数**という．さらにまた，あらためて関数

$$H(z, \boldsymbol{q}, \boldsymbol{p}) := H_L(z, \boldsymbol{q}, \boldsymbol{\phi}(z, \boldsymbol{q}, \boldsymbol{p})) = \left[\boldsymbol{q}' \cdot \frac{\partial L}{\partial \boldsymbol{q}'} - L\right]_{\boldsymbol{q}'=\boldsymbol{\phi}(z,\boldsymbol{q},\boldsymbol{p})} \tag{2.41}$$

を定義する．正準変数 $(\boldsymbol{p}, \boldsymbol{q})$ を変数とするこの関数は一般に**ハミルトニアン**といわれる．$\boldsymbol{p}_L$, $H_L$ と $\boldsymbol{p}$, $H$ は物理的にはおなじものであり，変数として $\boldsymbol{q}, \boldsymbol{q}'$ を採っているか $\boldsymbol{q}, \boldsymbol{p}$ を採っているかの違いである．

このハミルトニアンの定義は，明示的に書けば

$$H = \boldsymbol{\phi}(z, \boldsymbol{q}, \boldsymbol{p}) \cdot \boldsymbol{p} - L(z, \boldsymbol{q}, \boldsymbol{\phi}(z, \boldsymbol{q}, \boldsymbol{p})) \tag{2.42}$$

であるから，$L = L(z, \boldsymbol{q}, \boldsymbol{q}')$ として

$$\begin{aligned} dH &= d\boldsymbol{\phi} \cdot \boldsymbol{p} + \boldsymbol{\phi} \cdot d\boldsymbol{p} - \left[\frac{\partial L}{\partial \boldsymbol{q}} \cdot d\boldsymbol{q} + \frac{\partial L}{\partial z} dz + \frac{\partial L}{\partial \boldsymbol{q}'} \cdot d\boldsymbol{\phi}\right]_{\boldsymbol{q}'=\boldsymbol{\phi}(z,\boldsymbol{q},\boldsymbol{p})} \\ &= \boldsymbol{\phi} \cdot d\boldsymbol{p} - \left[\frac{\partial L}{\partial \boldsymbol{q}} \cdot d\boldsymbol{q} + \frac{\partial L}{\partial z} dz\right]_{\boldsymbol{q}'=\boldsymbol{\phi}(z,\boldsymbol{q},\boldsymbol{p})}. \end{aligned}$$

これより，正準変数 $(\boldsymbol{q}, \boldsymbol{p})$ を用いてあらわした光線方程式として，オイラー方程式 (2.11) を書き直すことで

$$\frac{d\boldsymbol{p}}{dz} = \left.\frac{\partial L(z, \boldsymbol{q}, \boldsymbol{q}')}{\partial \boldsymbol{q}}\right|_{\boldsymbol{q}'=\boldsymbol{\phi}(z,\boldsymbol{q},\boldsymbol{p})} = -\frac{\partial H}{\partial \boldsymbol{q}}, \tag{2.43}$$

および，(2.40) と上式から直接

$$\frac{d\boldsymbol{q}}{dz} = \boldsymbol{\phi}(z, \boldsymbol{q}, \boldsymbol{p}) = \frac{\partial H}{\partial \boldsymbol{p}} \tag{2.44}$$

が得られる．正準変数にたいするこの連立 1 階常微分方程式

$$\frac{d\boldsymbol{q}}{dz} = \frac{\partial H}{\partial \boldsymbol{p}}, \qquad \frac{d\boldsymbol{p}}{dz} = -\frac{\partial H}{\partial \boldsymbol{q}} \tag{2.45}$$

を**ハミルトン形式の光線方程式**，ないし，簡単に**ハミルトン方程式**という [9]．

---

9) 通常「正準方程式」といわれるが，本書では「正準方程式」はもっと広い意味のものを指すのにとっておく．§2.9 参照．

もちろんこの結果は，光学ラグランジアンの具体的な形 (2.4)

$$L = \mu(x, y, z)\sqrt{x'^2 + y'^2 + 1} = \mu(\boldsymbol{q}, z)\sqrt{\boldsymbol{q}'^2 + 1}, \tag{2.46}$$

そして

$$H_L(z, \boldsymbol{q}, \boldsymbol{q}') = -L + \boldsymbol{q}' \cdot \frac{\partial L}{\partial \boldsymbol{q}'} = -\frac{\mu(\boldsymbol{q}, z)}{\sqrt{\boldsymbol{q}'^2 + 1}} \tag{2.47}$$

を用いて，直接導くことができる．この場合，たしかに光学ラグランジアンは正則で (2.9) から (2.40) の具体的な形を求めることが可能であり，結果は

$$\frac{d\boldsymbol{q}}{dz} = \frac{\boldsymbol{p}_L}{\sqrt{\mu^2 - \boldsymbol{p}_L^2}} = \boldsymbol{\phi}(z, \boldsymbol{q}, \boldsymbol{p}_L) \quad (\boldsymbol{p}_L^2 < \mu^2). \tag{2.48}$$

以下では $\boldsymbol{p}_L$ を独立と見なして $\boldsymbol{p}$ と記し，これより，

$$H(z, \boldsymbol{q}, \boldsymbol{p}) = \left[\boldsymbol{q}' \cdot \frac{\partial L}{\partial \boldsymbol{q}'} - L\right]_{\boldsymbol{q}' = \boldsymbol{\phi}(z, \boldsymbol{q}, \boldsymbol{p})} = -\sqrt{\mu(\boldsymbol{q}, z)^2 - \boldsymbol{p}^2}. \tag{2.49}$$

これをとくに**光学ハミルトニアン**というが，簡単にハミルトニアンともいう．

ところで，直接の計算よりわかるように，(2.48) 式は

$$\frac{d\boldsymbol{q}}{dz} = \frac{\partial H}{\partial \boldsymbol{p}} \tag{2.50}$$

にほかならない．これはハミルトン方程式 (2.45) の一方の組であり，もう一方の組は，オイラー方程式から求まる：

$$\frac{d\boldsymbol{p}}{dz} = \left.\frac{\partial L}{\partial \boldsymbol{q}}\right|_{\boldsymbol{q}' = \boldsymbol{\phi}} = \frac{\partial \mu}{\partial \boldsymbol{q}}\sqrt{\boldsymbol{\phi}^2 + 1} = \frac{\partial \mu}{\partial \boldsymbol{q}} \frac{\mu}{\sqrt{\mu^2 - \boldsymbol{p}^2}} = -\frac{\partial H}{\partial \boldsymbol{q}}. \tag{2.51}$$

こうして得られたハミルトン方程式 (2.45) は，ラグランジアンが正則であるかぎり 2 階の常微分方程式としてのオイラー方程式 (2.7) と等価である．ただし，オイラー方程式では $x', y'$ は $x(z), y(z)$ の導関数であったが，ハミルトン方程式では $p_1, p_2$ は $x, y$ とは独立である．

そしてこのように $\boldsymbol{q} = (x, y)$ と $\boldsymbol{p} = (p_1, p_2)$ を対にして四つの独立な変数と見なすとき，$(x, y)$ を**正準座標成分**，$(p_1, p_2)$ を正準座標成分に共役な**光線成分**，これら四つをまとめて**正準変数**，そしてこの正準変数を座標にもつ 4 次元空間 M を**光学的相空間**という（ただし $\boldsymbol{p}^2 < \mu^2$）．ハミルトニアンはこの光学的

相空間 M 上の関数である（以下では M を簡単に「相空間」とよぶ）[10)].

そしてハミルトン方程式の解としての光線は，この 4 次元相空間内を点が $z$ をパラメータとして移動してゆくことであらわされる．あるいは，$z$ 軸を含む 5 次元で考えれば，4 次元相空間が $z$ 軸にそって移動してゆき，光線は相空間上の点がこの 5 次元空間内に作る曲線としてあらわされると見ることもできる．図 2.3-1 は 5 次元拡大相空間の $(x, p_x, z)$ で張られる部分空間での光線経路である．配位空間だけを考えていれば，1 点をとおる何本もの光線が考えられた．同一の点をとおってさまざまな方向に進む光線が考えられるからである．しかし相空間ではその上の点で光線が一意的に指定される．つまり相空間の 1 点は配位空間の一点とその点での光線の向きを一意的に指定する．それゆえ相空間では光線をあらわす曲線が交差したり枝分かれしたりすることはない．

なお，ハミルトン方程式の解としての光線にそったハミルトニアンの変化は

$$\frac{dH}{dz} = \frac{\partial H}{\partial \boldsymbol{q}} \cdot \frac{d\boldsymbol{q}}{dz} + \frac{\partial H}{\partial \boldsymbol{p}} \cdot \frac{d\boldsymbol{p}}{dz} + \frac{\partial H}{\partial z}.$$

それゆえ，ハミルトン方程式を満たす $\boldsymbol{q}, \boldsymbol{p}$ にたいしては

$$\frac{dH}{dz} = \frac{\partial H}{\partial z}. \tag{2.52}$$

したがって，ハミルトニアンが $z$ を陽に含まないとき，ハミルトニアン自身がハミルトン方程式の第 1 積分である．$H_L = -p_{Lz}$ であることを考慮すれば，この結果は，系が $z$ 方向の平行移動に関して不変な場合に対応するモーメント関数 $p_{Lz}$ の保存にほかならない．

同様に，ある座標成分，たとえば $q^i$ が循環座標でハミルトニアンに陽に含まれていなければ，ハミルトン方程式の対応する成分は

$$\frac{dp_i}{dz} = -\frac{\partial H}{\partial q^i} = 0 \quad \therefore \quad p_i = \text{const.}$$

となり，それに共役な光線成分は保存する．これも $q_i$ 方向への平行移動（$q_i$ を $q_i + \lambda$ にずらす変換）にたいして系が不変のとき，それに共役な光線成分が保存するというネーターの定理の特別の場合である．

---

10) 光学では $(q^1, q^2, p_1, p_2)$ をまとめて**光線データ**ともいう．

それゆえ，うまく座標変換をおこなうことで循環座標を作りだせば，問題を簡単にすることができる．

ところで，ハミルトン方程式は，その形が対称的であるため，解の性質がよいことが知られている．そこで，座標変換にさいしてハミルトン方程式の形を変えないような変換が望ましい．そのような座標変換を正準変換という．その議論に入るための準備として，相空間上でのフェルマの原理にたちよっておこう．

## 2.5 相空間上のフェルマの原理

光線ベクトル $\boldsymbol{p} = (p_1, p_2)$ を $\boldsymbol{q}' = (x', y')$ にかわる変数として導入することの意味を，もう少し掘り下げるために，フェルマの原理を相空間 M 上で考えることにしよう．

配位空間 N での光路長 (2.3) は，(2.38) を使ってラグランジアンを $H_L$ に書き直して

$$J[\Lambda_L] = \int_a^b L(z, \boldsymbol{q}, \boldsymbol{q}')dz = \int_a^b \{\boldsymbol{p}_L \cdot \boldsymbol{q}' - H_L(z, \boldsymbol{q}, \boldsymbol{p}_L)\}dz. \tag{2.53}$$

前に §1.3 でやったのと同様に，両端を固定しない変分をとると

$$\Delta J = \Big[(\boldsymbol{p}_L \cdot \boldsymbol{q}' - H_L)\Delta z\Big]_a^b + \int_a^b \delta\{\boldsymbol{p}_L \cdot \boldsymbol{q}' - H_L(z, \boldsymbol{q}, \boldsymbol{p}_L)\}dz. \tag{2.54}$$

ここでも

$$\delta(\boldsymbol{p}_L \cdot \boldsymbol{q}') = \boldsymbol{q}' \cdot \delta\boldsymbol{p}_L + \boldsymbol{p}_L \cdot \delta\boldsymbol{q}' = \boldsymbol{q}' \cdot \delta\boldsymbol{p}_L + (\boldsymbol{p}_L \cdot \delta\boldsymbol{q})' - \boldsymbol{p}_L' \cdot \delta\boldsymbol{q}$$

等を使って部分積分をおこない，さらに端点で $\delta\boldsymbol{q} + \boldsymbol{q}'\Delta z = \Delta\boldsymbol{q}$ の書き換えをすれば，第 1 変分は

$$\delta J = \Big[\boldsymbol{p}_L \cdot \Delta\boldsymbol{q} - H_L\Delta z\Big]_a^b + \int_a^b \left\{\left(\boldsymbol{q}' - \frac{\partial H_L}{\partial \boldsymbol{p}_L}\right) \cdot \delta\boldsymbol{p}_L - \left(\boldsymbol{p}_L' + \frac{\partial H_L}{\partial \boldsymbol{q}}\right) \cdot \delta\boldsymbol{q}\right\}dz. \tag{2.55}$$

ここで固定端変分を考え，端点で $\Delta x = \Delta y = \Delta z = 0$ とする．そのとき積分項のみが残る．そして積分経路 $\Lambda_L$ がハミルトン方程式の解曲線であれば，$\delta J = 0$ となり，光路長 $J[\Lambda_L]$ が停留値であることがわかる．

その逆はどうか．たしかに $\Lambda_L$ にそった光路長 $J$ が停留値であることを要請するならば，積分項は 0 になり，被積分関数のそれぞれの（　）内を 0 とすれば，上式から 4 個のハミルトン方程式が得られように思われる．しかし，話はそれほど単純ではない．というのも，もともとこれは配位空間での積分であって，ここでの $\boldsymbol{p}_L$ は $\boldsymbol{\psi}(z, \boldsymbol{q}, \boldsymbol{q}')$ で，そのさい $\boldsymbol{q}'$ は $\boldsymbol{q}(z)$ の導関数であるから，$\delta\boldsymbol{p}_L$ の 2 成分を $\delta\boldsymbol{q}$ の 2 成分と独立に 0 とすることはできないからである．

しかしベクトル $\boldsymbol{p}_L$ と関数 $H_L$ の定義 (2.37) (2.38) から

$$\frac{\partial H_L}{\partial p_{L1}} = \frac{\partial}{\partial p_{L1}}(\boldsymbol{p}_L \cdot \boldsymbol{q}' - L) = x' + \left(\boldsymbol{p}_L - \frac{\partial L}{\partial \boldsymbol{q}'}\right) \cdot \frac{\partial \boldsymbol{q}'}{\partial p_{L1}} = x'.$$

同様に $\partial H_L/\partial p_{L2} = y'$ ゆえ，端点で $\Delta\boldsymbol{q} = 0$，$\Delta z = 0$ とした変分にたいして

$$\delta J[\Lambda_L] = -\int_a^b \left(\boldsymbol{p}'_L + \frac{\partial H_L}{\partial \boldsymbol{q}}\right) \cdot \delta\boldsymbol{q} dz. \tag{2.56}$$

これより，光路長が停留値をとる条件として，ハミルトン方程式が得られる．

とするならば，そのような面倒な議論をぬきに，上記の $\boldsymbol{p}_L$ を独立な正準変数 $\boldsymbol{p}$，そして $H_L$ をハミルトニアン $H$ と読み替え，$J$ を相空間での積分と解釈し，$\delta\boldsymbol{p}, \delta\boldsymbol{q}$ の 4 成分を独立な変分と見なせば，相空間においても光路長が停留値をとる条件として，いきなりハミルトン方程式の 4 成分が得られることになる．

そのようにしてよい理由は，$\boldsymbol{q}'$ から $\boldsymbol{p}$ への変数変換がルジャンドル変換になっていることによる．

ルジャンドル変換については，わかりやすくするため，1 変数で説明しよう．

関数 $F(x)$ が変曲点をもたず，下に凸，すなわち $F'' > 0$ とする（上に凸なら $-F$ をとればよい）．与えられた $y$ にたいして $x$ の関数

$$\Theta(y, x) := yx - F(x)$$

が極値をとる条件を考える．すなわち

$$\frac{\partial \Theta}{\partial x} = y - \frac{dF}{dx} = 0.$$

これを解いて $x = \varphi(y)$ とあらわす．与えられた $y$ にたいして $\Theta$ が極値をとるときの $x$ の値である．また $-\Theta(y, x)$ は，横軸を $x$ 軸にとる直交座標で $F(x)$

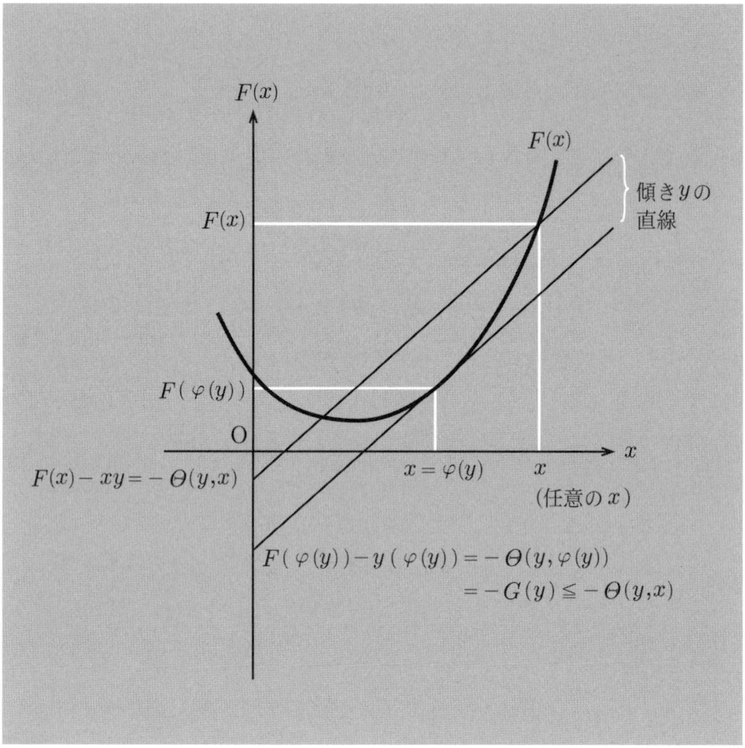


**図 2.5-1** ルジャンドル変換 $F(x) \mapsto G(y)$

をあらわしたときに点 $(x, F(x))$ をとおり傾き $y$ の直線が縦軸を切る点の値である（図 2.5-1）．とくに $x = \varphi(y)$ は，関数 $F(x)$ の接線の傾きが $y$ に等しくなる点であり，このとき $-\Theta$ は極小になる．そこで，$y$ を変数とする新しい関数

$$G(y) := \Theta(y, \varphi(y)) = -F(\varphi(y)) + y\varphi(y)$$

を定義する．この変数変換 $x \mapsto y$ にともなって得られた関数の $G(y)$ がやはり下に凸であることが示される．実際

$$\frac{dG(y)}{dy} = \varphi(y) + \left(y - \frac{dF}{dx}\bigg|_{x=\varphi(y)}\right)\frac{d\varphi(y)}{dy} = \varphi(y).$$

よって，

$$\frac{d^2G(y)}{dy^2} = \left.\frac{dx}{dy}\right|_{x=\varphi(y)} \qquad \text{他方} \qquad \frac{d^2F(x)}{dx^2} = \left.\frac{dy}{dx}\right|_{\varphi(y)=x}.$$

したがって，$d^2G/dy^2$ と $d^2F/dx^2$ は同符号で，$G(y)$ も下に凸.

凸関数 $F(x)$ から凸関数 $G(y)$ へのこの変換を**ルジャンドル変換**という.

そこで与えられた $x$ にたいして $y$ が $\varphi(y)=x$ を満たしているとき，これを解いたものを $y=\psi(x)$ と記す．そうすれば与えられた $x$ にたいして $y$ の関数

$$\Gamma(x,y) := yx - G(y)$$

は $y=\psi(x)$ のとき極値をとり，その値は $F(x)$ に等しい．したがって，変数の逆変換 $y \mapsto x$ とそれにともなう関数の変換

$$G(y) \mapsto \quad \Gamma(x,\psi(x)) = \psi(x)x - G(\psi(x)) = F(x)$$

もルジャンドル変換である．つまりルジャンドル変換は双対的である.

そこで，この $\Gamma(x,y)$ をさしあたって独立な 2 変数 $x,y$ の関数と見ることにしよう．そのとき，$EXT_y$ を $y$ について極値をとる演算子，$EXT_x$ を $x$ について極値をとる演算子とすると

$$EXT_y\Gamma(x,y) = F(x) \qquad \therefore \quad EXT_xF(x) = EXT_xEXT_y\Gamma(x,y).$$

すなわち，$F(x)$ の極値を求めることは，$x$ と $y$ を独立と見なした 2 変数関数 $\Gamma(x,y)$ の極値を求めることと等価になる.

1 変数の場合で説明したが，2 変数関数 $F(x_1,x_2)$ でも，

$$\frac{\partial^2 F}{\partial x_1^2}dx_1^2 + 2\frac{\partial^2 F}{\partial x_1 \partial x_2}dx_1dx_2 + \frac{\partial^2 F}{\partial x_2^2}dx_2^2$$

が定符号であれば，まったく同様に議論できる.

さて，変数 $\boldsymbol{q}$，$\boldsymbol{q}'$ から変数 $\boldsymbol{q}$，$\boldsymbol{p}$ への変換にともなうラグランジアン $L(\boldsymbol{q},\boldsymbol{q}')$ からハミルトニアン $H(\boldsymbol{q},\boldsymbol{p}) = \boldsymbol{p}\cdot\boldsymbol{\phi}(\boldsymbol{q},\boldsymbol{p}) - L(\boldsymbol{q},\boldsymbol{\phi}(\boldsymbol{q},\boldsymbol{p}))$ への変換（$\boldsymbol{q}$ を固定し $\boldsymbol{q}'$ の関数と見なした $L(\boldsymbol{q},\boldsymbol{q}')$ から $\boldsymbol{p}=\partial L/\partial\boldsymbol{q}'$ の関数 $H(\boldsymbol{q},\boldsymbol{p})$ への変換）はルジャンドル変換である（これらは $z$ の関数でもあるが，$z$ の明記を省略)．そこでいま $\boldsymbol{q}$ と $\boldsymbol{q}'$ と $\boldsymbol{p}$ の関数

$$\mathscr{L}(\boldsymbol{q},\boldsymbol{q}',\boldsymbol{p}) := \boldsymbol{p}\cdot\boldsymbol{q}' - H(\boldsymbol{q},\boldsymbol{p}) \tag{2.57}$$

を定義する．これを $\boldsymbol{p}$ の関数と見れば，与えられた $\boldsymbol{q}$ と $\boldsymbol{q}'$ にたいして

$$\frac{\partial \mathscr{L}(\boldsymbol{q},\boldsymbol{q}',\boldsymbol{p})}{\partial \boldsymbol{p}} = \boldsymbol{q}' - \frac{\partial H(\boldsymbol{q},\boldsymbol{p})}{\partial \boldsymbol{p}} = 0$$

を満たす $\boldsymbol{p} = \boldsymbol{\psi}(\boldsymbol{q},\boldsymbol{q}')$ で極値をとり，その値はラグランジアンに一致する：

$$\mathscr{L}(\boldsymbol{q},\boldsymbol{q}',\boldsymbol{p}=\boldsymbol{\psi}) = EXT_{\boldsymbol{p}}\{\mathscr{L}(\boldsymbol{q},\boldsymbol{q}',\boldsymbol{p})\} = L(\boldsymbol{q},\boldsymbol{q}').$$

したがって相空間 M 上の曲線 $\Lambda$ にそった積分

$$J[\Lambda] = \int_a^b \mathscr{L}(\boldsymbol{q},\boldsymbol{q}',\boldsymbol{p})dz = \int_a^b \{\boldsymbol{p}\cdot\boldsymbol{q}' - H(\boldsymbol{q},\boldsymbol{p})\}dz \tag{2.58}$$

を，最初 $\boldsymbol{p}(z)$ の汎関数と見てその極値を求めると，曲線 $\Lambda$ を配位空間 N の曲線 $\Lambda_L$ を相空間 M に持ち上げた曲線に限定することになる．すなわち

$$EXP_{\boldsymbol{p}}J[\Lambda] = EXP_{\boldsymbol{p}}\int_a^b \mathscr{L}(\boldsymbol{q},\boldsymbol{q}',\boldsymbol{p})dz = \int_a^b L(\boldsymbol{q},\boldsymbol{q}')dz = J[\Lambda_L].$$

それゆえ，これをさらに $\boldsymbol{q}$ についての汎関数と見て極値を求める問題は配位空間でのフェルマの原理にほかならないのである．

実際，もっと簡単に $\mathscr{L} = \boldsymbol{p}\cdot\boldsymbol{q}' - H(\boldsymbol{q},\boldsymbol{p})$ を $(\boldsymbol{q},\boldsymbol{p}) = (q^1, q^2, p_1, p_2)$ を「座標」とする「4 次元配位空間」のラグランジアン（拡大ラグランジアン）と見なすならば，上に定義された汎関数 $J[\Lambda]$ がこの空間で極値をとる条件としてのオイラー方程式は

$$\frac{d}{dz}\frac{\partial \mathscr{L}}{\partial \boldsymbol{q}'} - \frac{\partial \mathscr{L}}{\partial \boldsymbol{q}} = \frac{d\boldsymbol{p}}{dz} + \frac{\partial H}{\partial \boldsymbol{q}} = 0, \qquad \frac{d}{dz}\frac{\partial \mathscr{L}}{\partial \boldsymbol{p}'} - \frac{\partial \mathscr{L}}{\partial \boldsymbol{p}} = -\frac{d\boldsymbol{q}}{dz} + \frac{\partial H}{\partial \boldsymbol{p}} = 0 \tag{2.59}$$

となり，これは相空間でのハミルトン方程式にほかならない（第 2 式では拡大ラグランジアン $\mathscr{L}$ には $\boldsymbol{p}'$ が含まれていないことを用いた）．

結局，**相空間上でのフェルマの原理**は，汎関数

$$J[\boldsymbol{q}(z),\boldsymbol{p}(z)] = \int_a^b \{\boldsymbol{p}\cdot\boldsymbol{q}' - H(\boldsymbol{q},\boldsymbol{p})\}dz \tag{2.60}$$

が端点で $\Delta\boldsymbol{q} = 0$，$\Delta z = 0$ の変分で停留値をとるとき，$\boldsymbol{q}(z), \boldsymbol{p}(z)$ が正しい光線経路を与えると言いあらわされる．

## 2.6 光学的正準変換

ハミルトン方程式(2.45)にたいして，実際に問題を解くうえでも，あるいは解の性質を調べるためにも，変数の組を他の組に変換するのが都合がよい場合がしばしば生じる．とくに循環座標への変数変換は問題を簡単にする．しかし，先にもいったように，ハミルトン方程式は解の性質がよく，それゆえ変数変換にさいしてハミルトン方程式の形を保存する変換が望ましい．つまり正準変数 $\boldsymbol{q}, \boldsymbol{p}$ から $\boldsymbol{Q}, \boldsymbol{P}$ への変換，すなわち

$$(\boldsymbol{q}, \boldsymbol{p}) \mapsto (\boldsymbol{Q}, \boldsymbol{P}) \qquad (\text{ただし } \boldsymbol{Q} = \boldsymbol{Q}(z, \boldsymbol{q}, \boldsymbol{p}), \boldsymbol{P} = \boldsymbol{P}(z, \boldsymbol{q}, \boldsymbol{p}))$$

にともない，ハミルトニアンが $H(z, \boldsymbol{q}, \boldsymbol{p})$ から $K(z, \boldsymbol{Q}, \boldsymbol{P})$ に変換され，新しい変数の満たす方程式が $K$ をハミルトニアンとするハミルトン方程式

$$\frac{d\boldsymbol{Q}}{dz} = \frac{\partial K}{\partial \boldsymbol{P}}, \qquad \frac{d\boldsymbol{P}}{dz} = -\frac{\partial K}{\partial \boldsymbol{Q}} \tag{2.61}$$

となるような変換である[11)]．

そのための条件を求めよう．

ハミルトン方程式は相空間におけるフェルマの原理，つまり4次元配位空間における拡大ラグランジアンにたいする変分原理から導かれる．それゆえ

$$\delta \int_a^b \{\boldsymbol{p} \cdot \boldsymbol{q}' - H(\boldsymbol{q}, \boldsymbol{p})\} dz = 0 \qquad (\text{端点で } \Delta \boldsymbol{q} = 0, \Delta z = 0)$$

と

$$\delta \int_a^b \{\boldsymbol{P} \cdot \boldsymbol{Q}' - K(\boldsymbol{Q}, \boldsymbol{P})\} dz = 0 \qquad (\text{端点で } \Delta \boldsymbol{Q} = 0, \Delta z = 0)$$

が両立すればよい．そのためには二つの拡大ラグランジアンが等価，すなわち一般には $\lambda$ を任意定数，そして $W_1$ を $z$ と新旧の正準座標 $\boldsymbol{Q}$, $\boldsymbol{q}$ を変数とする任意関数 $W_1(\boldsymbol{q}, \boldsymbol{Q}, z)$ として

---

11) そのさいの変換は，相空間上の同一の点を異なる座標系であらわすという意味のいわゆる受動的変換でもよいし，相空間上の点を別の点に移すという能動的変換でもよい．また変換は $Q^1 = \Phi^1(z, \boldsymbol{q}, \boldsymbol{p})$ のように $z$ に依拠してもよく，さらには座標成分と光線成分が混じるような広い変換をも許容する．

$$\boldsymbol{p}\cdot\boldsymbol{q}' - H(\boldsymbol{q},\boldsymbol{p}) = \lambda\{\boldsymbol{P}\cdot\boldsymbol{Q}' - K(\boldsymbol{Q},\boldsymbol{P})\} + \frac{dW_1}{dz} \tag{2.62}$$

が成り立てばよいが，とくに $\lambda = 1$ の場合を**正準変換**という．その場合

$$\int_a^b \{\boldsymbol{p}\cdot\boldsymbol{q}' - H(\boldsymbol{q},\boldsymbol{p})\}dz = \int_a^b \{\boldsymbol{P}\cdot\boldsymbol{Q}' - K(\boldsymbol{Q},\boldsymbol{P})\}dz + \Big[W_1(\boldsymbol{q},\boldsymbol{Q},z)\Big]_a^b$$

であるから，(2.55) でやったのと同様に両式の変分をとり，整理すると

$$\begin{aligned}
&\left[\Big(\boldsymbol{p} - \frac{\partial W_1}{\partial \boldsymbol{q}}\Big)\cdot\Delta\boldsymbol{q} - \Big(H + \frac{\partial W_1}{\partial z}\Big)\Delta z\right]_a^b \\
&\quad + \int_a^b \left\{\Big(\boldsymbol{q}' - \frac{\partial H}{\partial \boldsymbol{p}}\Big)\cdot\delta\boldsymbol{p} - \Big(\boldsymbol{p}' + \frac{\partial H}{\partial \boldsymbol{q}}\Big)\cdot\delta\boldsymbol{q}\right\}dz \\
&= \left[\Big(\boldsymbol{P} + \frac{\partial W_1}{\partial \boldsymbol{Q}}\Big)\cdot\Delta\boldsymbol{Q} - K\Delta z\right]_a^b \\
&\quad + \int_a^b \left\{\Big(\boldsymbol{Q}' - \frac{\partial K}{\partial \boldsymbol{P}}\Big)\cdot\delta\boldsymbol{P} - \Big(\boldsymbol{P}' + \frac{\partial K}{\partial \boldsymbol{Q}}\Big)\cdot\delta\boldsymbol{Q}\right\}dz.
\end{aligned}$$

これより (2.45) が満たされているとき，(2.62) で与えられる関数 $W_1(\boldsymbol{q},\boldsymbol{Q},z)$ が存在し（ただし $\lambda = 1$），新旧の変数とハミルトニアンのあいだの変換が

$$\boldsymbol{p} = \frac{\partial W_1}{\partial \boldsymbol{q}}, \qquad \boldsymbol{P} = -\frac{\partial W_1}{\partial \boldsymbol{Q}}, \qquad K = H + \frac{\partial W_1}{\partial z}. \tag{2.63}$$

で与えられれば (2.61) が満たされる．そして (2.63) の第 1 式を解いて $\boldsymbol{Q}$ を $(z,\boldsymbol{q},\boldsymbol{p})$ であらわし，それを第 2 式に代入すれば，$\boldsymbol{P} = \boldsymbol{P}(z,\boldsymbol{q},\boldsymbol{p})$ が得られる．ただし (2.63) の第 1 式が $\boldsymbol{Q}$ について解けるためには，関数 $W_1$ は

$$\det\left|\frac{\partial^2 W_1}{\partial q^i \partial Q^j}\right| \neq 0 \tag{2.64}$$

の条件を満たしていなければならない．こうして 4 変数のあいだの変換公式が一個の関数によってあらわされることになる．

正準変換のこの条件と変換公式は，独立変数を変更することで

$$\begin{aligned}
\frac{dW_2(z,\boldsymbol{p},\boldsymbol{Q})}{dz} &= \frac{d(W_1 - \boldsymbol{p}\cdot\boldsymbol{q})}{dz} \\
&= -\boldsymbol{q}\cdot\boldsymbol{p}' - \boldsymbol{P}\cdot\boldsymbol{Q}' - \{H(\boldsymbol{q},\boldsymbol{p}) - K(\boldsymbol{Q},\boldsymbol{P})\},
\end{aligned} \tag{2.65}$$

したがって

$$\boldsymbol{q} = -\frac{\partial W_2}{\partial \boldsymbol{p}}, \quad \boldsymbol{P} = -\frac{\partial W_2}{\partial \boldsymbol{Q}}, \quad K = H + \frac{\partial W_2}{\partial z}, \tag{2.66}$$

または

$$\begin{aligned}\frac{dW_3(z, \boldsymbol{q}, \boldsymbol{P})}{dz} &= \frac{d(W_1 + \boldsymbol{P}\cdot\boldsymbol{Q})}{dz} \\ &= \boldsymbol{p}\cdot\boldsymbol{q}' + \boldsymbol{Q}\cdot\boldsymbol{P}' - \{H(\boldsymbol{q}, \boldsymbol{p}) - K(\boldsymbol{Q}, \boldsymbol{P})\},\end{aligned} \tag{2.67}$$

$$\boldsymbol{p} = \frac{\partial W_3}{\partial \boldsymbol{q}}, \quad \boldsymbol{Q} = \frac{\partial W_3}{\partial \boldsymbol{P}}, \quad K = H + \frac{\partial W_3}{\partial z}, \tag{2.68}$$

または

$$\begin{aligned}\frac{dW_4(z, \boldsymbol{p}, \boldsymbol{P})}{dz} &= \frac{d(W_1 - \boldsymbol{p}\cdot\boldsymbol{q} + \boldsymbol{P}\cdot\boldsymbol{Q})}{dz} \\ &= -\boldsymbol{q}\cdot\boldsymbol{p}' + \boldsymbol{Q}\cdot\boldsymbol{P}' - \{H(\boldsymbol{q}, \boldsymbol{p}) - K(\boldsymbol{Q}, \boldsymbol{P})\},\end{aligned} \tag{2.69}$$

$$\boldsymbol{q} = -\frac{\partial W_4}{\partial \boldsymbol{p}}, \quad \boldsymbol{Q} = \frac{\partial W_4}{\partial \boldsymbol{P}}, \quad K = H + \frac{\partial W_4}{\partial z} \tag{2.70}$$

とあらわされる．もちろん関数 $W_1$ にたいする (2.64) と同様の条件は，関数 $W_2, W_3, W_4$ にも課せられる．

新変数 $(\boldsymbol{Q}, \boldsymbol{P})$ の半分と旧変数 $(\boldsymbol{q}, \boldsymbol{p})$ の半分を変数とし，それぞれ (2.64) に相当する条件をともなった四つの関数 $W_1, W_2, W_3, W_4$ は，すべて正準変換の**母関数**といわれる．そして，以上の正準変換 $(\boldsymbol{q}, \boldsymbol{p}) \mapsto (\boldsymbol{Q}, \boldsymbol{P})$ のうちで，とくに $\boldsymbol{p}^2 < \mu^2$，$\boldsymbol{P}^2 < \mu^2$ を満たすものを**光学的正準変換**という．

とくに母関数を $W_2 = -\boldsymbol{p}\cdot\boldsymbol{\Phi}(\boldsymbol{Q})$ ととれば，

$$\boldsymbol{q} = -\frac{\partial W_2}{\partial \boldsymbol{p}} = \boldsymbol{\Phi}(\boldsymbol{Q}), \quad \boldsymbol{P} = -\frac{\partial W_2}{\partial \boldsymbol{Q}} = \frac{\partial}{\partial \boldsymbol{Q}}\{\boldsymbol{p}\cdot\boldsymbol{\Phi}(\boldsymbol{Q})\}. \tag{2.71}$$

これは配位空間の座標変換に付随して生じる正準変換であり，その意味でときに**点変換**といわれる．このように正準変換では，配位空間の座標変換を指定したらそれだけで光線ベクトルの変換法則が自動的に導きだされることに注意．

また母関数として $W_1 = \boldsymbol{q}\cdot\boldsymbol{Q}$ をとると，

$$\boldsymbol{p} = \frac{\partial W_1}{\partial \boldsymbol{q}} = \boldsymbol{Q}, \quad \boldsymbol{P} = -\frac{\partial W_1}{\partial \boldsymbol{Q}} = -\boldsymbol{q}. \tag{2.72}$$

すなわち，座標と光線ベクトルをとりかえる変換である．この場合の変換されたハミルトニアンは $K = -\sqrt{\mu(z,\boldsymbol{P})^2 - \boldsymbol{Q}^2}$ である．幾何光学の正準変数とハミルトン方程式による扱いでは，このように座標成分と光線成分は正準変数として同列に置かれ，その区別は本質的な意味をもたない．

なお，正準変換一般の性質としては，つぎの事実が重要である．

母関数を $W_2 = -\boldsymbol{p}\cdot\boldsymbol{Q}$ ととれば，

$$\boldsymbol{q} = -\frac{\partial W_2}{\partial \boldsymbol{p}} = \boldsymbol{Q}, \qquad \boldsymbol{P} = -\frac{\partial W_2}{\partial \boldsymbol{Q}} = \boldsymbol{p}.$$

これは恒等変換を与える．$W_3 = \boldsymbol{q}\cdot\boldsymbol{P}$ ととっても恒等変換が得られる．

また，$W_1$ ないし $W_4$ を含む項を移項すればわかるように，$-W_1$ および $-W_4$ は逆変換の母関数になっている．言い換えれば，正準変換の逆変換はやはり正準変換である．

さらに $W^{(1)}(\boldsymbol{q},\boldsymbol{q}^*)$ を $W_1$ 型の母関数とする正準変換

$$(\boldsymbol{q},\boldsymbol{p}) \mapsto (\boldsymbol{q}^*,\boldsymbol{p}^*)\,; \quad \boldsymbol{p} = \frac{\partial W^{(1)}}{\partial \boldsymbol{q}}, \quad \boldsymbol{p}^* = -\frac{\partial W^{(1)}}{\partial \boldsymbol{q}^*},$$

および $W^{(2)}(\boldsymbol{q}^*,\boldsymbol{Q})$ をやはり $W_1$ 型の母関数とする正準変換

$$(\boldsymbol{q}^*,\boldsymbol{p}^*) \mapsto (\boldsymbol{Q},\boldsymbol{P})\,; \quad \boldsymbol{p}^* = \frac{\partial W^{(2)}}{\partial \boldsymbol{q}^*}, \quad \boldsymbol{P} = -\frac{\partial W^{(2)}}{\partial \boldsymbol{Q}},$$

において，

$$\frac{\partial W^{(1)}(\boldsymbol{q},\boldsymbol{q}^*)}{\partial \boldsymbol{q}^*} + \frac{\partial W^{(2)}(\boldsymbol{q}^*,\boldsymbol{Q})}{\partial \boldsymbol{q}^*} = 0,$$

とおき，これを $\boldsymbol{q}^*$ について解いたものを $\boldsymbol{q}^* = \boldsymbol{\phi}(\boldsymbol{q},\boldsymbol{Q})$ とする．このとき

$$W(\boldsymbol{q},\boldsymbol{Q}) := W^{(1)}(\boldsymbol{q},\boldsymbol{\phi}(\boldsymbol{q},\boldsymbol{Q})) + W^{(2)}(\boldsymbol{\phi}(\boldsymbol{q},\boldsymbol{Q}),\boldsymbol{Q})$$

を定義するならば

$$\begin{aligned}\frac{\partial W}{\partial \boldsymbol{q}} &= \left[\frac{\partial W^{(1)}(\boldsymbol{q},\boldsymbol{\phi})}{\partial \boldsymbol{q}} + \left(\frac{\partial W^{(1)}(\boldsymbol{q},\boldsymbol{\phi})}{\partial \boldsymbol{\phi}} + \frac{\partial W^{(2)}(\boldsymbol{\phi},\boldsymbol{Q})}{\partial \boldsymbol{\phi}}\right)\frac{\partial \boldsymbol{\phi}}{\partial \boldsymbol{q}}\right]_{\boldsymbol{\phi}=\boldsymbol{\phi}(\boldsymbol{q},\boldsymbol{Q})} \\ &= \boldsymbol{p},\end{aligned}$$

まったく同様にして

$$\frac{\partial W}{\partial \boldsymbol{Q}} = -\boldsymbol{P}.$$

すなわち，$(\boldsymbol{q}, \boldsymbol{p}) \mapsto (\boldsymbol{Q}, \boldsymbol{P})$ はこの $W$ を母関数とする正準変換であることがわかる．言い換えれば，二つの正準変換の合成はやはり正準変換である．

以上より，正準変換がその合成を積として群——**正準変換群**——を構成していることがわかる [12)]．

**例 2.6-1**（光軸のまわりの座標系の回転）

母関数を $W_3 = x(P_X \cos\theta - P_Y \sin\theta) + y(P_X \sin\theta + P_Y \cos\theta)$ とする正準変換を考える：

$$X = \frac{\partial W_3}{\partial P_X} = x\cos\theta + y\sin\theta, \qquad Y = \frac{\partial W_3}{\partial P_Y} = -x\sin\theta + y\cos\theta,$$
$$p_x = \frac{\partial W_3}{\partial x} = P_X\cos\theta - P_Y\sin\theta, \quad p_y = \frac{\partial W_3}{\partial y} = P_X\sin\theta + P_Y\cos\theta.$$

これより

$$P_X = p_x\cos\theta + p_y\sin\theta, \qquad P_Y = -p_x\sin\theta + p_y\cos\theta.$$

これは配位空間の座標系を光軸（$z$ 軸）のまわりに角度 $\theta$ 回転させる変換と，それにともなう光線ベクトルの変換である．

**例 2.6-2**（2 次元極座標への変換と軸対称な系）

正準変換の母関数を $W_2 = -p_x\rho\cos\phi - p_y\rho\sin\phi$ ととる：

$$x = -\frac{\partial W_2}{\partial p_x} = \rho\cos\phi, \qquad y = -\frac{\partial W_2}{\partial p_y} = \rho\sin\phi.$$

これは 2 次元デカルト座標 $(x, y)$ から 2 次元極座標 $(\rho, \phi)$ への座標変換である．

---

[12)] 集合 $\mathscr{G}$ の任意の二つの元 $a \in \mathscr{G}$, $b \in \mathscr{G}$ にたいして $a$, $b$ の「積」とよばれる元 $ab \in \mathscr{G}$ がただひとつ定まり，つぎの三つの性質をもつとき，その集合を**群**という：

1).「積」にたいして結合法則が成り立つ．

すなわち $\mathscr{G}$ の任意の元 $a$, $b$, $c$ にたいして $(ab)c = a(bc)$.

2). 単位元，すなわちすべての元 $a$ にたいして $ae = a$ となる元 $e$ が存在する．

3). 逆元，すなわち任意の元 $a$ にたいして $ab = ba = e$ となる元 $b = a^{-1}$ が存在する．

正準変換は，その合成を「積」として，この三条件を満たしているので，群を構成する．

それにともなう光線ベクトルの変換は

$$p_\rho = -\frac{\partial W_2}{\partial \rho} = p_x \cos\phi + p_y \sin\phi, \quad p_\phi = -\frac{\partial W_2}{\partial \phi} = -p_x \rho \sin\phi + p_y \rho \cos\phi.$$

これより

$$p_x = p_\rho \cos\phi - \frac{p_\phi}{\rho}\sin\phi, \qquad p_y = p_\rho \sin\phi + \frac{p_\phi}{\rho}\cos\phi.$$

したがって

$$p_\rho = \frac{p_x x + p_y y}{\sqrt{x^2+y^2}}, \qquad p_\phi = x p_y - y p_x.$$

$p_\phi$ は (1.42) に定義したスキュー度関数 $M$ である．$p_x^2 + p_y^2 = p_\rho^2 + p_\phi^2/\rho^2$ ゆえ，これより新しいハミルトニアンは

$$K(z,\rho,\phi,p_\rho,p_\phi) = -\sqrt{\mu(z,\rho,\phi)^2 - p_\rho^2 - \frac{p_\phi^2}{\rho^2}}. \tag{2.73}$$

たとえば，系が光軸のまわりに回転対称で屈折率が $\mu(z, \sqrt{x^2+y^2})$ の形をしているとする．2 次元極座標に座標変換すれば，ハミルトニアンは

$$K = -\sqrt{\mu(z,\rho)^2 - p_\rho^2 - \frac{p_\phi^2}{\rho^2}}, \tag{2.74}$$

となり，$\phi$ と $p_\phi$ に対応するハミルトン方程式は

$$\frac{dp_\phi}{dz} = -\frac{\partial K}{\partial \phi} = 0, \qquad \frac{d\phi}{dz} = \frac{\partial K}{\partial p_\phi} = \frac{p_\phi/\rho^2}{\sqrt{\mu^2 - p_\rho^2 - p_\phi^2/\rho^2}}.$$

$\phi$ は循環座標であり，$\phi$ に共役な光線成分にたいして $p_\phi = m$ (const.)．のこりの方程式は

$$\frac{dp_\rho}{dz} = -\frac{\partial K}{\partial \rho} = \frac{1}{2\sqrt{\mu^2 - p_\rho^2 - m^2/\rho^2}}\frac{\partial}{\partial \rho}\left(\mu^2 - \frac{m^2}{\rho^2}\right),$$

$$\frac{d\rho}{dz} = \frac{\partial K}{\partial p_\rho} = \frac{p_\rho}{\sqrt{\mu^2 - p_\rho^2 - m^2/\rho^2}}.$$

これは $\nu(z,\rho) = \sqrt{\mu(z,\rho)^2 - m^2/\rho^2}$ を屈折率，$K^* = -\sqrt{\nu(z,\rho)^2 - p_\rho^2}$ をハ

ミルトニアンとする，2 次元相空間 $(\rho, p_\rho)$ のハミルトン方程式にほかならない．

§2.2 で見た問題で，そこでも指摘したように，第 1 積分がひとつあることにより，相空間が簡約され，その次元が 2 下がるのである．

例 2.6-3（グラスファイバー再論）

屈折率が $\mu = \sqrt{n^2 - \kappa^2 \boldsymbol{q}^2}$ で与えられるグラスファイバーをあらためて考える．例 2.3-1 に見たものであり，ハミルトニアンは

$$H = -\sqrt{\mu^2 - \boldsymbol{p}^2} = -\sqrt{n^2 - \kappa^2 \boldsymbol{q}^2 - \boldsymbol{p}^2}.$$

天下りであるが，母関数

$$W_1(x, y, X, Y) = \frac{1}{2}\kappa x^2 \cot X + \frac{1}{2}\kappa y^2 \cot Y$$

を考える．これによる正準変換 $(x, y, p_x, p_y) \mapsto (X, Y, P_X, P_Y)$ は

$$p_x = \frac{\partial W_1}{\partial x} = \kappa x \cot X, \qquad p_y = \frac{\partial W_1}{\partial y} = \kappa y \cot Y,$$

$$P_X = -\frac{\partial W_1}{\partial X} = \frac{\kappa x^2}{2\sin^2 X}, \qquad P_Y = -\frac{\partial W_1}{\partial Y} = \frac{\kappa y^2}{2\sin^2 Y}.$$

力学でときにポアンカレ変換と称されている巧妙なものである．これより

$$p_x^2 = \kappa^2 x^2 \cot^2 X = 2\kappa P_X \cos^2 X,$$

$$\kappa^2 x^2 = 2\kappa P_X \sin^2 X \qquad \therefore \quad \kappa^2 x^2 + p_x^2 = 2\kappa P_X.$$

$y$ 成分についても同一の関係が導かれるので，$\kappa^2 \boldsymbol{q}^2 + \boldsymbol{p}^2 = 2\kappa(P_X + P_Y)$．したがって，変換されたハミルトニアンは

$$K = -\sqrt{n^2 - 2\kappa(P_X + P_Y)}.$$

すなわち $X$ と $Y$ はともに循環座標で，変換されたハミルトン方程式は

$$\frac{dP_X}{dz} = -\frac{\partial K}{\partial X} = 0, \qquad \frac{dP_Y}{dz} = -\frac{\partial K}{\partial Y} = 0,$$

これより，$P_X = C_X, P_Y = C_Y$．さらに $K = -\sqrt{n^2 - 2\kappa(C_X + C_Y)} = -E$ が得られ，これらはすべて定数．そして

$$\frac{dX}{dz} = \frac{\partial K}{\partial P_X} = \frac{\kappa}{\sqrt{n^2 - 2\kappa(C_X + C_Y)}} = \frac{\kappa}{E}.$$

これより，$\kappa/E = \omega$ として，$X = \omega z + \alpha$. $y$ についても同様で，以上より

$$x = \sqrt{\frac{2}{\kappa}P_X}\sin X = \sqrt{\frac{2}{\kappa}C_X}\sin(\omega z + \alpha),$$
$$y = \sqrt{\frac{2}{\kappa}P_Y}\sin Y = \sqrt{\frac{2}{\kappa}C_Y}\sin(\omega z + \beta).$$

もちろん例 2.3-1 の結果とおなじものであるが，その解法は正準変換を用いて巧妙に座標を循環座標に変換することによるものである．

なおここでは，$\kappa^2 x^2 + p_x^2$, $\kappa^2 y^2 + p_y^2$ のそれぞれが第 1 積分であることが，解を求めることなく導かれていることに注意．この問題については例 2.9-1 であらためて検討する．

## 2.7 ハミルトンの点特性関数

幾何光学においては，かつてハミルトンが点特性関数として導入し，のちにブルンスが若干の手なおしをしてアイコナールと名づけた関数が，現実の問題を解くうえでも重要な役割を果たしてきた．正準変換の立場で見ると，以下で述べるように，光線経路の発展，つまりハミルトン方程式の解としての光線の始点から任意の点までの光線成分の写像が，じつは正準変換であって，その変換をもたらす母関数がアイコナールであることがわかる．

いま，曲線 $\vec{r} = \vec{r}(s)$ を現実の経路とする光線に着目し，その光路長

$$J[\text{real path}] = \int_{s_0}^{s} \mu(\vec{r}\,)|\dot{\vec{r}}\,|ds = \int_{s_0}^{s} \tilde{L}(\vec{r}\,(s), \dot{\vec{r}}\,(s))ds \tag{2.75}$$

を考える．この積分を始点 $\vec{r}\,(s_0) = \vec{r}_0 = (x_0, y_0, z_0)$ と終点 $\vec{r}\,(s) = \vec{r} = (x, y, z)$ の関数 $V(\vec{r}, \vec{r}_0)$ と見なしたものを，**ハミルトンの点特性関数**という．ここで「現実の経路」といっているのは，フェルマの原理を満たす光線経路，つまり $\vec{r}_0$ と $\vec{r}$ をつなぐ光路長 $J$ の停留曲線を指す．

この積分の始点と終点をわずかに動かしたときの変化を考えよう．それにはわずかに異なる経路にそった積分との差をとればよい．その差は一般には変分

法の基本公式 (1.22) で与えられるが，今の場合，現実の経路にそった積分ゆえ途中の積分の値は変化せず，差は端点だけから生じ，

$$\Delta V = \Delta J = \left[\frac{\partial \tilde{L}}{\partial \dot{\vec{r}}} \cdot \Delta\vec{r}\right]_{s_0}^{s} = \vec{p}_L \cdot \Delta\vec{r}\,\Big|_s - \vec{p}_L \cdot \Delta\vec{r}\,\Big|_{s_0}. \tag{2.76}$$

したがって，この点特性関数が得られたならば，始点と終点での光線ベクトル $\vec{p}_L = \mu\vec{e}_t$ が単なる微分演算で

$$\vec{p}_L(\vec{r}\,) = \frac{\partial V(\vec{r}, \vec{r}_0)}{\partial \vec{r}}, \qquad \vec{p}_L(\vec{r}_0) = -\frac{\partial V(\vec{r}, \vec{r}_0)}{\partial \vec{r}_0} \tag{2.77}$$

のように求められる．

なお，変分法の基本公式 (1.22) によれば，フェルマの原理 $\delta J = 0$ が成り立てば，(2.76) すなわち $\Delta J = \vec{p}_L \cdot \Delta\vec{r}|_s - \vec{p}_L \cdot \Delta\vec{r}|_{s_0}$ が導かれ，逆にまた，(2.76) が成り立てば，フェルマの原理が導かれる．それゆえ，この二つの要請は等価である．

この結果を配位空間の座標と光学ラグランジアンで書き直せば，つぎのようになる．

その場合には，ハミルトンの点特性関数は，現実の経路にそった光路長

$$J[\text{real path}] = \int_{z_0}^{z} \mu(\vec{r}\,)\left|\frac{d\vec{r}}{dz}\right| dz = \int_{z_0}^{z} L(z, \boldsymbol{q}, \boldsymbol{q}')dz \tag{2.78}$$

を始点 $(\boldsymbol{q}(z_0), z_0) = (x_0, y_0, z_0) = \vec{r}_0$ と終点 $(\boldsymbol{q}(z), z) = (x, y, z) = \vec{r}$ の関数 $V(\vec{r}, \vec{r}_0)$ と見なしたものということになる．しかしその際，$\vec{p}_L$ の 3 成分は独立ではないから，$V(\vec{r}, \vec{r}_0)$ において $z$ と $z_0$ はパラメータで，$V$ は $\boldsymbol{q} = (x, y)$，および $\boldsymbol{q}_0 = (x_0, y_0)$ の関数と見るべきであろう．

つぎのように言ってもよい．

$z$ 軸上の $z = z_0$ の位置にある配位空間の一点 $\boldsymbol{q}_0$ から出て $z$ の位置にある配位空間（つまり $(x, y)$ 平面）の一点 $\boldsymbol{q}$ に達した光線の光路長 (2.3) ないし (2.53) を，$\boldsymbol{q}_0, \boldsymbol{q}$ の関数 $V(\boldsymbol{q}, z\,; \boldsymbol{q}_0, z_0)$ と見ることができる．この関数はハミルトンの点特性関数と実質的におなじものであるが，**ブルンスのアイコナール（点アイコナール）**ともいわれる．そのとき，$\boldsymbol{p}_L$ を $\boldsymbol{q}'$ とは独立な変数 $\boldsymbol{p} = (p_1, p_2) = \mu(e_{tx}, e_{ty})$ として，(2.77) より

$$\boldsymbol{p} = \frac{\partial V(\boldsymbol{q}, z\,; \boldsymbol{q}_0, z_0)}{\partial \boldsymbol{q}}, \qquad \boldsymbol{p}_0 = -\frac{\partial V(\boldsymbol{q}, z\,; \boldsymbol{q}_0, z_0)}{\partial \boldsymbol{q}_0}. \tag{2.79}$$

そしてブルンスのアイコナールが，条件

$$\det\left|\frac{\partial^2 V(\boldsymbol{q}, z\,; \boldsymbol{q}_0, z_0)}{\partial q^i \partial q_0^j}\right| \neq 0 \tag{2.80}$$

を満たしていれば，上式を解いて

$$\boldsymbol{q} = \boldsymbol{q}(z, z_0, \boldsymbol{q}_0, \boldsymbol{p}_0), \qquad \boldsymbol{p} = \boldsymbol{p}(z, z_0, \boldsymbol{q}_0, \boldsymbol{p}_0), \tag{2.81}$$

とあらわすことができる．

ところで (2.79) (2.80) を (2.63) (2.64) と見くらべれば，アイコナール $V(\boldsymbol{q}, z\,; \boldsymbol{q}_0, z_0)$ は $\boldsymbol{q} = \boldsymbol{q}(z)$, $\boldsymbol{p} = \boldsymbol{p}(z)$ から $\boldsymbol{q}_0 = \boldsymbol{q}(z_0)$, $\boldsymbol{p}_0 = \boldsymbol{p}(z_0)$ への正準変換の母関数であることがわかる．あるいは (2.79) を，関数 $-V(\boldsymbol{q}, z; \boldsymbol{q}_0, z_0)$ を母関数とする $\boldsymbol{q}_0, \boldsymbol{p}_0$ から $\boldsymbol{q}, \boldsymbol{p}$ 正準変換と見ることもできる．このように，相空間上において光線経路にそった始点から任意の点までの移動（数学的にいえば写像）は正準変換で与えられるのである．

なお，点特性関数ないしアイコナールの満たすべき方程式を求めておこう．$p_L^2 = \mu^2$ であるから，(2.77) より

$$\left(\frac{\partial V(\vec{r}, \vec{r}_0)}{\partial x}\right)^2 + \left(\frac{\partial V(\vec{r}, \vec{r}_0)}{\partial y}\right)^2 + \left(\frac{\partial V(\vec{r}, \vec{r}_0)}{\partial z}\right)^2 = \mu^2(\vec{r}), \tag{2.82}$$

$$\left(\frac{\partial V(\vec{r}, \vec{r}_0)}{\partial x_0}\right)^2 + \left(\frac{\partial V(\vec{r}, \vec{r}_0)}{\partial y_0}\right)^2 + \left(\frac{\partial V(\vec{r}, \vec{r}_0)}{\partial z_0}\right)^2 = \mu^2(\vec{r}_0). \tag{2.83}$$

つぎのように考えてもよい．アイコナールを定義した実際の光線経路にそった光路長の積分の始点と終点をわずかに動かす．そのときの変化は (2.6) で積分項を 0 としたものゆえ

$$\Delta V = \left[\frac{\partial L}{\partial \boldsymbol{q}'} \cdot \Delta \boldsymbol{q} + \left(L - \boldsymbol{q}' \cdot \frac{\partial L}{\partial \boldsymbol{q}'}\right)\Delta z\right]_{z_0}^{z}. \tag{2.84}$$

したがって，$L(z, \boldsymbol{q}(z), \boldsymbol{q}'(z)) = L$，$L(z_0, \boldsymbol{q}(z_0), \boldsymbol{q}'(z_0)) = L_0$ と記して

$$\frac{\partial V}{\partial \boldsymbol{q}} = \frac{\partial L}{\partial \boldsymbol{q}'} = \boldsymbol{p}_L, \qquad \frac{\partial V}{\partial z} = L - \boldsymbol{q}' \cdot \frac{\partial L}{\partial \boldsymbol{q}'} = p_{Lz}$$

$$\frac{\partial V}{\partial \boldsymbol{q}_0} = -\frac{\partial L_0}{\partial \boldsymbol{q}_0'} = -\boldsymbol{p}_{L0}, \qquad \frac{\partial V}{\partial z_0} = -L_0 + \boldsymbol{q}_0' \cdot \frac{\partial L_0}{\partial \boldsymbol{q}_0'} = -p_{Lz0}$$

しかるに $p_{Lz} = \sqrt{\mu^2 - \boldsymbol{p}_L^2}$. これより，アイコナール $V(\boldsymbol{q}, z\,; \boldsymbol{q}_0, z_0)$ は二つの偏微分方程式

$$\frac{\partial V}{\partial z} = \sqrt{\mu^2 - \left(\frac{\partial V}{\partial \boldsymbol{q}}\right)^2} = -H\left(\boldsymbol{q}, \frac{\partial V}{\partial \boldsymbol{q}}, z\right), \tag{2.85}$$

$$\frac{\partial V}{\partial z_0} = -\sqrt{\mu^2 - \left(\frac{\partial V}{\partial \boldsymbol{q}_0}\right)^2} = H\left(\boldsymbol{q}_0, \frac{\partial V}{\partial \boldsymbol{q}_0}, z_0\right) \tag{2.86}$$

を満たさなければならない．もちろんこれは，(2.82) (2.83) とおなじものである．

微分方程式 (2.82) (2.83) ないし (2.85) (2.86) を見ると，きわめて特別な（単純な）場合をのぞいて，それを解く（関数 $V(\boldsymbol{q}, z\,; \boldsymbol{q}_0, z_0)$ を求める）ことは事実上不可能と考えられる．しかし重要なことは，アイコナール $V(\boldsymbol{q}, z\,; \boldsymbol{q}_0, z_0)$ の関数形を明示的に求めることではなく，関数 $V(\boldsymbol{q}, z\,; \boldsymbol{q}_0, z_0)$ が存在し，それによって光線経路の発展が正準変換であらわされ，$\boldsymbol{p}, \boldsymbol{q}$ が (2.79) のように $\boldsymbol{p}_0, \boldsymbol{q}_0$ に関係づけられるという事実である．そのためそれに属する光線にある制約（シンプレクティック条件）が加えられるのであるが，この点については後述．

### 例 2.7-1（均質空間での光線伝播の正準性）

均質空間 ($\mu = n$ (const.)) では，光線は直進する．したがってこの場合の光路長としての点アイコナールは，

$$V(\boldsymbol{q}(z), z\,; \boldsymbol{q}(z_0), z_0) = n\sqrt{(z - z_0)^2 + (\boldsymbol{q}(z) - \boldsymbol{q}(z_0))^2} \tag{2.87}$$

であり，

$$\boldsymbol{p}(z) = \frac{\partial V}{\partial \boldsymbol{q}(z)} = \frac{n(\boldsymbol{q}(z) - \boldsymbol{q}(z_0))}{\sqrt{(z - z_0)^2 + (\boldsymbol{q}(z) - \boldsymbol{q}(z_0))^2}},$$

$$\boldsymbol{p}(z_0) = -\frac{\partial V}{\partial \boldsymbol{q}(z_0)} = \frac{n(\boldsymbol{q}(z) - \boldsymbol{q}(z_0))}{\sqrt{(z - z_0)^2 + (\boldsymbol{q}(z) - \boldsymbol{q}(z_0))^2}}.$$

これを解いて，$z_0 \mapsto z$ への変換の明示的な形は

$$\boldsymbol{p}(z) = \boldsymbol{p}(z_0), \qquad \boldsymbol{q}(z) = \boldsymbol{q}(z_0) + \frac{z - z_0}{\sqrt{n^2 - \boldsymbol{p}(z_0)^2}}\boldsymbol{p}(z_0). \tag{2.88}$$

結果はほとんどトリビアルである.

実際，均質空間では光線は直進，つまり光線ベクトルは一定であり，(2.88) の第 1 式が説明される．その光線ベクトルの光軸（$z$ 軸）となす角度を $\theta$ とすれば，$\vec{p} = (\boldsymbol{p}, p_z) = (\mu \sin\theta \boldsymbol{e}, \mu\cos\theta)$．ここに $\boldsymbol{e}$ は $\vec{p}$ の配位空間への射影 $\boldsymbol{p}$ の方向の単位ベクトル．これらを用いれば，$\boldsymbol{q}(z) = \boldsymbol{q}(z_0) + (z - z_0)\tan\theta\boldsymbol{e}$（図 2.7-1）．これは (2.88) の第 2 式にほかならない.

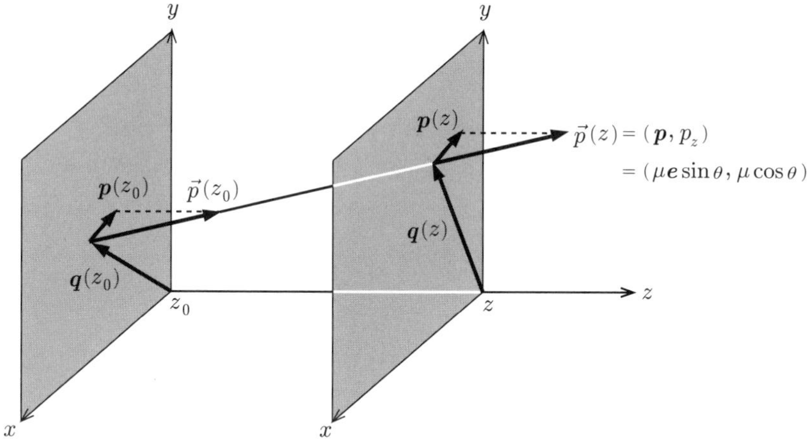


図 2.7-1 均質空間での光線経路と正準変数

この $(\boldsymbol{q}(z_0), \boldsymbol{p}(z_0)) \mapsto (\boldsymbol{q}(z), \boldsymbol{p}(z))$ の変換をもたらす母関数としての上記の点アイコナール (2.87) が正準変換の条件 (2.64) を満たしていることは

$$\det\left|\frac{\partial^2 V}{\partial q(z)^i \partial q(z_0)^j}\right| = \frac{n^2(z - z_0)^2}{\{(z - z_0)^2 + (\boldsymbol{q}(z) - \boldsymbol{q}(z_0))^2\}^2} \neq 0$$

より直接に確かめられる．あるいはこの変換は母関数

$$W_3 = \boldsymbol{q}(z_0) \cdot \boldsymbol{p}(z) - (z - z_0)\sqrt{n^2 - \boldsymbol{p}(z) \cdot \boldsymbol{p}(z)}$$

を用いることでも導かれる．すなわち

$$\boldsymbol{p}(z_0) = \frac{\partial W_3}{\partial \boldsymbol{q}(z_0)} = \boldsymbol{p}(z),$$
$$\boldsymbol{q}(z) = \frac{\partial W_3}{\partial \boldsymbol{p}(z)} = \boldsymbol{q}(z_0) + \frac{(z-z_0)\boldsymbol{p}(z)}{\sqrt{n^2 - \boldsymbol{p}(z)\cdot\boldsymbol{p}(z)}}.$$

## 2.8 屈折と反射の正準性そして臨界角

光学では，媒質が不連続に変化してハミルトン方程式を書くことのできない屈折や反射の現象があり，それが重要な役割を果たしている．しかしじつは，いちじるしいことに，その場合も相空間上の光線経路の発展が正準変換であることが結論づけられる．そのことはつぎのように直接的に示される．

光軸にそって $z$ 座標をとり，$z = a < 0$ にある点 A：$(\boldsymbol{q}_{\rm A}, a)$ から屈折率 $\mu$ の均質な媒質を通過して，$z = \Phi(\boldsymbol{q})$ で表される境界面（媒質の不連続面）上の点 P：$(\boldsymbol{q}, \Phi(\boldsymbol{q}))$ に達し，P で屈折後，屈折率 $\mu'$ のやはり均質な媒質中をとおって $z = b > 0$ にある点 B：$(\boldsymbol{q}_{\rm B}, b)$ に達する経路を考える（図 2.8-1）．$\Phi(\boldsymbol{q})$ はすべての点ですくなくとも 2 回微分可能とする．

A → P → B の光路長は，$z = \Phi(\boldsymbol{q})$ として

$$J(\boldsymbol{q}) = \mu\sqrt{(z-a)^2 + (\boldsymbol{q}-\boldsymbol{q}_{\rm A})^2} + \mu'\sqrt{(b-z)^2 + (\boldsymbol{q}_{\rm B}-\boldsymbol{q})^2}. \qquad (2.89)$$

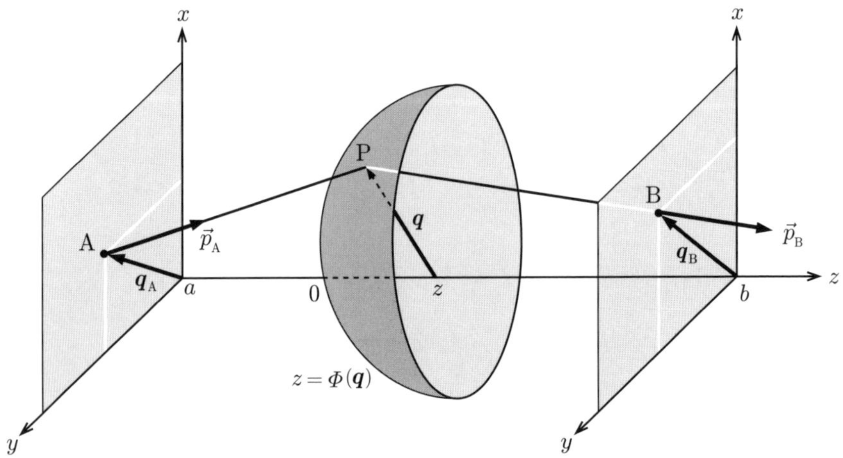


図 2.8-1 媒質の不連続面での光線の屈折

フェルマの原理により，この量 $J$ が停留値をとる条件，すなわち $\partial J/\partial \boldsymbol{q} = 0$ を考える：

$$\frac{\partial}{\partial \boldsymbol{q}}\sqrt{(\Phi(\boldsymbol{q})-a)^2+(\boldsymbol{q}-\boldsymbol{q}_{\mathrm{B}})^2} = \frac{(\Phi(\boldsymbol{q})-a)\partial\Phi(\boldsymbol{q})/\partial\boldsymbol{q}+(\boldsymbol{q}-\boldsymbol{q}_{\mathrm{A}})}{\sqrt{(z-a)^2+(\boldsymbol{q}_{\mathrm{A}}-\boldsymbol{q})^2}},$$
$$\frac{\partial}{\partial \boldsymbol{q}}\sqrt{(b-\Phi(\boldsymbol{q}))^2+(\boldsymbol{q}_{\mathrm{B}}-\boldsymbol{q})^2} = \frac{(\Phi(\boldsymbol{q})-b)\partial\Phi(\boldsymbol{q})/\partial\boldsymbol{q}+(\boldsymbol{q}-\boldsymbol{q}_{\mathrm{B}})}{\sqrt{(b-z)^2+(\boldsymbol{q}_{\mathrm{B}}-\boldsymbol{q})^2}}$$

であり，屈折後と屈折前の光線ベクトルが

$$\frac{\mu'(\boldsymbol{q}_{\mathrm{B}}-\boldsymbol{q})}{\sqrt{(b-\Phi(\boldsymbol{q}))^2+(\boldsymbol{q}_{\mathrm{B}}-\boldsymbol{q})^2}} = \boldsymbol{p}_{\mathrm{B}}, \quad \frac{\mu'(b-\Phi(\boldsymbol{q}))}{\sqrt{(b-\Phi(\boldsymbol{q}))^2+(\boldsymbol{q}_{\mathrm{B}}-\boldsymbol{q})^2}} = p_{\mathrm{B}z},$$
$$\frac{\mu(\boldsymbol{q}-\boldsymbol{q}_{\mathrm{A}})}{\sqrt{(\Phi(\boldsymbol{q})-a)^2+(\boldsymbol{q}-\boldsymbol{q}_{\mathrm{A}})^2}} = \boldsymbol{p}_{\mathrm{A}}, \quad \frac{\mu(\Phi(\boldsymbol{q})-a)}{\sqrt{(\Phi(\boldsymbol{q})-a)^2+(\boldsymbol{q}-\boldsymbol{q}_{\mathrm{A}})^2}} = p_{\mathrm{A}z}$$

であることを考慮すれば，$J$ の停留条件 $\partial J/\partial \boldsymbol{q} = 0$ は

$$\boldsymbol{p}_{\mathrm{A}} + p_{\mathrm{A}z}\frac{\partial\Phi(\boldsymbol{q})}{\partial\boldsymbol{q}} = \boldsymbol{p}_{\mathrm{B}} + p_{\mathrm{B}z}\frac{\partial\Phi(\boldsymbol{q})}{\partial\boldsymbol{q}}. \tag{2.90}$$

これは屈折面つまり不連続面での連続条件 (1.61) (1.62) にほかならない（反射の場合は $\mu' = \mu$，$a$ と $b$ が同符号ゆえ，$p_{\mathrm{B}z}$ の向きが変わるだけで，同様に議論できる）．この式を

$$\boldsymbol{p} := \boldsymbol{p}_{\mathrm{A}} + \sqrt{\mu^2-\boldsymbol{p}_{\mathrm{A}}^2}\,\frac{\partial\Phi(\boldsymbol{q})}{\partial\boldsymbol{q}} = \boldsymbol{p}_{\mathrm{B}} + \sqrt{\mu'^2-\boldsymbol{p}_{\mathrm{B}}^2}\,\frac{\partial\Phi(\boldsymbol{q})}{\partial\boldsymbol{q}} \tag{2.91}$$

と書き直そう．

他方で，前節の例 2.7-1 より，屈折面での $\boldsymbol{q}$ は，

$$\boldsymbol{q} = \boldsymbol{q}_{\mathrm{A}} + \frac{\Phi(\boldsymbol{q})-a}{\sqrt{\mu^2-\boldsymbol{p}_{\mathrm{A}}^2}}\boldsymbol{p}_{\mathrm{A}} = \boldsymbol{q}_{\mathrm{B}} + \frac{\Phi(\boldsymbol{q})-b}{\sqrt{\mu'^2-\boldsymbol{p}_{\mathrm{B}}^2}}\boldsymbol{p}_{\mathrm{B}}. \tag{2.92}$$

そこで，$\boldsymbol{p}_{\mathrm{A}}$ と $\boldsymbol{q}$ の関数

$$W_2(\boldsymbol{p}_{\mathrm{A}},\boldsymbol{q}) = -\boldsymbol{q}\cdot\boldsymbol{p}_{\mathrm{A}} - \sqrt{\mu^2-\boldsymbol{p}_{\mathrm{A}}^2}(\Phi(\boldsymbol{q})-a)$$

を母関数とする正準変換を考えると

$$-\frac{\partial W_2}{\partial\boldsymbol{q}} = \boldsymbol{p}_{\mathrm{A}} + \sqrt{\mu^2-\boldsymbol{p}_{\mathrm{A}}^2}\,\frac{\partial\Phi(\boldsymbol{q})}{\partial\boldsymbol{q}}, \qquad -\frac{\partial W_2}{\partial\boldsymbol{p}_{\mathrm{A}}} = \boldsymbol{q} - \frac{\Phi(\boldsymbol{q})-a}{\sqrt{\mu^2-\boldsymbol{p}_{\mathrm{A}}^2}}\boldsymbol{p}_{\mathrm{A}}.$$

これは，(2.91) (2.92) と見くらべると

$$-\frac{\partial W_2}{\partial \boldsymbol{q}} = \boldsymbol{p}, \qquad -\frac{\partial W_2}{\partial \boldsymbol{p}_{\mathrm{A}}} = \boldsymbol{q}_{\mathrm{A}}$$

をあらわし，このことは $(\boldsymbol{q}_{\mathrm{A}}, \boldsymbol{p}_{\mathrm{A}}) \mapsto (\boldsymbol{q}, \boldsymbol{p})$ の変換が $W_2(\boldsymbol{p}_{\mathrm{A}}, \boldsymbol{q})$ を母関数とする正準変換であることを示唆している．しかしそのためには，この関数 $W_2$ が母関数の条件を満たしていなければならない．そのことを確かめておこう．

$$-\frac{\partial^2 W_2}{\partial p_{\mathrm{A}i} \partial q^j} = \delta^i{}_j - \frac{p_{\mathrm{A}i}}{\sqrt{n^2 - \boldsymbol{p}_{\mathrm{A}}^2}} \frac{\partial \Phi}{\partial q^j} = \delta^i{}_j + \frac{p_{\mathrm{A}i}}{H_{\mathrm{A}}} \frac{\partial \Phi}{\partial q^j}.$$

したがって

$$\det \left| \frac{\partial^2 W_2}{\partial p_{\mathrm{A}i} \partial q^j} \right| = \begin{vmatrix} -1 - \frac{p_{\mathrm{A}1}}{H_{\mathrm{A}}} \frac{\partial \Phi}{\partial q^1} & -\frac{p_{\mathrm{A}1}}{H_{\mathrm{A}}} \frac{\partial \Phi}{\partial q^2} \\ -\frac{p_{\mathrm{A}2}}{H_{\mathrm{A}}} \frac{\partial \Phi}{\partial q^1} & -1 - \frac{p_{\mathrm{A}2}}{H_{\mathrm{A}}} \frac{\partial \Phi}{\partial q^2} \end{vmatrix} = 1 + \frac{\boldsymbol{p}_{\mathrm{A}}}{H_{\mathrm{A}}} \cdot \frac{\partial \Phi}{\partial \boldsymbol{q}}.$$

他方，曲面 $z - \Phi(\boldsymbol{q}) = 0$ の 3 次元法線ベクトルは

$$\vec{n} = (-\partial_x \Phi, -\partial_x \Phi, 1) / \sqrt{1 + (\partial_{\boldsymbol{q}} \Phi)^2},$$

3 次元光線ベクトルは $\vec{p}_{\mathrm{A}} = (\boldsymbol{p}_{\mathrm{A}}, \sqrt{\mu^2 - \boldsymbol{p}_{\mathrm{A}}^2}\,) = (\boldsymbol{p}_{\mathrm{A}}, -H_{\mathrm{A}})$．したがって

$$\det \left| \frac{\partial^2 W_2}{\partial p_{\mathrm{A}i} \partial q^j} \right| = -\frac{\sqrt{1 + (\partial_{\boldsymbol{q}} \Phi)^2}}{H_{\mathrm{A}}} (\vec{p}_{\mathrm{A}} \cdot \vec{n}).$$

これより，$\vec{p}_{\mathrm{A}} \cdot \vec{n} = 0$，すなわち入射光線が境界の曲面に接しているときは，正準変換にならないが，それ以外では，$W_2$ は正準変換の条件を満たしていることがわかる．

そして実は，屈折面で全反射をする場合をのぞいて，屈折後の変換 $(\boldsymbol{q}, \boldsymbol{p}) \mapsto (\boldsymbol{q}_{\mathrm{B}}, \boldsymbol{p}_{\mathrm{B}})$ も正準変換であることが以下に示されるから，二つの正準変換 $(\boldsymbol{q}_{\mathrm{A}}, \boldsymbol{p}_{\mathrm{A}}) \mapsto (\boldsymbol{q}, \boldsymbol{p})$ と $(\boldsymbol{q}, \boldsymbol{p}) \mapsto (\boldsymbol{q}_{\mathrm{B}}, \boldsymbol{p}_{\mathrm{B}})$ の合成としての不連続な屈折面をはさんでの $(\boldsymbol{q}_{\mathrm{A}}, \boldsymbol{p}_{\mathrm{A}}) \mapsto (\boldsymbol{q}_{\mathrm{B}}, \boldsymbol{p}_{\mathrm{B}})$ の移行がたしかに正準変換であることがわかる（異なる証明は付録 A.5 にあり）．

屈折後の正準変換 $(\boldsymbol{q}, \boldsymbol{p}) \mapsto (\boldsymbol{q}_{\mathrm{B}}, \boldsymbol{p}_{\mathrm{B}})$ の母関数は

$$W_3(\boldsymbol{q}, \boldsymbol{p}_{\mathrm{B}}) = \boldsymbol{q} \cdot \boldsymbol{p}_{\mathrm{B}} + \sqrt{\mu'^2 - \boldsymbol{p}_{\mathrm{B}}^2}(\Phi(\boldsymbol{q}) - b)$$

で与えられる．実際

$$\boldsymbol{p} = \frac{\partial W_3}{\partial \boldsymbol{q}} = \boldsymbol{p}_{\mathrm{B}} + \sqrt{\mu'^2 - \boldsymbol{p}_{\mathrm{B}}^2}\,\frac{\partial \Phi}{\partial \boldsymbol{q}}, \quad \boldsymbol{q}_{\mathrm{B}} = \frac{\partial W_3}{\partial \boldsymbol{p}_{\mathrm{B}}} = \boldsymbol{q} - \frac{\Phi(\boldsymbol{q}) - b}{\sqrt{\mu'^2 - \boldsymbol{p}_{\mathrm{B}}^2}}\,\boldsymbol{p}_{\mathrm{B}}.$$

この場合も，やはり曲面 $z = \Phi(\boldsymbol{q})$ の法線ベクトルを $\vec{n}$ として

$$\det\left|\frac{\partial^2 W_3}{\partial q^i \partial p_{\mathrm{B}j}}\right| = 1 + \frac{\boldsymbol{p}_{\mathrm{B}}}{H_{\mathrm{B}}}\frac{\partial \Phi}{\partial \boldsymbol{q}} = -\frac{\sqrt{1 + (\partial_{\boldsymbol{q}}\Phi)^2}}{H_{\mathrm{B}}}(\vec{p}_{\mathrm{B}} \cdot \vec{n}).$$

したがってこの場合も，正準変換であるためには $\vec{p}_{\mathrm{B}} \cdot \vec{n} \neq 0$ でなければならない．

とくに $\vec{p}_{\mathrm{B}} \cdot \vec{n} = 0$，すなわち屈折角が $\vartheta' = \pi/2$ となって屈折光線が曲面に接し，変換が正準変換にならない場合，上式より $\boldsymbol{p}_{\mathrm{B}} \cdot \partial_{\boldsymbol{q}}\Phi(\boldsymbol{q}) = -H_{\mathrm{B}} = p_{\mathrm{B}z}$．この場合，(2.90) の両辺と $\boldsymbol{p}_{\mathrm{B}}$ の内積をとることにより $\boldsymbol{p}_{\mathrm{A}} \cdot \boldsymbol{p}_{\mathrm{B}} + p_{\mathrm{A}z}p_{\mathrm{B}z} = \boldsymbol{p}_{\mathrm{B}} \cdot \boldsymbol{p}_{\mathrm{B}} + p_{\mathrm{B}z}p_{\mathrm{B}z}$，すなわち $\vec{p}_{\mathrm{A}} \cdot \vec{p}_{\mathrm{B}} = \vec{p}_{\mathrm{B}} \cdot \vec{p}_{\mathrm{B}}$ が導かれる．入射光線の入射角を $\vartheta$ とすると，屈折光線が屈折面に接しているこの場合，$\vec{p}_{\mathrm{A}}$ と $\vec{p}_{\mathrm{B}}$ の間の角は $\pi/2 - \vartheta$ ゆえ，$|\vec{p}_{\mathrm{A}}| = \mu, |\vec{p}_{\mathrm{B}}| = \mu'$ を考慮すれば，この式は $\mu\mu' \sin\vartheta = \mu'^2$ をあらわしている．このようになりうるのは $\mu > \mu'$ の場合だけで，そのときのこの入射角 $\vartheta = \sin^{-1}(\mu'/\mu)$ を**臨界角**という．入射角がこの臨界角を越えると，屈折光線はなく，その場合は**全反射**といわれる（§1.2 の脚注 8 参照）．

## 2.9 正準方程式とポアソン括弧

均質媒質中での光線の直進や，屈折・反射が正準変換であることを示したので，一般の不均質な媒質中でのハミルトン方程式にのっとった光線の伝播がやはり正準変換で与えられることを示しておこう．

先に見たように，母関数を $W_3 = \boldsymbol{q} \cdot \boldsymbol{P}$ とする正準変換は恒等変換である．

これだけでは面白くもないが，母関数をこの恒等変換の場合とすこし（無限小）だけ変えた場合を考える．つまり，$\epsilon$ を微小量，$G$ を相空間上の関数 $G(\boldsymbol{q}, \boldsymbol{p})$ として $W_3 = \boldsymbol{q} \cdot \boldsymbol{P} + \epsilon G(\boldsymbol{q}, \boldsymbol{P})$ とおけば，無限小変換の変換公式

$$\boldsymbol{Q} = \boldsymbol{q} + \epsilon\frac{\partial G(\boldsymbol{q}, \boldsymbol{P})}{\partial \boldsymbol{P}}, \qquad \boldsymbol{p} = \boldsymbol{P} + \epsilon\frac{\partial G(\boldsymbol{q}, \boldsymbol{P})}{\partial \boldsymbol{q}}$$

が得られる．たとえば $G$ としてスキュー度関数 $M = xP_Y - yP_X$ をとれば

$$X = x - \epsilon y, \quad Y = y + \epsilon x \quad P_X = p_x - \epsilon p_y \quad P_Y = p_y + \epsilon p_x.$$

（$\epsilon$ は微小（無限小）ゆえ，その 1 次までとる範囲では，$\epsilon$ のかかった項では $\boldsymbol{P}$ を $\boldsymbol{p}$ で置き換えてよい.）これは点を $z$ 軸のまわりに微小角 $\epsilon$ 回転させる変換である．

正準変換の合成は正準変換であるから，この無限小正準変換をつぎつぎつなげてゆくことで恒等変換から連続的につながった正準変換を作りだすことができる．この場合，変換(写像)が無限小であることに意味があるわけではなく，パラメータが始点としての恒等変換から連続的につながっていることに意味があり，この正準変換は 1 **径数正準変換**といわれる．そこで，もとの式で，$\epsilon$ の 1 次までとる範囲では，$\epsilon$ のかかった項では $G(\boldsymbol{q}, \boldsymbol{P})$ は $G(\boldsymbol{q}, \boldsymbol{p})$ とし，さらに $\epsilon = \Delta\lambda$ と書き直し，$\boldsymbol{p} = \boldsymbol{p}(\lambda)$, $\boldsymbol{q} = \boldsymbol{q}(\lambda)$, $\boldsymbol{P} = \boldsymbol{p}(\lambda + \Delta\lambda)$, $\boldsymbol{Q} = \boldsymbol{q}(\lambda + \Delta\lambda)$ とすれば，

$$\boldsymbol{q}(\lambda+\Delta\lambda) - \boldsymbol{q}(\lambda) = \Delta\lambda \frac{\partial G(\boldsymbol{q}, \boldsymbol{p})}{\partial \boldsymbol{p}}, \quad \boldsymbol{p}(\lambda+\Delta\lambda) - \boldsymbol{p}(\lambda) = -\Delta\lambda \frac{\partial G(\boldsymbol{q}, \boldsymbol{p})}{\partial \boldsymbol{q}}.$$

そして，この両辺を $\Delta\lambda$ で割って，$\Delta\lambda \to 0$ の極限をとれば，微分方程式

$$\frac{d\boldsymbol{q}}{d\lambda} = \frac{\partial G}{\partial \boldsymbol{p}}, \quad \frac{d\boldsymbol{p}}{d\lambda} = -\frac{\partial G}{\partial \boldsymbol{q}} \tag{2.93}$$

が得られる．正準変数にたいするこの形の連立微分方程式を一般に**正準方程式**という．

この方程式の初期条件 $\boldsymbol{q}(0) = \boldsymbol{q}_0, \boldsymbol{p}(0) = \boldsymbol{p}_0$ が指定されたときの解は，相空間 M 上の点 $(\boldsymbol{q}_0, \boldsymbol{p}_0)$ を始点とする 1 本の曲線であらわされる．M 上のある点からはじまり，各点 $(\boldsymbol{q}, \boldsymbol{p})$ でその点でのベクトル $(\partial G/\partial \boldsymbol{p}, -\partial G/\partial \boldsymbol{q})$ に接したその曲線を，数学では方程式 (2.93) の**積分曲線**という．そしてこの場合の 1 径数正準変換は $\lambda$ を径数（パラメータ）とし，その積分曲線上の点へのその始点からの写像をあらわしている．

このように空間の各点にひとつずつベクトルが配置されている（数学的にいえば空間の各点にひとつずつベクトルが対応づけられている）ことを，数学ではその空間上の**ベクトル場**が与えられているという．そしてとくに空間が $(\boldsymbol{q}, \boldsymbol{p})$

を座標とする相空間でそのベクトル $\boldsymbol{v} = (\boldsymbol{v}_{\boldsymbol{q}}, \boldsymbol{v}_{\boldsymbol{p}})$ が相空間上の関数 $G(\boldsymbol{q}, \boldsymbol{p})$ によって $(\partial G/\partial \boldsymbol{p}, -\partial G/\partial \boldsymbol{q})$ のようにあらわされているとき，そのベクトル場を関数 $G$ によって生成される**ハミルトニアン・ベクトル場**，関数 $G$ をその**生成関数**，そしてその積分曲線にそった点の移動を**ハミルトニアン・フロー**という．

ところで，ハミルトン方程式つまりハミルトン形式の光線方程式 (2.45) はまさにこの形で，生成関数をハミルトニアン $H$ 自体とする正準方程式であるから，まったくおなじことがいえる．すなわち，光線の伝播はハミルトニアンに支配された 1 径数正準変換で，相空間上の光線経路はハミルトニアン $H$ によって生成されるハミルトニアン・ベクトル場の積分曲線である．

相空間上の微分可能な関数 $F(\boldsymbol{q}, \boldsymbol{p})$ の，関数 $G(\boldsymbol{q}, \boldsymbol{p})$ によって生成されるハミルトニアン・ベクトル場の積分曲線 $(\boldsymbol{q}(\lambda), \boldsymbol{p}(\lambda))$ にそった変化，つまりパラメータ $\lambda$ による変化の割合を考える:

$$\frac{dF(\boldsymbol{q}(\lambda), \boldsymbol{p}(\lambda))}{d\lambda} = \frac{\partial F}{\partial \boldsymbol{q}} \cdot \frac{d\boldsymbol{q}}{d\lambda} + \frac{\partial F}{\partial \boldsymbol{p}} \cdot \frac{d\boldsymbol{p}}{d\lambda} = \frac{\partial F}{\partial \boldsymbol{q}} \cdot \frac{\partial G}{\partial \boldsymbol{p}} - \frac{\partial F}{\partial \boldsymbol{p}} \cdot \frac{\partial G}{\partial \boldsymbol{q}}. \tag{2.94}$$

あとの等号は正準方程式 (2.93) を用いた．

この右辺を関数 $F$ と $G$ の**ポアソン括弧**といい，$\{F, G\}$ と記す．すなわち，関数 $F$ と $G$ のポアソン括弧を

$$\{F, G\} := \frac{\partial F}{\partial \boldsymbol{q}} \cdot \frac{\partial G}{\partial \boldsymbol{p}} - \frac{\partial F}{\partial \boldsymbol{p}} \cdot \frac{\partial G}{\partial \boldsymbol{q}} \tag{2.95}$$

で定義する．微分演算に用いる正準変数を明示するときには $\{F, G\}_{\boldsymbol{q},\boldsymbol{p}}$ のように記す．

とくに，正準変数自身にたいしては

$$\{q^i, q^j\} = 0, \qquad \{p_i, p_j\} = 0, \qquad \{q^i, p_j\} = \delta^i_j. \tag{2.96}$$

これを**基本ポアソン括弧**という．ここに $i$,$j$ は 1,2 の値をとり，$\delta^i_j$ は**クロネッカーのデルタ**で，$i = j$ のときのみ $\delta^i_j = 1$，その他のときは $\delta^i_j = 0$.

ポアソン括弧はつぎの性質をもっている：

歪対称性： $$\{F, G\} = -\{G, F\}, \tag{2.97}$$

線形性： $$\{F_1 + F_2, G\} = \{F_1, G\} + \{F_2, G\}, \tag{2.98}$$

ライプニッツの規則： $\{F_1F_2, G\} = F_1\{F_2, G\} + F_2\{F_1, G\},$ (2.99)

ヤコビの恒等式： $\{F, \{G, K\}\} + \{G, \{K, F\}\} + \{K, \{F, G\}\} = 0.$ (2.100)

このうちはじめの 2 式はほとんど自明である．第 3 式は積の関数の導関数の公式の直接的適用で導かれる．第 4 式は泥臭く実直に計算すれば証明される．以下ではこのうちの歪対称性しか使わない．

そしてこのポアソン括弧を用いれば，ハミルトン方程式 (2.45) は

$$\frac{dq^i}{dz} = \{q^i, H\}, \qquad \frac{dp_i}{dz} = \{p_i, H\} \quad (i = 1, 2) \tag{2.101}$$

とあらわされる．

また，関数 $F(\boldsymbol{q}, \boldsymbol{p}, z)$ のハミルトン方程式 (2.45) の積分曲線 $(\boldsymbol{q}(z), \boldsymbol{p}(z))$ にそった変化率は，(2.94) と同様にして

$$\frac{dF(\boldsymbol{q}(z), \boldsymbol{p}(z), z)}{dz} = \{F, H\} + \frac{\partial F}{\partial z}. \tag{2.102}$$

で与えられる．したがって，$F$ が陽に $z$ によらず $(\partial F/\partial z = 0)$，かつ $\{F, H\} = 0$ であれば，$F$ はハミルトン方程式の第 1 積分（保存量）である．

とくに，ハミルトニアン $H$ 自身は $\{H, H\} = 0$ ゆえ，$H(\boldsymbol{q}(z), \boldsymbol{p}(z))$ の形をしていて $z$ に陽によらなければ第 1 積分である．

じつはこのことは，相空間に持ち上げたネーターの定理の一例である．一般的にはつぎのように証明される．

相空間 M 上に関数 $G(\boldsymbol{q}, \boldsymbol{p})$ により生成されるハミルトニアン・ベクトル場 $\boldsymbol{v}_G = (\partial G/\partial \boldsymbol{p}, -\partial G/\partial \boldsymbol{q})$ が与えられているとする．相空間上の任意の関数 $F(\boldsymbol{q}, \boldsymbol{p})$ の $\boldsymbol{v}_G$ の積分曲線 $(\boldsymbol{q}(\lambda), \boldsymbol{p}(\lambda))$ にそった変化率は

$$\frac{dF(\boldsymbol{q}, \boldsymbol{p})}{d\lambda} = \{F, G\}.$$

それゆえ，$\{F, G\} = 0$ であれば，$F$ はこの積分曲線上で不変，つまりこの曲線上で一定の値を取り続ける．とくに $F = H$ ととれば

$$\frac{dH(\boldsymbol{q}, \boldsymbol{p})}{d\lambda} = \{H, G\}.$$

したがって，ポアソン括弧の歪対称性を考慮すれば

$$\frac{dH(\boldsymbol{q},\boldsymbol{p})}{d\lambda}=\{H,G\}=0 \iff \frac{dG(\boldsymbol{q},\boldsymbol{p})}{dz}=\{G,H\}=0. \qquad (2.103)$$

すなわち，**系がある 1 径数正準変換にたいして不変であれば，その変換の生成関数はハミルトン方程式の第 1 積分で，光線経路にそって一定値をとる．逆に第 1 積分を生成関数とする 1 径数正準変換で系は不変である．これがネーターの定理を相空間であらわしたものである．**

たとえば系が $z$ 軸方向への平行移動で不変であれば，その方向への移動をもたらすハミルトニアンはハミルトン方程式の第 1 積分であり，また $z$ 軸のまわりに回転対称であれば，$z$ 軸まわりの回転の生成関数であるスキュー度関数はハミルトン方程式の第 1 積分である．いちじるしい事実である．

**例 2.9-1（グラスファイバーと隠れた対称性）**

例 2.3-1, 2.6-3 でみたグラスファイバーのハミルトニアンは，$\boldsymbol{q}=(x,y)$, $\boldsymbol{p}=(p_x,p_y)$ として $H=-\sqrt{\mu(\boldsymbol{q})^2-\boldsymbol{p}^2}=-\sqrt{n^2-\kappa^2\boldsymbol{q}^2-\boldsymbol{p}^2}$ である．いま，四つの関数

$$K=p_x^2+\kappa^2x^2,\ \ L=p_y^2+\kappa^2y^2,\ \ M=\kappa(xp_y-yp_x),\ \ N=p_xp_y+\kappa^2xy$$

を考える．直接的な計算でわかるように，ハミルトニアンとのポアソン括弧は

$$\{H,K\}=0,\quad \{H,L\}=0,\quad \{H,M\}=0,\quad \{H,N\}=0$$

ゆえ，これらの量はすべて第 1 積分である．$H=\sqrt{n^2-(K+L)}$ で，それゆえ $K+L$ の保存は $z$ 方向への平行移動に関して系が不変であることに対応している．また，$M$ は以前にスキュー度関数として導入したものの定数倍（$\kappa$ 倍したのは単に便宜のため）で，その保存は $(x,y)$ 平面の $z$ 軸まわりの回転対称性に由来する．$K$ と $L$ が独立に保存することは例 2.6-3 に示した．

これら $K$ と $L$，そして $N$ の保存がいかなる対称性の結果であるのかを探る．

はじめに $W_{(1)}=\sqrt{\kappa}\boldsymbol{q}\cdot\boldsymbol{P}$ を母関数とする正準変換として，スケール変換

$$\boldsymbol{p}=\frac{\partial W_{(1)}}{\partial \boldsymbol{q}}=\sqrt{\kappa}\boldsymbol{P},\qquad \boldsymbol{Q}=\frac{\partial W_{(1)}}{\partial \boldsymbol{P}}=\sqrt{\kappa}\boldsymbol{q}\quad \text{i.e.}\quad \boldsymbol{q}=\frac{1}{\sqrt{\kappa}}Q$$

を施す．このとき $\boldsymbol{Q}=(\zeta_1,\zeta_2)$，$\boldsymbol{P}=(\zeta_3,\zeta_4)$ として，ハミルトニアンは

$$H_{(1)}=-\sqrt{n^2-\kappa(\boldsymbol{Q}^2+\boldsymbol{P}^2)}=\sqrt{n^2-\kappa(\zeta_1^2+\zeta_2^2+\zeta_3^2+\zeta_4^2)}$$

に変換される．これは 4 次元球対称であり，$\zeta_\alpha\ (\alpha=1,2,3,4)$ のどの二つを取り替えても系は変わらない．それゆえ系は，$z$ 軸まわりの $(x,y)$ 平面の回転に関する対称性以外に，その他の平面の回転に関しても対称性を有する．

そこで，つぎに変数変換

$$(x,y,p_x,p_y)\mapsto(X,Y,P_X,P_Y)=\left(\frac{1}{\kappa}p_x,y,-\kappa x,p_y\right)$$

を考える．ハミルトニアンは $H_{(2)}=-\sqrt{n^2-\kappa^2(X^2+Y^2)-(P_X^2+P_Y^2)}$ に変換される．そして，この場合，$z$ による導関数を $'$（プライム）で記して

$$p_xx'+p_yy'-P_XX'+P_Y'Y=\frac{d}{dz}(\kappa Xx+yP_Y)$$

が成り立つゆえ，この変換が正準変換であることがわかる．この場合の母関数は，$x,p_x$ にたいしては $W_1=\kappa Xx$，$y,p_y$ にたいしては $W_3=yP_Y$．そして，この座標系においてもハミルトニアンは $z$ 軸まわりの $(X,Y)$ 平面の回転に関して不変であり，その対称性より，この座標系でのスキュー度関数が保存する．すなわち（ここでも $\kappa$ 倍しておけば），

$$\kappa(XP_Y-YP_X)=\kappa^2xy+p_xp_y=N$$

が保存する．すなわち $N$ の保存は，$x$ と $p_x$ を取り替えた座標系における $z$ 軸まわりの回転対称性に対応している．

さらに，変数変換

$$(x,y,p_x,p_y)\mapsto(\xi,\eta,p_\xi,p_\eta)=\left(\frac{p_x-p_y}{\sqrt{2}\kappa},\frac{x+y}{\sqrt{2}},-\frac{\kappa(x-y)}{\sqrt{2}},\frac{p_x+p_y}{\sqrt{2}}\right)$$

を考える．この変換で $\kappa^2(x^2+y^2)+(p_x^2+p_y^2)\mapsto\kappa^2(\xi^2+\eta^2)+p_\xi^2+p_\eta^2$ ゆえ，ハミルトニアンは $H_{(3)}=-\sqrt{n^2-\kappa^2(\xi^2+\eta^2)-(p_\xi^2+p_\eta^2)}$ に変換され，かつ前と同様に $z$ による導関数を $'$（プライム）で記して

$$p_x x' + p_y y' - p_\xi \xi' + p'_\eta \eta = \frac{d}{dz}\left\{\frac{\kappa}{\sqrt{2}}(x-y)\xi + \frac{1}{\sqrt{2}}(x+y)p_\eta\right\}$$

ゆえ，この変数変換もやはり正準変換であることがわかる．この座標系においても，ハミルトニアンは $z$ を明示的に含まないゆえ，$H_{(3)}$ 自体が第 1 積分で，それゆえ

$$\kappa^2(\xi^2+\eta^2) + p_\xi^2 + p_\eta^2 = \kappa^2(x^2+y^2) + (p_x^2+p_y^2) = K + L$$

は保存量である．またここでも $(\eta,\ \xi)$ 平面の $z$ 軸まわりの回転対称性より，($2\kappa$ 倍した）スキュー度関数

$$2\kappa(\xi p_\eta - \eta p_\xi) = \{(p_x^2 - p_y^2) + \kappa^2(x^2-y^2)\} = K - L$$

も保存量である．したがって，$K = \kappa^2 x^2 + p_x^2$，$L = \kappa^2 y^2 + p_y^2$ のそれぞれが第 1 積分であることが導かれる．

§1.6 でも触れたように，このような，実空間の対称性によるものではないが，系のもつ数学的構造のなかに潜んでいる対称性は，**隠れた対称性**といわれる．そしてこの場合の $K$，$L$，$N$ のそれぞれの保存は，その隠れた対称性に対応している．

## 2.10 リー演算子とリー変換

相空間上にある関数 $G(\boldsymbol{q},\boldsymbol{p})$ を定めたときに，相空間上の任意の関数に作用する微分演算子をポアソン括弧を用いて定義することができる：

$$\hat{L}_G[\ \ ] := -\{G, \bullet\} = \frac{\partial G}{\partial \boldsymbol{p}}\cdot\frac{\partial}{\partial \boldsymbol{q}} - \frac{\partial G}{\partial \boldsymbol{q}}\cdot\frac{\partial}{\partial \boldsymbol{p}}. \qquad (2.104)$$

たとえば相空間上の関数 $F(\boldsymbol{q},\boldsymbol{p})$ にたいするその作用は

$$\hat{L}_G[F] = -\{G, F\} = \frac{\partial G}{\partial \boldsymbol{p}}\cdot\frac{\partial F}{\partial \boldsymbol{q}} - \frac{\partial G}{\partial \boldsymbol{q}}\cdot\frac{\partial F}{\partial \boldsymbol{p}} \qquad (2.105)$$

で与えられる．$\hat{L}_G$ は [　] 内の量に微分演算を実行する微分演算子であり，関数 $G$ に付随した**リー演算子**といわれる（付録 A.7 ではこれをハミルトニアン・ベクトル場として論じる）．これを用いれば，正準方程式 (2.93) は

$$\frac{d\boldsymbol{q}}{d\lambda} = \hat{L}_G[\boldsymbol{q}], \qquad \frac{d\boldsymbol{p}}{d\lambda} = \hat{L}_G[\boldsymbol{p}] \tag{2.106}$$

とあらわされる[13]．

ところで，§2.6で見たように正準変換により$\boldsymbol{q}$と$\boldsymbol{p}$が入れかわりうるので，相空間上では「座標成分」と「光線成分」という区別はもはや絶対的な意味をもたない．そこで，これらをひとまとめに正準変数として

$$\boldsymbol{\eta} = \begin{pmatrix} \eta^1 \\ \eta^2 \\ \eta^3 \\ \eta^4 \end{pmatrix} = \begin{pmatrix} \boldsymbol{q} \\ \boldsymbol{p} \end{pmatrix} = \begin{pmatrix} q^1 \\ q^2 \\ p_1 \\ p_2 \end{pmatrix}, \tag{2.107}$$

と記すことにする．このとき，正準方程式(2.106)は，ひとまとめに

$$\frac{d\boldsymbol{\eta}}{d\lambda} = \hat{L}_G[\boldsymbol{\eta}] \quad \text{i.e.} \quad \frac{d\eta^\alpha}{d\lambda} = \hat{L}_G[\eta^\alpha] \quad (\alpha = 1, 2, 3, 4) \tag{2.108}$$

とあらわされる．

この方程式の$\lambda = 0$で$\boldsymbol{\eta}(0)$を初期条件とする解，つまり$G$によって生成されるハミルトニアン・ベクトル場の$\boldsymbol{\eta}(0)$を端点とする積分曲線は，相空間上の曲線$\boldsymbol{\eta}(\lambda) = \boldsymbol{\Psi}(\lambda; \boldsymbol{\eta}(0))$であらわされる．そこでこれを$\lambda = 0$のまわりでテーラー展開する：

$$\eta^\alpha(\lambda) = \eta^\alpha(0) + \lambda\left[\frac{d\eta^\alpha(\lambda)}{d\lambda}\right]_{\lambda=0} + \frac{\lambda^2}{2!}\left[\frac{d^2\eta^\alpha(\lambda)}{d\lambda^2}\right]_{\lambda=0} + \frac{\lambda^3}{3!}\left[\frac{d^3\eta^\alpha(\lambda)}{d\lambda^3}\right]_{\lambda=0} + \cdots .$$

他方で，$G$が$\boldsymbol{q}, \boldsymbol{p}$の関数で$\lambda$に陽によらない場合

$$\frac{dq^i}{d\lambda} = \frac{\partial G}{\partial p_i} = \left(\frac{\partial G}{\partial p_j}\frac{\partial}{\partial q^j} - \frac{\partial G}{\partial q^j}\frac{\partial}{\partial p_j}\right)q^i = \hat{L}_G[q^i],$$

$$\frac{d^2 q^i}{d\lambda^2} = \frac{d}{d\lambda}\left(\frac{\partial G}{\partial p_i}\right) = \frac{\partial^2 G}{\partial p_i \partial q^j}\frac{dq^j}{d\lambda} + \frac{\partial^2 G}{\partial p_i \partial p_j}\frac{dp_j}{d\lambda}$$

---

13) $\hat{L}_G[\boldsymbol{q}] = -\{G, \boldsymbol{q}\}$，$\hat{L}_G[\boldsymbol{p}] = -\{G, \boldsymbol{p}\}$は，それぞれ$\hat{L}_G[q_i]$，$\hat{L}_G[p_i]$を成分とするベクトル．

$$= \frac{\partial^2 G}{\partial p_i \partial q^j}\frac{\partial G}{\partial p_j} - \frac{\partial^2 G}{\partial p_i \partial p_j}\frac{\partial G}{\partial q^j}$$
$$= \left(\frac{\partial G}{\partial p_j}\frac{\partial}{\partial q^j} - \frac{\partial G}{\partial q^j}\frac{\partial}{\partial p_j}\right)\frac{\partial G}{\partial p_i} = \hat{L}_G[\hat{L}_G[q^i]],$$

以下，同様に

$$\frac{d^n q^i}{d\lambda^n} = \hat{L}_G[\cdots[\hat{L}_G[\hat{L}_G[q^i]]\cdots].$$

$p_i$ についてもまったく同様ゆえ，$\lambda = 0$ の値にたいして（$G(\boldsymbol{q}(0), \boldsymbol{p}(0))$ を簡単に $G_0$ と記して）

$$\left.\frac{d\eta^\alpha(\lambda)}{d\lambda}\right|_{\lambda=0} = \hat{L}_{G_0}[\eta^\alpha(0)], \quad \left.\frac{d^2\eta^\alpha(\lambda)}{d\lambda^2}\right|_{\lambda=0} = \hat{L}_{G_0}[\hat{L}_{G_0}[\eta^\alpha(0)]], \quad \cdots$$

したがって，演算子

$$\exp(\lambda\hat{L}_G) := 1 + \lambda\hat{L}_G + \frac{\lambda^2}{2!}\hat{L}_G^2 + \frac{\lambda^3}{3!}\hat{L}_G^3 + \cdots \tag{2.109}$$

を定義すると，方程式 (2.108) の形式解は

$$\eta^\alpha(\lambda) = \left(1 + \lambda\hat{L}_{G_0} + \frac{\lambda^2}{2!}\hat{L}_{G_0}^2 + \frac{\lambda^3}{3!}\hat{L}_{G_0}^3 + \cdots\right)[\eta^\alpha(0)]$$
$$=: \exp(\lambda\hat{L}_{G_0})[\eta^\alpha(0)].$$

ここで $\lambda$ は微小量でなくてよい．つまり，$G$ によって生成されるハミルトニアン・ベクトル場の積分曲線にそった点の移動（写像）は

$$\boldsymbol{\eta}(0) \ \mapsto \ \boldsymbol{\eta}(\lambda) = \exp(\lambda\hat{L}_{G_0})[\boldsymbol{\eta}(0)],$$

あるいは，一般に，$G(\boldsymbol{\eta}(\lambda)) = G$ として

$$\boldsymbol{\eta}(\lambda) \ \mapsto \ \boldsymbol{\eta}(\lambda + \Delta\lambda) = \exp(\Delta\lambda\hat{L}_G)[\boldsymbol{\eta}(\lambda)] \tag{2.110}$$

で与えられる．これを $G$ に付随した**リー変換**，逆に関数 $G$ をリー変換の「生成関数」という．

この議論は相空間上の関数にたいしても適用される．

いま，相空間上の関数 $F(\boldsymbol{q}(\lambda), \boldsymbol{p}(\lambda))$ を単に $\lambda$ の関数と見て $f(\lambda)$ と書くと，ここで $\eta^\alpha(\lambda)$ についておこなった操作と同様にして

$$f(\lambda+\Delta\lambda) = f(\lambda) + \Delta\lambda\left[\frac{df(\lambda)}{d\lambda}\right]_\lambda + \frac{\Delta\lambda^2}{2!}\left[\frac{d^2 f(\lambda)}{d\lambda^2}\right]_\lambda + \frac{\Delta\lambda^3}{3!}\left[\frac{d^3 f(\lambda)}{d\lambda^3}\right]_\lambda + \cdots.$$

他方で

$$\frac{df(\lambda)}{d\lambda} = \frac{dF(\boldsymbol{q}(\lambda), \boldsymbol{p}(\lambda))}{d\lambda} = \{F, G\} = \hat{L}_G[F(\boldsymbol{q}(\lambda), \boldsymbol{p}(\lambda))].$$

したがって，$\eta^\alpha(\lambda)$ にたいしておこなったのと同様に

$$\begin{aligned} &F(\boldsymbol{q}(\lambda + \Delta\lambda), \boldsymbol{p}(\lambda + \Delta\lambda)) \\ &= \left(1 + \Delta\lambda \hat{L}_G + \frac{(\Delta\lambda)^2}{2!}\hat{L}_G^2 + \frac{(\Delta\lambda)^3}{3!}\hat{L}_G^3 + \cdots\right)[F(\boldsymbol{q}(\lambda), \boldsymbol{p}(\lambda)], \end{aligned}$$

すなわち

$$\begin{aligned} \exp(\Delta\lambda \hat{L}_G)[F(\boldsymbol{q}(\lambda), \boldsymbol{p}(\lambda))] &= F(\exp(\Delta\lambda \hat{L}_G)[\boldsymbol{q}(\lambda)], \exp(\Delta\lambda \hat{L}_G)[\boldsymbol{p}(\lambda)]) \\ &= F(\boldsymbol{q}(\lambda + \Delta\lambda), \boldsymbol{p}(\lambda + \Delta\lambda)). \end{aligned} \tag{2.111}$$

とくにリー変換の生成関数がハミルトニアン $H$ のときには

$$\exp(\Delta z \hat{L}_H)[F(\boldsymbol{q}(z), \boldsymbol{p}(z))] = F(\boldsymbol{q}(z + \Delta z), \boldsymbol{p}(z + \Delta z)). \tag{2.112}$$

このことは，ハミルトニアン $H$ が光軸方向（$z$ 方向）の平行移動をもたらすリー変換の生成関数であることを直接に示している．とくに簡単なケースとして，光学ハミルトニアンが $H = -\sqrt{n^2 - \boldsymbol{p}^2}$（屈折率は $\mu = n$ (const.)）で与えられる均質媒質中の光の伝播を考える：

$$\begin{aligned} \hat{L}_H[\boldsymbol{q}] &= \frac{\partial H}{\partial \boldsymbol{p}} = \frac{\boldsymbol{p}}{\sqrt{n^2 - \boldsymbol{p}^2}}, \\ \hat{L}_H[\boldsymbol{p}] &= -\frac{\partial H}{\partial \boldsymbol{q}} = 0. \end{aligned}$$

これらに左から $\hat{L}_H$ を作用したものはすべて 0 になるから，結局

$$\begin{aligned} \boldsymbol{q}(z) &= \boldsymbol{q}(0) + z\left[\hat{L}_H[\boldsymbol{q}]\right]_{z=0} = \boldsymbol{q}(0) + \frac{z\boldsymbol{p}(0)}{\sqrt{n^2 - \boldsymbol{p}(0)^2}}, \\ \boldsymbol{p}(z) &= \boldsymbol{p}(0). \end{aligned} \tag{2.113}$$

これは例 2.7-1 で求めた (2.88) である．

光線ベクトル $\boldsymbol{p}$ の成分 $p_1$，$p_2$ に付随するリー演算子

$$\hat{L}_{p1} = \frac{\partial}{\partial q^1}, \qquad \hat{L}_{p2} = \frac{\partial}{\partial q^2} \tag{2.114}$$

を考える．このとき

$$\exp(\xi\hat{L}_{p1})[F(q^1,q^2,\boldsymbol{p})] = \left\{1+\xi\left(\frac{\partial}{\partial q^1}\right)+\frac{\xi^2}{2!}\left(\frac{\partial}{\partial q^1}\right)^2+\cdots\right\}F(q^1,q^2,\boldsymbol{p})$$
$$= F(q^1+\xi,q^2,\boldsymbol{p}). \tag{2.115}$$

まったく同様に

$$\exp(\zeta\hat{L}_{p2})[F(q^1,q^2,\boldsymbol{p})] = F(q^1,q^2+\zeta,\boldsymbol{p}). \tag{2.116}$$

すなわち，光線ベクトル $\boldsymbol{p}$ の各成分は，その方向への平行移動をもたらす，つまり空間推進のリー演算子の生成関数である．

**例 2.10-1（グラスファイバーのリー変換による扱い）**

屈折率が $\mu = \sqrt{n^2-\kappa^2(x^2+y^2)}$ で与えられる軸対称なグラスファイバーを考える．これも例 2.3-1, 2.6-3, 2.9-1 で見たものである．

この場合のハミルトニアン $H = -\sqrt{\mu^2-\boldsymbol{p}^2} = -\sqrt{n^2-\kappa^2\boldsymbol{q}^2-\boldsymbol{p}^2}$ も同様に第 1 積分ゆえ，その定数値を $-H=E$ として

$$\hat{L}_H[\boldsymbol{q}] = \frac{\partial H}{\partial \boldsymbol{p}} = \frac{\boldsymbol{p}}{\sqrt{\mu^2-\boldsymbol{p}^2}} = \frac{\boldsymbol{p}}{E},$$
$$\hat{L}_H[\boldsymbol{p}] = -\frac{\partial H}{\partial \boldsymbol{q}} = \frac{-\kappa^2\boldsymbol{q}}{\sqrt{\mu^2-\boldsymbol{p}^2}} = -\kappa^2\frac{\boldsymbol{q}}{E},$$
$$\hat{L}_H^2[\boldsymbol{q}] = \frac{1}{E}\hat{L}_H[\boldsymbol{p}] = -\left(\frac{\kappa}{E}\right)^2\boldsymbol{q},$$
$$\hat{L}_H^2[\boldsymbol{p}] = -\frac{\kappa^2}{E}\hat{L}_H[\boldsymbol{q}] = -\left(\frac{\kappa}{E}\right)^2\boldsymbol{p}.$$

すなわち，$\kappa/E=\omega$ とし，2 行 2 列の単位行列を $\hat{I}$，0 行列を $\hat{0}$ であらわし

$$\hat{L}_H[\boldsymbol{\eta}] = \hat{L}_H\left[\begin{pmatrix}\boldsymbol{q}\\ \boldsymbol{p}\end{pmatrix}\right] = \omega\begin{pmatrix}\hat{0} & \hat{I}/\kappa\\ -\kappa\hat{I} & \hat{0}\end{pmatrix}\begin{pmatrix}\boldsymbol{q}\\ \boldsymbol{p}\end{pmatrix},$$
$$\hat{L}_H^2[\boldsymbol{\eta}] = \hat{L}_H^2\left[\begin{pmatrix}\boldsymbol{q}\\ \boldsymbol{p}\end{pmatrix}\right] = -\omega^2\begin{pmatrix}\hat{I} & \hat{0}\\ \hat{0} & \hat{I}\end{pmatrix}\begin{pmatrix}\boldsymbol{q}\\ \boldsymbol{p}\end{pmatrix}.$$

以下，くり返しで，$\hat{L}_H^{2n}[\boldsymbol{\eta}] = (-\omega^2)^n\boldsymbol{\eta}$，$\hat{L}_H^{2n+1}[\boldsymbol{\eta}] = (-\omega^2)^n\hat{L}_H[\boldsymbol{\eta}]$ となり

$$\begin{pmatrix}\boldsymbol{q}(z)\\ \boldsymbol{p}(z)\end{pmatrix} = \exp(z\hat{L}_H)\left[\begin{pmatrix}\boldsymbol{q}(0)\\ \boldsymbol{p}(0)\end{pmatrix}\right]$$

$$= \left\{1 - \frac{(\omega z)^2}{2!} + \frac{(\omega z)^4}{4!} + \cdots\right\} \begin{pmatrix} \hat{I} & \hat{0} \\ \hat{0} & \hat{I} \end{pmatrix} \begin{pmatrix} \boldsymbol{q}(0) \\ \boldsymbol{p}(0) \end{pmatrix}$$

$$+ \left\{\omega z - \frac{(\omega z)^3}{3!} + \frac{(\omega z)^5}{5!} + \cdots\right\} \begin{pmatrix} \hat{0} & \hat{I}/\kappa \\ -\kappa\hat{I} & \hat{0} \end{pmatrix} \begin{pmatrix} \boldsymbol{q}(0) \\ \boldsymbol{p}(0) \end{pmatrix}$$

$$= \begin{pmatrix} \cos(\omega z)\hat{I} & (1/\kappa)\sin(\omega z)\hat{I} \\ -\kappa\sin(\omega z)\hat{I} & \cos(\omega z)\hat{I} \end{pmatrix} \begin{pmatrix} \boldsymbol{q}(0) \\ \boldsymbol{p}(0) \end{pmatrix}. \tag{2.117}$$

この場合は，初期値から任意の $z$ の値までの変換（写像）が厳密に線形変換で与えられる[14]．そしてこの結果もまた，ハミルトニアンに付随するリー変換が $z$ 方向への移動をもたらすことをはっきりと示している．

**例 2.10-2（スキュー度関数による変換）**

いまひとつの例として，スキュー度関数 $M = xp_y - yp_x$ による変換を考えよう．$M$ に付随するリー演算子は

$$\hat{L}_M = \frac{\partial M}{\partial \boldsymbol{p}} \cdot \frac{\partial}{\partial \boldsymbol{q}} - \frac{\partial M}{\partial \boldsymbol{q}} \cdot \frac{\partial}{\partial \boldsymbol{p}} = x\frac{\partial}{\partial y} - y\frac{\partial}{\partial x} + p_x\frac{\partial}{\partial p_y} - p_y\frac{\partial}{\partial p_x}. \tag{2.118}$$

そこでリー変換によって，正準方程式

$$\frac{d\boldsymbol{\eta}}{d\phi} = \hat{L}_M[\boldsymbol{\eta}] \tag{2.119}$$

の $\boldsymbol{\eta}(\theta) = (x(\theta), y(\theta), p_x(\theta), p_y(\theta)) = (|\boldsymbol{q}|\cos\theta, |\boldsymbol{q}|\sin\theta, |\boldsymbol{p}|\cos(\theta+\alpha), |\boldsymbol{p}|\sin(\theta+\alpha))$ を初期値とする解を求めよう．$\hat{L}_M[\boldsymbol{\eta}]$ を成分にわけて書くと，

$$\hat{L}_M[x] = -y, \quad \hat{L}_M[y] = +x, \quad \hat{L}_M[p_x] = -p_y, \quad \hat{L}_M[p_y] = +p_x,$$

$$\hat{L}_M^2[x] = -x, \quad \hat{L}_M^2[y] = -y, \quad \hat{L}_M^2[p_x] = -p_x, \quad \hat{L}_M^2[p_y] = -p_y.$$

これらを行列を用いてまとめれば

$$\hat{L}_M[\boldsymbol{\eta}] = \begin{pmatrix} \hat{L}_M[x] \\ \hat{L}_M[y] \\ \hat{L}_M[p_x] \\ \hat{L}_M[p_y] \end{pmatrix} = \begin{pmatrix} 0 & -1 & 0 & 0 \\ 1 & 0 & 0 & 0 \\ 0 & 0 & 0 & -1 \\ 0 & 0 & 1 & 0 \end{pmatrix} \begin{pmatrix} x \\ y \\ p_x \\ p_y \end{pmatrix} = \hat{J}\boldsymbol{\eta},$$

[14] もちろんこの結果は，例 2.3-1 で求めた一般解から直接導くこともできる．

$$\hat{L}_M^2[\boldsymbol{\eta}] = \begin{pmatrix} \hat{L}_M^2[x] \\ \hat{L}_M^2[y] \\ \hat{L}_M^2[p_x] \\ \hat{L}_M^2[p_y] \end{pmatrix} = \begin{pmatrix} -1 & 0 & 0 & 0 \\ 0 & -1 & 0 & 0 \\ 0 & 0 & -1 & 0 \\ 0 & 0 & 0 & -1 \end{pmatrix} \begin{pmatrix} x \\ y \\ p_x \\ p_y \end{pmatrix} = -\hat{I}\boldsymbol{\eta}.$$

したがって

$$\begin{aligned} \exp(\phi \hat{L}_M)[\boldsymbol{\eta}(\theta)] &= \left(\hat{I} + \phi\hat{J} - \frac{\phi^2}{2}\hat{I} - \frac{\phi^3}{3!}\hat{J} + \cdots\right)\boldsymbol{\eta}(\theta) \\ &= (\cos\phi\hat{I} + \sin\phi\hat{J})\boldsymbol{\eta}(\theta) \\ &= \begin{pmatrix} \cos\phi & -\sin\phi & 0 & 0 \\ \sin\phi & \cos\phi & 0 & 0 \\ 0 & 0 & \cos\phi & -\sin\phi \\ 0 & 0 & \sin\phi & \cos\phi \end{pmatrix} \begin{pmatrix} x(\theta) \\ y(\theta) \\ p_x(\theta) \\ p_y(\theta) \end{pmatrix}. \end{aligned} \tag{2.120}$$

すなわち

$$x(\theta + \phi) = x(\theta)\cos\phi - y(\theta)\sin\phi = |\boldsymbol{q}|\cos(\theta + \phi),$$

$$y(\theta + \phi) = x(\theta)\sin\phi + y(\theta)\cos\phi = |\boldsymbol{q}|\sin(\theta + \phi),$$

$$p_x(\theta + \phi) = p_x(\theta)\cos\phi - p_y(\theta)\sin\phi = |\boldsymbol{p}|\cos(\theta + \alpha + \phi),$$

$$p_y(\theta + \phi) = p_x(\theta)\sin\phi + p_y(\theta)\cos\phi = |\boldsymbol{p}|\sin(\theta + \alpha + \phi).$$

これは，相空間上の点を $z$ 軸のまわりに $\phi$ 回転させる変換にほかならない[15]．すなわち，軸対称な系における第 1 積分としてのスキュー度関数は，同時に軸のまわりの回転をもたらすリー変換の生成関数である．

---

[15] ここでの回転は，座標系を固定して点を回転させる能動的変換，それにたいして例 2.6-1 で見た回転は，点を固定し座標系を回転させる受動的変換．それゆえ符号が逆．

## 2.11 シンプレクティック条件

ポアソン括弧についてきわめて重要なのは，つぎの性質である．

正準方程式

$$\frac{d\boldsymbol{q}}{d\lambda} = \frac{\partial K}{\partial \boldsymbol{p}}, \qquad \frac{d\boldsymbol{p}}{d\lambda} = -\frac{\partial K}{\partial \boldsymbol{q}} \tag{2.121}$$

の $\boldsymbol{q}(0) = \boldsymbol{q}_0, \boldsymbol{p}(0) = \boldsymbol{p}_0$ を初期値とする解が $\boldsymbol{q} = \boldsymbol{q}(\lambda)$, $\boldsymbol{p} = \boldsymbol{p}(\lambda)$ であるとき，$F$ と $G$ がともに $\boldsymbol{q}$, $\boldsymbol{p}$ の関数であるならば，ポアソン括弧 $\{F, G\}$ を $\boldsymbol{q}, \boldsymbol{p}$ で計算しても $\boldsymbol{q}_0, \boldsymbol{p}_0$ で計算してもおなじである．すなわち，方程式 (2.121) の解 $\boldsymbol{q} = \boldsymbol{q}(\lambda)$, $\boldsymbol{p} = \boldsymbol{p}(\lambda)$ を初期値 $\boldsymbol{q}_0 = \boldsymbol{q}(0)$, $\boldsymbol{p}_0 = \boldsymbol{p}(0)$ の関数，すなわち $\boldsymbol{q} = \boldsymbol{q}(\boldsymbol{q}_0, \boldsymbol{p}_0)$, $\boldsymbol{p} = \boldsymbol{p}(\boldsymbol{q}_0, \boldsymbol{p}_0)$ と見なすと，

$$F(\boldsymbol{q}, \boldsymbol{p}) = F(\boldsymbol{q}(\boldsymbol{q}_0, \boldsymbol{p}_0), \boldsymbol{p}(\boldsymbol{q}_0, \boldsymbol{p}_0)) =: \tilde{F}(\boldsymbol{q}_0, \boldsymbol{p}_0),$$
$$G(\boldsymbol{q}, \boldsymbol{p}) = G(\boldsymbol{q}(\boldsymbol{q}_0, \boldsymbol{p}_0), \boldsymbol{p}(\boldsymbol{q}_0, \boldsymbol{p}_0)) =: \tilde{G}(\boldsymbol{q}_0, \boldsymbol{p}_0)$$

も，それぞれ $\boldsymbol{q}_0, \boldsymbol{p}_0$ の関数と見なされる．そのとき次式が成り立つ：

$$\{F(\boldsymbol{q}, \boldsymbol{p}), G(\boldsymbol{q}, \boldsymbol{p})\}_{\boldsymbol{q},\boldsymbol{p}} = \{\tilde{F}(\boldsymbol{q}_0, \boldsymbol{p}_0), \tilde{G}(\boldsymbol{q}_0, \boldsymbol{p}_0)\}_{\boldsymbol{q}_0,\boldsymbol{p}_0}. \tag{2.122}$$

その証明のために，正準変数と正準方程式をつぎのようにあらわそう．前節でおこなったように正準変数とそれによる偏微分の微分演算子をひとまとめに

$$\boldsymbol{\eta} = \begin{pmatrix} \eta^1 \\ \eta^2 \\ \eta^3 \\ \eta^4 \end{pmatrix} = \begin{pmatrix} \boldsymbol{q} \\ \boldsymbol{p} \end{pmatrix}, \quad \frac{\partial}{\partial \boldsymbol{\eta}} = \begin{pmatrix} \partial/\partial\eta^1 \\ \partial/\partial\eta^2 \\ \partial/\partial\eta^3 \\ \partial/\partial\eta^4 \end{pmatrix} = \begin{pmatrix} \dfrac{\partial}{\partial \boldsymbol{q}} \\ \dfrac{\partial}{\partial \boldsymbol{p}} \end{pmatrix} \tag{2.123}$$

と記す[16)]．それと同時に，4 行 4 列の行列

$$\hat{\Omega} = (\Omega_{\nu\rho}) = \begin{pmatrix} \hat{0} & -\hat{I} \\ \hat{I} & \hat{0} \end{pmatrix} = \begin{pmatrix} 0 & 0 & -1 & 0 \\ 0 & 0 & 0 & -1 \\ 1 & 0 & 0 & 0 \\ 0 & 1 & 0 & 0 \end{pmatrix}, \tag{2.124}$$

---

16) $\boldsymbol{\eta}$ の成分の添え字を $\boldsymbol{q}, \boldsymbol{p}$ の区別なく上付きで記す理由は付録 A.5 参照．

$$\hat{\Omega}' = (\Omega^{\nu\rho}) = \begin{pmatrix} \hat{0} & \hat{I} \\ -\hat{I} & \hat{0} \end{pmatrix} = \begin{pmatrix} 0 & 0 & 1 & 0 \\ 0 & 0 & 0 & 1 \\ -1 & 0 & 0 & 0 \\ 0 & -1 & 0 & 0 \end{pmatrix} \tag{2.125}$$

を導入する．ここに，$\det\hat{\Omega} = \det\hat{\Omega}' = 1$ であり，$\hat{\Omega}^{-1} = \hat{\Omega}' = -\hat{\Omega}$.

この表記法では，正準方程式 (2.121) すなわち

$$\frac{d}{d\lambda}\begin{pmatrix} \boldsymbol{q} \\ \boldsymbol{p} \end{pmatrix} = \begin{pmatrix} \hat{0} & \hat{I} \\ -\hat{I} & \hat{0} \end{pmatrix}\begin{pmatrix} \partial K/\partial\boldsymbol{q} \\ \partial K/\partial\boldsymbol{p} \end{pmatrix} \tag{2.126}$$

は，ひとまとめに次のようにあらわされる：

$$\frac{d\boldsymbol{\eta}}{d\lambda} = \hat{\Omega}'\frac{\partial K}{\partial\boldsymbol{\eta}} \quad \text{ないし} \quad \hat{\Omega}\frac{d\boldsymbol{\eta}}{d\lambda} = \frac{\partial K}{\partial\boldsymbol{\eta}}. \tag{2.127}$$

なお，以下ではギリシャ文字の添え字は 1 から 4 までの値をとるものとし，さらにひとつの項の中に上付きと下付きでおなじ添え字があるときはその添え字については 1 から 4 までの和をとるものと約束する．これをアインシュタインの規約という．したがって，この正準方程式を成分で書けば，

$$\frac{d\eta^\rho}{d\lambda} = \Omega^{\rho\nu}\frac{\partial K}{\partial\eta^\nu} \quad \text{ないし} \quad \Omega_{\rho\nu}\frac{d\eta^\nu}{d\lambda} = \frac{\partial K}{\partial\eta^\rho} \quad (\rho = 1, 2, 3, 4)$$

のようにあらわされる [17]．

この表記法では，ポアソン括弧 (2.95) は

$$\{F, G\} = (\partial_{\boldsymbol{q}}F, \partial_{\boldsymbol{p}}F)\begin{pmatrix} \hat{0} & \hat{I} \\ -\hat{I} & \hat{0} \end{pmatrix}\begin{pmatrix} \partial_{\boldsymbol{q}}G \\ \partial_{\boldsymbol{p}}G \end{pmatrix} = \frac{\partial F}{\partial\eta^\mu}\Omega^{\mu\kappa}\frac{\partial G}{\partial\eta^\kappa}, \tag{2.128}$$

そして証明すべき (2.122) 式は

$$\{F(\boldsymbol{\eta}), G(\boldsymbol{\eta})\}_{\boldsymbol{\eta}} = \{F(\boldsymbol{\eta}(\boldsymbol{\eta}_0)), G(\boldsymbol{\eta}(\boldsymbol{\eta}_0))\}_{\boldsymbol{\eta}_0} = \{\tilde{F}(\boldsymbol{\eta}_0), \tilde{G}(\boldsymbol{\eta}_0)\}_{\boldsymbol{\eta}_0}. \tag{2.129}$$

---

[17] アインシュタインの規約で上下におなじ添え字があって和がとられるときの添え字はダミーといわれる．ダミーはおなじ文字で記されていることだけが意味をもつから，他の（ただしおなじ式のなかに使われていない）文字に置き換えてもよい．なお，$\partial K/\partial\eta^\nu$ のように上付き添え字の変数が分母にある項では $\nu$ は下付きとみる．

証明は，$\lambda$ の微小な変化，つまり $\lambda = 0$ と $\lambda = \Delta\lambda$ にたいして示されればそれで十分である．そのとき

$$\eta^\nu = \eta_0^\nu + \left(\frac{d\eta^\nu}{d\lambda}\right)_{\lambda=0} \Delta\lambda + O(\Delta\lambda^2)$$
$$= \eta_0^\nu + \Omega^{\nu\rho}\left(\frac{\partial K}{\partial\eta^\rho}\right)_{\lambda=0} \Delta\lambda + O(\Delta\lambda^2).$$

以下では簡単のために $(\partial^2 K/\partial\eta^\mu\partial\eta^\rho)_{\lambda=0} = K_{\mu\rho}$ と記すことにして，これより

$$\frac{\partial\tilde{F}}{\partial\eta_0^\mu} = \frac{\partial F(\boldsymbol{\eta}(\boldsymbol{\eta}_0))}{\partial\eta_0^\mu}$$
$$= \frac{\partial F(\boldsymbol{\eta})}{\partial\eta^\nu}\frac{\partial\eta^\nu}{\partial\eta_0^\mu} = \frac{\partial F(\boldsymbol{\eta})}{\partial\eta^\nu}(\delta_\mu^\nu + \Omega^{\nu\rho}K_{\mu\rho}\Delta\lambda) + O(\Delta\lambda^2).$$

もちろん $G$ についても同様の式が成り立ち，$\Delta\lambda$ の 1 次までとると

$$\{\tilde{F}(\boldsymbol{\eta}_0), \tilde{G}(\boldsymbol{\eta}_0)\}_{\boldsymbol{\eta}_0}$$
$$= \frac{\partial F(\boldsymbol{\eta}(\boldsymbol{\eta}_0))}{\partial\eta_0^\mu}\Omega^{\mu\kappa}\frac{\partial G(\boldsymbol{\eta}(\boldsymbol{\eta}_0))}{\partial\eta_0^\kappa}$$
$$= \frac{\partial F}{\partial\eta^\nu}(\delta_\mu^\nu + \Omega^{\nu\rho}K_{\mu\rho}\Delta\lambda)\Omega^{\mu\kappa}\frac{\partial G}{\partial\eta^\sigma}(\delta_\kappa^\sigma + \Omega^{\sigma\tau}K_{\kappa\tau}\Delta\lambda)$$
$$= \frac{\partial F}{\partial\eta^\nu}\Omega^{\nu\sigma}\frac{\partial G}{\partial\eta^\sigma} + \frac{\partial F}{\partial\eta^\nu}\frac{\partial G}{\partial\eta^\sigma}(\Omega^{\nu\kappa}\Omega^{\sigma\tau}K_{\kappa\tau} + \Omega^{\nu\rho}\Omega^{\mu\sigma}K_{\mu\rho})\Delta\lambda$$
$$= \frac{\partial F}{\partial\eta^\nu}\Omega^{\nu\sigma}\frac{\partial G}{\partial\eta^\sigma} + \frac{\partial F}{\partial\eta^\nu}\frac{\partial G}{\partial\eta^\sigma}K_{\kappa\tau}\Omega^{\nu\kappa}(\Omega^{\sigma\tau} + \Omega^{\tau\sigma})\Delta\lambda$$
$$= \{F(\boldsymbol{\eta}), G(\boldsymbol{\eta})\}_{\boldsymbol{\eta}}.$$

3 行目から 4 行目への変形は $K_{\mu\rho} = K_{\rho\mu}$ を用い，さらにダミー添え字の書き換えをおこない，最後の等号は $\hat{\Omega}'$ の反対称性，すなわち $\Omega^{\sigma\tau} = -\Omega^{\tau\sigma}$ を使う．得られた結果は微小変化の場合の証明するべき式 (2.129) にほかならない．

そしてこの微小な変化をつぎつぎ重ねてゆけば，$\lambda$ が有限の変化の場合にも (2.129) が成り立つことがわかる．そのとき $\boldsymbol{\eta}(0) = \boldsymbol{\eta}_0$ を始点とする積分曲線上の点 $\boldsymbol{\eta}(\lambda) = \boldsymbol{\psi}(\lambda, \boldsymbol{\eta}_0)$ を初期値 $\boldsymbol{\eta}_0$ の関数と見て，そのヤコビ行列を

$$\hat{M} = (M^\alpha{}_\beta) := \left(\frac{\partial\psi^\alpha}{\partial\eta_0^\beta}\right) \tag{2.130}$$

とする．そして

$$F(\boldsymbol{\eta}) = F(\boldsymbol{\psi}(\boldsymbol{\eta}_0)) = \bar{F}(\boldsymbol{\eta}_0), \qquad G(\boldsymbol{\eta}) = G(\boldsymbol{\psi}(\boldsymbol{\eta}_0)) = \bar{G}(\boldsymbol{\eta}_0). \tag{2.131}$$

そこでポアソン括弧 $\{F, G\}$ を $\boldsymbol{\eta}_0$ で計算すると

$$\begin{aligned}\{\bar{F}, \bar{G}\}_{\boldsymbol{\eta}_0} &= \frac{\partial \bar{F}}{\partial \eta_0^\rho} \Omega^{\rho\sigma} \frac{\partial \bar{G}}{\partial \eta_0^\sigma} = \frac{\partial F}{\partial \eta^\mu} \frac{\partial \psi^\mu}{\partial \eta_0^\rho} \Omega^{\rho\sigma} \frac{\partial G}{\partial \eta^\nu} \frac{\partial \psi^\nu}{\partial \eta_0^\sigma}\bigg|_{\boldsymbol{\eta}=\boldsymbol{\psi}(\boldsymbol{\eta}_0)} \\ &= \frac{\partial F}{\partial \eta^\mu} (\hat{M}\hat{\Omega}'\hat{M}^t)^{\mu\nu} \frac{\partial G}{\partial \eta^\nu}\bigg|_{\boldsymbol{\eta}=\boldsymbol{\psi}(\boldsymbol{\eta}_0)}.\end{aligned} \tag{2.132}$$

とくに，基本ポアソン括弧の変換では

$$\{\psi^\alpha(\boldsymbol{\eta}_0), \psi^\beta(\boldsymbol{\eta}_0)\}_{\boldsymbol{\eta}_0} = (\hat{M}\hat{\Omega}'\hat{M}^t)^{\alpha\beta}. \tag{2.133}$$

これらが，それぞれ

$$\{F, G\}_{\boldsymbol{\eta}} = \frac{\partial F}{\partial \eta^\rho} \Omega^{\rho\sigma} \frac{\partial G}{\partial \eta^\sigma}, \qquad \{\eta^\alpha, \eta^\beta\}_{\boldsymbol{\eta}} = \Omega^{\alpha\beta} \tag{2.134}$$

に等しいのであるから，ヤコビ行列 $\hat{M}$ は条件

$$\hat{M}\hat{\Omega}'\hat{M}^t = \hat{\Omega}' \quad \text{ないし} \quad \hat{M}\hat{\Omega}\hat{M}^t = \hat{\Omega} \tag{2.135}$$

を満たさなければならない（第2式への書き換えは転置すればよい）．

これより $\det(\hat{M}\hat{\Omega}\hat{M}^t) = \det(\hat{M})^2 \det(\hat{\Omega}) = \det(\hat{\Omega})$ で，$\det(\hat{\Omega}) = 1$ ゆえ，$\det(\hat{M}) = \pm 1$ で，$\hat{M}$ は逆行列 $\hat{M}^{-1}$ をもつ．そこで $\hat{\Omega}\hat{\Omega}' = \hat{I}$ に留意して上記第1式に右から $(\hat{M}^t)^{-1}$ をかけると $\hat{M}\hat{\Omega}' = \hat{\Omega}'(\hat{M}^t)^{-1} = (\hat{M}^t\hat{\Omega})^{-1}$，さらにこの両辺に左から $\hat{M}^t\hat{\Omega}$，右から $\hat{\Omega}$ をかけて，

$$\hat{M}^t\hat{\Omega}\hat{M} = \hat{\Omega} \quad \text{ないし} \quad \hat{M}^t\hat{\Omega}'\hat{M} = \hat{\Omega}'. \tag{2.136}$$

ヤコビ行列についてのこの四つの式 (2.135) (2.136) はすべて等値で，これらは変数変換 $\boldsymbol{\eta}_0 \mapsto \boldsymbol{\eta}$ が正準変換であるための必要条件をあらわし，$\hat{M}$ にたいする**シンプレクティック条件**，そして行列 $\hat{M}$ がこの条件を満たしているとき，$\hat{M}$ は**シンプレクティック行列**といわれる．なお，恒等変換から連続的に移ることのできる変換のみを考えているから，$\det(\hat{M}) = 1$ としてよい．

実際にグラスファイバーの場合の変換行列 (2.117) やスキュー度関数により生成される正準変換 (2.120) の変換行列

$$\begin{pmatrix} \cos(\omega z)\hat{I} & (1/\kappa)\sin(\omega z)\hat{I} \\ -\kappa\sin(\omega z)\hat{I} & \cos(\omega z)\hat{I} \end{pmatrix}, \quad \begin{pmatrix} \cos\phi & -\sin\phi & 0 & 0 \\ \sin\phi & \cos\phi & 0 & 0 \\ 0 & 0 & \cos\phi & -\sin\phi \\ 0 & 0 & \sin\phi & \cos\phi \end{pmatrix}$$

は，これらの変換が線形変換であるゆえヤコビ行列そのものであるが，それらがシンプレクティック条件を満たしていることは，直接に確かめられる．

## 2.12 シンプレクティック条件とアイコナール

前節では，ヤコビ行列 (2.130) がシンプレクティック条件 (2.135) を満たすこと，あるいは (2.129) が成り立つことが，変換 $\boldsymbol{\eta}_0 \mapsto \boldsymbol{\eta} = \boldsymbol{\psi}(\lambda, \boldsymbol{\eta}_0)$ が正準変換であるための必要条件であることが示されたが [18)]，じつはこの条件は，媒質に不連続面（屈折面）があり，光線経路の発展が微分方程式であらわされないときにも成立する．そのことは，以下のようにアイコナールを用いて示される．

光線経路にそった正準変数の写像 $(\boldsymbol{q}_0, \boldsymbol{p}_0) \mapsto (\boldsymbol{q}, \boldsymbol{p})$ のヤコビ行列を

$$\hat{M} = \begin{pmatrix} (\partial q^i/\partial q_0^j) & (\partial q^i/\partial p_{0j}) \\ (\partial p_i/\partial q_0^j) & (\partial p_i/\partial p_{0j}) \end{pmatrix} = \begin{pmatrix} \hat{A} & \hat{B} \\ \hat{C} & \hat{D} \end{pmatrix} \tag{2.137}$$

と記す（添字 $i, j, k, l$ は同一文字が上下にあるとき 1,2 の和をとる）．

この写像にたいするアイコナール $V(\boldsymbol{q}, z\,; \boldsymbol{q}_0, z_0)$ を考えると，(2.79) より

$$dV = \boldsymbol{p} \cdot d\boldsymbol{q} - \boldsymbol{p}_0 \cdot d\boldsymbol{q}_0 = p_i dq^i - p_{0i} dq_0^i. \tag{2.138}$$

ここで $\boldsymbol{q} = \boldsymbol{q}(\boldsymbol{q}_0, \boldsymbol{p}_0)$ であることを考慮し，$V$ を $\boldsymbol{q}_0, \boldsymbol{p}_0$ の関数と見ると

$$dV = p_i\left(\frac{\partial q^i}{\partial p_{0j}} dp_{0j} + \frac{\partial q^i}{\partial q_0^j} dq_0^j\right) - p_{0i} dq_0^i = p_i \frac{\partial q^i}{\partial p_{0j}} dp_{0j} + \left(p_i \frac{\partial q^i}{\partial q_0^j} - p_{0j}\right) dq_0^j.$$

これより

$$\frac{\partial}{\partial q_0^k}\left(p_i \frac{\partial q^i}{\partial p_{0j}}\right) = \frac{\partial^2 V}{\partial q_0^k \partial p_{0j}} = \frac{\partial}{\partial p_{0j}}\left(p_i \frac{\partial q^i}{\partial q_0^k} - p_{0k}\right).$$

18) それが十分条件でもあることは，付録 A.5 に示す．

演算を遂行して整理すると

$$\frac{\partial p_i}{\partial p_{0j}}\frac{\partial q^i}{\partial q_0^k} - \frac{\partial p_i}{\partial q_0^k}\frac{\partial q^i}{\partial p_{0j}} = \delta_k^j\,. \tag{2.139}$$

これは行列であらわせば $D_i{}^j A^i{}_k - C_{ik}B^{ij} = \delta_k^j$，すなわち

$$\hat{D}^t\hat{A} - \hat{B}^t\hat{C} = \hat{I} \qquad \text{および} \qquad \hat{A}^t\hat{D} - \hat{C}^t\hat{B} = \hat{I}. \tag{2.140}$$

同様に

$$\frac{\partial}{\partial p_{0k}}\left(p_i\frac{\partial q^i}{\partial p_{0j}}\right) = \frac{\partial^2 V}{\partial p_{0k}\partial p_{0j}} = \frac{\partial}{\partial p_{0j}}\left(p_i\frac{\partial q^i}{\partial p_{0k}}\right).$$

これより演算を遂行して

$$\frac{\partial p_i}{\partial p_{0k}}\frac{\partial q^i}{\partial p_{0j}} - \frac{\partial p_i}{\partial p_{0j}}\frac{\partial q^i}{\partial p_{0k}} = 0. \tag{2.141}$$

および

$$\frac{\partial}{\partial q_0^k}\left(p_i\frac{\partial q^i}{\partial q_0^j} - p_{0j}\right) = \frac{\partial^2 V}{\partial q_0^k\partial q_0^j} = \frac{\partial}{\partial q_0^j}\left(p_i\frac{\partial q^i}{\partial q_0^k} - p_{0k}\right).$$

やはり演算を遂行して

$$\frac{\partial p_i}{\partial q_0^k}\frac{\partial q^i}{\partial q_0^j} - \frac{\partial p_i}{\partial q_0^j}\frac{\partial q^i}{\partial q_0^k} = 0. \tag{2.142}$$

行列であらわせば，$D_i{}^k B^{ij} - D_i{}^j B^{ik} = 0$，および $C_{ik}A^i_j - C_{ij}A^i_k = 0$，すなわち

$$\hat{D}^t\hat{B} - \hat{B}^t\hat{D} = \hat{0} \qquad \text{および} \qquad \hat{C}^t\hat{A} - \hat{A}^t\hat{C} = \hat{0}. \tag{2.143}$$

したがって，

$$\begin{aligned}\hat{M}^t\hat{\Omega}\hat{M} &= \begin{pmatrix} \hat{A}^t & \hat{C}^t \\ \hat{B}^t & \hat{D}^t \end{pmatrix}\begin{pmatrix} \hat{0} & -\hat{I} \\ \hat{I} & \hat{0} \end{pmatrix}\begin{pmatrix} \hat{A} & \hat{B} \\ \hat{C} & \hat{D} \end{pmatrix} \\ &= \begin{pmatrix} \hat{C}^t\hat{A} - \hat{A}^t\hat{C} & \hat{C}^t\hat{B} - \hat{A}^t\hat{D} \\ \hat{D}^t\hat{A} - \hat{B}^t\hat{C} & \hat{D}^t\hat{B} - \hat{B}^t\hat{D} \end{pmatrix} \\ &= \begin{pmatrix} \hat{0} & -\hat{I} \\ \hat{I} & \hat{0} \end{pmatrix} = \hat{\Omega}.\end{aligned} \tag{2.144}$$

すなわち，この変換行列 $\hat{M}$ はシンプレクティック条件を満たしている．アイコナール関数は，媒質に不連続面（屈折面）がある場合も存在するので，結局，光線経路に発展による相空間の点の移動（写像）ではつねにこの条件が満たされている [19]．

それゆえ，相空間上の光線経路にそった点の移動（写像）は**シンプレクティック写像**といわれる．ハミルトン光学におけるもっとも重要な性質である．

なお，(2.139) 式の両辺に $\partial p_{0j}/\partial q^l$ をかけて $j$ で和をとり，同様に (2.142) の両辺に $-\partial q_0^j/\partial q^l$ をかけて $j$ で和をとり，得られた二式を辺々足し合わせる．そのさい

$$\frac{\partial p_i}{\partial p_{0j}}\frac{\partial p_{0j}}{\partial q^l} + \frac{\partial p_i}{\partial q_0^j}\frac{\partial q_0^j}{\partial q^l} = \frac{\partial p_i}{\partial q^l} = 0,$$

$$\frac{\partial q^i}{\partial p_{0j}}\frac{\partial p_{0j}}{\partial q^l} + \frac{\partial q^i}{\partial q_0^j}\frac{\partial q_0^j}{\partial q^l} = \frac{\partial q^i}{\partial q^l} = \delta_l^i$$

に注意すると，相反関係 $-\partial p_l/\partial q_0^k = \partial p_{0k}/\partial q^l$ が得られる．

同様に，(2.139) 式の両辺に $\partial p_{0j}/\partial p_l$ をかけて $j$ で和をとり，(2.142) の両辺に $-\partial q_0^j/\partial p_l$ をかけて $j$ で和をとり，得られた二式を辺々足し合わせる．そのさい

$$\frac{\partial p_i}{\partial p_{0j}}\frac{\partial p_{0j}}{\partial p_l} + \frac{\partial p_i}{\partial q_0^j}\frac{\partial q_0^j}{\partial p_l} = \frac{\partial p_i}{\partial p_l} = \delta_i^l,$$

$$\frac{\partial q^i}{\partial p_{0j}}\frac{\partial p_{0j}}{\partial p_l} + \frac{\partial q^i}{\partial q_0^j}\frac{\partial q_0^j}{\partial p_l} = \frac{\partial q^i}{\partial p_l} = 0$$

注意すると，$\partial q^l/\partial q_0^k = \partial p_{0k}/\partial p_l$ が得られる．

さらに，(2.139) 式の両辺に $\partial q_0^k/\partial p_l$ をかけて $j$ で和をとり，(2.141) の両辺に $-\partial p_{0k}/\partial p_l$ をかけて $j$ で和をとり，得られた二式を辺々足し合わせる，そして最後に，(2.139) 式の両辺に $\partial q_0^k/\partial q^l$ をかけて $j$ で和をとり，同様に (2.141) の両辺に $-\partial p_{0k}/\partial q^l$ をかけて $j$ で和をとり，得られた二式を辺々足し合わせる操作をそれぞれ行うことにより，さらに 2 組の相反関係が得られる．

---

[19] O.N.Stavroudis の *The Optics of Rays, Wavefronts, and Caustics* (Academic Press, 1972), p.246 にレンズ方程式（lens equation）と記されているものである．

以上の結果は，光線成分にたいするつぎの 4 組の相反関係にまとめられる：

$$\frac{\partial p_l}{\partial q_0^k} = -\frac{\partial p_{0k}}{\partial q^l}, \quad \frac{\partial q^l}{\partial q_0^k} = \frac{\partial p_{0k}}{\partial p_l}, \quad \frac{\partial q^l}{\partial p_{0j}} = -\frac{\partial q_0^j}{\partial p_l}, \quad \frac{\partial p_l}{\partial p_{0j}} = \frac{\partial q_0^j}{\partial q^l}. \tag{2.145}$$

正準変換 $(\boldsymbol{q}_0, \boldsymbol{p}_0) \mapsto (\boldsymbol{q}, \boldsymbol{p})$ にたいして先に導入したヤコビ行列 $\hat{M}$ の逆行列を

$$\hat{M}^{-1} = \begin{pmatrix} (\partial q_0^i/\partial q^j) & (\partial q_0^i/\partial p_j) \\ (\partial p_{0i}/\partial q^j) & (\partial p_{0i}/\partial p_j) \end{pmatrix} = \begin{pmatrix} \hat{A}^* & \hat{B}^* \\ \hat{C}^* & \hat{D}^* \end{pmatrix}$$

と記す．上記の相反関係は，この行列要素で表せば

$$C_{ik} = -C^*_{ki}, \quad A^i{}_k = D^{*i}_k, \quad B^{ik} = -B^{*ki}, \quad D^k{}_i = A^{*i}{}_k$$

すなわち

$$\hat{C}^* = -\hat{C}^t, \qquad \hat{D}^* = \hat{A}^t, \qquad \hat{B}^* = -\hat{B}^t, \qquad \hat{A}^* = \hat{D}^t.$$

以上より，

$$\hat{M}^{-1} = \begin{pmatrix} \hat{D}^t & -\hat{B}^t \\ -\hat{C}^t & \hat{A}^t \end{pmatrix}, \tag{2.146}$$

したがって

$$\hat{M}^{-1}\hat{M} = \begin{pmatrix} \hat{D}^t & -\hat{B}^t \\ -\hat{C}^t & \hat{A}^t \end{pmatrix}\begin{pmatrix} \hat{A} & \hat{B} \\ \hat{C} & \hat{D} \end{pmatrix} = \begin{pmatrix} \hat{D}^t\hat{A} - \hat{B}^t\hat{C} & \hat{D}^t\hat{B} - \hat{B}^t\hat{D} \\ \hat{A}^t\hat{C} - \hat{C}^t\hat{A} & \hat{A}^t\hat{D} - \hat{C}^t\hat{B} \end{pmatrix}.$$

これが単位行列であることから，先に求めた (2.140) (2.143) がふたたび導かれる．

ここでアイコナール関数について若干の補足をしておこう．

考察する二点 $(\boldsymbol{q}_0, z_0)$ と $(\boldsymbol{q}, z)$ が共役な場合，その二点間をつなぐ数多くの経路で光路長が等しくなり，したがって点 $(z, \boldsymbol{q})$ にたいして (2.79) を満たすアイコナールを定義することはできない．

そこで，アイコナール関数の拡張として以下の三つの関数を定義する：

$$U := V - \boldsymbol{p}\cdot\boldsymbol{q}, \quad U' := V + \boldsymbol{p}_0\cdot\boldsymbol{q}_0, \quad W := V - \boldsymbol{p}\cdot\boldsymbol{q} + \boldsymbol{p}_0\cdot\boldsymbol{q}_0. \tag{2.147}$$

(2.138) より，これらの微分は

$$dU = -\boldsymbol{q}\cdot d\boldsymbol{p} - \boldsymbol{p}_0\cdot d\boldsymbol{q}_0, \quad dU' = \boldsymbol{p}\cdot d\boldsymbol{q} + \boldsymbol{q}_0\cdot d\boldsymbol{p}_0, \quad dW = -\boldsymbol{q}\cdot d\boldsymbol{p} + \boldsymbol{q}_0\cdot d\boldsymbol{p}_0.$$

すなわち，これらはそれぞれ $(\boldsymbol{p},\boldsymbol{q}_0), (\boldsymbol{q},\boldsymbol{p}_0), (\boldsymbol{p},\boldsymbol{p}_0)$ の関数である．このように上記の 4 つの関数はすべて，始状態の正準変数 $(\boldsymbol{q}_0,\boldsymbol{p}_0)$ の半分と終状態の正準変数 $(\boldsymbol{q},\boldsymbol{p})$ の半分を変数として含み，アイコナール $V = V(\boldsymbol{q}, z\,; \boldsymbol{q}_0, z_0)$ をとくに**点アイコナール**，$U = U(\boldsymbol{p}, z\,; \boldsymbol{q}_0, z_0)$ と $U' = U'(\boldsymbol{q}, z\,; \boldsymbol{p}_0, z_0)$ をともに**混合アイコナール**，$W = W(\boldsymbol{p}, z\,; \boldsymbol{p}_0, z_0)$ を**角アイコナール**という．

それらの幾何学的意味はつぎのとおり．

いま，物側空間の平面 $\Sigma$ 上の点 A : $(\boldsymbol{q}_0, z_0)$ から出て，いくつかのレンズ等の素子よりなる光学系を経て像側空間の平面 $\Sigma'$ 上の点 B : $(\boldsymbol{q}, z)$ にいたる光線を考え，その 2 点 AB 間の光路長を [AB] で記す（図 2.12-1）．平面 $\Sigma$ と $\Sigma'$ の光軸（$z$ 軸）との交点をそれぞれ $A_0, B_0$，そして $A_0, B_0$ から光線 A, B に下ろした垂線の足をそれぞれ H, K とすると，

$$\boldsymbol{q}_0\cdot\boldsymbol{p}_0 = \mu\,\overline{\mathrm{HA}} = [\mathrm{HA}], \qquad -\boldsymbol{q}\cdot\boldsymbol{p} = \mu'\,\overline{\mathrm{BK}} = [\mathrm{BK}]$$

ゆえ，これらのアイコナールは，

$$V = [\mathrm{AB}], \quad U = [\mathrm{AK}], \quad U' = [\mathrm{HB}], \quad W = [\mathrm{HK}] \tag{2.148}$$

のように，それぞれ光路長をあらわしている．

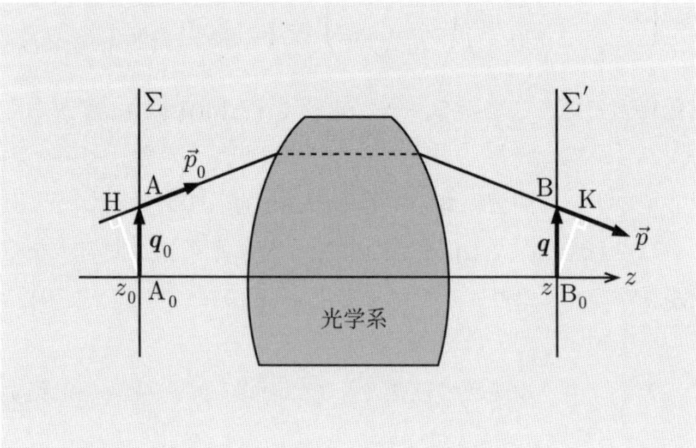


図 2.12-1 光路長と各種のアイコナール

## 2.13 リューヴィルの定理と輝度不変則

§2.11 の正準方程式 (2.127) の $\boldsymbol{\eta}_0$ を初期値とする解

$$\boldsymbol{\eta}(\lambda) = \boldsymbol{\psi}(\lambda, \boldsymbol{\eta}_0), \quad \text{i.e.} \quad \eta^\alpha(\lambda) = \psi^\alpha(\lambda, \boldsymbol{\eta}_0) \quad (\alpha = 1, 2, 3, 4)$$

およびすこし離れた 4 点 $\boldsymbol{\eta}_0 + \delta\boldsymbol{\eta}_{0(i)}$ $(i = 1, 2, 3, 4)$ を初期値とする四つの解 $\boldsymbol{\eta}^*_{(i)} = \boldsymbol{\eta} + \delta\boldsymbol{\eta}_{(i)}$ $(i = 1, 2, 3, 4)$ を考える．$\boldsymbol{\eta}^*_{(i)}$ の成分はすべて

$$\eta^\alpha + \delta\eta^\alpha_{(i)} = \psi^\alpha(\lambda, \boldsymbol{\eta}_0 + \delta\boldsymbol{\eta}_{0(i)}) = \psi^\alpha(\lambda, \boldsymbol{\eta}_0) + \frac{\partial\psi^\alpha}{\partial\eta^\beta_0}\delta\eta^\beta_{0(i)}$$

の形をしている．これらはそれぞれ相空間 M 上の $\boldsymbol{\eta}_0$ と $\boldsymbol{\eta}_0 + \delta\boldsymbol{\eta}_{0(i)}$ を始点とする 5 本の曲線（積分曲線）でもある．ヤコビ行列 (2.130) を用いれば

$$\delta\eta^\alpha_{(i)} = M^\alpha_\beta \delta\eta^\beta_{0(i)}. \tag{2.149}$$

これより，このようにして作られた M 上の四つの微小ベクトル

$$\delta\boldsymbol{\eta}_{(i)} = \begin{pmatrix} \delta\eta^1_{(i)} \\ \delta\eta^2_{(i)} \\ \delta\eta^3_{(i)} \\ \delta\eta^4_{(i)} \end{pmatrix} = \begin{pmatrix} M^1_\beta\delta\eta^\beta_{0(i)} \\ M^2_\beta\delta\eta^\beta_{0(i)} \\ M^3_\beta\delta\eta^\beta_{0(i)} \\ M^4_\beta\delta\eta^\beta_{0(i)} \end{pmatrix} = \hat{M}\delta\boldsymbol{\eta}_{0(i)} \quad (i = 1, 2, 3, 4)$$

からなる行列にたいして

$$[\delta\boldsymbol{\eta}_{(1)}, \delta\boldsymbol{\eta}_{(2)}, \delta\boldsymbol{\eta}_{(3)}, \delta\boldsymbol{\eta}_{(4)}] = \hat{M}[\delta\boldsymbol{\eta}_{0(1)}, \delta\boldsymbol{\eta}_{0(2)}, \delta\boldsymbol{\eta}_{0(3)}, \delta\boldsymbol{\eta}_{0(4)}]$$

の関係が導かれる．

ところで 4 次元相空間 M におけるこの四つの微小ベクトル

$$\delta\boldsymbol{\eta}_{(i)} = (\delta\boldsymbol{q}_{(i)}, \delta\boldsymbol{p}_{(i)})^t = (\delta x_{(i)}, \delta y_{(i)}, \delta p_{x(i)}, \delta p_{y(i)})^t \qquad (i = 1, 2, 3, 4) \tag{2.150}$$

の作る 4 次元立体の体積は，行列式

$$\Delta\mathcal{V} = \begin{vmatrix} \delta x_{(1)} & \delta y_{(1)} & \delta p_{x(1)} & \delta p_{y(1)} \\ \delta x_{(2)} & \delta y_{(2)} & \delta p_{x(2)} & \delta p_{y(2)} \\ \delta x_{(3)} & \delta y_{(3)} & \delta p_{x(3)} & \delta p_{y(3)} \\ \delta x_{(4)} & \delta y_{(4)} & \delta p_{x(4)} & \delta p_{y(4)} \end{vmatrix} \tag{2.151}$$

であらわされる．それゆえ，上記の行列の行列式は，この四つのベクトルが 4 次元相空間に作る 4 次元立体の体積 $\Delta\mathcal{V}$ であり，これより

$$\Delta\mathcal{V} = \det(\hat{M})\Delta\mathcal{V}_0 = \Delta\mathcal{V}_0. \tag{2.152}$$

すなわち，正準方程式の解にそった点の移動（とくに光線の伝播）で，相空間の体積は保存される．これを**リューヴィルの定理**という．

リューヴィルの定理の幾何光学における物理的意味は，相空間を 2 次元で論じることのできるガウス光学のところで触れることにし，ここではそのひとつの応用として，クラウジウスの相反定理，そしてそれと関連した輝度不変則を記しておこう．

点 $\mathrm{A}_0$ で光軸と直交する平面 $\Sigma$ とその上の各点 $\boldsymbol{q}$ およびその点をとおる光線の光線ベクトル $\boldsymbol{p}$ よりなる相空間 M を考える．$\boldsymbol{\eta} = (\boldsymbol{q}, \boldsymbol{p}) = (x, y, p_x, p_y)$ はその座標．

平面 $\Sigma$ 上で点 $\mathrm{A}_0$ をとおるそこでの光線ベクトルが $\vec{p}_0 = \mu\vec{e}_0$ の光線を考え，相空間上でのその座標を $\boldsymbol{\eta}_0$ とする．$\mathrm{A}_0$ の近くの点 $\mathrm{A}_1$ をとおるそこでの光線

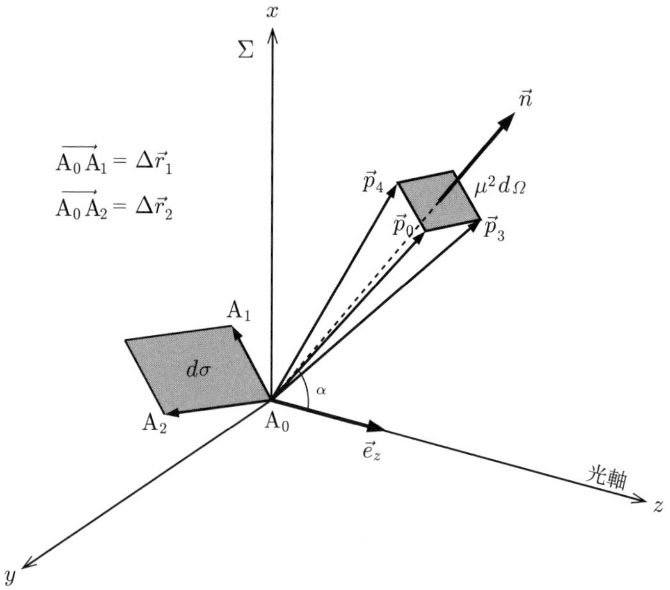


図 2.13-1 輝度とクラウジウスの相反定理

ベクトル $\vec{p}_1=\mu\vec{e}_1$ の光線，$\mathrm{A}_2$ をとおるそこでの光線ベクトルが $\vec{p}_2=\mu\vec{e}_2$ の光線，さらにやはり $\mathrm{A}_0$ をとおるそこでの光線ベクトルが $\vec{p}_3=\mu\vec{e}_3$，$\vec{p}_4=\mu\vec{e}_4$ の 2 本の光線を考える（図 2.13-1）．そして，それらのそれぞれの相空間の座標を $\boldsymbol{\eta}_1,\boldsymbol{\eta}_2,\boldsymbol{\eta}_3,\boldsymbol{\eta}_4$ とする．$\boldsymbol{\eta}_0$ と $\boldsymbol{\eta}_1,\boldsymbol{\eta}_2,\boldsymbol{\eta}_3,\boldsymbol{\eta}_4$ を結ぶ四つの微小 4 次元ベクトル $\delta\boldsymbol{\eta}_i=\boldsymbol{\eta}_i-\boldsymbol{\eta}_0$ $(i=1,2,3,4)$ は，それぞれ

$$\delta\boldsymbol{\eta}_1=(q_{1x},q_{1y},p_{1x}-p_{0x},p_{1y}-p_{0y})=(\Delta q_{1x},\Delta q_{1y},\Delta p_{1x},\Delta p_{1y}),$$

$$\delta\boldsymbol{\eta}_2=(q_{2x},q_{2y},p_{2x}-p_{0x},p_{2y}-p_{0y})=(\Delta q_{2x},\Delta q_{2y},\Delta p_{2x},\Delta p_{2y}),$$

$$\delta\boldsymbol{\eta}_3=(0,0,p_{3x}-p_{0x},p_{3y}-p_{0y})=(0,0,\Delta p_{3x},\Delta p_{3y}),$$

$$\delta\boldsymbol{\eta}_4=(0,0,p_{4x}-p_{0x},p_{4y}-p_{0y})=(0,0,\Delta p_{4x},\Delta p_{4y}).$$

このとき，これらの四つの微小ベクトルの作る 4 次元立体の体積は

$$\Delta\mathcal{V}=\begin{vmatrix}\Delta q_{1x} & \Delta q_{1y} & \Delta p_{1x} & \Delta p_{1y}\\ \Delta q_{2x} & \Delta q_{2y} & \Delta p_{2x} & \Delta p_{2y}\\ 0 & 0 & \Delta p_{3x} & \Delta p_{3y}\\ 0 & 0 & \Delta p_{4x} & \Delta p_{4y}\end{vmatrix}=\begin{vmatrix}\Delta q_{1x} & \Delta q_{1y}\\ \Delta q_{2x} & \Delta q_{2y}\end{vmatrix}\times\begin{vmatrix}\Delta p_{3x} & \Delta p_{3y}\\ \Delta p_{4x} & \Delta p_{4y}\end{vmatrix}.$$

ここに，$\overrightarrow{\mathrm{A}_0\mathrm{A}_1}=\Delta\vec{r}_1=(\Delta q_{1x},\Delta q_{1y},0)$，$\overrightarrow{\mathrm{A}_0\mathrm{A}_2}=\Delta\vec{r}_2=(\Delta q_{2x},\Delta q_{2y},0)$，また光軸方向の単位ベクトルを $\vec{e}_z$ として

$$\begin{aligned}\begin{vmatrix}\Delta q_{1x} & \Delta q_{1y}\\ \Delta q_{2x} & \Delta q_{2y}\end{vmatrix}&=(\Delta\vec{r}_1\times\Delta\vec{r}_2)\cdot\vec{e}_z\\ &=\Delta\vec{r}_1\text{と}\Delta\vec{r}_2\text{ の作る平行四辺形の面積}=d\sigma.\end{aligned}$$

他方，$\vec{p}_3-\vec{p}_0=\mu(\vec{e}_3-\vec{e}_0)=\mu\Delta\vec{e}_3$，$\vec{p}_4-\vec{p}_0=\mu(\vec{e}_4-\vec{e}_0)=\mu\Delta\vec{e}_4$ とし，さらにこの $\Delta\vec{e}_3$ と $\Delta\vec{e}_4$ の作る面の面積を $d\Omega$，その面の法線 $\vec{n}$ が光軸となす角度を $\alpha$ として

$$\begin{aligned}\begin{vmatrix}\Delta p_{3x} & \Delta p_{3y}\\ \Delta p_{4x} & \Delta p_{4y}\end{vmatrix}&=(\Delta\vec{p}_3\times\Delta\vec{p}_4)\cdot\vec{e}_z\\ &=\mu^2\times(\Delta\vec{e}_3\text{と}\Delta\vec{e}_4\text{の作る平行四辺形の面積の}\Sigma\text{への射影})\\ &=\mu^2 d\Omega\cos\alpha.\end{aligned}$$

さらに $\Delta\vec{r}_1 \times \Delta\vec{r}_2$ が光軸方向のベクトルであることを考慮して，

$$\Delta\mathcal{V} = (\Delta\vec{r}_1 \times \Delta\vec{r}_2)\cdot(\Delta\vec{p}_3 \times \Delta\vec{p}_4) = \mu^2 d\sigma d\Omega \cos\alpha. \tag{2.153}$$

点 $A_0$ で光軸に直交する平面 $\Sigma$ に共役な，点 $B_0$ で光軸に直交する平面 $\Sigma'$ を考える．リュービィルの定理によれば，光線の集まりの伝播にそってこの量が不変に保たれるゆえ，平面 $\Sigma'$ での値をプライムをつけて記すと

$$\mu^2 d\sigma d\Omega \cos\alpha = \mu'^2 d\sigma' d\Omega' \cos\alpha' \tag{2.154}$$

が成り立つ．これを**クラウジウスの相反定理**という．

ここで幾何光学に固有の問題からは逸脱するが，クラウジウスの相反定理と密に関連しているテーマとして，光のエネルギー・フローに関する問題に触れておこう．

光学では，光源物体表面の明るさをあらわす量である**放射輝度**を単位時間，単位面積，単位立体角あたり放射されるエネルギーで定義する[20]．そのとき，$\Sigma$ を物空間（光源），$\Sigma'$ を像空間（スクリーン）とし，光源の微小面積 $d\sigma$ から面の法線 $(\vec{e}_z)$ にたいして $\alpha$ の角度の方向（図の $\vec{n}$ 方向）の微小立体角 $d\Omega$ に単位時間に発せられるエネルギーとしての**光束**は，放射輝度を $B$ として

$$dF = B d\sigma d\Omega \cos\alpha \tag{2.155}$$

で与えられる．$\cos\alpha$ がかかっているのは，面の法線にたいして角度 $\alpha$ の方向から見たとき，光源の微小面積 $d\sigma$ が視線に垂直な面積（射影面積）として $d\sigma\cos\alpha$ に見えることによる．

もちろん $B$ は光源に固有の量であり，一般には光源上のこの微小面積の位置やそこからの放射の方向により異なる．とくに $B$ が位置や方向によらず一定になる面光源を「完全拡散面」または「ランバート面」という．これは黒体表面からの熱放射（黒体放射）の場合にほぼ実現されていると考えられる．というのもその場合，光が熱平衡状態にあり，それゆえエネルギー等分配則よりどの方向も均等に光が放射されるからである．太陽表面からの光もその条件を満たしていると考えられる．したがってそのような面光源の場合，光束が $\cos\alpha$

---

[20] 「放射輝度」は文献によっては単に「輝度」とあるが，その二つは厳密には異なる概念．放射輝度の単位は $\mathrm{J/s\cdot m^2\cdot sr}$．sr は立体角の大きさの単位（ステラディアン）．

に比例する．これを「ランバートの余弦法則」という．他方で，同様に，スクリーンに入射する光束は

$$dF' = B' d\sigma' d\Omega' \cos\alpha'. \tag{2.156}$$

ここでクラウジウスの相反定理を用いれば，$(\mu'^2/B')dF' = (\mu^2/B)dF$．光学系の絞りを通過する光線全体を考えれば，エネルギー保存より $\int dF' = \int dF$．したがって

$$B' = \left(\frac{\mu'}{\mu}\right)^2 B. \tag{2.157}$$

多くの場合，光源から出た光を，途中さまざまな屈折率の空間を通過させた後，最終的には元とおなじ屈折率の空間で結像させることになる．その場合には，$\mu' = \mu$ ゆえ $B' = B$ が成り立つ．実際には，光は伝播中に吸収されるということがあるから，透過率 $r$ $(< 1)$ をかけておくべきであろう．いずれにせよ，$\mu' = \mu$ であれば，像の輝度が光源の輝度を上回ることはない．像の大きさ（面の広がり）を小さくすれば，ビームの角度の広がりが増加するからである．この関係を**輝度不変測**という．

なお，この法則は 1 本の光線についてのものではなく，光線の集合についての法則であることに注意．幾何光学は，1 本の光線の考察から光線束の考察に進むことによって，その内容をより豊かにする．その点については，章をあらためて見てゆくことにしよう．

第3章

# ハミルトンとヤコビの理論
## —— 波面と光線束

### 3.1 マリュス=デュパンの定理

これまでの議論は，§2.13 をのぞいて，一本の光線のみに関するものであった．しかしそれは数学的抽象物であり，単独の光線のみからなる光は実際には存在しない．現実の光は，幾何光学の近似として光線概念で記述するにしても，つねに光線の集まりとしてある．その光線の集まりには性質のそろった光線の集まりもあるし，そうでないものもある．本章では基本的には「性質のそろった」光線の集合を考える．さしあたって「性質のそろった」ということの意味を明らかにすることから始めよう．

ひとつの点光源から出た光線の集まりは**共心的**といわれる．不連続面のない媒質中に広がったこのような共心的な光線の集まりにたいしては，その各光線が同一時間に到達することのできる点よりなる面（光源を始点とする光路長 $J = \int \mu(\vec{r})|\dot{\vec{r}}|ds$ にたいして $J =$ const. となる面）を定めることができる．そしてこの面上で $J$ の端点を動かす変分は，当然0でなければならないから，横断条件 (1.56) よりこの光線の集まりのすべての光線はこの面に直交している．数学では，このようにひとつの曲面の各点を1本ずつ垂直に貫く曲線の束は**法線叢**といわれる．したがって共心的なこの光線の集まりは法線叢である．

このような共心的な光線の集まりが，その後，媒質の不連続面で反射や屈折をくり返して後，ふたたび1点に集まることは —— 完全結像系という例外的な場合をのぞき —— 通常はない．しかし，この光線の集まりは，反射や屈折をくり返しても，やはり直交面をもつ，つまり法線叢であり続ける．

曲面 $\mathrm{S}_1$ を垂直に貫く法線叢としての光線の集まりが，途中，媒質の不連続面で屈折ないし反射して，$\mathrm{S}_1$ を出てから時間 $T$ 後に到達する点（$\mathrm{S}_1$ からの光

路長が $J = cT$ となる点）の作る曲面を $\mathrm{S}_2$ としよう．この法線叢に属し，曲面 $\mathrm{S}_1$ 上の点 A をとおった光線 $\vec{r}(s)$ は屈折面 $\Sigma_1$ 上の点 C で屈折し，反射面 $\Sigma_2$ 上の点 D で反射して曲面 $\mathrm{S}_2$ 上の点 B に達し，曲面 $\mathrm{S}_1$ 上で A のすぐ近くの点 $\mathrm{A}^*$ をとおった光線 $\vec{r}(s) + \delta\vec{r}(s)$ は $\Sigma_1$ 上の C の近くの点 $\mathrm{C}^*$ で屈折し $\Sigma_2$ 上の点 $\mathrm{D}^*$ で反射して曲面 $\mathrm{S}_2$ 上の B の近くの点 $\mathrm{B}^*$ に達する（図 3.1-1）．そのさい，二つの光が伝わるのに要する時間が同一であるから

$$\int_{\mathrm{A}^*}^{\mathrm{B}^*} \hat{L}(\vec{r}(s) + \delta\vec{r}(s), \dot{\vec{r}}(s) + \delta\dot{\vec{r}}(s))ds - \int_{\mathrm{A}}^{\mathrm{B}} \hat{L}(\vec{r}(s), \dot{\vec{r}}(s))ds = 0.$$

変分法の基本公式 (1.17) ないし (1.22) を導いたときと同様にすれば，左辺の積分の差は，$\mathrm{A}^*\mathrm{A}$ 間の差と $\mathrm{B}^*\mathrm{B}$ 間の差と，残りは不連続面からの寄与を含む AB 間の積分の差よりなる：

$$\Big[\vec{p}\cdot\Delta\vec{r}\Big]_{\mathrm{B}} - \Big[\vec{p}\cdot\Delta\vec{r}\Big]_{\mathrm{A}} + (\text{不連続面からの寄与を含む積分項}) = 0.$$

（本章では状態空間と相空間の区別をうるさくとらずに，光線ベクトルを単に $\vec{p}$ と記し，添え字 $L$ を省略する.）この場合は現実の光線経路についての積分の差であるから，オイラー方程式およびワイヤシュトラス＝エルドマンの条件より積分項は消える．そこで［　］内を $\vec{e}_t$ で書き直せば，$\mathrm{S}_1\Sigma_1$ 間の屈折率を $\mu$, $\Sigma_1\mathrm{S}_2$ 間の屈折率を $\mu'$ として

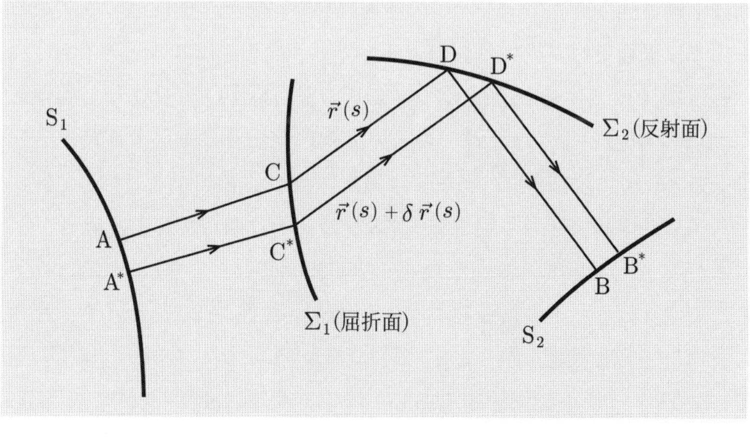


図 3.1-1　マリュス＝デュパンの定理

$$\left[\mu'\vec{e}_t\cdot\Delta\vec{r}\right]_{\mathrm{B}}-\left[\mu\vec{e}_t\cdot\Delta\vec{r}\right]_{\mathrm{A}}=0.$$

ここに $\Delta\vec{r}_{\mathrm{A}}=\overrightarrow{\mathrm{AA}^*}$，$\Delta\vec{r}_{\mathrm{B}}=\overrightarrow{\mathrm{BB}^*}$ は，それぞれ $\mathrm{S}_1$ と $\mathrm{S}_2$ 上での微小ベクトル．ところがこの光線は曲面 $\mathrm{S}_1$ の法線叢に属するものであるから，$\mathrm{S}_1$ 上の点 A では $\vec{e}_t\cdot\Delta\vec{r}=0$ であり，これより $\mathrm{S}_2$ 上の点 B でも

$$\vec{e}_t\cdot\Delta\vec{r}=0$$

でなければならない．すなわち，光線は曲面 $\mathrm{S}_2$ にも直交．おなじ議論をくり返せば，反射面や屈折面が何枚あってもおなじ結論が導かれる．

すなわち，**法線叢としての光線の集まりは，反射や屈折をくり返してもやはり法線叢でありつづける**．これを**マリュス＝デュパンの定理**という．なお，この証明からわかるように，この定理は不均質媒質中であっても，媒質が等方的であれば成立する．

このように直交面をもつ光線の集まりは，反射や屈折をしてのちも直交面をもちつづけるので「光学的に平行」といわれる．のみならず，はじめの直交面を同時刻に出たすべての光は，新しい直交面に同時刻に到達する．きわめて単純なことのように思われるが，この事実によってはじめて，その光線の集まりのすべての光線に直交する面としての曲面を考えることができ，したがって，その曲面をこの光線の集まりの**波面**と解釈することができるのである．この面を**幾何光学的波面**，そして，ひとつの波面を共有する光学的に平行な無数の光線の集まりを**光線束**という．「性質のそろった」光線の集まりの意味である．

たとえば 1 点 A から出た光線の集まりが平面鏡 PQ で反射した場合を考える．点 A を中心とした球面がこの入射光線の集まりにたいする幾何光学的波面である．反射の法則より，反射光は鏡面にたいして点 A と対称の位置にある点 B から出た光線であらわされる（図 3.1-2）．それゆえ反射光の集まりもまた，たしかに B を中心とする球面を幾何光学的波面にもち，やはり光線束である．

とくにマクスウェルの魚眼のような完全結像系では，点光源 A から出た光線束の波面は，当初光源を中心とする同心球状に広がってゆくが，屈折の過程で次第に変形し，やがて像点 B を中心とする同心球に変化してゆく（図 3.1-3）．同様に，デカルトの卵形曲線では光軸上の点光源から出た光線束の波面は，均

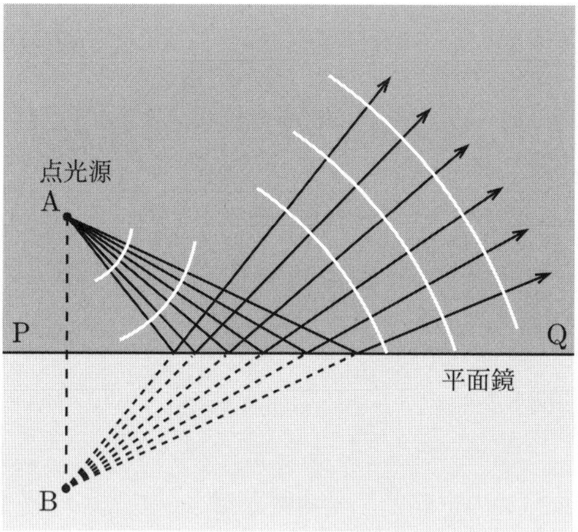


図 3.1-2　反射と幾何光学的波面

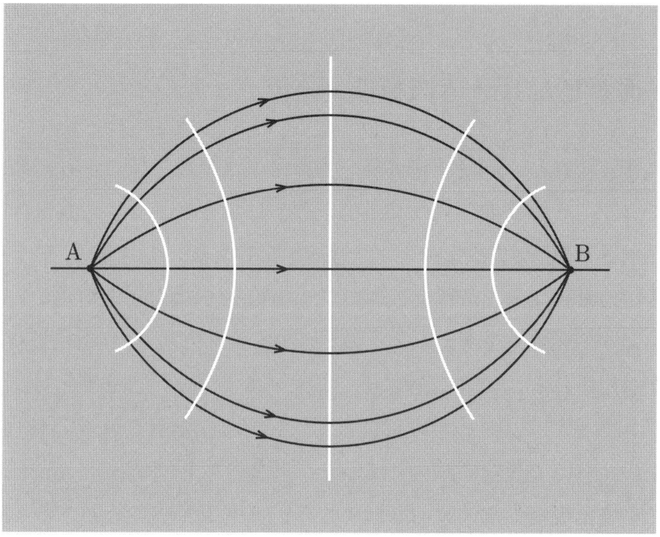


図 3.1-3　完全結像系（マクスウェルの魚眼）の法線叢と波面

質媒質中を進む間は光源を中心とする同心球面となるが，境界面で屈折して後は，光源と共役な光軸上の1点を中心とする同心球面に変化する（図3.1-4）.

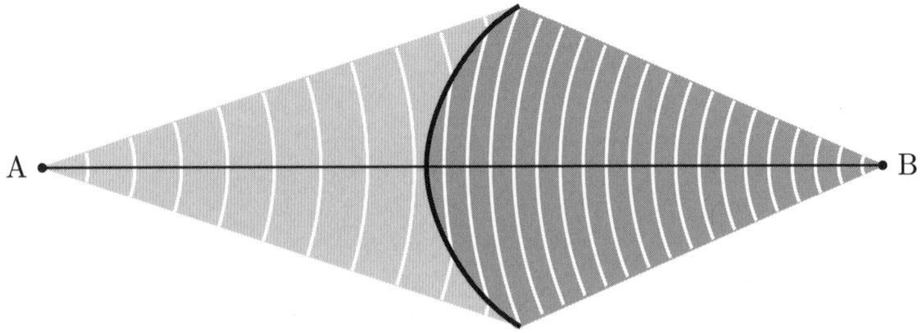


**図3.1-4** デカルトの卵形曲線による結像と波面

マリュス＝デュパンの定理は，光線概念でもって光の伝播を論じる幾何光学にたいして波面概念の導入を保証するものであり，こうして一本の光線に着目したフェルマの原理と光線方程式（オイラー方程式）のレベルを一段上げて，ある波面を共通にもつ光線の集まりを幾何光学の対象とすることが可能になる.

## 3.2 波面とアイコナール方程式

マリュス＝デュパンの定理により，光線束（法線叢）にたいして波面の導入が保証された．その波面（幾何光学的波面）はつぎのように定義される.

ある平面 $S_0$ に直交する光線束（法線叢）を考える．$S_0$ 上の点 $\vec{r}_0$ を指定すれば，1本の光線 $\vec{r}(s,\vec{r}_0)$ が特定される.（$S_0$ が1点の場合，この点からすべての方向に出てゆく光線束を考える．そのとき出てゆく方向 $\vec{e}_0$ を指定すれば，一本の光線が特定される.）この光線にそって点 $\vec{r}$ まで測った光路長を $V(\vec{r},\vec{r}_0)$ とする．マリュス＝デュパンの定理によれば，$V(\vec{r},\vec{r}_0)=\sigma$ で決まる曲面 $S_\sigma$ はこの光線束のすべての光線に直交している．すなわち $V(\vec{r},\vec{r}_0)=\mathrm{const.}$ の面が光線束にたいする幾何光学的波面を形成し，$V(\vec{r},\vec{r}_0)$ が幾何光学的位相を与える．なお，以下では，$V(\vec{r},\vec{r}_0)$ を，それが $\vec{r}$ の関数であることのみに着目するときには，簡単に $V(\vec{r})$ とも記す.

このことによって，§1.4で1本の光線のみに注目して導いた光線のふるまい，つまり光線が $\vec{\nabla}\mu$ の力をうけて屈折率 $\mu$ の増加する向きに曲がるという事実を，別様に解釈できる．というのも，光路長で定義された位相 $V(\vec{r})$ におなじだけの変化 $\Delta V_0$ を与える空間距離は，$\mu$ が大きいほど小さく，それゆえ図 3.2-1 で，矢印の向きに $\mu$ が増大しているとして，$V(\vec{r}) = V_0$ の同位相面 AA$'$ から位相差 $\Delta V_0$ ずつ離れた同位相面 BB$'$，CC$'$，… は図の配置になり，それらの面に直交する光線 PP$'$，QQ$'$，RR$'$ は，たしかに $\mu$ の増加する向きに曲がってゆくことがわかる．

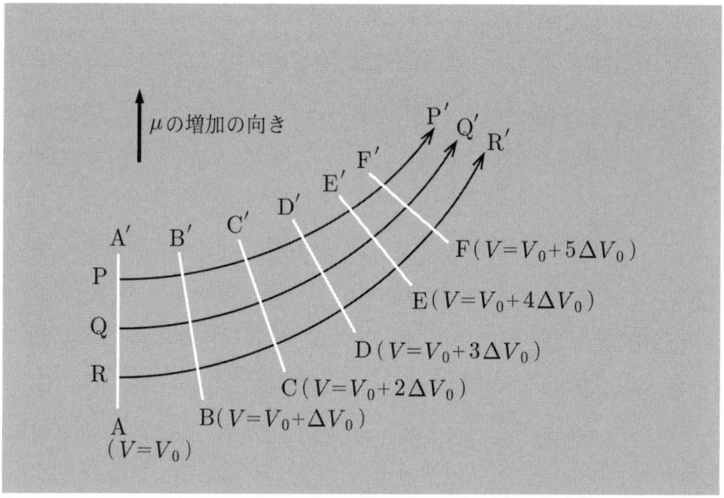


図 3.2-1 同位相面と光線束を用いた屈折の説明

ここで，この位相の満たす方程式，およびこの光線束に属する光線の方程式を導こう．

3 次元空間内の曲線は $\vec{r} = \vec{r}(s)$ の形にあらわされる．$s$ はパラメータであるが，$s$ をこの曲線の経路長自身にとれば，すでに述べたように $d\vec{r}/ds = \vec{e}_t$ は曲線の接線方向の単位ベクトルである．

さてベクトル $\vec{\nabla}V(\vec{r}) = (\partial_x V, \partial_y V, \partial_z V)$ は $V(\vec{r}) = \text{const.}$ の面に直交しているから，曲線 $\vec{r} = \vec{r}(s)$ がつねにこの波面に直交するならば，その接線方向のベクトル $\vec{e}_t = d\vec{r}/ds$ は $\vec{\nabla}V$ に平行でなければならない，すなわち $\vec{\nabla}V \propto \vec{e}_t$.

ところで，$V(\vec{r})$ は始点から測った光線の光路長であるから，光線束の光線にそって $\delta\vec{r} = \vec{e}_t \delta s$ 移動したときの $V(\vec{r})$ の変化は，その光路長の変化に等しい．すなわち $\vec{\nabla} V \cdot \delta\vec{r} = |\vec{\nabla} V|\delta s = \mu(\vec{r})\delta s$．したがって $|\vec{\nabla} V| = \mu(\vec{r})$，それゆえ

$$\frac{\partial V(\vec{r})}{\partial \vec{r}} = \mu\vec{e}_t = \vec{p}, \tag{3.1}$$

そしてこのことより，幾何光学的位相 $V$ の満たすべき方程式

$$\left(\frac{\partial V(\vec{r})}{\partial x}\right)^2 + \left(\frac{\partial V(\vec{r})}{\partial y}\right)^2 + \left(\frac{\partial V(\vec{r})}{\partial z}\right)^2 = \mu^2(\vec{r}) \tag{3.2}$$

が得られる．これを**アイコナール方程式**という．

なお (3.1) では，光線ベクトルは 1 本の光線にそったベクトルとしてではなく，空間を埋め尽くす光線束のすべての光線にそったベクトルとして，すなわちベクトル場（光線ベクトル場）として与えられていることに注意．それゆえ，アイコナール方程式のひとつの解 $V(\vec{r})$ が，(3.1) によって光線ベクトル場を決定することになる，

また，(3.1) すなわち

$$\mu(\vec{r})\frac{d\vec{r}}{ds} = \frac{\partial V(\vec{r})}{\partial \vec{r}} \qquad \text{より} \qquad \frac{d}{ds}\left(\mu\frac{d\vec{r}}{ds}\right) = \frac{d}{ds}\frac{\partial V(\vec{r})}{\partial \vec{r}},$$

この右辺を

$$\frac{d}{ds} = \frac{d\vec{r}}{ds}\cdot\frac{\partial}{\partial \vec{r}} = \frac{1}{\mu}\frac{\partial V}{\partial \vec{r}}\cdot\frac{\partial}{\partial \vec{r}}$$

に注意して変形すれば [1)]

$$\frac{d}{ds}\left(\mu\frac{d\vec{r}}{ds}\right) = \frac{1}{\mu}\frac{\partial V}{\partial \vec{r}}\cdot\frac{\partial}{\partial \vec{r}}\left(\frac{\partial V}{\partial \vec{r}}\right) = \frac{1}{2\mu}\frac{\partial}{\partial \vec{r}}\left(\frac{\partial V}{\partial \vec{r}}\right)^2.$$

---

1) 成分であらわして

$$\begin{aligned}\frac{d}{ds}\frac{\partial V(\vec{r})}{\partial x} &= \frac{\partial^2 V}{\partial x\partial x}\frac{dx}{ds} + \frac{\partial^2 V}{\partial y\partial x}\frac{dy}{ds} + \frac{\partial^2 V}{\partial z\partial x}\frac{dz}{ds} \\ &= \frac{1}{\mu}\left(\frac{\partial^2 V}{\partial x\partial x}\frac{\partial V}{\partial x} + \frac{\partial^2 V}{\partial x\partial y}\frac{\partial V}{\partial y} + \frac{\partial^2 V}{\partial x\partial z}\frac{\partial V}{\partial z}\right) \\ &= \frac{1}{2\mu}\frac{\partial}{\partial x}\left\{\left(\frac{\partial V}{\partial x}\right)^2 + \left(\frac{\partial V}{\partial y}\right)^2 + \left(\frac{\partial V}{\partial x}\right)^2\right\}.\end{aligned}$$

ここにアイコナール方程式 $(\vec{\nabla}V)^2 = \mu^2$ を代入して

$$\frac{d}{ds}\left(\mu\frac{d\vec{r}}{ds}\right) = \frac{1}{2\mu}\frac{\partial\mu^2}{\partial\vec{r}} = \frac{\partial\mu}{\partial\vec{r}}. \tag{3.3}$$

これは，フェルマの原理から導かれた光線方程式 (1.26) に他ならない．すなわち幾何光学的波面に直交する光線束に属する光線はフェルマの原理を満たす．

このことはまたつぎのように，直接的に示すことができる．

いま $V(\vec{r}) = \sigma(\text{const.})$ の曲面を波面としてもつ光線の経路 C : $\vec{r}(s)$ とその一部をわずかに変形した経路 C* : $\vec{r}^*(s)$ を考える（図 3.2-2）．図で $d\vec{r}/ds = \dot{\vec{r}}$ と $d\vec{r}^*/ds = \dot{\vec{r}}^*$ はそれぞれ C と C* の接線方向を向いた単位ベクトルである．C は波面 $V(\vec{r}) = \sigma_1$ 上の点 A と波面 $V(\vec{r}) = \sigma_2$ 上の点 B をとおり，途中のすべての波面に直交している．C* はおなじ点 A と B をとおるが，途中ではこの波面に直交していない部分がある．C* がこの波面に直交していない点では，C* の接線ベクトル $\dot{\vec{r}}^*$ と波面に直交するベクトル $\vec{\nabla}V$ は有限の角度をなしている．したがって，$|\vec{\nabla}V| = \mu$ であることに注意すると，この点の近傍では

$$\mu(\vec{r}^*)\left|\frac{d\vec{r}^*}{ds}\right|ds = \left|\frac{\partial V(\vec{r}^*)}{\partial\vec{r}^*}\right|\left|\frac{d\vec{r}^*}{ds}\right|ds > \frac{\partial V(\vec{r}^*)}{\partial\vec{r}^*}\cdot\frac{d\vec{r}^*}{ds}ds$$

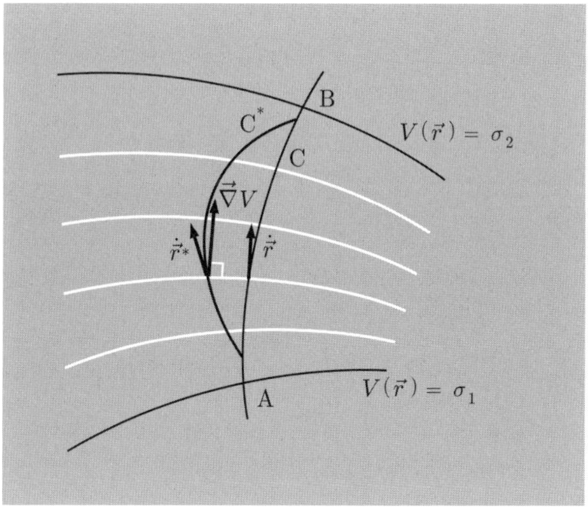


図 3.2-2　光線束とフェルマの原理

$$= \frac{dV}{ds}ds = dV.$$

それゆえ，この式を曲線 C* にそって積分すれば

$$\int_{\mathrm{A}}^{\mathrm{B}} \mu \left| \frac{d\vec{r}^{\,*}}{ds} \right| ds > \int_{\mathrm{A}}^{\mathrm{B}} dV = V(\mathrm{B}) - V(\mathrm{A}) = \sigma_2 - \sigma_1. \tag{3.4}$$

左辺は C* にそった光路長，右辺は C にそった光路長ゆえ，たしかに，曲線 C は停留曲線でフェルマの原理を満たしている．

したがって幾何光学の問題は，光線束の波面を与える関数 $V(\vec{r}\,)$ から攻めてゆくことが可能である．そう考えたのがハミルトンである．

ところで，$V(\vec{r}, \vec{r}_0)$ は $\vec{r}_0$ と $\vec{r}$ の間の現実の経路長ゆえ，この関数 $V(\vec{r}, \vec{r}_0)$ は，それを両端の座標の関数と見なせば，§2.7 で導入した点特性関数にほかならない．つまり**ハミルトンの点特性関数（そしてブルンスのアイコナール）は，光線束にたいして位相（幾何光学的位相）を与えるものであり，それが一定の値をとる曲面はその光線束の波面（幾何光学的波面）を形成する**．実際，アイコナールが満たすべき方程式 (2.82) はアイコナール方程式 (3.2) にほかならない（これが「アイコナール方程式」の名称の由来である）．

アイコナール方程式について詳しくは次節の話題として，ここでは光線束を特徴づけるラグランジュの積分不変量の説明をしておこう．

いま，$V(\vec{r}\,)$ を位相，したがって $V(\vec{r}\,) = \mathrm{const.}$ を波面にもつ光線束を考える．この光線束はこの波面に直交する法線叢をなし，領域 D はこの法線叢の光線で覆われているとする．つまりこの光線束に属する光線が D の各点に 1 本そして 1 本だけとおり，したがって各点で光線ベクトル $\vec{p} = \vec{\nabla} V(\vec{r}\,)$ が決まる．D 内の任意の曲面 $\mathrm{S} : \vec{r} = \vec{r}\,(\zeta, \eta)$ を考える．S 上の点は $\vec{r} = (x(\zeta,\eta), y(\zeta,\eta), z(\zeta,\eta))$ であらわされ，その点での位相は $V(\vec{r}\,(\zeta,\eta)) \equiv F(\zeta,\eta)$ で与えられる．そこで，この S 上で $\vec{p}\cdot d\vec{r}$ を考える：

$$\begin{aligned}
\vec{p}\cdot d\vec{r} &= \frac{\partial V(\vec{r}\,)}{\partial \vec{r}}\bigg|_{\vec{r}=\vec{r}(\zeta,\eta)} \cdot \left( \frac{\partial \vec{r}}{\partial \zeta} d\zeta + \frac{\partial \vec{r}}{\partial \eta} d\eta \right) \\
&= \left( \frac{\partial V(\vec{r}\,)}{\partial \vec{r}}\bigg|_{\vec{r}=\vec{r}(\zeta,\eta)} \cdot \frac{\partial \vec{r}}{\partial \zeta} \right) d\zeta + \left( \frac{\partial V(\vec{r}\,)}{\partial \vec{r}}\bigg|_{\vec{r}=\vec{r}(\zeta,\eta)} \cdot \frac{\partial \vec{r}}{\partial \eta} \right) d\eta \\
&= \frac{\partial F}{\partial \zeta} d\zeta + \frac{\partial F}{\partial \eta} d\eta = dF.
\end{aligned}$$

したがって，S 上の任意の閉曲線 C，すなわちD内の任意の閉曲線にそった積分にたいして(図 3.2-3)

$$\oint_{\mathrm{C}} \vec{p}\cdot d\vec{r} = \oint_{\mathrm{C}} dF = 0. \tag{3.5}$$

これを**ラグランジュの積分不変量**という．$\vec{p}\cdot d\vec{r}$ は $\vec{p}=\mu\vec{e}_t$ ベクトルの曲線にそった成分ゆえ，この条件は光線が捩れていないことを意味している．とくに曲面 $\Sigma$ が $z=\mathrm{const.}$ の面であれば，

$$\oint_{\mathrm{C}} \boldsymbol{p}\cdot d\boldsymbol{q} = 0. \tag{3.6}$$

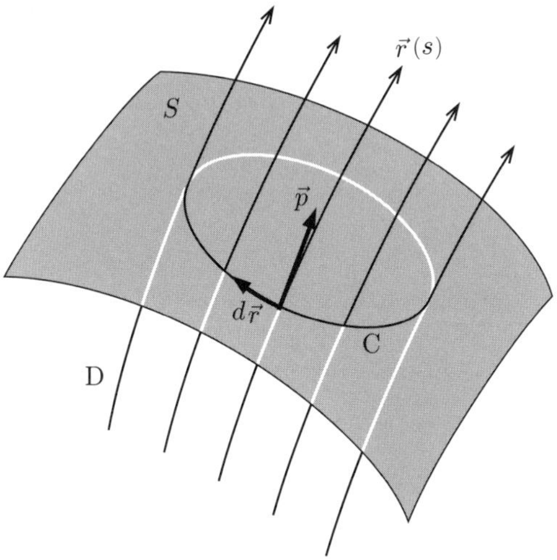


図 3.2-3 ラグランジュの積分不変量

なお，数学に堪能な読者は $\vec{p}=\vec{\nabla}V(\vec{r})$ であれば，$\vec{\nabla}\times\vec{p}=\vec{\nabla}\times\vec{\nabla}V=0$ であり，これよりストークスの定理を使えばただちに (3.5) が証明できるのであり [2)]，なぜこのような回りくどいことをするのかと訝るかもしれない．しか

2) 閉曲線 C に囲まれた面 S の面積要素を $dS$，その法線ベクトルを $\vec{n}$ として，ストークスの定理は

$$\oint_{\mathrm{C}} \vec{p}\cdot d\vec{r} = \int_{\mathrm{S}} (\vec{\nabla}\times\vec{p})\cdot\vec{n}dS.$$

しそのやりかたは，媒質が連続で $\vec{\nabla}\times\vec{p}$ がすべての点で定義できる場合にしか使えないが，じつは積分形で表現されたラグランジュの積分不変量の条件 (3.5) は，媒質が不連続な変化をする面が存在するときにも成り立つのである．

証明はつぎのようにすればよい．

屈折率が不連続に変化する面 $\Sigma$ があり，積分路の閉曲線 C がその不連続面を横切っているとする．図 3.2-4 のように閉曲線 C の不連続面の一方の側（$\mu=\mu_1$）を $\mathrm{C}_1$，もう一方の側（$\mu=\mu_2$）を $\mathrm{C}_2$，C が不連続面を横切る 2 点をその不連続面にそって繋いだ曲線を $\Delta\mathrm{C}$ とすれば，$\mathrm{C}_1+\Delta\mathrm{C}=\mathrm{C}_1^*$，$\mathrm{C}_2-\Delta\mathrm{C}=\mathrm{C}_2^*$ はそれぞれ，不連続面を横切らない閉曲線である．また不連続面の両側での $\vec{p}_L$ の値を，それぞれ $\vec{p}(1)=\mu_1\vec{e}_t(1)$，$\vec{p}(2)=\mu_2\vec{e}_t(2)$ と記せば

$$
\begin{aligned}
\oint_{\mathrm{C}}\vec{p}\cdot d\vec{r}&=\int_{\mathrm{C}_1}\vec{p}\cdot d\vec{r}+\int_{\mathrm{C}_2}\vec{p}\cdot d\vec{r}\\
&=\oint_{\mathrm{C}_1^*}\vec{p}\cdot d\vec{r}+\oint_{\mathrm{C}_2^*}\vec{p}\cdot d\vec{r}+\int_{\Delta\mathrm{C}}(\vec{p}(2)-\vec{p}(1))\cdot d\vec{r}\\
&=\oint_{\mathrm{C}_1^*}\vec{p}\cdot d\vec{r}+\oint_{\mathrm{C}_2^*}\vec{p}\cdot d\vec{r}+\int_{\Delta\mathrm{C}}(\mu_2\vec{e}_t(2)-\mu_1\vec{e}_t(1))\cdot d\vec{r}.
\end{aligned}
$$

閉曲線 $\mathrm{C}_1^*$，$\mathrm{C}_2^*$ にそった積分は，不連続面のない領域での積分ゆえ 0，他方，

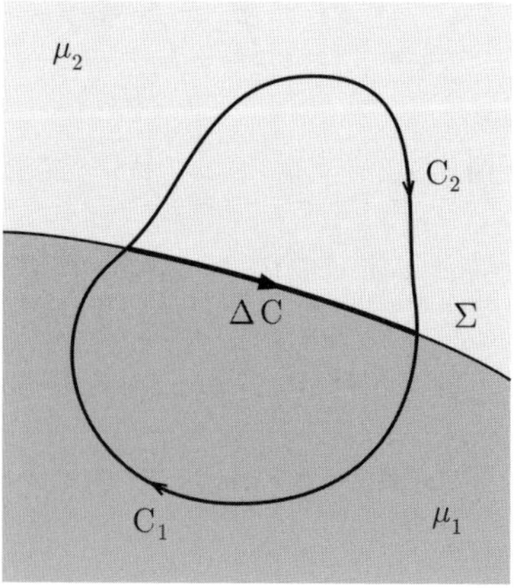


図 3.2-4 屈折率の不連続面 $\Sigma$ を横切る閉曲面

境界面の曲線 $\Delta$C にそった積分では，屈折の法則より $\mu_2\vec{e}_t(2) - \mu_1\vec{e}_t(1)$ が面に直交し，面にそった $d\vec{r}$ との内積は式 (1.5) より 0 となり，やはり 0．すなわちこの場合も (3.5) が成り立つ．逆に言えば，媒質に不連続面がある場合にも (3.5) が成り立つことを要請すれば，不連続面での屈折の法則が導かれる．

例 3.2-1（均質空間での点特性関数）

均質空間（$\mu = n$ (const.)）では，光線は直進する．したがって

$$\vec{r}(s) = \vec{r}_0 + \vec{e}\,(s - s_0), \qquad \dot{\vec{r}} = \vec{e}\ (\text{定ベクトル})$$

としてよい．他方，この場合のハミルトンの点特性関数は (2.87) すなわち

$$V(\vec{r}, \vec{r}_0) = n|\vec{r} - \vec{r}_0| \tag{3.7}$$

で，たしかに

$$\frac{\partial}{\partial \vec{r}} V(\vec{r}, \vec{r}_0) = n\,\frac{\vec{r} - \vec{r}_0}{|\vec{r} - \vec{r}_0|} = n\vec{e}, \qquad \frac{\partial}{\partial \vec{r}_0} V(\vec{r}, \vec{r}_0) = -n\,\frac{\vec{r} - \vec{r}_0}{|\vec{r} - \vec{r}_0|} = -n\vec{e}.$$

いま $\vec{r}_0$ を固定するならば，この関数により記述される光線束は $\vec{r}_0$ の位置にある点光源から等方的に広がる光線の集合であって，$V = \text{const.}$ の曲面（点 $\vec{r}_0$ を中心とする球面）はその共心的光線束にたいする波面をあらわしている．

## 3.3 測地場とハミルトン＝ヤコビ方程式

ハミルトンの点特性関数（ブルンスのアイコナール）は二つの偏微分方程式 (2.82) (2.83) を満たさなければならず，この連立方程式を解くことは，トリビアルな場合をのぞいて，一般にはほとんど不可能である．

しかしこのアイコナールを求めるうまい手段であるばかりか，正準方程式の解を直接求める方法が，その後，ヤコビにより提唱された．それがハミルトン＝ヤコビ方程式を用いた解法である．

ここでは，のちにカラテオドリーが開発した方法でハミルトン＝ヤコビ方程式を導いてみよう．

屈折率の不連続な変化はないとしよう．ラグランジアン $L(z, \boldsymbol{q}, \boldsymbol{q}')$ にたいして，ある関数 $S(z, \boldsymbol{q}(z))$ の全微分だけ異なるラグランジアン $L^* = L - dS/dz$

を作り，$L^*$ にたいする変分問題を考える．

$$J^* = \int_A^B L^* dz = \int_A^B \left( L - \frac{dS}{dz} \right) dz = J - \{S(B) - S(A)\} \tag{3.8}$$

であり，固定端変分の問題では $\Delta S(B) = \Delta S(A) = 0$ ゆえ $L^*$ と $L$ は等価になり，$L^*$ にたいする停留曲線が得られたならば，それは自動的に $L$ にたいする停留曲線になる．

そこで

$$\frac{d\boldsymbol{q}}{dz} = \boldsymbol{u}(z, \boldsymbol{q}) \quad \text{にたいして} \quad L^* = L - \frac{dS}{dz} = 0, \tag{3.9}$$

$$\frac{d\boldsymbol{q}}{dz} = \boldsymbol{u}(z, \boldsymbol{q}) \quad \text{の近くでは} \quad L^* = L - \frac{dS}{dz} > 0 \tag{3.10}$$

となる配位空間上のベクトル場 $\boldsymbol{u} = (u^1, u^2)$ が求まったとしよう．そのとき，方程式

$$\frac{d\boldsymbol{q}}{dz} = \boldsymbol{u}(z, \boldsymbol{q}) \tag{3.11}$$

を解いて得られる曲線群に属する曲線 $\boldsymbol{q}(z)$ にたいして $J^* = 0$ であり，しかもその近くの曲線にたいしては $J^* > 0$ ゆえ，この $\boldsymbol{q}(z)$ が停留曲線 —— つまり実際の光線経路 —— を与える．配位空間上のこのベクトル場 $\boldsymbol{u}$ を**測地場**ないし**極値曲線の場**という [3]．

そこでこのような測地場 $\boldsymbol{u}$ が満たすべき条件を考えよう．

$$L^* = L - \frac{dS}{dz} = L - \frac{\partial S}{\partial z} - \frac{\partial S}{\partial \boldsymbol{q}} \cdot \boldsymbol{q}' \tag{3.12}$$

ゆえ，$L^*$ が $\boldsymbol{q}' = \boldsymbol{u}$ で極値をとるためには

$$\left. \frac{\partial L^*}{\partial \boldsymbol{q}'} \right|_{\boldsymbol{q}'=\boldsymbol{u}} = \left. \frac{\partial L}{\partial \boldsymbol{q}'} \right|_{\boldsymbol{q}'=\boldsymbol{u}} - \frac{\partial S}{\partial \boldsymbol{q}} = 0. \tag{3.13}$$

これを逆に解けば（(2.40) で定義した関数 $\boldsymbol{\phi}$ を用いて）

---

3) 空間にベクトル場 $\boldsymbol{u}$ が与えられているとき，その空間の各点 Q でそのベクトル場のその点での値つまりベクトル $\boldsymbol{u}$(Q) に接する曲線をそのベクトル場の**積分曲線**という．それは微分方程式 $d\boldsymbol{q}/d\lambda = \boldsymbol{u}(\boldsymbol{q})$ の解である．いまの場合，$\boldsymbol{u}$ の積分曲線が極値曲線となる．

$$\boldsymbol{u}=\boldsymbol{\phi}(z,\boldsymbol{q},S_{\boldsymbol{q}}) \qquad \left(\text{ただし}\quad S_{\boldsymbol{q}}\equiv\frac{\partial S}{\partial \boldsymbol{q}}=\left(\frac{\partial S}{\partial x},\frac{\partial S}{\partial y}\right)\right) \tag{3.14}$$

が得られる[4]．これより

$$\begin{aligned}&\Big[L^*(z,\boldsymbol{q},\boldsymbol{q}')\Big]_{\boldsymbol{q}'=\boldsymbol{\phi}(z,\boldsymbol{q},\partial S/\partial\boldsymbol{q})}\\&=\left[L(z,\boldsymbol{q},\boldsymbol{q}')-\frac{\partial S}{\partial z}-\frac{\partial S}{\partial\boldsymbol{q}}\cdot\boldsymbol{q}'\right]_{\boldsymbol{q}'=\boldsymbol{\phi}(z,\boldsymbol{q},\partial S/\partial\boldsymbol{q})}\\&=-\left[-L(z,\boldsymbol{q},\boldsymbol{q}')+\frac{\partial L}{\partial\boldsymbol{q}'}\cdot\boldsymbol{q}'\right]_{\boldsymbol{q}'=\boldsymbol{\phi}(z.\boldsymbol{q},\partial S/\partial\boldsymbol{q})}-\frac{\partial S}{\partial z}=0,\end{aligned}$$

すなわち，(2.41) で定義したハミルトニアンを用いて[5]

$$H\left(z,\boldsymbol{q},\frac{\partial S}{\partial\boldsymbol{q}}\right)+\frac{\partial S}{\partial z}=0. \tag{3.15}$$

この偏微分方程式を**ハミルトン＝ヤコビ方程式**という．

光学ラグランジアン $L(z,\boldsymbol{q},\boldsymbol{q}')=\mu\sqrt{\boldsymbol{q}'^2+1}$ とそれにたいする光学ハミルトニアン $H(z,\boldsymbol{q},\boldsymbol{p})=-\sqrt{\mu^2-\boldsymbol{p}^2}$ の場合にこれを書けば

$$\frac{\partial S}{\partial z}=\sqrt{\mu^2-\left(\frac{\partial S}{\partial\boldsymbol{q}}\right)^2}\quad\text{ないし}\quad\left(\frac{\partial S}{\partial x}\right)^2+\left(\frac{\partial S}{\partial y}\right)^2+\left(\frac{\partial S}{\partial z}\right)^2=\mu^2. \tag{3.16}$$

これは，光線束の波面が満たすべきアイコナール方程式 (3.2) とおなじものであり，そしてまた，ブルンスのアイコナールが満たすべき方程式 (2.82) (2,85) とおなじ形をしている．しかしここでの $S$ は $z$ と $\boldsymbol{q}$ の関数で，ひとつの微分方程式を満たすものであるのにたいして，ブルンスのアイコナールは $z,\boldsymbol{q},z_0,\boldsymbol{q}_0$ の関数で二つの偏微分方程式を満たすものであることに注意．

なお，関数 $S$ がハミルトン＝ヤコビ方程式を満たすことは，この測地場の積

---

[4] (2.37) $\boldsymbol{p}_L=\dfrac{\partial L}{\partial\boldsymbol{q}'}(z,\boldsymbol{q},\boldsymbol{q}')\quad\longleftrightarrow\quad$ (2.40) $\boldsymbol{q}'=\boldsymbol{\phi}(z,\boldsymbol{q},\boldsymbol{p}_L)$,

(3.13) $S_{\boldsymbol{q}}=\dfrac{\partial L}{\partial\boldsymbol{u}}(z,\boldsymbol{q},\boldsymbol{u})\quad\longleftrightarrow\quad$ (3.14) $\boldsymbol{u}=\boldsymbol{\phi}(z,\boldsymbol{q},S_{\boldsymbol{q}})$.

[5] (2,41) $H(z,\boldsymbol{q},\boldsymbol{p})=\left[-L(z,\boldsymbol{q},\boldsymbol{q}')+\dfrac{\partial L}{\partial\boldsymbol{q}'}\cdot\boldsymbol{q}'\right]_{\boldsymbol{q}'=\boldsymbol{\phi}(z.\boldsymbol{q},\boldsymbol{p})}$.

分曲線（方程式 (3.11) の解として得られる曲線）が光路長の極小を与えるための必要条件にすぎない．これが実際に極小の曲線を与えていることをつぎのようにしてたしかめておこう：

$$\begin{aligned}\frac{dS}{dz} &= \frac{\partial S}{\partial z} + \boldsymbol{q}' \cdot \frac{\partial S}{\partial \boldsymbol{q}} = -H\left(z, \boldsymbol{q}, \frac{\partial S}{\partial \boldsymbol{q}}\right) + \boldsymbol{q}' \cdot \frac{\partial S}{\partial \boldsymbol{q}} \\ &= \left[L(z, \boldsymbol{q}, \boldsymbol{q}') - \boldsymbol{q}' \cdot \frac{\partial L}{\partial \boldsymbol{q}'}\right]_{\boldsymbol{q}'=\boldsymbol{u}} + \boldsymbol{q}' \cdot \left[\frac{\partial L}{\partial \boldsymbol{q}'}\right]_{\boldsymbol{q}'=\boldsymbol{u}} \\ &= L(z, \boldsymbol{q}, \boldsymbol{u}) + (\boldsymbol{q}' - \boldsymbol{u}) \cdot \frac{\partial L(z, \boldsymbol{q}, \boldsymbol{u})}{\partial \boldsymbol{u}},\end{aligned} \tag{3.17}$$

（各項ごとに $\boldsymbol{q}'$ のところに何が代入されているのかに注意すること）．

したがって，平均値の定理を使えば

$$\begin{aligned}L^* &= L - \frac{dS}{dz} \\ &= L(z, \boldsymbol{q}, \boldsymbol{q}') - L(z, \boldsymbol{q}, \boldsymbol{u}) - (\boldsymbol{q}' - \boldsymbol{u}) \cdot \frac{\partial L(z, \boldsymbol{q}, \boldsymbol{u})}{\partial \boldsymbol{u}} \\ &= \frac{1}{2} \sum_{i,j=1,2} \left[\frac{\partial^2 L(z, \boldsymbol{q}, \boldsymbol{v})}{\partial v^i \partial v^j}\right]_{\boldsymbol{v}=\lambda \boldsymbol{q}' + (1-\lambda)\boldsymbol{u}} (q'^i - u^i)(q'^j - u^j) \\ &=: E(z, \boldsymbol{q}, \boldsymbol{q}', \boldsymbol{u}),\end{aligned} \tag{3.18}$$

ただし $0 < \lambda < 1$ である，得られた停留曲線が実際に極小値を与えるためには，$E > 0$ でなければならない．この関数 $E(z, \boldsymbol{q}, \boldsymbol{q}', \boldsymbol{u})$ を**ワイヤシュトラスの $E$ 関数**，そしてこの条件を**ワイヤシュトラスの十分条件**という．

光学ラグランジアンでは $\det|\partial^2 L/\partial q'^i \partial q'^j| = \mu^2/(\boldsymbol{q}'^2 + 1)^2 > 0$ ゆえ (§2.1)，この条件はたしかに満たされている．

あるいはこの場合，(2.46) (3.17) より $dS/dz = \mu(z, \boldsymbol{q})(\boldsymbol{q}' \cdot \boldsymbol{u} + 1)/\sqrt{\boldsymbol{u}^2 + 1}$ ゆえ，直接の計算により

$$L^* = L - \frac{dS}{dz} = \mu \frac{\sqrt{\boldsymbol{q}'^2 + 1}\sqrt{\boldsymbol{u}^2 + 1} - (\boldsymbol{q}' \cdot \boldsymbol{u} + 1)}{\sqrt{\boldsymbol{u}^2 + 1}}.$$

ここで不等式

$$(\boldsymbol{q}' \cdot \boldsymbol{u} + 1)^2 = (\boldsymbol{q}' \cdot \boldsymbol{u})^2 + 2\boldsymbol{q}' \cdot \boldsymbol{u} + 1$$

$$\leqq \boldsymbol{q}'^2 \times \boldsymbol{u}^2 + 2\sqrt{\boldsymbol{q}'^2 \times \boldsymbol{u}^2} + 1$$
$$\leqq \boldsymbol{q}'^2 \times \boldsymbol{u}^2 + \boldsymbol{q}'^2 + \boldsymbol{u}^2 + 1$$
$$= (\boldsymbol{q}'^2 + 1)(\boldsymbol{u}^2 + 1) \qquad (\text{等号は } \boldsymbol{q}' = \boldsymbol{u} \text{ のとき})$$

を使えば，たしかに $\boldsymbol{u} \neq \boldsymbol{q}'$ で $L^* = E(z, \boldsymbol{q}, \boldsymbol{q}', \boldsymbol{u}) > 0$ が示される．

## 3.4　ヤコビの定理

偏微分方程式としてのハミルトン＝ヤコビ方程式には $S$ の導関数しか含まれていないので，$S$ がその解であれば，付加定数 $C$ を加えた $S + C$ もその解である．そこで，付加定数をのぞいて二つの積分定数 $\alpha_1, \alpha_2$ を含み，さらに条件

$$\det \left| \frac{\partial^2 S}{\partial q^i \partial \alpha_j} \right| \neq 0 \tag{3.19}$$

を満たす解をハミルトン＝ヤコビ方程式の**完全解**または**完全積分**という．以下では $(\alpha_1, \alpha_2)$ をまとめて $\boldsymbol{\alpha}$ と記す．

いまハミルトン＝ヤコビ方程式のひとつの完全解 $S = S(z, \boldsymbol{q}, \boldsymbol{\alpha})$ が得られたとする．これよりベクトル場 $\boldsymbol{u} = \boldsymbol{\phi}(z, \boldsymbol{q}, S_{\boldsymbol{q}})$ が決まり，方程式

$$\frac{d\boldsymbol{q}}{dz} = \boldsymbol{u} = \boldsymbol{\phi}\left(z, \boldsymbol{q}, \frac{\partial S}{\partial \boldsymbol{q}}\right) \tag{3.20}$$

がたてられ，その積分曲線すなわち極値曲線 $\Lambda_S$ を求めることができる．

得られたその曲線にそってたしかにオイラー方程式が満たされていることは，つぎのように示される．

(3.13) の両辺を $z$ で微分して [6)]

---

6) 今後も出てくるつぎの形の数式表現

$$\boldsymbol{u} \cdot \frac{\partial}{\partial \boldsymbol{q}}\left(\frac{\partial S}{\partial \boldsymbol{q}}\right) \qquad \text{や} \qquad \frac{\partial H}{\partial \boldsymbol{p}} \cdot \frac{\partial}{\partial \boldsymbol{q}}\left(\frac{\partial S}{\partial \boldsymbol{q}}\right)$$

は，微分演算子

$$\boldsymbol{u} \cdot \frac{\partial}{\partial \boldsymbol{q}} = u^1 \frac{\partial}{\partial q^1} + u^2 \frac{\partial}{\partial q^2} \qquad \text{や} \qquad \frac{\partial H}{\partial \boldsymbol{p}} \cdot \frac{\partial}{\partial \boldsymbol{q}} = \frac{\partial H}{\partial p_1}\frac{\partial}{\partial q^1} + \frac{\partial H}{\partial p_2}\frac{\partial}{\partial q^2}$$

をベクトル $\partial S / \partial \boldsymbol{q}$ に作用させたことをあらわす．

$$\frac{d}{dz}\left(\frac{\partial L(\boldsymbol{q}, z, \boldsymbol{u})}{\partial \boldsymbol{u}}\right) - \frac{\partial^2 S}{\partial z \partial \boldsymbol{q}} - \boldsymbol{u} \cdot \frac{\partial}{\partial \boldsymbol{q}}\left(\frac{\partial S}{\partial \boldsymbol{q}}\right) = 0.$$

他方で，曲線 $\Lambda_S$ にそってハミルトン＝ヤコビ方程式 (3.15) を微分したものは

$$\left[\frac{\partial H}{\partial \boldsymbol{q}} + \frac{\partial H}{\partial \boldsymbol{p}} \cdot \frac{\partial}{\partial \boldsymbol{q}}\left(\frac{\partial S}{\partial \boldsymbol{q}}\right)\right]^* + \frac{\partial}{\partial \boldsymbol{q}}\left(\frac{\partial S}{\partial z}\right) = 0.$$

ただし [　]* 内では，微分演算後，$\boldsymbol{p}$ に $\partial S/\partial \boldsymbol{q}$ を代入する．この 2 式より

$$\frac{d}{dz}\left(\frac{\partial L(\boldsymbol{q}, z, \boldsymbol{u})}{\partial \boldsymbol{u}}\right) + \left[\frac{\partial H}{\partial \boldsymbol{q}}\right]^* = \left(\boldsymbol{u} - \left[\frac{\partial H}{\partial \boldsymbol{p}}\right]^*\right) \cdot \frac{\partial}{\partial \boldsymbol{q}}\left(\frac{\partial S}{\partial \boldsymbol{q}}\right).$$

ところが (2.43) (2.44) より

$$\left[\frac{\partial H}{\partial \boldsymbol{q}}\right]^* = -\left.\frac{\partial L(z, \boldsymbol{q}, \boldsymbol{q}')}{\partial \boldsymbol{q}}\right|_{\boldsymbol{q}'=\boldsymbol{u}} = -\frac{\partial L(z, \boldsymbol{q}, \boldsymbol{u})}{\partial \boldsymbol{q}}, \tag{3.21}$$

$$\left[\frac{\partial H}{\partial \boldsymbol{p}}\right]^* = \boldsymbol{\phi}\left(z, \boldsymbol{q}, \frac{\partial S}{\partial \boldsymbol{q}}\right) = \boldsymbol{u}. \tag{3.22}$$

したがって，

$$\frac{d}{dz}\left(\frac{\partial L(z, \boldsymbol{q}, \boldsymbol{u})}{\partial \boldsymbol{u}}\right) - \frac{\partial L(z, \boldsymbol{q}, \boldsymbol{u})}{\partial \boldsymbol{q}} = 0. \tag{3.23}$$

たしかに測地場の積分曲線にそってオイラー方程式が満たされている．

しかし実際には，微分方程式 (3.20) を解く必要はなく，$S$ の完全解がひとつ求まれば，単なる微分演算だけで光線経路を決定することができる．

そのことを見るために，補題として，はじめにハミルトン＝ヤコビ方程式の完全解 $S(z, \boldsymbol{q}, \boldsymbol{\alpha})$ を二つの積分定数 $\boldsymbol{\alpha} = (\alpha_1, \alpha_2)$ の関数と見なしたとき，その偏導関数 $\partial S/\partial \boldsymbol{\alpha} = (\partial S/\partial \alpha_1, \partial S/\partial \alpha_2)$ が正準方程式の第 1 積分になっているという重要な事実を示しておこう．

曲線 $\boldsymbol{q}(z)$ にそった $\partial S/\partial \boldsymbol{\alpha}$ の変化率は

$$\frac{d}{dz}\left(\frac{\partial S}{\partial \boldsymbol{\alpha}}\right) = \frac{\partial}{\partial z}\left(\frac{\partial S}{\partial \boldsymbol{\alpha}}\right) + \frac{d\boldsymbol{q}}{dz} \cdot \frac{\partial}{\partial \boldsymbol{q}}\left(\frac{\partial S}{\partial \boldsymbol{\alpha}}\right).$$

他方で，ハミルトン＝ヤコビ方程式 (3.15) の $S$ にこの完全解を代入したものを $\boldsymbol{\alpha}$ で微分することにより

$$\frac{\partial}{\partial \boldsymbol{\alpha}}\left(\frac{\partial S}{\partial z}\right) + \frac{\partial}{\partial \boldsymbol{\alpha}} H\left(z, \boldsymbol{q}, \frac{\partial S}{\partial \boldsymbol{q}}\right) = \frac{\partial}{\partial z}\left(\frac{\partial S}{\partial \boldsymbol{\alpha}}\right) + \left[\frac{\partial H}{\partial \boldsymbol{p}}\right]^* \cdot \frac{\partial}{\partial \boldsymbol{q}}\left(\frac{\partial S}{\partial \boldsymbol{\alpha}}\right) = 0.$$

この二式より

$$\frac{d}{dz}\left(\frac{\partial S}{\partial \boldsymbol{\alpha}}\right) = \left(\frac{d\boldsymbol{q}}{dz} - \left[\frac{\partial H}{\partial \boldsymbol{p}}\right]^*\right) \cdot \frac{\partial}{\partial \boldsymbol{q}}\left(\frac{\partial S}{\partial \boldsymbol{\alpha}}\right). \tag{3.24}$$

したがって $\boldsymbol{q}(z)$ が方程式 (3.20) の解，つまり測地場の積分曲線であれば，(3.22) より，その曲線にそって

$$\frac{d}{dz}\left(\frac{\partial S}{\partial \boldsymbol{\alpha}}\right) = 0 \qquad \therefore \quad \frac{\partial S}{\partial \boldsymbol{\alpha}} = \text{const.} \tag{3.25}$$

それゆえ，完全解 $S(z, \boldsymbol{q}, \boldsymbol{\alpha})$ にたいして 2 個の定数 $(\beta^1, \beta^2) = \boldsymbol{\beta}$ をとり，

$$\frac{\partial S(z, \boldsymbol{q}, \boldsymbol{\alpha})}{\partial \boldsymbol{\alpha}} = \boldsymbol{\beta} \qquad \text{i.e.} \quad \frac{\partial S(z, \boldsymbol{q}, \boldsymbol{\alpha})}{\partial \alpha_i} = \beta^i \quad (i = 1, 2) \tag{3.26}$$

とおくことができる．さらに (3.19) の条件があるので，これを $\boldsymbol{q}$ について解き，$\boldsymbol{q} = \boldsymbol{\chi}(z, \boldsymbol{\alpha}, \boldsymbol{\beta}) = (\chi^1(z, \boldsymbol{\alpha}, \boldsymbol{\beta}), \chi^2(z, \boldsymbol{\alpha}, \boldsymbol{\beta}))$ の形にあらわすことができる．

ハミルトン方程式は 4 個の 1 階連立常微分方程式であり，その一般解は 4 個の積分定数を必要とするが，ハミルトン＝ヤコビ方程式の完全解には 2 個しか積分定数が含まれていない．残りの 2 個を保証しているのが，この補題である．

幾何学的に表現すると，ハミルトン＝ヤコビ方程式の積分定数 $\boldsymbol{\alpha} = (\alpha_1, \alpha_2)$ をある値に定めたら，$S(z, \boldsymbol{q}, \boldsymbol{\alpha}) = \text{const.}$ によって曲面の族が決まり，それを垂直に貫く曲線群 (法線叢) が決まる．そして 2 個の定数 $\boldsymbol{\beta} = (\beta^1, \beta^2)$ をある値に定めることによって，その法線叢のなかの一本の曲線 $\boldsymbol{q} = \boldsymbol{\chi}(z, \boldsymbol{\alpha}, \boldsymbol{\beta})$，つまり一本の光線が指定される（選びだされる）のである．

そうして得られた $\boldsymbol{q} = \boldsymbol{\chi}(z, \boldsymbol{\alpha}, \boldsymbol{\beta})$，および

$$\boldsymbol{p}(z, \boldsymbol{\alpha}, \boldsymbol{\beta}) = \left.\frac{\partial S(z, \boldsymbol{q}, \boldsymbol{\alpha})}{\partial \boldsymbol{q}}\right|_{\boldsymbol{q} = \boldsymbol{\chi}(z, \boldsymbol{\alpha}, \boldsymbol{\beta})} \tag{3.27}$$

がハミルトン方程式の一般解である，というのが**ヤコビの定理**である．

そのことはつぎのように示される．(3.25) が成り立つので (3.24) より

$$\left(\frac{d\boldsymbol{q}}{dz} - \frac{\partial H}{\partial \boldsymbol{p}}\right) \cdot \frac{\partial}{\partial \boldsymbol{q}}\left(\frac{\partial S}{\partial \boldsymbol{\alpha}}\right) = 0$$

であり（(3.27) で $\boldsymbol{p}$ を決めたから，$[\partial H/\partial \boldsymbol{p}]^*$ は $\partial H/\partial \boldsymbol{p}$ としてよい），完全解にたいする条件 (3.19) より

$$\frac{d\boldsymbol{q}}{dz} - \frac{\partial H}{\partial \boldsymbol{p}} = 0. \tag{3.28}$$

他方，この $\boldsymbol{p}$ が

$$\frac{d\boldsymbol{p}}{dz} + \frac{\partial H}{\partial \boldsymbol{q}} = 0 \tag{3.29}$$

を満たすことは，測地場の積分曲線がオイラー方程式を満たすことを示した過程（p.133-4）をハミルトニアン $H$ で書き直せば，簡単に証明できる．こうして得られた $\boldsymbol{q}$ と $\boldsymbol{p}$ は四つの積分定数 $\alpha_1, \alpha_2, \beta^1, \beta^2$ を含むゆえ，一般解である．

なお，(3.19) を考慮して (3.26) (3.27) を (2.68) および (2.66) と見くらべると，関数 $S(z, \boldsymbol{q}, \boldsymbol{\alpha})$ は正準変数 $(\boldsymbol{p},\ \boldsymbol{q})$ から $(\boldsymbol{\alpha},\ \boldsymbol{\beta})$ への正準変換の母関数に，逆に $-S(z, \boldsymbol{q}, \boldsymbol{\alpha})$ は $(\boldsymbol{\alpha},\ \boldsymbol{\beta})$ から $(\boldsymbol{p},\ \boldsymbol{q})$ への母関数に（それぞれ§2.6 で導入した $W_3(z, \boldsymbol{q}, \boldsymbol{P})$ および $W_2(z, \boldsymbol{p}, \boldsymbol{Q})$ の形の母関数）なっていることがわかる．

この場合，変換されたハミルトニアンは $K = H + \partial S/\partial z = 0$ となるので，変換された正準変数が定数 $\boldsymbol{\alpha}$，$\boldsymbol{\beta}$ となるのである．その意味で $\boldsymbol{\alpha}$，$\boldsymbol{\beta}$ は**正準定数**ともいわれる．その観点から上記の議論を見直すと，ハミルトン＝ヤコビ方程式は，ハミルトニアンを恒等的に 0 とし，したがってハミルトン方程式を

$$\frac{d\boldsymbol{P}}{dz} = 0, \quad \frac{d\boldsymbol{Q}}{dz} = 0, \qquad \therefore \quad \boldsymbol{P} = \boldsymbol{\alpha}, \quad \boldsymbol{Q} = \boldsymbol{\beta} \tag{3.30}$$

というきわめて簡単な形に変換するための母関数を求めるものであるといえる[7]．

### 例 3.4-1（ハミルトン＝ヤコビ方程式と屈折の法則）

屈折率が 1 方向にのみ変化する場合，その変化の方向を $z$ 軸にとる．すなわち $\mu = \mu(z)$．

ハミルトン＝ヤコビ方程式は

$$\sqrt{\mu(z)^2 - \left(\frac{\partial S}{\partial x}\right)^2 - \left(\frac{\partial S}{\partial y}\right)^2} = \frac{\partial S}{\partial z}.$$

---

7) 多くの力学書，たとえば Goldstein『古典力学』(邦訳 吉岡書店)，江沢洋『解析力学』(培風館)，山内恭彦『一般力学』(岩波書店)，大貫義郎『解析力学』(岩波書店)，『物理学辞典』(培風館) の該当項目等は，この条件からハミルトン＝ヤコビ方程式を導いている．

これは変数分離形の偏微分方程式で，$S = S_1(x) + S_2(y) + S_3(z)$ とおくことができ，$\alpha_x$，$\alpha_y$ を定数として

$$\frac{dS_1}{dx} = \alpha_x, \qquad \frac{dS_2}{dy} = \alpha_y, \qquad \frac{dS_3}{dz} = \sqrt{\mu(z)^2 - \alpha_x^2 - \alpha_y^2}.$$

これより，ひとつの完全解は

$$S = \alpha_x x + \alpha_y y + \int \sqrt{\mu(z)^2 - \alpha_x^2 - \alpha_y^2}\, dz.$$

直接示しうるように $\det|\partial^2 S/\partial\alpha_i \partial q^j| \neq 0$ で，これはたしかに完全解の条件を満たしている[8]．

実際には，この積分を実行する必要はない．(3.25) (3.26) の補題より $\beta_x$，$\beta_y$ を定数として

$$\frac{\partial S}{\partial \alpha_x} = x - \int \frac{\alpha_x dz}{\sqrt{\mu^2 - \alpha_x^2 - \alpha_y^2}} = \beta_x,$$
$$\frac{\partial S}{\partial \alpha_y} = y - \int \frac{\alpha_y dz}{\sqrt{\mu^2 - \alpha_x^2 - \alpha_y^2}} = \beta_y$$

とおくことができる．これより，

$$\frac{x - \beta_x}{\alpha_x} = \frac{y - \beta_y}{\alpha_y} = \int \frac{dz}{\sqrt{\mu^2 - \alpha_x^2 - \alpha_y^2}}.$$

はじめの等式 $y = (\alpha_y/\alpha_x)x + \text{const.}$ は，光線が $z$ 軸に平行な平面上にあることをあらわしているから，その平面（子午面）を $x, z$ 平面にとり $y = 0$ としよう．これは $\alpha_y = 0$ となる座標系をとったことであり，これより

$$\frac{dx}{dz} = \frac{\alpha_x}{\sqrt{\mu^2 - \alpha_x^2}}.$$

光線の接線方向と $z$ 軸のなす角度を $\theta$ とすれば $dx/dz = \tan\theta$ であるから，この式は $\mu \sin\theta = \alpha_x$ (const.) をあらわし，屈折の法則 (1.35) にほかならない．

---

[8] $dS_1/dx = \alpha_1, dS_2/dy = \alpha_2$ は，$x, y$ がもとのハミルトニアンで循環座標であるため，それらに共役な光線成分が第 1 積分で $p_x = \alpha_1, p_y = \alpha_2$ としうることに対応している．

### 例 3.4-2（グラスファイバーの別解）

例 2.3-1，2.6-3 で見たグラスファイバーでは，光学的ハミルトニアンは

$$H = -\sqrt{\mu^2 - \boldsymbol{p}^2} = -\sqrt{n^2 - \kappa^2 \boldsymbol{q}^2 - \boldsymbol{p}^2},$$

ここに $n$ は定数．対応するハミルトン＝ヤコビ方程式は

$$\sqrt{n^2 - \kappa^2(x^2 + y^2) - \left(\frac{\partial S}{\partial x}\right)^2 - \left(\frac{\partial S}{\partial y}\right)^2} = \frac{\partial S}{\partial z}.$$

これも変数分離形で，$S = S_1(x) + S_2(y) + S_3(z)$ とおくことができ，

$$\left(\frac{dS_1}{dx}\right)^2 + \kappa^2 x^2 = \alpha_x^2,\ \left(\frac{dS_2}{dy}\right)^2 + \kappa^2 y^2 = \alpha_y^2,\ \frac{dS_3}{dz} = \sqrt{n^2 - \alpha_x^2 - \alpha_y^2}.$$

したがって完全解は

$$S = \pm \int \sqrt{\alpha_x^2 - \kappa^2 x^2}dx \pm \int \sqrt{\alpha_y^2 - \kappa^2 y^2}dy + z\sqrt{n^2 - \alpha_x^2 - \alpha_y^2}.$$

補題 (3.25) (3.26) より

$$\frac{\partial S}{\partial \alpha_x} = \pm \int \frac{\alpha_x dx}{\sqrt{\alpha_x^2 - \kappa^2 x^2}} - \frac{\alpha_x z}{\sqrt{n^2 - \alpha_x^2 - \alpha_y^2}} = \beta_x,$$

$$\frac{\partial S}{\partial \alpha_y} = \pm \int \frac{\alpha_y dy}{\sqrt{\alpha_y^2 - \kappa^2 y^2}} - \frac{\alpha_y z}{\sqrt{n^2 - \alpha_x^2 - \alpha_y^y}} = \beta_y.$$

最初の積分は $x = (\alpha_x/\kappa)\sin\phi$ と変数変換すれば，$\alpha_x^2 + \alpha_y^2 = \boldsymbol{\alpha}^2$ と記して

$$\int \frac{\kappa\, dx}{\sqrt{\alpha_x^2 - \kappa^2 x^2}} = \int d\phi = \phi \qquad \therefore \quad \pm\phi = \frac{\kappa z}{\sqrt{n^2 - \boldsymbol{\alpha}^2}} + \kappa\,\frac{\beta_x}{\alpha_x}$$

と実行され（第二の積分も同様），$\sqrt{n^2 - \boldsymbol{\alpha}^2} = E$ として

$$x = \pm\frac{\alpha_x}{\kappa}\sin\!\left(\frac{\kappa}{E}\,z + \kappa\,\frac{\beta_x}{\alpha_x}\right),\quad y = \pm\frac{\alpha_y}{\kappa}\sin\!\left(\frac{\kappa}{E}\,z + \kappa\,\frac{\beta_y}{\alpha_y}\right).$$

### 例 3.4-3（逃げ水とハミルトン＝ヤコビ方程式）

例 1.4-1 で扱った問題である．屈折率が $\mu = n_0 + Ky$ で与えられている．ここでも，光線は $y$ 軸に平行な平面内にあるから，その面を $x = 0$ ととり，はじ

めから 2 次元の扱いをする．ハミルトン＝ヤコビ方程式のひとつの完全解は

$$S = \alpha z + \int \sqrt{(n_0 + Ky)^2 - \alpha^2}dy.$$

補題 (3.25) (3.26) より

$$\frac{\partial S}{\partial \alpha} = z - \int \frac{\alpha\, dy}{\sqrt{(n_0 + Ky)^2 - \alpha^2}} = \beta.$$

この積分は $n_0 + Ky = \alpha \cosh \eta$ と変数変換すれば実行でき，$\eta = K(z - \beta)/\alpha$ と得られ，

$$y = \frac{\alpha}{K} \cosh\left\{\frac{K(z - \beta)}{\alpha}\right\} - \frac{n_0}{K}.$$

$z = 0$ で $y = H$，$dy/dz = 0$ の初期条件を与えれば，積分定数は $\alpha = n_0 + KH = \mu(H)$，$\beta = 0$ と定まり，以前に求めた (1.37) と同一の結果が得られる．

### 例 3.4–4（ルーネベルク・レンズ再考）

例 1.4-3 で見たルーネベルク・レンズをあらためてとりあげる．

光線が光軸を含む 1 平面上にあることはすでにわかっているので，はじめから $x, z$ 平面で議論し，2 次元極座標 $x = r \sin\theta$，$z = r\cos\theta$ を用い，曲線のパラメータに $\theta$ を選ぶ．このとき，光路長は

$$J = \int \mu(r)\sqrt{(dr)^2 + (rd\theta)^2} = \int \mu(r)\sqrt{(dr/d\theta)^2 + r^2}\, d\theta.$$

したがって，$dr/d\theta = r'$ とおいて，ラグランジアンは $L(r, r') = \mu(r)\sqrt{r'^2 + r^2}$．そして光線ベクトルは

$$p_r = \frac{\partial L}{\partial r'} = \frac{\mu(r) r'}{\sqrt{r'^2 + r^2}} \qquad \therefore \quad r' = \frac{r p_r}{\sqrt{\mu(r)^2 - p_r^2}} = \phi(r, p_r).$$

これよりハミルトニアンは

$$H = -L + r'\frac{\partial L}{\partial r'}\bigg|_{r' = \phi(r, p_r)} = -r\sqrt{\mu(r)^2 - p_r^2}.$$

ここに $\mu(r)^2 = 2 - r^2/R^2$ ゆえ，この場合のハミルトン＝ヤコビ方程式は

$$\frac{\partial S}{\partial \theta} - r\sqrt{2 - \frac{r^2}{R^2} - \left(\frac{\partial S}{\partial r}\right)^2} = 0.$$

これは変数分離形ゆえ $S = S_\theta + S_r$ とおき，

$$\frac{dS_\theta}{d\theta} = \alpha, \qquad r\sqrt{2 - \frac{r^2}{R^2} - \left(\frac{dS_r}{dr}\right)^2} = \alpha$$

とすることで，解くことができる．こうして $\alpha$ を任意定数として，ひとつの完全解

$$S = \alpha\theta \pm \int \sqrt{2 - \frac{r^2}{R^2} - \frac{\alpha^2}{r^2}}\,dr$$

が得られる．補題 (3.25) (3.26) より

$$\frac{\partial S}{\partial \alpha} = \theta \mp \int \frac{\alpha/r^2}{\sqrt{2 - r^2/R^2 - \alpha^2/r^2}}dr = \beta.$$

積分は

$$\frac{\alpha^2}{r^2} = 1 + \sqrt{1 - \frac{\alpha^2}{R^2}}\cos\phi$$

と積分変数を変換すれば，$\phi = \pm 2(\theta - \beta)$ と得られ，極座標による光線経路の式は

$$\frac{\alpha^2}{r^2} = 1 + \sqrt{1 - \frac{\alpha^2}{R^2}}\cos\{2(\theta - \beta)\}.$$

初期条件は例 1.4-3 の場合と同様に，レンズへの入射点（図 1.4-4 の P 点）を $r = R$, $\theta = \angle\mathrm{POQ} = \theta_0$ （ただし $\pi/2 < \theta_0 < \pi$）とする（この点での値には添え字 0 をつける）．上式より

$$\frac{\alpha^2}{R^2} = 1 + \sqrt{1 - \frac{\alpha^2}{R^2}}\cos\{2(\theta_0 - \beta)\}.$$

入射点で $x_0 = R\sin\theta_0 = a, z_0 = R\cos\theta_0 = -\sqrt{R^2 - a^2}$，そして $\mu(R) = 1$ ゆえ，レンズ表面では屈折せず，したがって $z$ 軸に平行にレンズに入射した光は入射直後も $z$ 軸に平行で $dx|_0 = (dr\sin\theta + r\cos\theta d\theta)|_0 = 0$，すなわち

$$\left.\frac{dr}{d\theta}\right|_0 = -R\frac{\cos\theta_0}{\sin\theta_0} = R\frac{\sqrt{R^2 - a^2}}{a}.$$

他方で，得られた上記の光線経路の式から

$$\left.\frac{dr}{d\theta}\right|_0 = \frac{R^3}{\alpha^2}\sqrt{1-\frac{\alpha^2}{R^2}}\sin\{2(\theta_0-\beta)\}.$$

以上，まとめると

$$\cos\theta_0 = -\frac{\sqrt{R^2-a^2}}{R}, \qquad \sin\theta_0 = \frac{a}{R},$$
$$\cos 2(\theta_0-\beta) = -\frac{\sqrt{R^2-\alpha^2}}{R}, \qquad \sin 2(\theta_0-\beta) = \frac{\alpha^2}{Ra}\frac{\sqrt{R^2-a^2}}{\sqrt{R^2-\alpha^2}}.$$

これより，積分定数は $\alpha = a$，$2\beta = \theta_0$ と決まり，極座標で表した光線経路は

$$\frac{a^2}{r^2} = 1 + \sqrt{1-\frac{a^2}{R^2}}\cos(2\theta-\theta_0).$$

これが例 1.4-3 で求めたもの (1.39) とおなじものであることは，直接確かめることができる．

## 3.5 ハミルトン＝ヤコビ方程式とアイコナール

ところで，もとのオイラー方程式およびハミルトン方程式は常微分方程式であり，それを解くために偏微分方程式であるハミルトン＝ヤコビ方程式を用いるというのは，問題をより複雑にしているように思われる．しかしヤコビの定理の眼目は，与えられたハミルトン＝ヤコビ方程式の完全解は無数にあるけれども，そのひとつを見出すことができればよいという点にある．そして，前節のいくつかの例で見たように，ある種の問題にたいしては，完全解をひとつ見出すのは比較的簡単である．そのうえヤコビの定理によれば，実際にハミルトン方程式の一般解を求めるために必要な関数は $S$ そのものではなく，その導関数 (3.26) (3.27) だけである．この二つの事情がハミルトン＝ヤコビ方程式による解法を扱いやすく有用なものにしている．

そしてまたハミルトン＝ヤコビ方程式の完全解は，以下に見るようにハミルトンの点特性関数（ブルンスのアイコナール）と密接な関係を有している．

ハミルトン＝ヤコビ方程式のひとつの完全解 $S(x,y,z,\boldsymbol{\alpha})$ が得られたとしよう．これから

$$G(x, y, z, x_0, y_0, z_0, \boldsymbol{\alpha}) := S(x, y, z, \boldsymbol{\alpha}) - S(x_0, y_0, z_0, \boldsymbol{\alpha}) \tag{3.31}$$

を作り，$\boldsymbol{\alpha}$ で微分して

$$\frac{\partial G}{\partial \boldsymbol{\alpha}} = \frac{\partial S(x, y, z, \boldsymbol{\alpha})}{\partial \boldsymbol{\alpha}} - \frac{\partial S(x_0, y_0, z_0, \boldsymbol{\alpha})}{\partial \boldsymbol{\alpha}} = 0 \tag{3.32}$$

とおく．そしてこの式より $\boldsymbol{\alpha}$ を解いて，$\boldsymbol{\alpha} = \boldsymbol{h}(x, y, z, x_0, y_0, z_0)$ を求め，それを上記の $G$ に代入したもの

$$V(x, y, z, x_0, y_0, z_0) := S(x, y, z, \boldsymbol{h}) - S(x_0, y_0, z_0, \boldsymbol{h}) \tag{3.33}$$

を作ると，これは $\vec{r} = (x, y, z)$ と $\vec{r}_0 = (x_0, y_0, z_0)$ だけの関数で，それ以外には積分定数を含まない．そしてこれは，$x, y, z, x_0, y_0, z_0$ のそれぞれで微分することによって直接確かめられるように，ハミルトンの点特性関数である．

つぎのように考えてもよい．

補題 (3.25) (3.26) より，$\partial S(z_0, \boldsymbol{q}_0, \boldsymbol{\alpha})/\partial \boldsymbol{\alpha} = \boldsymbol{\beta}_0$，$\partial S(z, \boldsymbol{q}, \boldsymbol{\alpha})/\partial \boldsymbol{\alpha} = \boldsymbol{\beta}$ とすれば，$-S(z_0, \boldsymbol{q}_0, \boldsymbol{\alpha})$ は $(\boldsymbol{\alpha},\ \boldsymbol{\beta}_0) \mapsto (\boldsymbol{p}_0, \boldsymbol{q}_0)$ への正準変換の母関数，$S(z, \boldsymbol{q}, \boldsymbol{\alpha})$ は $(\boldsymbol{p},\ \boldsymbol{q}) \mapsto (\boldsymbol{\alpha},\ \boldsymbol{\beta})$ への正準変換の母関数である．(3.32) は $\boldsymbol{\beta}_0 = \boldsymbol{\beta}$ の条件をおくもので，結局，こうして得られた $V(x, y, z, x_0, y_0, z_0)$ は，$(\boldsymbol{p},\ \boldsymbol{q}) \mapsto (\boldsymbol{p}_0,\ \boldsymbol{q}_0)$ の正準変換の母関数を与える．

幾何学的には，$S(\vec{r}, \alpha_1, \alpha_2) = \text{const.}$ は $\boldsymbol{\alpha} = (\alpha_1, \alpha_2)$ の二つのパラメータをもつ曲面の族を定め，したがってそれに直交する法線叢としての光線束の全体を指定するものである．そしてさらに $\partial S/\partial \boldsymbol{\alpha} = \boldsymbol{\beta}$ とおくことによって，その中の一本が選びだされる．(3.31)〜(3.33) の処方は，その光線束において $\vec{r}_0$ を出た光線がとくに $\vec{r}$ をとおるように $\boldsymbol{\alpha}$ を決めるものである．

こうして，1 個の偏微分方程式であるハミルトン＝ヤコビ方程式は，2 個の偏微分方程式を同時に満たさなければならないハミルトンの点特性関数を求める有力な手段を提供したのである．

この事実を均質空間という簡単なケースで具体的に示しておこう．

屈折率が $\mu = n\,(\text{const.})$ の均質空間では，ハミルトン＝ヤコビ方程式は

$$\sqrt{n^2 - \left(\frac{\partial S}{\partial x}\right)^2 - \left(\frac{\partial S}{\partial y}\right)^2} = \frac{\partial S}{\partial z}.$$

これは変数分離形ゆえ，$S = S_1(x) + S_2(y) + S_3(z)$ とおくことができ，

$$\frac{dS_1}{dx} = \alpha_1, \qquad \frac{dS_2}{dy} = \alpha_2, \qquad \frac{dS_3}{dz} = \sqrt{n^2 - \alpha_1^2 - \alpha_2^2}.$$

したがって，ひとつの完全解は

$$\begin{aligned} S(\vec{r}, \alpha_1.\alpha_2) &= \alpha_1 x + \alpha_2 y + \sqrt{n^2 - \alpha_1^2 - \alpha_2^2}\,z \\ &= \boldsymbol{\alpha} \cdot \boldsymbol{q} + \sqrt{n^2 - \boldsymbol{\alpha}^2}\,z. \end{aligned} \tag{3.34}$$

これより

$$\frac{\partial S(\vec{r}, \alpha_1, \alpha_2)}{\partial \vec{r}} = n\vec{e}_t = \begin{pmatrix} \alpha_1 \\ \alpha_2 \\ \sqrt{n^2 - \alpha_1^2 - \alpha_2^2} \end{pmatrix}. \tag{3.35}$$

すなわち，$S(\vec{r}, \alpha_1, \alpha_2) = n\vec{e}_t \cdot \vec{r} = \mathrm{const.}$ の曲面群は $\alpha_1, \alpha_2$ の値で決まる定ベクトル $\vec{e}_t$ の方向を法線とするたがいに平行な平面群である．

さらに，補題 (3.25) (3.26) より

$$\frac{\partial S(\vec{r}, \boldsymbol{\alpha})}{\partial \boldsymbol{\alpha}} = \boldsymbol{q} - \frac{\boldsymbol{\alpha} z}{\sqrt{n^2 - \boldsymbol{\alpha}^2}} = \boldsymbol{\beta}.$$

すなわち，光線の方程式

$$\boldsymbol{q}(z) = \frac{\boldsymbol{\alpha} z}{\sqrt{n^2 - \alpha_1^2 - \alpha_2^2}} + \boldsymbol{\beta} \tag{3.36}$$

が得られる．これは，(2.88) や (2.113) 式からわかるように，$z = 0$ の面上で $\boldsymbol{q} = \boldsymbol{\beta}$ の点をとおり，$\vec{e}_t$ の方向を向いた直線をあらわしている（図 3.5-1）．完全解 $S(\vec{r}, \boldsymbol{\alpha})$ で決まる光線束は (3.35) で与えられる方向のそろった無数の光線を含むが，$\partial S / \partial \boldsymbol{\alpha} = \boldsymbol{\beta}$ とすることによりその中の一本の光線が選びだされたのである．ただしこの段階では，定数 $\boldsymbol{\alpha}$ の値はまだ決まっていない．

そしてこれより

$$\begin{aligned} G(x, y, z, x_0, y_0, z_0, \boldsymbol{\alpha}) &:= S(x, y, z, \boldsymbol{\alpha}) - S(x_0, y_0, z_0, \boldsymbol{\alpha}) \\ &= \boldsymbol{\alpha} \cdot (\boldsymbol{q} - \boldsymbol{q}_0) + \sqrt{n^2 - \boldsymbol{\alpha}^2}(z - z_0) \end{aligned}$$

を作って

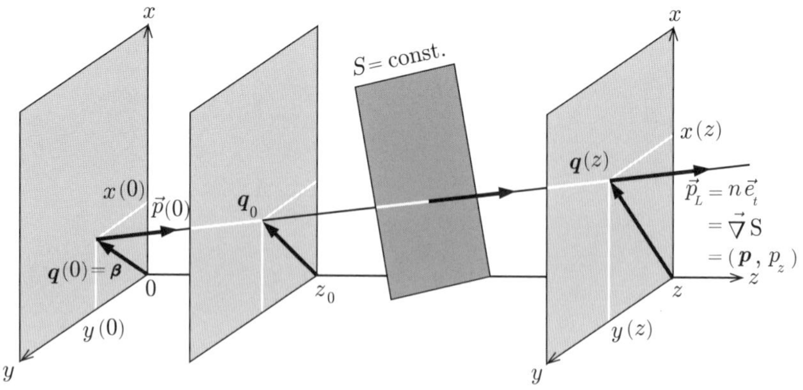


図 3.5-1 均質空間中での光線とハミルトン=ヤコビ方程式

$$\frac{\partial G}{\partial \boldsymbol{\alpha}} = (\boldsymbol{q} - \boldsymbol{q}_0) - \frac{z - z_0}{\sqrt{n^2 - \boldsymbol{\alpha}^2}}\boldsymbol{\alpha} = 0$$

とおけば,

$$\boldsymbol{\alpha} = \frac{n(\boldsymbol{q} - \boldsymbol{q}_0)}{\sqrt{(z - z_0)^2 + (\boldsymbol{q} - \boldsymbol{q}_0)^2}} = \boldsymbol{h}(z, z_0, \boldsymbol{q}, \boldsymbol{q}_0).$$

この式により, $z = z_0$ で $\boldsymbol{q}_0$ をとおった光線が $z$ で $\boldsymbol{q}$ をとおるように積分定数 $\boldsymbol{\alpha} = (\alpha_1, \alpha_2)$ が定められたのであり（例 2.7-1 の $\boldsymbol{p}(z)$ の式参照), 光線の方向が決められたことになる. こうして, 均質媒質中で $(z_0, \boldsymbol{q}_0)$ と $(z, \boldsymbol{q})$ を結ぶ点特性関数（アイコナール）として

$$V(\boldsymbol{q}, z\,; \boldsymbol{q}_0, z_0) = G(\vec{r}, \vec{r}_0, \boldsymbol{h}(z, z_0, \boldsymbol{q}, \boldsymbol{q}_0)) = n\sqrt{(z - z_0)^2 + (\boldsymbol{q} - \boldsymbol{q}_0)^2} \tag{3.37}$$

が得られる. これは例 2.7-1 で与えた (2.87) 式, そして例 3.2-1 の (3.7) 式にほかならない.

## 3.6 ホイヘンスの原理

ハミルトン=ヤコビ方程式の解は, 光線束にたいする波面を与え, それによって光線の伝播の様式についてひとつの重要な描像を提供してくれる. それはホイヘンスの原理である.

ハミルトン＝ヤコビ方程式はアイコナール方程式とおなじもので，数学的には1階の偏微分方程式である．したがって境界条件として $S(\vec{r}) = \sigma_0$ (const.) の面が与えられたならば，その面から等光路長の面を順に作ってゆくことで，解が得られる．その処方がホイヘンスの原理である．

ハミルトン＝ヤコビ方程式のひとつの完全解 $S(z, \boldsymbol{q}, \boldsymbol{\alpha})$ が得られたとする．そのとき，その $S$ で決まる測地場の積分曲線（(3.20) の解）の全体よりなる光線の集まりが作られる．つまり $q^1(0) = c_1, q^2(0) = c_2$ を始点とするひとつの積分曲線はひとつの光線をあらわすが，定数 $c_1, c_2$ を任意に変えることにより光線束（$S$ により生成される光線束）が得られる．

他方でこの $S$ にたいして $S = \sigma$ とおくことにより $\sigma$ をパラメータとする曲面の族が決まり，この曲面族の任意のひとつの曲面にそった $\Delta\vec{r}$ の変位にともなう $S$ の変化は $\Delta S = \vec{\nabla} S \cdot \Delta\vec{r} = 0$ ゆえ，この光線束の任意の光線の接線ベクトル $\vec{e}_t = \vec{\nabla} S/\mu$ はこの曲面に直交し，したがってこの光線束のすべての光線はこの曲面族のすべての曲面に直交している．

この光線束のひとつの光線上の点 A から B までの光の伝播時間は (3.9) より

$$\int_{\mathrm{A}}^{\mathrm{B}} L dz = \int_{\mathrm{A}}^{\mathrm{B}} \frac{dS}{dz} dz = S(\mathrm{A}, \alpha_1, \alpha_2) - S(\mathrm{B}, \alpha_1, \alpha_2). \tag{3.38}$$

この結果は，この光線束に属するすべての光線において，この曲面族のひとつの曲面 $\Sigma_1$: $S = \sigma_1$ に同時刻 $t_1$ に達した光線が，いまひとつの曲面 $\Sigma_2$: $S = \sigma_2$ まで同一時間 $t = (\sigma_2 - \sigma_1)/c$ かかって進むことを示している（$c$ は真空中の光速）．それゆえこの曲面の族をこの光線束の各瞬間での波面，したがって $S$ を位相と解釈することができる．$\Sigma$: $S = \sigma$ は等位相面である．数学ではこの二つの曲面は**測地的に等距離**にあるといわれる．

これとは別に点光源（原点 O にとる）から出た光線を考える．それは光線方程式 (1.26) の $q^i(0) = 0,\ q^{i\prime}(0) = c_i{}'$ $(i = 1, 2)$ を初期条件とする解曲線であり，定数 $c_i'$ の値を任意に変えることによって点光源 O から出る光線束が作られる．この解曲線にそった O から点 P $(x, y, z)$ までの積分

$$W(x, y, z) = \int_{\mathrm{O}}^{\mathrm{P}} \mu(x, y, z) \sqrt{x'^2 + y'^2 + 1}\, dz \tag{3.39}$$

はハミルトンの点特性関数であり，$W/c$ は原点から点 $(x,y,z)$ まで実際に光が伝わるのに要する時間である．つまり光源 O から出た光が時間 $\tau$ 後に到達する点からなる面は曲面 $W(x,y,z)=c\tau$ であらわされる．O から P までの所要時間はこの曲面にそって P を動かしても変わらないから，横断条件 (1.56) より，点光源 O から出たすべての光線はこの曲面に直交している．すなわち，この曲面は点 O から出た共心的な光線束の波面であり，O を中心とする**測地球**とよばれる．

そこで時刻 $t_1$ での波面 $\Sigma_1$ 上の任意の点 A を点光源とする光線束を考える．A を原点にとり (3.39) の関数を用いれば，その光線束に属する任意の光線にそった光は時間 $t=(\sigma_2-\sigma_1)/c$ 後に $W(x,y,z)=\sigma_2-\sigma_1$ で定まる波面（測地球）$\Sigma_t$ に到達し，そのすべての光線は $\Sigma_t$ に直交している．点 A から出たこれらの光線のうちとくに $\Sigma_1$ に直交しているものは $S$ により生成される光線束にも同時に属し，その光線だけは時刻 $t_1+t$ の波面 $\Sigma_2$ を点 B で垂直に貫く．それゆえ波面 $\Sigma_t$ は $\Sigma_2$ と点 B を共有し，しかも A から出て B をとおる光線は $\Sigma_t$ にも直交しているから，B 点で $\Sigma_2$ と $\Sigma_t$ は接している（図 3.6-1）．

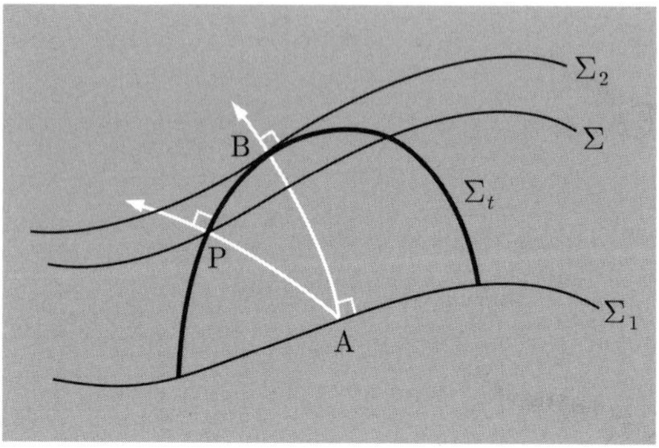


図 3.6-1 ホイヘンスの原理

のみならず $\Sigma_t$ 上の他のすべての点が $\Sigma_2$ から見て $\Sigma_1$ 側にあることが示される．

波面 $\Sigma_t$ 上の点 B 以外の任意の点を P とし，P をとおり $\Sigma_1$ と測地的に等距離な曲面を $\Sigma$: $S(x,y,z)=S(\mathrm{P})=\sigma_{\mathrm{P}}$ とする．点光源 A から出て点 P にいた

る実際の光路にそって $L^* = L - dS/dz$ を積分すると

$$\int_{\mathrm{A}}^{\mathrm{P}} \left( L - \frac{dS}{dz} \right) dz = \int_{\mathrm{A}}^{\mathrm{P}} L dz - \{ S(\mathrm{P}) - S(\mathrm{A}) \}$$
$$= (\sigma_2 - \sigma_1) - (\sigma_{\mathrm{P}} - \sigma_1). \tag{3.40}$$

ところがこの積分経路は測地場 (3.20) の解曲線ではないから，あるいはおなじことだが，この積分はワイヤシュトラスの $E$ 関数の積分ゆえ，§3.3 の議論よりこの積分は正，したがって $\sigma_2 > \sigma_{\mathrm{P}}$．このことより $\Sigma_t$ 上の B 以外のすべての点は $\Sigma_2$ から見て $\Sigma_1$ 側にあることがわかる．あるいは，$\Sigma_t$ 上に $\Sigma_2$ から見て $\Sigma_1$ と反対側の点があったとすれば，その点を A と結ぶ光線は $t$ より短い時間に $\Sigma_2$ に到達することになるが，これは $\Sigma_2$ の定義に反する，と考えてもよい．

こうして波面 $\Sigma_2$ が波面 $\Sigma_1$ 上のすべての点を点光源とする光の波面（測地球）の族の包絡面になっていることがわかる．これは波の伝播についての**ホイヘンスの原理**にほかならない(図 3.6-2)．

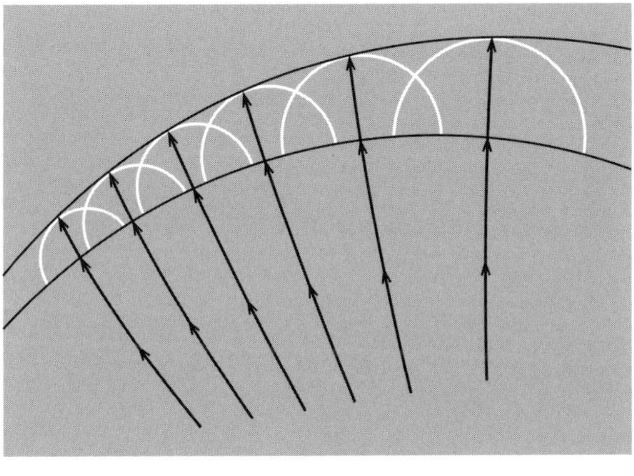

**図 3.6-2** ホイヘンスの原理

もっとも，たしかに波面上の各点を波源とする 2 次波面の包絡面として前進した波面が形成されるのであるが，それはどちらかというと数学的解釈というべきであろう．物理的には，むしろ 2 次波の重ね合わせと干渉の結果として，ある方向に向かう波面が形成されると見るべきであろう．つまり，波面上のある波源からの 2 次波は，近くの波源からの 2 次波と重なって元の波面に直交する前方のみが強められ，こうして波が進んでゆくわけである．この点については，最終章で立ち返る．

フェルマの原理と光線方程式は一本の光線に着目するのにたいして，ホイヘンスの原理とハミルトン＝ヤコビ方程式は波面を論ずることによって，共通の性質を有する光線の集まりすなわち光線束を規定するものである．

なお，ホイヘンスの原理からフェルマの原理が導き出されることを示しておこう．

図 3.6-3 で，$P_1PP_2$ が現実の光線経路の微小部分で，$\Sigma_1, \Sigma, \Sigma_2$ はそれが属する光線束の波面とする．ホイヘンスの原理によれば，$P_1$ を点波源とする 2 次微小球面波の波面は P で波面 $\Sigma$ に接し，P を点波源とする 2 次微小球面波の波面は $P_2$ で波面 $\Sigma_2$ に接する．いま，この経路からわずかに外れた経路 $P_1QP_2$ を考える．Q は $\Sigma$ 上で P の近くの点とする．Q を点波源とする 2 次微小球面波の波面は点 $Q'$ で波面 $\Sigma_2$ に接する．

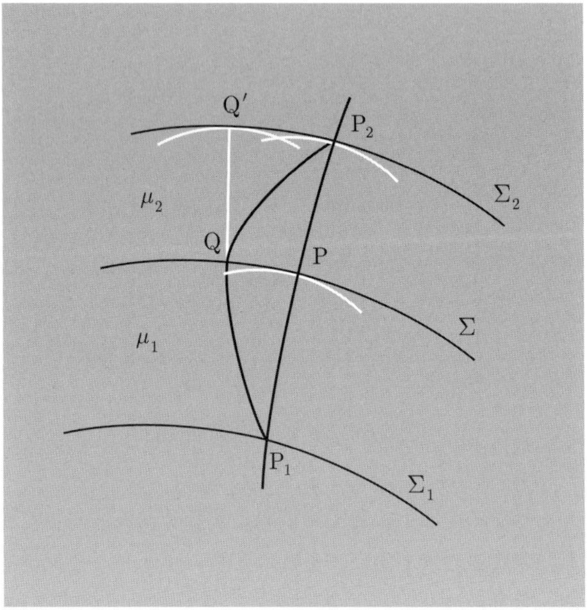


図 3.6-3 ホイヘンスの原理とフェルマの原理

$\mathrm{P_1P}$，$\mathrm{PP_2}$ は十分に接近した 2 点ゆえ，その間では屈折率はほぼ一定と見なしうるので，それぞれの区間の屈折率を定数 $\mu_1$，$\mu_2$ としてよい．そのとき各区間の光路長は

$$\mu_1\overline{\mathrm{P_1P}} < \mu_1\overline{\mathrm{P_1Q}}, \qquad \mu_2\overline{\mathrm{PP_2}} = \mu_2\overline{\mathrm{QQ'}} < \mu_2\overline{\mathrm{QP_2}},$$

したがって，

$$\mu_1\overline{\mathrm{P_1P}} + \mu_2\overline{\mathrm{PP_2}} < \mu_1\overline{\mathrm{P_1Q}} + \mu_2\overline{\mathrm{QP_2}}. \tag{3.41}$$

すなわち，光が現実にとる経路は，それとわずかに異なる任意の経路とくらべてその光路長が小さい．これはカラテオドリーの定式化したフェルマの原理にほかならない．

ホイヘンスの原理による波動伝播の簡単な例を二つ挙げておこう．

### 例 3.6-1（均質媒質中の平面波の伝播）

均質な空間 ($\mu = n$ (const.)) でのハミルトン＝ヤコビ方程式の完全解として，§3.5 の (3.34) で求めた $S(\vec{r}, \boldsymbol{\alpha}) = \boldsymbol{\alpha}\cdot\boldsymbol{q} + \sqrt{n^2 - \boldsymbol{\alpha}^2}\,z = n\vec{e}_t\cdot\vec{r}$ を考える．$S = \mathrm{const.}$ は方向の決まった平行な平面の集まりで，これから導かれる光線はすべてこの平面群に直交する方向の決まった平行な直線である．波動の言葉に翻訳すると，これは直進する平面波をあらわし，$S$ はその位相，$S = \mathrm{const.}$ はその波面である．

他方，例 3.2-1 (3.7) 式のハミルトンの点特性関数 $V(\vec{r}, \vec{r}_{\mathrm{P}}) = n|\vec{r} - \vec{r}_{\mathrm{P}}|$ は点 $\vec{r}_{\mathrm{P}}$ から出た球面波の位相をあらわしている．

したがって，この平面波のひとつの波面 $\Sigma_\sigma : S(\vec{r}) = \sigma$ 上の点 $\vec{r}_{\mathrm{P}}$ から出た 2 次球面波の波面は

$$G(\vec{r}, \vec{r}_{\mathrm{P}}) = S(\vec{r}_{\mathrm{P}}) + V(\vec{r}, \vec{r}_{\mathrm{P}}) = n\vec{e}_t\cdot\vec{r}_{\mathrm{P}} + n|\vec{r} - \vec{r}_{\mathrm{P}}| = \sigma + \Delta\sigma$$

で与えられる．これは $\vec{r}_{\mathrm{P}}$ をパラメータとする曲面の族ゆえ，この平面波の波面 $\Sigma_\sigma$ 上の各点を点波源とする 2 次球面波の波面の包絡面は，

$$\frac{\partial G}{\partial \vec{r}_{\mathrm{P}}} = n\left(\vec{e}_t - \frac{\vec{r} - \vec{r}_{\mathrm{P}}}{|\vec{r} - \vec{r}_{\mathrm{P}}|}\right) = 0$$

として，ここから $\vec{r}_{\mathrm{P}}$ を求め，その結果を $\vec{r}_{\mathrm{P}} = \vec{\psi}(\vec{r})$ とあらわし，これをもと

の $G(\vec{r},\vec{r}_\mathrm{P})$ に代入することで得られる．実際には $\vec{r}_\mathrm{P}=\vec{\psi}(\vec{r})$ を明示的に書くことはできないけれども，上式より $|\vec{r}-\vec{r}_\mathrm{P}|=(\vec{r}-\vec{r}_\mathrm{P})\cdot\vec{e}_t$. これより

$$G(\vec{r},\vec{\psi}(\vec{r}))=n\vec{e}_t\cdot\vec{r}_\mathrm{P}+n\vec{e}_t\cdot(\vec{r}-\vec{r}_\mathrm{P})=n\vec{e}_t\cdot\vec{r}$$

$$\text{i.e.}\quad S(\vec{r})=n\vec{e}_t\cdot\vec{r}=\sigma+\Delta\sigma$$

が得られる．これはたしかに，もとの波面より位相が $n|\vec{r}-\vec{r}_\mathrm{P}|=\Delta\sigma$ だけ進んだ平面波の波面 $\Sigma_{\sigma+\Delta\sigma}$ である（図 3.6-4）．

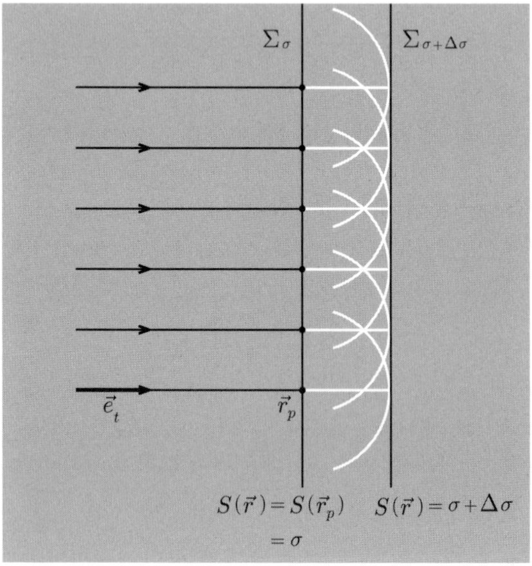


図 3.6-4 ホイヘンスの原理による平面波の伝播

例 3.6-2（均質媒質中の球面波の伝播）

均質空間（$\mu=n(\text{const.})$）において $S(\vec{r})=n|\vec{r}-\vec{r}_0|=\text{const.}$ は，$\vec{r}_0$ を波源とする球面波の波面をあらわす．$S(\vec{r})=S(\vec{r}_\mathrm{P})=\sigma$ で指定される波面 $\Sigma_\sigma$ 上の点 $\vec{r}_\mathrm{P}$ を点波源とする 2 次球面波の位相は，$V(\vec{r},\vec{r}_\mathrm{P})=n|\vec{r}-\vec{r}_\mathrm{P}|=\Delta\sigma$ であらわされる．もとの球面波の波面上の各点を波源とするこの 2 次球面波の作る波面の包絡面をつぎのように求める：

$$G(\vec{r},\vec{r}_{\mathrm{P}}) = S(\vec{r}_{\mathrm{P}}) + V(\vec{r},\vec{r}_{\mathrm{P}}) = n|\vec{r}_{\mathrm{P}} - \vec{r}_0| + n|\vec{r} - \vec{r}_{\mathrm{P}}| = \sigma + \Delta\sigma$$

を作り，これより

$$\frac{\partial G}{\partial \vec{r}_{\mathrm{P}}} = n\left(\frac{\vec{r}_{\mathrm{P}} - \vec{r}_0}{|\vec{r}_{\mathrm{P}} - \vec{r}_0|} - \frac{\vec{r} - \vec{r}_{\mathrm{P}}}{|\vec{r} - \vec{r}_{\mathrm{P}}|}\right) = 0.$$

これを $\vec{r}_{\mathrm{P}}$ について解いたものを $\vec{r}_{\mathrm{P}} = \vec{\psi}(\vec{r},\vec{r}_0)$ とする．実際には，このような形に表せないが，上の関係を変形することによって

$$(|\vec{r}_{\mathrm{P}} - \vec{r}_0| + |\vec{r} - \vec{r}_{\mathrm{P}}|)(\vec{r}_{\mathrm{P}} - \vec{r}_0) = |\vec{r}_{\mathrm{P}} - \vec{r}_0|(\vec{r} - \vec{r}_0)$$

$$\therefore \quad |\vec{r} - \vec{r}_{\mathrm{P}}| + |\vec{r}_{\mathrm{P}} - \vec{r}_0| = |\vec{r} - \vec{r}_0|$$

が得られる．それゆえ

$$G(\vec{r},\vec{\psi}(\vec{r},\vec{r}_0)) = n|\vec{r} - \vec{r}_0| = \sigma + \Delta\sigma \qquad \text{i.e.} \quad S(\vec{r}) = \sigma + \Delta\sigma.$$

これはたしかにもとの球面波の位相が $\Delta\sigma$ 進んだ波面 $\Sigma_{\sigma+\Delta\sigma}$ になっている（図 3.6-5）．

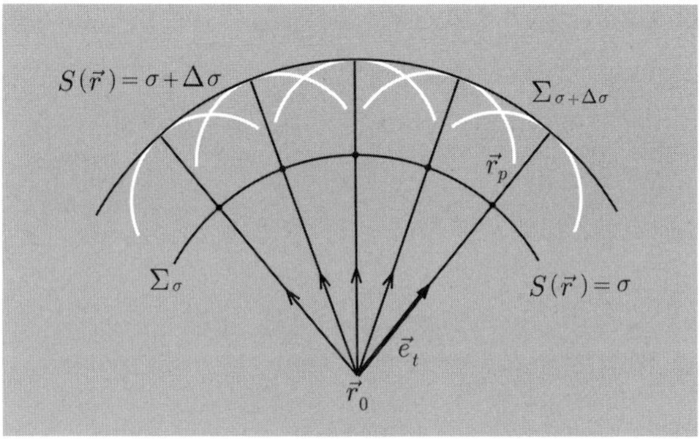


図 3.6-5 ホイヘンスの原理による球面波の伝播

第 4 章

# 線形光学と結像の理論
## —— シンプレクティック写像

### 4.1　光学素子と線形変換

共通の軸（光軸）にそっていくつものレンズや鏡といった各種の光学素子を配置して光源物体からの光線をスクリーンやフィルム上に結像させる装置を**光学系**ないし**結像系**という．その場合，鏡による反射を考えなければ，光線はそれぞれが均質な媒質で隔てられた何枚かのレンズをとおして進む．したがって，光線の伝播の各ステップは均質媒質中での直進とレンズ表面での屈折のいずれかで，そのふたつのケースの組み合わせによって問題を解くことができる．

本章では，光軸の近くの光線のみに着目する．その場合，相空間の座標 $\boldsymbol{q}, \boldsymbol{p}$ がいずれも小さいので，その高次（2 次以上）の項を無視することができる．その線形近似をとくに**近軸近似**，その範囲の光線を**近軸光線**という．

均質媒質 ($\mu(\vec{r}) = \mu\,(\mathrm{const.})$) 中の直進では，例 2.7-1 で求めた (2.88)，ないし §2.10 で求めた (2.113) の結果に，さらに近軸近似 $\boldsymbol{p}/\sqrt{\mu^2 - \boldsymbol{p}^2} \fallingdotseq \boldsymbol{p}/\mu$ をほどこして

$$\boldsymbol{q}(z) = \boldsymbol{q}(z_0) + \frac{z - z_0}{\mu}\boldsymbol{p}(z_0), \qquad \boldsymbol{p}(z) = \boldsymbol{p}(z_0). \tag{4.1}$$

したがって，点 A : $(\boldsymbol{q}_\mathrm{A}, a)$ から均質媒質中をとおって点 B : $(\boldsymbol{q}_\mathrm{B}, b)$ にいたる光の進行をあらわす相空間上での点の移動は，軸にそった距離を $l = b - a$ として，近軸近似の範囲で，線形変換

$$\begin{pmatrix} \boldsymbol{q}_\mathrm{B} \\ \boldsymbol{p}_\mathrm{B} \end{pmatrix} = \begin{pmatrix} \hat{I} & (l/\mu)\hat{I} \\ \hat{0} & \hat{I} \end{pmatrix} \begin{pmatrix} \boldsymbol{q}_\mathrm{A} \\ \boldsymbol{p}_\mathrm{A} \end{pmatrix} = \hat{T} \begin{pmatrix} \boldsymbol{q}_\mathrm{A} \\ \boldsymbol{p}_\mathrm{A} \end{pmatrix} \tag{4.2}$$

で与えられる．この変換行列 $\hat{T}$ を**転送行列**という [1]．なお $l/\mu$ は $l$ の**還元距離**とよばれる．

つぎに，屈折率が不連続に変化する境界面（レンズ表面）での屈折を考える．

光軸にそって $z$ 座標をとり，$z = a < 0$ にある点 A : $(\boldsymbol{q}_{\rm A}, a)$ から屈折率 $\mu$ の媒質をとおって，$z = \varPhi(\boldsymbol{q})$ であらわされる境界面の点 P : $(\boldsymbol{q}, \varPhi(\boldsymbol{q}))$ に達し，屈折後，屈折率 $\mu'$ の媒質中をとおって $z = b > 0$ にある点 B : $(\boldsymbol{q}_{\rm B}, b)$ にいたる経路を考える（図 4.1-1）．境界面が $z$ 軸を切る点が $z = 0$，その点での境界面の接平面が $z$ 軸に直交しているとする．つまり $\boldsymbol{q} = 0$ で $\varPhi = 0$，$\partial_x \varPhi = \partial_y \varPhi = 0$．また関数 $\varPhi(\boldsymbol{q})$ はすべての点で 2 回微分可能とする．

屈折の前後での光線ベクトルを $(\boldsymbol{p}_{\rm A}, p_{{\rm A}z}), (\boldsymbol{p}_{\rm B}, p_{{\rm B}z})$ とすると，不連続面での連続条件 (1.61) (1.62) または (2.90)，すなわち

$$\boldsymbol{p}_{\rm A} + p_{{\rm A}z}\frac{\partial \varPhi(\boldsymbol{q})}{\partial \boldsymbol{q}} = \boldsymbol{p}_{\rm B} + p_{{\rm B}z}\frac{\partial \varPhi(\boldsymbol{q})}{\partial \boldsymbol{q}} \tag{4.3}$$

が成り立つ．この式は，厳密に正しい．

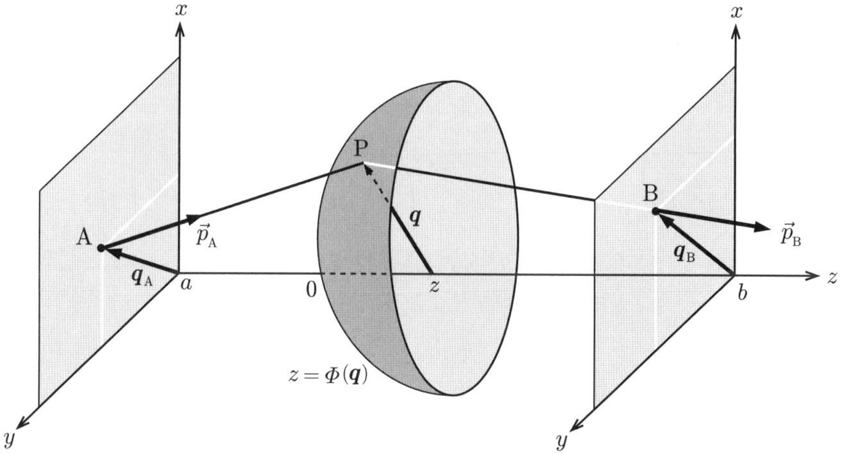


図 4.1-1　媒質の不連続面での光線の屈折

---

[1]「転送行列」は，英語では ‘transfer matrix’ ないし ‘translation matrix’ と称され，日本語も確定していないようで「伝達行列」とか「移行行列」のような訳語も使われている．

ここで境界面に近似をおこなう．媒質の境界面は，近軸領域では屈折面への入射高 $|\boldsymbol{q}|$ が小さいとして $\boldsymbol{q}=(q_x,q_y)$ の 2 次までとる近似で

$$z=\Phi(\boldsymbol{q})=\frac{1}{2}(\kappa_{11}q_x^2+2\kappa_{12}q_xq_y+\kappa_{22}q_y^2)=\frac{1}{2}(\boldsymbol{q}\cdot\hat{\kappa}\boldsymbol{q}) \tag{4.4}$$

とあらわされる．ただし

$$\hat{\kappa}:=\begin{pmatrix}\kappa_{11} & \kappa_{12}\\ \kappa_{21} & \kappa_{22}\end{pmatrix}\qquad(\kappa_{12}=\kappa_{21}) \tag{4.5}$$

であり，$(\boldsymbol{q}\cdot\hat{\kappa}\boldsymbol{q})$ はベクトル $\boldsymbol{q}$ と $\hat{\kappa}\boldsymbol{q}$ の内積．したがって $\partial\Phi(\boldsymbol{q})/\partial\boldsymbol{q}=\hat{\kappa}\boldsymbol{q}$．

また $|\boldsymbol{q}|$，$|\boldsymbol{q}_{\rm A}|$，$|\boldsymbol{q}_{\rm B}|$ が $|a|$，$|b|$ にくらべて十分小さいとして，$|\boldsymbol{q}|$，$|\boldsymbol{q}_{\rm A}|$，$|\boldsymbol{q}_{\rm B}|$ の 1 次までとる近似で $p_{{\rm A}z}=\mu$, $p_{{\rm B}z}=\mu'$．したがって連続条件 (4.3) は

$$\boldsymbol{p}_{\rm B}-\boldsymbol{p}_{\rm A}=-(\mu'-\mu)\hat{\kappa}\boldsymbol{q}. \tag{4.6}$$

とあらわされ，これにより屈折面の前後での光線ベクトルの変化が決まる．

これを行列を用いた線形変換であらわすにさいして，屈折面の直前と直後の変数を in と out で区別して記すと，入射光線が境界面に入る点と屈折光線が境界面から出る点は等しく $\boldsymbol{q}^{\rm out}=\boldsymbol{q}^{\rm in}=\boldsymbol{q}$，また $\boldsymbol{p}^{\rm in}=\boldsymbol{p}_{\rm A}$，$\boldsymbol{p}^{\rm out}=\boldsymbol{p}_{\rm B}$ であり，そのときの光線ベクトル $\boldsymbol{p}$ の変化は $\boldsymbol{p}^{\rm out}=\boldsymbol{p}^{\rm in}-(\mu'-\mu)\hat{\kappa}\boldsymbol{q}$．すなわち，境界面を通過する前後での相空間の点の変換は線形変換

$$\begin{pmatrix}\boldsymbol{q}^{\rm out}\\ \boldsymbol{p}^{\rm out}\end{pmatrix}=\begin{pmatrix}\hat{I} & \hat{0}\\ -(\mu'-\mu)\hat{\kappa} & \hat{I}\end{pmatrix}\begin{pmatrix}\boldsymbol{q}^{\rm in}\\ \boldsymbol{p}^{\rm in}\end{pmatrix}=\hat{R}\begin{pmatrix}\boldsymbol{q}^{\rm in}\\ \boldsymbol{p}^{\rm in}\end{pmatrix} \tag{4.7}$$

で与えられる．この変換行列 $\hat{R}$ を**屈折行列**という．

とくに $\hat{\kappa}=0$，つまり境界面が軸に直交している平面の場合，$\boldsymbol{p}^{\rm out}=\boldsymbol{p}^{\rm in}$ となり，これは光線ベクトル $\vec{p}=(\boldsymbol{p},p_z)$ の屈折面に平行な成分 $\boldsymbol{p}$ の連続という，屈折の法則 (1.6) をあらわしている．

点 A : $(\boldsymbol{q}_{\rm A},a)$ から，屈折率 $\mu$ の均質媒質中をとおって点 P : $(\boldsymbol{q},z=\Phi(\boldsymbol{q}))$ で屈折面に入射し，屈折率 $\mu'$ の均質空間をとおって点 B : $(\boldsymbol{q}_{\rm B},b)$ にいたる光の進行は，(4.2) (4.7) より変換行列，つまり**拡大屈折行列**

$$\hat{R}^*=\begin{pmatrix}\hat{I} & (b/\mu')\hat{I}\\ \hat{0} & \hat{I}\end{pmatrix}\begin{pmatrix}\hat{I} & \hat{0}\\ -(\mu'-\mu)\hat{\kappa} & \hat{I}\end{pmatrix}\begin{pmatrix}\hat{I} & -(a/\mu)\hat{I}\\ \hat{0} & \hat{I}\end{pmatrix}$$

で与えられる．この $\hat{R}^*$ もしばしば**屈折行列**といわれる．

以上の議論は，アイコナールを用いれば，つぎのようにあらわされる．

均質媒質中の直進では

$$V(\boldsymbol{q}_{\mathrm{B}}, b\,; \boldsymbol{q}_{\mathrm{A}}, a) = \mu\,\overline{\mathrm{AB}} = \mu\sqrt{(b-a)^2 + (\boldsymbol{q}_{\mathrm{B}} - \boldsymbol{q}_{\mathrm{A}})^2}.$$

近軸近似では $\boldsymbol{q}_{\mathrm{A}}$，$\boldsymbol{q}_{\mathrm{B}}$ の 2 次までとる（意味のあるのは $\partial V/\partial \boldsymbol{q}_{\mathrm{A}}$ のような量で，これらが $\boldsymbol{q}_{\mathrm{A}}$ や $\boldsymbol{q}_{\mathrm{B}}$ の 1 次であるためには，$V$ にはそれらの 2 次までなければならない）．すなわち

$$V(\boldsymbol{q}_{\mathrm{B}}, b\,; \boldsymbol{q}_{\mathrm{A}}, a) = \mu(b-a) + \frac{\mu(\boldsymbol{q}_{\mathrm{B}} - \boldsymbol{q}_{\mathrm{A}})^2}{2(b-a)}.$$

これより

$$\boldsymbol{p}_{\mathrm{B}} = \frac{\partial V}{\partial \boldsymbol{q}_{\mathrm{B}}}, \qquad \boldsymbol{p}_{\mathrm{A}} = -\frac{\partial V}{\partial \boldsymbol{q}_{\mathrm{A}}}$$

とすることによって

$$\boldsymbol{p}_{\mathrm{A}} = \boldsymbol{p}_{\mathrm{B}} = \frac{\mu(\boldsymbol{q}_{\mathrm{B}} - \boldsymbol{q}_{\mathrm{A}})}{b-a}, \qquad \boldsymbol{q}_{\mathrm{B}} = \boldsymbol{q}_{\mathrm{A}} + \frac{b-a}{\mu}\boldsymbol{p}_{\mathrm{A}},$$

すなわち (4.1) が得られる．なお，この $\boldsymbol{p}_{\mathrm{A}}$，$\boldsymbol{p}_{\mathrm{B}}$ を用いると，アイコナールは

$$V(\boldsymbol{q}_{\mathrm{B}}, b\,; \boldsymbol{q}_{\mathrm{A}}, a) = \frac{1}{2}(\boldsymbol{p}_{\mathrm{B}} \cdot \boldsymbol{q}_{\mathrm{B}} - \boldsymbol{p}_{\mathrm{A}} \cdot \boldsymbol{q}_{\mathrm{A}}) + \mu(b-a) \tag{4.8}$$

と書き直される．

屈折の場合は，A : $(\boldsymbol{q}_{\mathrm{A}}, a)$ を出て P : $(\boldsymbol{q}, z = \varPhi(\boldsymbol{q}))$ で屈折して B : $(\boldsymbol{q}_{\mathrm{B}}, b)$ に達する光路長は，$\boldsymbol{q}$ の 2 次までとる近似で $z = \varPhi(\boldsymbol{q}) = \boldsymbol{q} \cdot \hat{\kappa}\boldsymbol{q}/2$ として，

$$\begin{aligned} J(\boldsymbol{q}) &= \mu\sqrt{(z-a)^2 + (\boldsymbol{q} - \boldsymbol{q}_{\mathrm{A}})^2} + \mu'\sqrt{(b-z)^2 + (\boldsymbol{q}_{\mathrm{B}} - \boldsymbol{q})^2} \\ &= \frac{\mu}{2}\boldsymbol{q} \cdot \hat{\kappa}\boldsymbol{q} - \mu a - \frac{\mu}{2a}(\boldsymbol{q} - \boldsymbol{q}_{\mathrm{A}})^2 + \mu' b - \frac{\mu'}{2}\boldsymbol{q} \cdot \hat{\kappa}\boldsymbol{q} + \frac{\mu'}{2b}(\boldsymbol{q}_{\mathrm{B}} - \boldsymbol{q})^2. \end{aligned} \tag{4.9}$$

実際の光線経路は，これが停留値をとるときゆえ

$$\frac{\partial J}{\partial \boldsymbol{q}} = \mu\hat{\kappa}\boldsymbol{q} - \frac{\mu}{a}(\boldsymbol{q} - \boldsymbol{q}_{\mathrm{A}}) - \mu'\hat{\kappa}\boldsymbol{q} + \frac{\mu'}{b}(\boldsymbol{q} - \boldsymbol{q}_{\mathrm{B}}) = 0. \tag{4.10}$$

これによりレンズへの入射点の $\boldsymbol{q}$ の値が決まる [2)]．その $\boldsymbol{q}$ の大きさ $q = |\boldsymbol{q}|$ を**入射高**という．

このときの入射点を $\boldsymbol{q} = \boldsymbol{q}_0$ として，アイコナールは

$$\begin{aligned} V(\boldsymbol{q}_\mathrm{B}, b\,; \boldsymbol{q}_\mathrm{A}, a) &= J(\boldsymbol{q}_0) \\ &= \frac{1}{2}\left\{\frac{\mu'(\boldsymbol{q}_\mathrm{B} - \boldsymbol{q}_0)}{b}\cdot \boldsymbol{q}_\mathrm{B} + \frac{\mu(\boldsymbol{q}_0 - \boldsymbol{q}_\mathrm{A})}{a}\cdot \boldsymbol{q}_\mathrm{A}\right\} + \mu' b - \mu a. \end{aligned}$$

ここでも，$\boldsymbol{p}_\mathrm{A} = \dfrac{\mu}{a}(\boldsymbol{q}_\mathrm{A} - \boldsymbol{q}_0)$，$\boldsymbol{p}_\mathrm{B} = \dfrac{\mu'}{b}(\boldsymbol{q}_\mathrm{B} - \boldsymbol{q}_0)$ を使って

$$V(\boldsymbol{q}_\mathrm{B}, b\,; \boldsymbol{q}_\mathrm{A}, a) = \frac{1}{2}(\boldsymbol{p}_\mathrm{B}\cdot \boldsymbol{q}_\mathrm{B} - \boldsymbol{p}_\mathrm{A}\cdot \boldsymbol{q}_\mathrm{A}) + \mu' b - \mu a \tag{4.11}$$

とあらわされる．(4.8) や (4.11) の定数項 $\mu(b-a)$ や $\mu' b - \mu a$ は，それぞれの場合の光軸にそって測った光路長で，$V(0, b\,; 0, a)$ とあらわされる．

結局，直進と屈折のいずれの場合も近軸近似でのアイコナールは

$$V(\boldsymbol{q}_\mathrm{B}, b\,; \boldsymbol{q}_\mathrm{A}, a) = \frac{1}{2}(\boldsymbol{p}_\mathrm{B}\cdot \boldsymbol{q}_\mathrm{B} - \boldsymbol{p}_\mathrm{A}\cdot \boldsymbol{q}_\mathrm{A}) + V(0, b\,; 0, a) \tag{4.12}$$

のように，終状態のみに属する量と始状態のみに属する量の差であらわされる．もちろん，$V(\boldsymbol{q}_\mathrm{B}, b\,; \boldsymbol{q}_\mathrm{A}, a)$ は $\boldsymbol{q}_\mathrm{A}, \boldsymbol{q}_\mathrm{B}$ の関数ゆえ，この式で $\boldsymbol{p}_\mathrm{A}$ や $\boldsymbol{p}_\mathrm{B}$ は，ともに $\boldsymbol{q}_\mathrm{A}$，$\boldsymbol{q}_\mathrm{B}$ の関数である．

光軸上にいくつものレンズを適当な間隔で配置し組み合わせた光学系の場合は，これらの変換を組み合わせればよく，その変換行列は複数個の $\hat{T}$ と $\hat{R}$ の積で与えられる．それゆえその変換はやはり線形変換になり，$4\times 4$ 行列

$$\hat{M} = \begin{pmatrix} \hat{A} & \hat{B} \\ \hat{C} & \hat{D} \end{pmatrix} \tag{4.13}$$

（$\hat{A}, \hat{B}, \hat{C}, \hat{D}$ は $2\times 2$ 行列）によって，

---

2) ただし $\boldsymbol{q} \neq 0$ で次の関係が満たされる場合をのぞく：

$$\left\{\left(\frac{\mu'}{b} - \frac{\mu}{a}\right)\hat{I} - (\mu' - \mu)\hat{\kappa}\right\}\boldsymbol{q} = 0$$

この関係が満たされる場合，$\boldsymbol{q}$ は一意的には決まらない．これは $\boldsymbol{q}_\mathrm{A}$ から出たすべての近軸光線が $\boldsymbol{q}_\mathrm{B}$ に集束することをあらわす結像条件で，この場合については次節に述べる．

$$\begin{pmatrix} \boldsymbol{q}_\mathrm{B} \\ \boldsymbol{p}_\mathrm{B} \end{pmatrix} = \hat{M}\begin{pmatrix} \boldsymbol{q}_\mathrm{A} \\ \boldsymbol{p}_\mathrm{A} \end{pmatrix} = \begin{pmatrix} \hat{A} & \hat{B} \\ \hat{C} & \hat{D} \end{pmatrix}\begin{pmatrix} \boldsymbol{q}_\mathrm{A} \\ \boldsymbol{p}_\mathrm{A} \end{pmatrix} \tag{4.14}$$

の形にあらわされる．近軸近似にもとづくこのような光学は，光源物体からスクリーンまでの相空間上の移動が線形変換で与えられるので**線形光学**といわれる．

光軸にそっていくつもの素子を配置した光学系の全体の変換行列は，転送行列や屈折行列の積であらわされ，そのアイコナールは，(4.8) (4.11) の形にあらわされるそれぞれの素子にたいする光路長の和であるから，結局，その場合も

$$V(\boldsymbol{q}_\mathrm{B}, b; \boldsymbol{q}_\mathrm{A}, a) = \frac{1}{2}(\boldsymbol{p}_\mathrm{B}\cdot\boldsymbol{q}_\mathrm{B} - \boldsymbol{p}_\mathrm{A}\cdot\boldsymbol{q}_\mathrm{A}) + V(0, b; 0, a) \tag{4.15}$$

とあらわされる．もちろん，ここでも $\boldsymbol{p}_\mathrm{B}$, $\boldsymbol{p}_\mathrm{A}$ は，上式の変換式を用いて $\boldsymbol{q}_\mathrm{B}$, $\boldsymbol{q}_\mathrm{A}$ で書き直されなければならない．$\det\hat{B}\neq 0$ のときには，定数項をのぞいて

$$V(\boldsymbol{q}_\mathrm{B}, b; \boldsymbol{q}_\mathrm{A}, a) = \frac{1}{2}\{\hat{D}\hat{B}^{-1}\boldsymbol{q}_\mathrm{B}\cdot\boldsymbol{q}_\mathrm{B} - 2(\hat{B}^{-1}\boldsymbol{q}_\mathrm{B})\cdot\boldsymbol{q}_\mathrm{A} + \hat{B}^{-1}\hat{A}\boldsymbol{q}_\mathrm{A}\cdot\boldsymbol{q}_\mathrm{A}\} \tag{4.16}$$

が得られる [3]．

なお，ここに出てきた $4\times 4$ の変換行列 $\hat{T}$, $\hat{R}$ の行列式が (4.2) (4.7) から明らかなように，ともに 1 になっている．したがってそのいくつもの積からなる行列 $\hat{M}$ の行列式もやはり 1 になる．このかぎりでは，線形光学は 4 次の実特殊線形変換群 $Sl(4, \mathsf{R})$——その行列式の値が 1 になる 4 次の実行列の作る行列の積を演算とする群 [4]——の研究に帰着するように思われる．

しかし実際には，すでに §2.11 で一般的な場合に示されているように，線形変換の変換行列はシンプレクティック条件 $\hat{M}\hat{\Omega}\hat{M}^t = \hat{\Omega}$ を満たしているので，より限定されている．実際そのことは，上に求めた転送行列 $\hat{T}$ や屈折行列 $\hat{R}$ にたいして直接的に確かめることができ，したがってそれらの積にたいしても成り立つことがわかる．それゆえ線形光学の研究は，つまるところ 4 次元実シンプレクティック群 $Sp(4, \mathsf{R})$ の研究に帰着する．

---

[3] 計算は (2.143) 式 $\hat{D}^t\hat{B} = \hat{B}^t\hat{D}$，および (2.140) 式 $\hat{D}^t\hat{A} - \hat{B}^t\hat{C} = \hat{I}$ より導かれる $\hat{C} = \hat{D}\hat{B}^{-1}\hat{A} - (\hat{B}^t)^{-1}$ を用いる．その際 $(\hat{B}^{-1}\boldsymbol{q}_\mathrm{B})\cdot\boldsymbol{q}_\mathrm{A} = \boldsymbol{q}_\mathrm{B}\cdot(\hat{B}^t)^{-1}\boldsymbol{q}_\mathrm{A}$ に注意．

[4] 「特殊 (special)」とは行列式の値が 1 のことをいう．

## 4.2 結像と収差

前節の変換行列 $\hat{M}$ が，光軸に垂直な $z = z_{\mathrm{A}}$ の平面（物側参照平面）上の点から $z = z_{\mathrm{B}}$ の平面（像側参照平面）上の点までの変換行列であるとしよう．座標の変換は $\boldsymbol{q}_{\mathrm{B}} = \hat{A}\boldsymbol{q}_{\mathrm{A}} + \hat{B}\boldsymbol{p}_{\mathrm{A}}$．

いま，とくに $z_{\mathrm{A}}$ と $z_{\mathrm{B}}$ をある値 $a$ と $b$ に選んだとき $\hat{B} = \hat{0}$（ゼロ行列）であれば，$z = a$ の平面で $\boldsymbol{q}_{\mathrm{A}}$ の点から出た光線は，近軸光線の範囲では，その射出の方向（$\boldsymbol{p}_{\mathrm{A}}$）によらずすべて $z = b$ の平面の 1 点 $\boldsymbol{q}_{\mathrm{B}} = \hat{A}\boldsymbol{q}_{\mathrm{A}}$ に集束する．§1.2 で触れたようにこれが**結像**であり，$\hat{B} = \hat{0}$ が**結像条件**をあらわす．このとき光線束が出てゆく点 A : $(\boldsymbol{q}_{\mathrm{A}}, a)$ を**物点**，光線束が集束する点 B : $(\boldsymbol{q}_{\mathrm{B}}, b)$ を**像点**，点 A を含む平面 $z = a$ を**物平面（物空間）**，点 B を含む平面 $z = b$ を**像平面（像空間）**，そして点 A と点 B はこのとき**たがいに共役**といわれる[5)]．

光学機器に用いられる光学系の設計とは，近似的にせよこの結像条件を満たすレンズ配置を求めることにある．

この議論からわかるように，結像を問題にするときには，一本一本の光線を別々に考えているのではなく，1 点から出た光線の集合すなわち共心的光線束を問題にしている．それゆえその議論には，光線束全体の位相が重要な意味をもつ．すなわち，結像を目的とした光学系つまり結像系とは，物空間の 1 点から出た球面波を像空間の 1 点に集束する球面波に変換する装置なのである．

あらためて図 4.1-1 の曲面による屈折を考える．

屈折行列 (4.7) は $\boldsymbol{q}^{\mathrm{out}} = \boldsymbol{q}^{\mathrm{in}} = \boldsymbol{q}$ として得られたものであり，屈折面の前後（表裏）での変化しか与えない．そこで物平面 $z = a\ (< 0)$ 上の点 $\boldsymbol{q} = \boldsymbol{q}_{\mathrm{A}}$ か

---

5) この場合，アイコナールで議論するには，$\hat{B}$ に逆行列が作れないから，前節の (4.15) (4.16) の点アイコナールは使えない．終点 B の $\boldsymbol{q}_{\mathrm{B}}$ を特定しても，始点 A をつなぐ光線経路が一意的に決まらないからである．しかしそのときには B 点での $\boldsymbol{p}_{\mathrm{B}}$ を決めれば，光線経路が特定できるので，§2.12 に導入した混合アイコナールを使えばよい：

$$
\begin{aligned}
U(\boldsymbol{p}_{\mathrm{B}}, b\,; \boldsymbol{q}_{\mathrm{A}}, a) &= V(\boldsymbol{q}_{\mathrm{B}}, b\,; \boldsymbol{q}_{\mathrm{A}}, a) - \boldsymbol{p}_{\mathrm{B}} \cdot \boldsymbol{q}_{\mathrm{B}} \\
&= -\frac{1}{2}\{(\hat{B}\hat{D}^{-1}\boldsymbol{p}_{\mathrm{B}}) \cdot \boldsymbol{p}_{\mathrm{B}} + 2(\hat{D}^{-1}\boldsymbol{p}_{\mathrm{B}}) \cdot \boldsymbol{q}_{\mathrm{A}} - (\hat{D}^{-1}\hat{C}\boldsymbol{q}_{\mathrm{A}}) \cdot \boldsymbol{q}_{\mathrm{A}}\} \\
&\quad + V(0, b\,; 0, a).
\end{aligned}
$$

ら屈折面を経て像平面 $z=b$ 上の点 $\boldsymbol{q}=\boldsymbol{q}_{\mathrm{B}}$ にいたる光線にたいする変換行列，つまり拡大屈折行列を得るためには，屈折率が一定で $\mu$ の空間を $\Delta z^{\mathrm{in}}=0-a\ (>0)$ 進む転送行列と，屈折率が一定で $\mu'$ の空間を $\Delta z^{\mathrm{out}}=b-0$ 進む転送行列を屈折行列の前後に（つまり右と左から）かけておかなければならない．すなわち，両側の空間での還元距離を $a/\mu=\bar{a}$, $b/\mu'=\bar{b}$ として

$$\hat{R}^{*}=\begin{pmatrix}\hat{I} & \bar{b}\hat{I}\\ \hat{0} & \hat{I}\end{pmatrix}\begin{pmatrix}\hat{I} & \hat{0}\\ -(\mu'-\mu)\hat{\kappa} & \hat{I}\end{pmatrix}\begin{pmatrix}\hat{I} & -\bar{a}\hat{I}\\ \hat{0} & \hat{I}\end{pmatrix}$$
$$=\begin{pmatrix}\hat{I}-(\mu'-\mu)\bar{b}\hat{\kappa} & (\bar{b}-\bar{a})\hat{I}+(\mu'-\mu)\bar{a}\bar{b}\hat{\kappa}\\ -(\mu'-\mu)\hat{\kappa} & \hat{I}+(\mu'-\mu)\bar{a}\hat{\kappa}\end{pmatrix}. \tag{4.17}$$

この場合，結像条件 $\hat{B}=\hat{0}$ は

$$\hat{B}=(\bar{b}-\bar{a})\hat{I}+(\mu'-\mu)\bar{a}\bar{b}\hat{\kappa}=\hat{0}. \tag{4.18}$$

これが成り立つためには，まず第一に行列 $\hat{\kappa}$ は単位行列 $\hat{I}$ の定数倍の形をしていなければならない．すなわち，屈折面は光軸のまわりに回転対称（軸対称）で

$$\kappa_{11}=\kappa_{22}=\frac{1}{R},\qquad \kappa_{12}=\kappa_{21}=0$$

とあらわされなければならない．ここに $R$ は，屈折面の曲率半径で，そのとき上記の結像条件は

$$\frac{\mu'}{b}-\frac{\mu}{a}=\frac{\mu'-\mu}{R} \tag{4.19}$$

と書き直される（曲面が入射光線の側に凸のとき $R>0$ と約束する）．

屈折面が軸対称でない場合，微分幾何学によれば一般に凸でなめらかな曲面上の任意の点において最小曲率の方向と最大曲率の方向は直交しているので，曲面が光軸を切る点でその二つ方向を $x$ 軸と $y$ 軸に選べば，それぞれの曲率半径を $R_1$，$R_2$ として

$$\kappa_{11}=\frac{1}{R_1},\quad \kappa_{22}=\frac{1}{R_2},\quad \kappa_{12}=\kappa_{21}=0.$$

それゆえ，光軸上で $z=a$ の点からでた光線束の光線のあいだでも，$xz$ 平面内の光線と $yz$ 平面内の光線では結像条件が異なり，結果として光線束は 1 点に結像しなくなる（図 4.2-1）．このような現象を一般に**収差**，とくにこの場合を**非点収差**という．収差については次章で詳しく述べる．

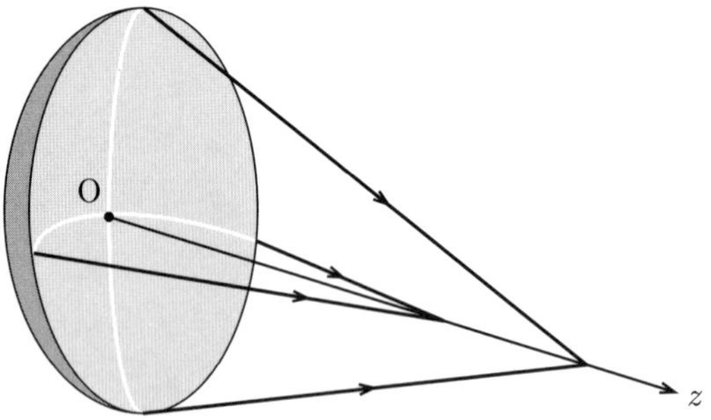


図 4.2-1 屈折面の非軸対称性（曲率のちがい）による非点収差

## 4.3 ガウス光学と ABCD 行列

とくに光学系が光軸のまわりに軸対称，つまり各素子がすべてそれ自身の軸のまわりに対称で，しかもそれらの対称軸がすべて光軸に一致するように配置されているとする．光線が光軸を含む平面（子午面）内で入射したとする．このとき，§2.2 で示したように，スキュー度が 0 で，その光線はいつまでもその子午面内にある．それゆえ，その平面を $y = 0$ ととれば，$\boldsymbol{q}$ も $\boldsymbol{p}$ も $x$ 成分だけ，すなわち $\boldsymbol{q} = (q, 0)$, $\boldsymbol{p} = (p, 0)$ であり，以下ではこの $x$ 成分だけ書く．そのとき，相空間 M は 2 次元となり，光線データは $(q, p)$ であらわされる [6]．

入射光線が子午面内にないとき（スキュー光線の場合）には，§2.2 および例 2.6-2 で見たように，軸対称性があればスキュー度が保存し，そのことを使えば 2 次元相空間に簡約できるので，以下では 2 次元に話をかぎる．

この場合，近軸光線にたいしては，均質媒質中の光軸にそった距離 $l$ の移動は，2 行 2 列の転送行列を用いて

$$\begin{pmatrix} q_{\mathrm{B}} \\ p_{\mathrm{B}} \end{pmatrix} = \begin{pmatrix} 1 & l/\mu \\ 0 & 1 \end{pmatrix} \begin{pmatrix} q_{\mathrm{A}} \\ p_{\mathrm{A}} \end{pmatrix}$$

であらわされる．すなわち，屈折率 $\mu$ の空間での転送行列は

---

6) $p = p_x$ の符号は，本書では光線ベクトル $\vec{p} = (p, 0, p_z)$ が光軸となす鋭角の向きが反時計回りのとき，$p > 0$ とする．しかし逆にとっている書物や，物側空間と像側空間で逆にとっている書物もあるので注意が必要．

$$\hat{T}(l/\mu) := \begin{pmatrix} 1 & l/\mu \\ 0 & 1 \end{pmatrix} = \begin{pmatrix} 1 & \bar{l} \\ 0 & 1 \end{pmatrix} \tag{4.20}$$

で与えられる．$\bar{l} = l/\mu$ は還元距離．

また，$z = 0$ で光軸を切る屈折面は，系の軸対称性より，境界面の $z = 0$ での曲率半径を $R$ として，近軸光線にたいしては

$$z = \Phi(x) = R - R\sqrt{1 - \frac{x^2}{R^2}} = \frac{x^2}{2R}$$

と近似し，球面レンズと見ることができる（境界面が入射光線側に凸のとき $R > 0$ と約束）．そして近軸光線の境界面での屈折は，境界面の前後で屈折率が $\mu$ から $\mu'$ に変わるとして，(4.7) より

$$\begin{pmatrix} q^{\text{out}} \\ p^{\text{out}} \end{pmatrix} = \begin{pmatrix} 1 & 0 \\ -(\mu' - \mu)/R & 1 \end{pmatrix} \begin{pmatrix} q^{\text{in}} \\ p^{\text{in}} \end{pmatrix}$$

であらわされる．すなわち，屈折行列は

$$\hat{R}(\mu, \mu') := \begin{pmatrix} 1 & 0 \\ -(\mu' - \mu)/R & 1 \end{pmatrix} = \begin{pmatrix} 1 & 0 \\ -P & 1 \end{pmatrix}. \tag{4.21}$$

半径 $R$ の球面による屈折の大きさは $p^{\text{out}} - p^{\text{in}} = -\{(\mu' - \mu)/R\}q^{\text{in}}$ で表され，入射高 $q^{\text{in}}$ に比例しているが，その比例定数 $P := (\mu' - \mu)/R$ は屈折面（球面レンズ）に固有の量で，屈折面の**パワー (屈折力)** といわれる．

屈折率が $\mu$ の物側空間の $z = a\ (< 0)$ の参照平面からの光線がこの屈折面によって屈折した後に，屈折率が $\mu'$ の像側空間の $z = b\ (> 0)$ の参照平面に達し，その結果として相空間上で $(q_{\text{A}}, p_{\text{A}})$ から $(q_{\text{B}}, p_{\text{B}})$ に移動したとする．その場合の変換行列（拡大屈折行列）は，両側の還元距離を $\bar{a} = a/\mu$, $\bar{b} = b/\mu'$ として

$$\begin{aligned} \hat{R}^* &= \hat{T}(b/\mu')\hat{R}(\mu, \mu')\hat{T}(-a/\mu) \\ &= \begin{pmatrix} 1 & \bar{b} \\ 0 & 1 \end{pmatrix} \begin{pmatrix} 1 & 0 \\ -(\mu' - \mu)/R & 1 \end{pmatrix} \begin{pmatrix} 1 & -\bar{a} \\ 0 & 1 \end{pmatrix} \\ &= \begin{pmatrix} 1 - (\mu' - \mu)\bar{b}/R & (\bar{b} - \bar{a}) + (\mu' - \mu)\bar{a}\bar{b}/R \\ -(\mu' - \mu)/R & 1 + (\mu' - \mu)\bar{a}/R \end{pmatrix}. \end{aligned} \tag{4.22}$$

もちろんこれは，軸対称性を仮定しなかった場合の (4,17) で，$2 \times 2$ の単位行列 $\hat{I}$ を数の単位 1 に，$2 \times 2$ の行列 $\hat{\kappa}$ を実数 $1/R$ に置き換えたものにほかならない．

いくつものレンズにより構成されている軸対称な光学系を通過する近軸光線の移動は，2 次元相空間における上記の転送行列 $\hat{T}$ と屈折行列 $\hat{R}$（ないし拡大屈折行列 $\hat{R}^*$）の合成（光源からの順に右から左に並べた積）によってあらわされる．すなわち，物側空間の参照平面の光線データ $(q_{\mathrm{A}}, p_{\mathrm{A}})$ から像側空間の参照平面の光線データ $(q_{\mathrm{B}}, p_{\mathrm{B}})$ への変換は，線形変換

$$\begin{pmatrix} q_{\mathrm{B}} \\ p_{\mathrm{B}} \end{pmatrix} = \hat{M} \begin{pmatrix} q_{\mathrm{A}} \\ p_{\mathrm{A}} \end{pmatrix} \qquad \hat{M} := \begin{pmatrix} A & B \\ C & D \end{pmatrix} \tag{4.23}$$

で与えられる．この 2 行 2 列の行列 $\hat{M}$ は (4.20) (4.21) の形をした複数個の転送行列と屈折行列の積である．幾何光学のこの扱いを**ガウス光学**という．

それぞれの変換行列の行列式は 1 であるから，その積で与えられる光学系全体の変換行列 (4.23) の行列式も 1 である．すなわち

$$\det \hat{M} = AD - BC = 1. \tag{4.24}$$

行列式の値が 1 のこの $2 \times 2$ 行列 $\hat{M}$ は光学では **ABCD 行列**とよばれている．なんともストレートというか，そのまんまのネーミングである．

逆に，$\det \hat{M} = AD - BC = 1$ となる (4.23) の形の $2 \times 2$ 行列は，かならずガウス光学における光学系の変換行列になっている．このことはつぎのように示される．

はじめに $C \neq 0$ の場合を考える．

$$\begin{pmatrix} 1 & s \\ 0 & 1 \end{pmatrix}\begin{pmatrix} A & B \\ C & D \end{pmatrix}\begin{pmatrix} 1 & t \\ 0 & 1 \end{pmatrix} = \begin{pmatrix} A + sC & B + sD + t(A + sC) \\ C & D + tC \end{pmatrix}.$$

ここで $A + sC = 1$，つまり $s = (1 - A)/C$ と選ぶ．さらに

$$t = -\frac{B + sD}{A + sC} = -B - \frac{(1 - A)D}{C}$$

とすれば $D + tC = AD - BC = 1$. すなわち

$$\begin{pmatrix} 1 & s \\ 0 & 1 \end{pmatrix}\begin{pmatrix} A & B \\ C & D \end{pmatrix}\begin{pmatrix} 1 & t \\ 0 & 1 \end{pmatrix} = \begin{pmatrix} 1 & 0 \\ C & 1 \end{pmatrix}.$$

したがって

$$\begin{pmatrix} A & B \\ C & D \end{pmatrix} = \begin{pmatrix} 1 & -s \\ 0 & 1 \end{pmatrix}\begin{pmatrix} 1 & 0 \\ C & 1 \end{pmatrix}\begin{pmatrix} 1 & -t \\ 0 & 1 \end{pmatrix}.$$

$C = 0$ の場合．

$$\begin{pmatrix} 1 & 0 \\ -P & 1 \end{pmatrix}\begin{pmatrix} A & B \\ 0 & D \end{pmatrix} = \begin{pmatrix} A & B \\ -PA & D-PB \end{pmatrix} = \begin{pmatrix} A & B \\ C' & D' \end{pmatrix},$$

ただし $C' = -PA \neq 0$．したがって，

$$\begin{aligned} \begin{pmatrix} A & B \\ 0 & D \end{pmatrix} &= \begin{pmatrix} 1 & 0 \\ P & 1 \end{pmatrix}\begin{pmatrix} A & B \\ C' & D' \end{pmatrix} \\ &= \begin{pmatrix} 1 & 0 \\ P & 1 \end{pmatrix}\begin{pmatrix} 1 & -s \\ 0 & 1 \end{pmatrix}\begin{pmatrix} 1 & 0 \\ C' & 1 \end{pmatrix}\begin{pmatrix} 1 & -t \\ 0 & 1 \end{pmatrix}. \end{aligned}$$

つまりいずれの場合も，行列式が 1 の 2 行 2 列の行列は転送行列と屈折行列の積であらわされる．

本節のここまでの議論は，レンズの組み合わせのような区分的に均質な媒質の組み合わせよりなる光学系の場合，それゆえ媒質の境界面で屈折率が不連続に変化する場合にたいするものであった．

しかし，軸対称な系において子午面内の近軸領域の範囲であれば，媒質が連続的に変化する場合（分布屈折率媒質系）でも光線の進展が同様に線形変換であらわされることが，以下のように示される．

その場合，屈折率は，近軸光線にたいして

$$\mu(z, q) = n_0(z) + \frac{1}{2}n_1(z)q^2 \tag{4.25}$$

と近似できる．このとき光線方程式 (2.7) は，近軸近似の範囲で

$$\frac{d}{dz}\left(n_0(z)\frac{dq}{dz}\right) - n_1(z)q = n_0(z)\frac{d^2q}{dz^2} + \frac{dn_0(z)}{dz}\frac{dq}{dz} - n_1(z)q = 0 \tag{4.26}$$

の形の 2 階線形同次微分方程式で与えられる．そこで，この方程式のふたつの解 $q = q_{\rm u}$ と $q = q_{\rm v}$ をとり，そのそれぞれにたいするこの方程式を書き，$q_{\rm u}$ にたいする方程式に $q_{\rm v}$ をかけ，$q_{\rm v}$ にたいする方程式に $q_{\rm u}$ をかけて，辺々引くと，近軸近似の範囲で $p(z) = \mu(z,q)dq(z)/dz = n_0(z)dq(z)/dz$ であることに注意して

$$
\begin{aligned}
&q_{\rm v}\frac{d}{dz}\left(n_0(z)\frac{dq_{\rm u}}{dz}\right) - q_{\rm u}\frac{d}{dz}\left(n_0(z)\frac{dq_{\rm v}}{dz}\right)\\
&= \frac{d}{dz}\left\{n_0(z)\left(\frac{dq_{\rm u}}{dz}q_{\rm v} - \frac{dq_{\rm v}}{dz}q_{\rm u}\right)\right\} = \frac{d}{dz}(p_{\rm u}q_{\rm v} - p_{\rm v}q_{\rm u}) = 0.
\end{aligned}
$$

これより，$z = a$ を始点とする解の 2 本の光線にそって $p_{\rm u}q_{\rm v} - p_{\rm v}q_{\rm u} = \text{const.}$，すなわち，任意の $z$ にたいして

$$
p_{\rm u}(z)q_{\rm v}(z) - p_{\rm v}(z)q_{\rm u}(z) = p_{\rm u}(a)q_{\rm v}(a) - p_{\rm v}(a)q_{\rm u}(a). \qquad (4.27)^{7)}
$$

他方で，線形微分方程式のふたつの解があれば，その線形結合も解であることがわかっている．そして 2 階の方程式ゆえ，初期条件 $q(a) = q_0$，$\dot{q}(a) = p_0/n_0(a)$ を与えれば[8)]，解は一意的に決まる．そこで，初期条件 $(q(a), \dot{q}(a)) = (1, 0)$ を満たす解を $f(z)$，初期条件 $(q(a), \dot{q}(a)) = (0, 1)$ を満たす解を $g(z)$ とすれば，$f(z)$ と $g(z)$ は独立で定数倍の関係にはなく，一般的な初期条件 $(q(a), \dot{q}(a)) = (q_0, p_0/n_0(a))$ を満たす解は $f(z)$ と $g(z)$ の線形結合

$$
q(z) = q_0 f(z) + \frac{p_0}{n_0(a)}g(z)
$$

で与えられる．$p_0$，$q_0$ は任意に与えうるので，これは一般解である．このとき

$$
p(z) = \mu(z,q)\frac{dq(z)}{dz} = n_0(z)q_0\frac{df(z)}{dz} + p_0\frac{n_0(z)}{n_0(a)}\frac{dg(z)}{dz},
$$

それゆえ，

$$
A(z) = f(z),\ B(z) = \frac{g(z)}{n_0(a)},\ C(z) = n_0(z)\frac{df(z)}{dz},\ D(z) = \frac{n_0(z)}{n_0(a)}\frac{dg(z)}{dz}
$$

---

7) これは相空間上の二つのベクトル $(q_{\rm u}, p_{\rm u})$ と $(q_{\rm v}, p_{\rm v})$ のシンプレクティック内積ないし斜交積とよばれるもので，この点については §4.5 および付録 A.6 で詳述．

8) 特別にここでは，$\dot{q}(a)$ は $dq(z)/dz$ の微分演算後に $z = a$ を代入したものとする．前章までと違って $z$ による導関数を $q'(z)$ としなかったのは，次節で $q'$ を別の意味に使うため．

として，$p_0$，$q_0$ を $p(a)$，$q(a)$ で書き直せば，$q(a), p(a)$ から $q(z), p(z)$ への変換は

$$\begin{pmatrix} q(z) \\ p(z) \end{pmatrix} = \hat{M}(z)\begin{pmatrix} q(a) \\ p(a) \end{pmatrix} = \begin{pmatrix} A(z) & B(z) \\ C(z) & D(z) \end{pmatrix}\begin{pmatrix} q(a) \\ p(a) \end{pmatrix}. \qquad (4.28)$$

の形にあらわされる．そしてこの 1 次変換を (4.27) に代入すれば，直接の計算でこの場合も任意の $z$ にたいして $A(z)D(z) - B(z)C(z) = 1$ が成り立つこと，すなわち $z$ の値によらず $\det \hat{M}(z) = 1$ であることがが示される．

このように，**ガウス光学の光学系は行列式が 1 の 2 行 2 列行列であらわされ，逆に行列式が 1 の 2 行 2 列の行列は，ガウス光学におけるなにがしかの光学系をあらわしている**．すなわち (4.23) と (4.24) がガウス光学の基本である．

ところで，多くの場合にそうであるように，光線が光源となる物体あるいは物側参照平面 $\Sigma$ から屈折率が一定の空間（物側ドリフト空間）をある距離直進して変換行列（ABCD 行列）$\hat{M}$ の与えられている光学系に達し，この光学系を出てからやはり屈折率が一定の空間（像側ドリフト空間）をある距離直進してスクリーンあるいは像側参照平面 $\Sigma'$ に達するとしよう．通常，光学系からの距離を光の進む向きに正にとるので，光学系の最初の屈折面の頂点から物側参照平面までの光軸にそった距離を $l\ (< 0)$，その空間（物側ドリフト空間）の屈折率を $\mu$，その最後の屈折面の頂点から光軸にそって像側参照平面までの距離を $l'(> 0)$，その空間（像側ドリフト空間）の屈折率を $\mu'$ とする（図 4.3-1）．

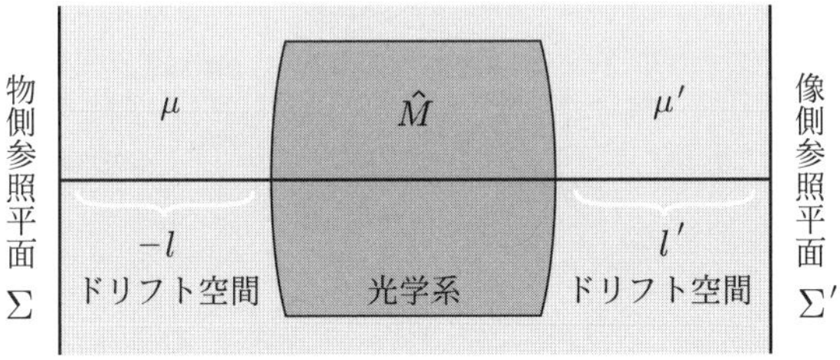


**図 4.3-1** 参照平面・ドリフト空間・光学系

以下本章では，このように物側の量にたいして，それに対応する像側の量をプライム ( ′ ) をつけて区別する．それゆえ，$q, p = \mu \sin\theta$ は物側の変数，

$q', p' = \mu' \sin\theta'$ は像側の変数（したがってここでは $q'$ は $dq/dz$ ではないことに注意）.

光学系自身の変換行列を $\hat{M}$ とすれば，この系全体の，つまり光学系と両側のドリフト空間を含む物側参照平面から像側参照平面までの変換行列は，ドリフト空間の還元距離 $l/\mu = \bar{l}$，$l'/\mu' = \bar{l}'$ を用いて，

$$\hat{M}^* = \begin{pmatrix} \tilde{A} & \tilde{B} \\ \tilde{C} & \tilde{D} \end{pmatrix} = \begin{pmatrix} 1 & \bar{l}' \\ 0 & 1 \end{pmatrix}\begin{pmatrix} A & B \\ C & D \end{pmatrix}\begin{pmatrix} 1 & -\bar{l} \\ 0 & 1 \end{pmatrix}$$
$$= \begin{pmatrix} A + C\bar{l}' & -(A + C\bar{l}')\bar{l} + B + D\bar{l}' \\ C & D - C\bar{l} \end{pmatrix}. \tag{4.29}$$

もちろんこの場合，$\tilde{A}, \tilde{B}, \tilde{C}, \tilde{D}$ はただの実数であり，

$$\det \hat{M}^* = \tilde{A}\tilde{D} - \tilde{B}\tilde{C} = AD - BC = 1. \tag{4.30}$$

この $\hat{M}^*$ による変換 $(q, p) \mapsto (q', p')$ は，明示的に

$$q' = \tilde{A}q + \tilde{B}p, \qquad p' = \tilde{C}q + \tilde{D}p$$

とあらわされる．これより $\tilde{B} \neq 0$ の場合，

$$p = \frac{1}{\tilde{B}}(q' - \tilde{A}q), \qquad p' = \tilde{C}q + \frac{\tilde{D}}{\tilde{B}}(q' - \tilde{A}q) = \frac{1}{\tilde{B}}(\tilde{D}q' - q).$$

したがって，光線が物側参照平面をとおる点 A(座標 $q$)，および像側参照平面上の点 B(座標 $q'$) を指定すれば，その 2 点をとおる光線がかならず 1 本決まる．

そこで

$$V(q', q) = \frac{1}{2\tilde{B}}(\tilde{A}q^2 - 2qq' + \tilde{D}q'^2) + \text{const.} \tag{4.31}$$

とすると，

$$\frac{\partial V}{\partial q'} = \frac{1}{\tilde{B}}(\tilde{D}q' - q) = p', \qquad \frac{\partial V}{\partial q} = \frac{1}{\tilde{B}}(\tilde{A}q - q') = -p \tag{4.32}$$

となり，この $V(q', q)$ がこの変換の点アイコナールであることがわかる．

このアイコナールは，実際には (4,16) 式のアイコナールに使われている 2 行 2 列の行列 $\hat{A}, \hat{B}, \hat{C}, \hat{D}$ を，軸対称な場合の値 $A\hat{I}$, $B\hat{I}$, $C\hat{I}$, $D\hat{I}$ に置き換えたも

のにほかならない．そして (4.16) は，転送行列や屈折行列であらわされる光学素子の光路長の線形近似であることが示されているゆえ，このアイコナールもじつは，$V(0,0) = \text{const.}$ を光軸にそって測った光路長としておくと，光路長にたいするガウス近似（$q$, $q'$ の 2 次までの近似）であることがわかる．というのも，光学系全体の変換行列はそれぞれの光学素子にたいする転送行列と屈折行列の積であるが，その全体に対応する光路長は，それぞれの光学素子の光路長の和だからである．

## 4.4 結像とその条件

ここで，前節では除外してきた

$$\tilde{B} = -(A + C\bar{l}')\bar{l} + B + D\bar{l}' = 0 \quad \therefore \quad \bar{l} = \frac{B + D\bar{l}'}{A + C\bar{l}'} \quad \text{or} \quad \bar{l}' = \frac{B - A\bar{l}}{C\bar{l} - D} \tag{4.33}$$

の場合を考える．つまり，光源物体と光学系とスクリーンの配置がこの関係を満たしているケースを考える．このとき $q' = \tilde{A}q$ で，これは $p$ の値によらないから，光源（物体）上の 1 点 A からさまざまな方向に出た近軸光線はすべてスクリーン上の 1 点 B に集束する [9]．

すなわち，$\tilde{B} = 0$ がガウス光学での**結像条件**で，このとき点 A と B は**共役**，そして A と B をそれぞれ含んで光軸に垂直な 2 枚の平面を**共役平面**という．(4.24) の条件より $A$ と $C$，$D$ と $C$ が同時に 0 になることはありえないから，$l$ と $l'$ の一方を与えれば (4.33) よりかならず他方が決まり，**ガウス光学ではたがいに共役な平面をかならず見出すことができる**．このとき軸に垂直で点 A を含む平面を物平面，点 B を含む平面を像平面（この場合はとくに**ガウス像面**）という．もちろん，このおなじ $l$ と $l'$ の値にたいして，$q = 0$ で $q' = 0$．つまり，たがいに共役なそれぞれの平面と光軸の交点 $A_0$ と $B_0$ はたがいに共役で，点 $A_0$ からの光線は点 $B_0$ に集束する．というより，そもそも上記の結像条件は

---

[9] この場合は，前節の屈折面の例で見たように，2 点 AB を結ぶすべての経路の光路長は等しく，したがって経路長の停留曲線が 1 本に決まらないので，AB 間の点アイコナールは定義できない．

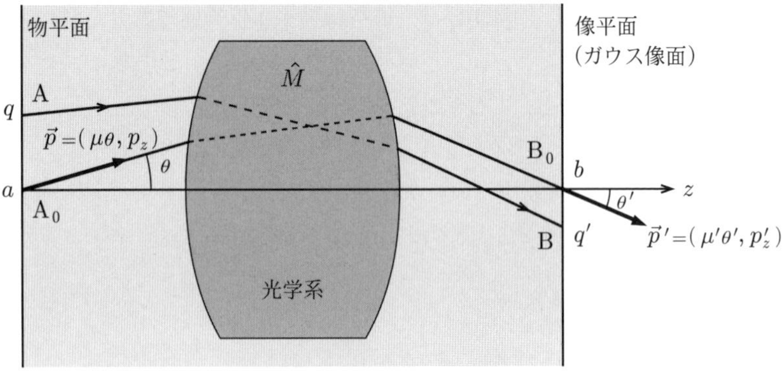


図 4.4-1 ガウス結像

$q$ によらないから，物平面上の任意の点からの光線束はかならず像平面上の点に結像する．すなわち**ガウス光学の結像は平面性を有する**（図 4.4-1）．

なお，上記の結像条件 (4.33) は $\det \hat{M}^* = \tilde{A}\tilde{D} - \tilde{B}\tilde{C} = 1$ とあわせて，

$$\tilde{A}\tilde{D} = (A + C\bar{l}')(D - C\bar{l}) = 1 \tag{4.34}$$

とあらわすこともできる．

またこの場合の変換行列 $\hat{M}^*$ の逆行列は，直接的には (2.146) より，あるいは (4.30) より

$$(\hat{M}^*)^{-1} = \begin{pmatrix} \tilde{D} & -\tilde{B} \\ -\tilde{C} & \tilde{A} \end{pmatrix} \tag{4.35}$$

であることがわかる．それゆえ，$\hat{M}^*$ にたいする結像条件 $\tilde{B} = 0$ は同時に $(\hat{M}^*)^{-1}$ にたいする結像条件になっている．すなわち，共役な二面は物平面と像平面をとりかえても共役である．光線の逆進性を考えれば当然である．

さて，点 A と B が共役な場合，物平面上の $AA_0$ は像平面上の $BB_0$ に結像し，そのさいの倍率（**横倍率ないし像倍率**）は

$$\beta := \frac{\overline{BB_0}}{\overline{AA_0}} = \frac{q'}{q} = \tilde{A} = A + C\bar{l}'. \tag{4.36}$$

ここで $\tilde{A} = \beta\ (> 0)$ なら $q'$ と $q$ は同符号で像は正立，$\tilde{A} = \beta\ (< 0)$ なら像は

倒立．この横倍率は $q$ によらないから，物平面上の任意の図形の任意の 2 点を結ぶ線分はすべて同一の縮尺で像平面に結像する．すなわち**ガウス光学の結像は相似性を有する**（像が歪むことはない）．

なお，軸方向の倍率（**縦倍率**）は，(4.33) (4.34) より

$$\alpha := \left|\frac{dl'}{dl}\right| = \frac{\mu'}{\mu}(A + C\bar{l}')^2 = \frac{\mu'}{\mu}\beta^2. \tag{4.37}$$

他方，このとき物平面の軸上の点 $\mathrm{A}_0$ $(q = 0)$ から角度 $\theta$ で出た光線の光線ベクトル成分は，近軸近似ゆえ $p = \mu \sin\theta \fallingdotseq \mu\theta$ とあらわされる．その光線が像空間の軸上の点 $\mathrm{B}_0$ では角度 $\theta'$ で軸と交わるとすれば，$p' = \mu' \sin\theta' \fallingdotseq \mu'\theta'$ であり，上記の変換行列より $p' = \tilde{D}p$．したがって**角倍率**は

$$\gamma := \frac{\theta'}{\theta} = \frac{p'/\mu'}{p/\mu} = \frac{\mu}{\mu'}\tilde{D} = \frac{\mu}{\mu'}(D - C\bar{l}). \tag{4.38}$$

この場合，$\tilde{B} = 0$ で，変換行列の行列式は $\tilde{A}\tilde{D} = 1$ ゆえ

$$\beta\gamma = \frac{\mu}{\mu'}\tilde{A}\tilde{D} = \frac{\mu}{\mu'}. \tag{4.39}$$

すなわち，角倍率を上げれば横倍率が下がり，横倍率を上げれば角倍率が下がる．言い換えれば，像を小さくしようとすればビームの開きは広がり，ビームの開きを小さくしようとすれば像は大きくなる．この (4.39) の関係は

$$\mu' q' \theta' = \mu q \theta \tag{4.40}$$

ともあらわされる．(4.39) ないし (4.40) はガウス光学における**ラグランジュ＝ヘルムホルツの関係**といわれるものである．

このラグランジュ＝ヘルムホルツの関係は，一種の保存則であるが，それはスキュー度の保存のような 1 本の光線にそってのもの（第 1 積分）ではなく，物空間の 1 点 A（座標 $q$）から出た光線と物空間の軸上の点 $\mathrm{A}_0$（座標 $q = 0$）から光線成分が $p = \mu\theta$ で与えられる方向に出た光線の，対についての保存則であることに注意．

このことを，物平面と像平面の 2 次元的な広がりで考えてみよう．つまり物平面上で $\mathrm{A}_0\mathrm{A}$ と直交する方向に $\mathrm{A}_0\mathrm{A}^*$ をとり，同様に像平面上に $\mathrm{B}_0\mathrm{B}$ と直交

する方向に $B_0B^*$ をとると，まったく同様に倍率 $\beta^*, \gamma^*$ が定義され，

$$\beta\beta^*\gamma\gamma^* = \left(\frac{\mu}{\mu'}\right)^2 \tag{4.41}$$

の関係が導かれる．これは §2.13 で導いた輝度不変則 (2.157) の特別な場合である．この積が一定であることは，光源物体を縮小させると，それに応じてビームの開きが大きくなることを意味し，§1.1 で見た光の波動性に由来するものとは別の，幾何光学に固有の不確定性の現れである．

以上より，共役な 2 面間の変換行列（ABCD 行列）は，横倍率 $\beta$ を用いて

$$\hat{M}^* = \begin{pmatrix} \beta & 0 \\ C & 1/\beta \end{pmatrix} \tag{4.42}$$

とあらわされる．

変換行列 $\hat{M}^*$ のこの表現において，$\beta$ はもちろん共役な参照平面の位置により異なる．それにたいして $C = \tilde{C}$ は光学系から両側の参照平面までの距離 $l$, $l'$ によらず光学系に固有の量であり，$-C$ は屈折面にたいして定義されたパワーの概念を光学系全体に適用したもので，**光学系のパワー**といわれる [10]．

はじめに $C \neq 0$ の場合を考える．

ここで，光学系の**主点**を，横倍率が 1 ($\beta = \tilde{A} = \tilde{D} = 1$) となる光軸上の一組の共役点と定義する：

$$\mathrm{H}:\ l = \frac{\mu D - \mu}{C} =: a_\mathrm{H}, \quad \mathrm{H}':\ l' = \frac{\mu' - \mu' A}{C} =: b_\mathrm{H}. \tag{4.43}$$

H を**物側主点**，H′ を**像側主点**という．そしてこの 2 点のそれぞれをとおり光軸に垂直な平面をそれぞれ**物側主面**，**像側主面**，あわせて**主面**という．主面間の変換行列は (4.42) 式で $\beta = 1$ とおいて

$$\hat{M}^* = \begin{pmatrix} 1 & 0 \\ C & 1 \end{pmatrix}. \tag{4.44}$$

これは屈折行列 (4.21) と同一の形をしているので，主面間の変換は単一の屈折

---

10) 球面レンズでは §4.3 に示したように，これは $(\mu' - \mu)/R$ となる．

面のものとおなじになる．具体的にあらわすと $q' = q$，$p' = Cq + p$ ゆえ，ある入射高 $q$ で物側主面に入射したすべての光線は，おなじ高さで像側主面を出てゆく(図 4.4-2)．そして $p' - p = Cq$ ゆえ，屈折の大きさは入射高 $q$ と $C$ のそれぞれに比例し，前にも言ったように $-C$ が大きいほど軸に向かって大きく屈折する．このことが「パワー（屈折力)」の名称の由来である．

また，光学系の**節点**を，角倍率が $1$ $(\gamma = 1)$ となる光軸上の一組の共役点と定義する：

$$\mathrm{N}:\ l = \frac{\mu D - \mu'}{C} =: a_{\mathrm{N}}, \quad \mathrm{N}':\ l' = \frac{\mu - \mu' A}{C} =: b_{\mathrm{N}}. \tag{4.45}$$

N を**物側節点**，N′ を**像側節点**という．一般には

$$p' = \tilde{C}q + \tilde{D}p = \tilde{C}q + \gamma\frac{\mu'}{\mu}p$$

ゆえ，とくに物側節点に入射した光線では，$q = 0, \gamma = 1$ として $q' = 0$ であり，$p'/\mu' = p/\mu$，それゆえ，光軸にたいして入射光線とおなじ角度で像側節点を出てゆく，つまりこのとき，入射光線と射出光線は平行である(図 4.4-2)．

なお，主点と節点のこの定義より，$a_{\mathrm{H}} - a_{\mathrm{N}} = b_{\mathrm{H}} - b_{\mathrm{N}} = (\mu' - \mu)/C$ であり，両側の節点は両側の主点からおなじだけずれている．とくに $\mu = \mu'$ のときは，主点と節点が一致する．

つぎにこの系の**焦点**および**焦点距離**を考えよう．変換行列 (4.29) より

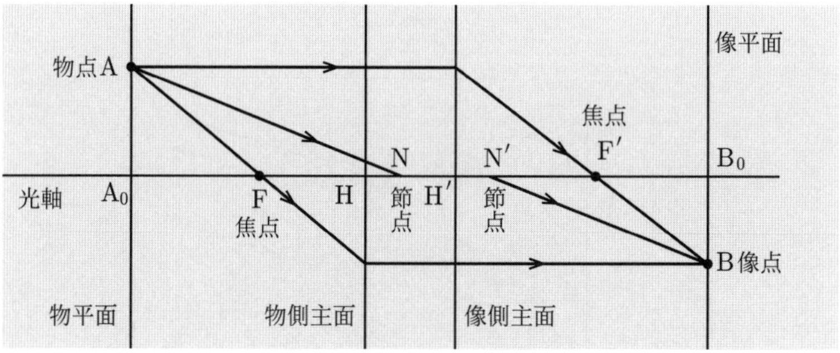


図 4.4-2 光学系における主点(主面)・節点・焦点と共役点

$$q' = \tilde{A}q + \tilde{B}p, \qquad p' = \tilde{C}q + \tilde{D}p.$$

したがって，

$$\tilde{A} = A + C\bar{l}' = A + C\frac{l'}{\mu'} = 0$$

であれば，$q'$ が $q$ によらないから，光学系にさまざまな入射高で平行に入射した（つまり $p$ の等しい）すべての光線が光学系を通過後

$$l' = -\mu' \frac{A}{C} \tag{4.46}$$

の距離の平面上の一点（$q' = \tilde{B}p$）に集束する．この平面が**像側焦平面**である（図 4.4-3a）．

そして主面の概念を用いることにより，複数の屈折面（複数のレンズ）からなる光学系においても，光学系全体の焦点距離を定義することが可能となる．すなわち像側主面から像側焦平面までの距離を**像側焦点距離**という：

$$\text{像側焦点距離：} f_{\mathrm{B}} = -\mu' \frac{A}{C} - b_{\mathrm{H}} = -\frac{\mu'}{C}. \tag{4.47}$$

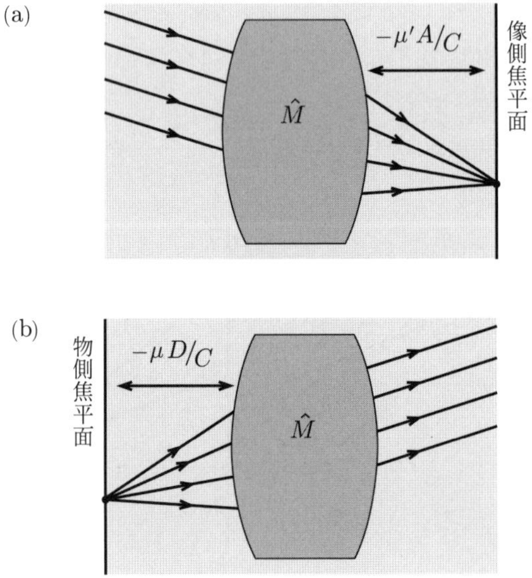


図 4.4-3 焦平面

とくに軸に平行な入射光線 $(p=0)$ は，$q'=0$, $p'=\tilde{C}q=Cq$ で，光軸と像側焦平面の交点に集束する．この点が**像側焦点**で，$\mathrm{F}'$ で記す．

それにたいして，

$$\tilde{D}=D-C\bar{l}=D-C\,\frac{l}{\mu}=0$$

であれば，$p'$ が $p$ によらないから，物側空間の

$$l=\mu\,\frac{D}{C}<0 \tag{4.48}$$

の距離にある平面上の 1 点から出てさまざまな角度で光学系に入射したすべての光線が光学系を通過後平行に（等しい $p'$ で）進んでゆく (図 4.4-3b)．この平面が**物側焦平面**であり，物側主面からの距離を**物側焦点距離**という：

$$\text{物側焦点距離}：f_{\mathrm{A}}=\mu\frac{D}{C}-a_{\mathrm{H}}=\frac{\mu}{C}. \tag{4.49}$$

そして，物側焦平面と光軸の交点が**物側焦点**であり，F で記す．この点から出たすべての光線は屈折後は $p'=0$ となり，光軸に平行に進んでゆく．

焦点についてのこの考察は，つぎのように見直すことができる．共役な二点（結像条件 (4.33) を満たす $l$, $l'$ の組）をとり，共役面の主点からの距離

$$a:=l-a_{\mathrm{H}}, \qquad b:=l'-b_{\mathrm{H}} \tag{4.50}$$

でもって結像条件 $\tilde{B}=0$ すなわち $\tilde{A}\tilde{D}=1$ (4.34) を書き直すと，

$$Cab+\mu'a-\mu b=0, \quad \text{i.e.} \quad -\frac{\mu}{a}+\frac{\mu'}{b}=-\frac{\mu}{f_{\mathrm{A}}}=\frac{\mu'}{f_{\mathrm{B}}}. \tag{4.51}$$

この式より，$a\to-\infty$ で $b\to f_{\mathrm{B}}$，そしてまた $f_{\mathrm{A}}<0$ であれば $a\to f_{\mathrm{A}}-0$ で $b\to+\infty$ であることがわかる．このことは，軸に平行に進んで光学系に入射した光線は屈折後に像側焦点に進み，逆に物側焦点をとおった光線は屈折後には光軸に平行に進むことを示している[11]．

以上より，$C\neq0$ の光学系の結像では，像の作図はつぎのようにすればよい．

---

[11] 物平面と物側焦点間の距離 $z_{\mathrm{A}}=a-f_{\mathrm{A}}=a-\mu/C$ と，像平面と像側焦点間の距離 $z_{\mathrm{B}}=b-f_{\mathrm{B}}=b-(-\mu'/C)$ にたいして，(4.51) より $z_{\mathrm{A}}z_{\mathrm{B}}=f_{\mathrm{A}}f_{\mathrm{B}}$ の関係が導かれる．これは**ニュートンの公式**といわれている．

物点 A から光軸に平行に進み，そのままおなじ高さで像側主面まで進んで屈折後に像側焦点 F′ をとおる光線，物点 A から出て物側焦点 F をとおり物側主面で屈折後軸に平行に進み，そのままおなじ高さで像側主面を越え，その後は光軸に平行に進む光線，そして物側節点 N にある傾きで入射し，おなじ傾きで像側節点 N′ を出る光線の交点が像点である（図 4.4-2）．この 3 本の光線が 1 点で交わることは (4.51) より示される．実際にはこの 3 本のうち 2 本を使えばよい．

光軸に平行に入射した光線 ($p = 0$) にたいしては，(4.29) の変換行列より，$p' = Cq$ であり，$C < 0$ であれば，$q > 0$ で $p' < 0, q < 0$ で $p' > 0$ で，軸に平行に入射した光線は実際に像側焦点 F′ に集束する（図 4.4-4a）．それにたいして $C > 0$ であれば，$q > 0$ で $p' > 0, q < 0$ で $p' < 0$ で，軸に平行に入射した光線は，あたかもこの像側焦点 F′ から出たかのように発散する（図 4.4-4b）．

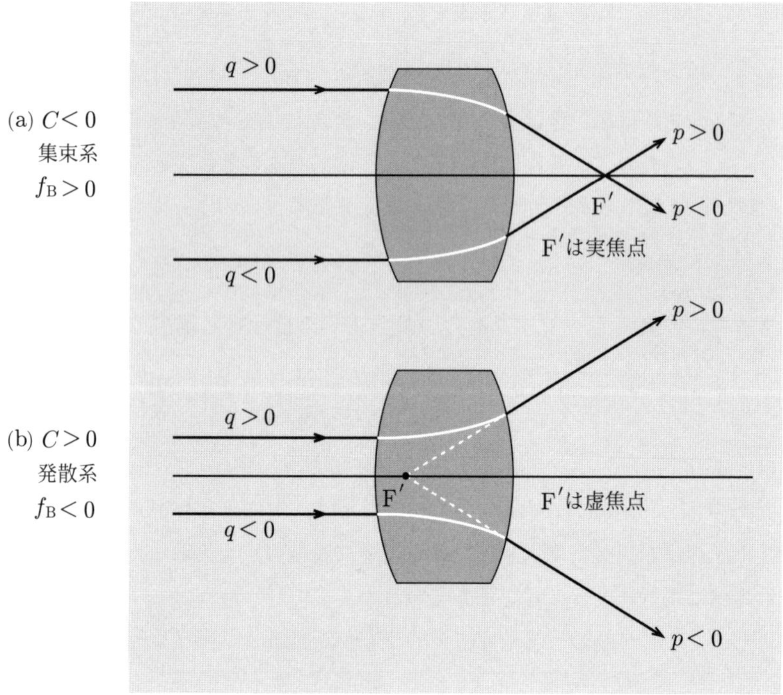


図 4.4-4 集束系と発散系

それゆえ $C<0$ を**集束系**，$C>0$ を**発散系**という．集束系では $f_{\mathrm{B}}>0$ であり，$\mathrm{F}'$ は実焦点で，光軸に平行に入射した光線束のエネルギーは実際にそこに集まる．他方，発散系では $f_{\mathrm{B}}<0$ であり，$\mathrm{F}'$ は虚焦点．

以上は $C\neq 0$ の場合である．

$C=0$ であれば，$p'=\tilde{D}p$ で，たがいに平行に入射した光線束は光学系を通過後もたがいに平行に進む．この場合は，主点，節点，焦点はすべて無限遠で，**無焦点系**ないし**望遠鏡系**といわれる．天体望遠鏡がこの場合に相当する．この場合について詳しくは，例 4.4-3 で具体的に述べる．

### 例 4.4-1（単一の球面レンズと球面鏡）

屈折率 $\mu$ の媒質中に置かれた半径 $R$，屈折率 $\mu'$ の透明な球に入射する光線を考える．屈折の法則より入射光線と屈折光線と球面の法線は同一平面上にあることがわかっているから，球の中心Cと入射光線を含む平面（子午面）で考えればよい．この平面上で，球の中心 C をとおる軸（光軸）を定め，それを $z$ 軸に，光軸が球面をとおる点を原点 O にとり，入射光線と光軸を含む面を $x,z$ 平面とする．球面は入射光線の側に凸とした(図 4.4-5)．

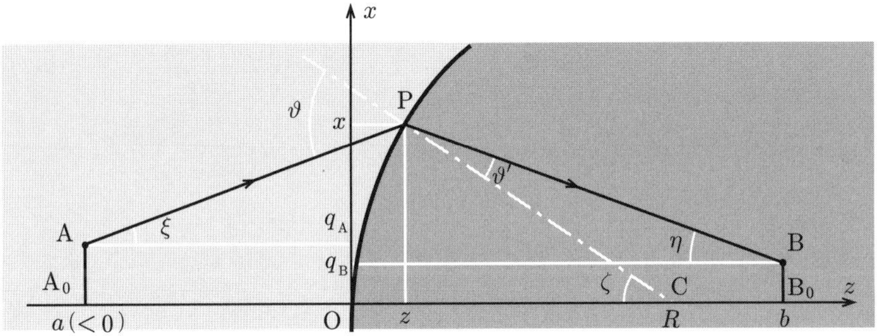


図 4.4-5　単一球面での屈折

はじめにフェルマの原理による議論をしておこう．

点 A : $(x=q_{\mathrm{A}}, z=a<0)$ から出て，点 B : $(x=q_{\mathrm{B}}, z=b>0)$ に達する光線を考える．この光線が球面上の点 P : $(x,z)$ をとおるとすれば，光路長は

$$J(x)=\mu\sqrt{(x-q_{\mathrm{A}})^2+(z-a)^2}+\mu'\sqrt{(q_{\mathrm{B}}-x)^2+(b-z)^2}. \qquad (4.52)$$

ここで，近軸光線のみを考え，$|a|$, $b$, $R$ にくらべて $|q_{\rm A}|, |q_{\rm B}|, |x|$ は十分に小さいとして $q_{\rm A}^3$, $q_{\rm B}^3$, $x^3$ 以上の高次の項を無視し，さらに屈折球面の曲線を $z = R - \sqrt{R^2 - x^2} \fallingdotseq x^2/2R$ と近似すれば，

$$J = \mu' b - \mu a + \frac{\mu' q_{\rm B}^2}{2b} - \frac{\mu q_{\rm A}^2}{2a} - \left(\frac{\mu' q_{\rm B}}{b} - \frac{\mu q_{\rm A}}{a}\right)x + \frac{1}{2}\left(\frac{\mu'}{b} - \frac{\mu}{a} - \frac{\mu' - \mu}{R}\right)x^2. \tag{4.53}$$

現実の光線のとる経路は，これが停留値をとるときであり，そのためには

$$\frac{\partial J}{\partial x} = -\left(\frac{\mu' q_{\rm B}}{b} - \frac{\mu q_{\rm A}}{a}\right) + \left(\frac{\mu'}{b} - \frac{\mu}{a} - \frac{\mu' - \mu}{R}\right)x = 0. \tag{4.54}$$

このときの $x$ の値すなわち入射高を $h$ として，これを

$$\mu\left(\frac{h}{R} - \frac{h - q_{\rm A}}{a}\right) = \mu'\left(\frac{h}{R} - \frac{h - q_{\rm B}}{b}\right) \tag{4.55}$$

と書き直してみよう．近軸近似，したがって微小角近似では，図で

$$\xi = \frac{q_{\rm A} - h}{a}, \quad \eta = \frac{h - q_{\rm B}}{b}, \quad \zeta = \frac{h}{R}, \qquad \vartheta = \xi + \zeta, \quad \vartheta' = \zeta - \eta$$

ゆえ，上式は $\mu\vartheta = \mu'\vartheta'$ となり，これは近軸近似での屈折の法則である．

ここで，入射光と屈折光の光線ベクトル $\vec{p}_{\rm A} = (p_{{\rm A}x}, 0, p_{{\rm A}z})$, $\vec{p}_{\rm B} = (p_{{\rm B}x}, 0, p_{{\rm B}z})$ にたいして

$$\mu\,\frac{h - q_{\rm A}}{0 - a} = p_{{\rm A}x}, \qquad \mu'\,\frac{q_{\rm B} - h}{b - 0} = p_{{\rm B}x}$$

であることに注意すれば (4.55) は

$$p_{{\rm A}x} - p_{{\rm B}x} = \frac{\mu' - \mu}{R}\,h \tag{4.56}$$

と書き直され，屈折の大きさ，つまり $p_{{\rm A}x} - p_{{\rm B}x}$ が入射高 $h$ に比例することを示している．その比例定数

$$P := \frac{\mu' - \mu}{R} \tag{4.57}$$

は，点 A, B の位置によらず，これが球面の屈折の**パワー**である．このことは屈折行列 (4.21) よりあきらかである．それによると $B = 0$ ゆえ，球面に接する $z = 0$ の面は自己共役で，また $A = D = 1$ ゆえ $a_{\rm H} = b_{\rm H} = 0$，すなわちこ

の面が主面で，さらに $a_{\rm N} = b_{\rm N} = R$ となり，球面の中心が節点である．

さて，(4.54) 式にもどると，とくに

$$\frac{\mu'}{b} - \frac{\mu}{a} = \frac{\mu' - \mu}{R} \tag{4.58}$$

が満たされるとき [12)]，$J$ は $x$ の 1 次関数となり，その場合，$J$ が停留値をとり A と B が共役となるのは (4.54) より

$$\mu\,\frac{q_{\rm A}}{a} = \mu'\,\frac{q_{\rm B}}{b}. \tag{4.59}$$

つまりこの場合，近軸近似の範囲では，点 A から点 B にゆく光線の光路長は，球面に入射する点 P の位置によらずすべて同一で，点 A から出たすべての近軸光線は，その傾きにかかわらずに，点 B に集束する．すなわち，(4.58) 式がフェルマの原理から導かれる結像条件である．横倍率は $\beta = q_{\rm B}/q_{\rm A} = \mu b/\mu' a$.

この結果を拡大屈折行列 (4.22) で考えると

$$\tilde{B} = (\bar{b} - \bar{a}) + \frac{(\mu' - \mu)\bar{a}\bar{b}}{R} = -\bar{a}\bar{b}\left(\frac{\mu'}{b} - \frac{\mu}{a} - \frac{\mu' - \mu}{R}\right) \tag{4.60}$$

であるから，結像条件 (4.58) は $\tilde{B} = 0$ にほかならない．共役な 2 面間の変換行列は，(4.22) の拡大屈折行列に (4.58) の結像条件を加えて

$$\hat{M}^* = \begin{pmatrix} \frac{\mu b}{\mu' a} & 0 \\ -P & \frac{\mu' a}{\mu b} \end{pmatrix} = \begin{pmatrix} \beta & 0 \\ C & 1/\beta \end{pmatrix}.$$

このとき

$$q_{\rm B} = \frac{\mu b}{\mu' a} q_{\rm A}, \qquad p_{\rm B} = C q_{\rm A} + \frac{\mu' a}{\mu b} p_{\rm A}.$$

第一式は (4.59) とおなじもので，点 A から出た光線が，その傾きによらずすべて点 B に集束することをあらわしている．ここで $q_{\rm A} = 0$ とすれば $q_{\rm B} = 0$，すなわち，光軸上の点 $\mathrm{A_0}$: $(0, a)$ から出た光線は光軸上の点 $\mathrm{B_0}$: $(0, b)$ に集束

---

12) これより導かれる

$$\mu\left(\frac{1}{a} - \frac{1}{R}\right) = \mu'\left(\frac{1}{b} - \frac{1}{R}\right)$$

は屈折の前後でのある種の保存則をあらわし，アッベの**近軸不変量**といわれている．

する．第二式より，その光線にたいして，$p_{\mathrm{B}} = (\mu' a/\mu b)p_{\mathrm{A}}$．この式と (4.59) より $p_{\mathrm{B}}q_{\mathrm{B}} = p_{\mathrm{A}}q_{\mathrm{A}}$．これは $\mathrm{A} \mapsto \mathrm{B}$ の光束と $\mathrm{A}_0 \mapsto \mathrm{B}_0$ の光束からの二本の光線の対にたいするラグランジュ＝ヘルムホルツの関係 (4.40) にほかならない．

結像条件を満たしている場合，(4.58) より，無限遠（$a \to -\infty$）からの平行光線にたいしては $b \to \mu' R/(\mu' - \mu)$ となる．すなわち，$\mu' > \mu$ のとき，無限遠の光源からの光軸に平行なすべての近軸光線は屈折後に光軸上のこの点に集束するので，この点が**像側焦点**．実際にこの点に光のエネルギーが集まるので，この点は無限遠にある光源の実像である．同様に，$a \to -\mu R/(\mu' - \mu) - 0$ のとき $b \to +\infty$ となり，この物点 A からの光線は屈折後は平行な光線になる．このときの物点が**物側焦点**である．

したがって主点からの距離として定義されている焦点距離は，この場合，主点が球の頂点 ($z = 0$) ゆえ，

$$\text{物側焦点距離：} f_{\mathrm{A}} = -\frac{\mu R}{\mu' - \mu}, \quad \text{像側焦点距離：} f_{\mathrm{B}} = \frac{\mu' R}{\mu' - \mu}. \tag{4.61}$$

極値原理としてのフェルマの原理について，若干の補足をしておく．

光路長 $J$ にたいする上の表式 (4.53) より，$x = \bar{x}$ が (4.54) を満たしているとき，(4.53) の $x^2$ の係数

$$\frac{\mu'}{b} - \frac{\mu}{a} - \frac{\mu' - \mu}{R} \equiv \frac{1}{L}$$

が正なら，その $\bar{x}$ で $J$ は極小，負なら $J$ は極大である．

いま $q_{\mathrm{B}} > 0$, $q_{\mathrm{A}} > 0$ とする．$\mu' > \mu$ のとき，点 A, B を境界面から十分遠くにとる，つまり $-a$, $b$ を十分大きくとると，

$$\frac{1}{L} < 0, \qquad \bar{x} = L\left(\mu' \frac{q_{\mathrm{B}}}{b} - \mu \frac{q_{\mathrm{A}}}{a}\right) < 0$$

であり，$J$ は極大，図 4.4-6a のケースである．ここで点 AB をこの光線にそって境界面に近づけると，この係数 $1/L$ は増大し，やがて 0 になり，A と B は共役になる．実際，図で光軸と直線 AP, BP のそれぞれの交点を $\mathrm{A}^*, \mathrm{B}^*$，その $z$ 座標を $a^*$，$b^*$ とすると，P での屈折の法則より

$$\frac{\mu'}{b^*} - \frac{\mu}{a^*} - \frac{\mu' - \mu}{R} = 0$$

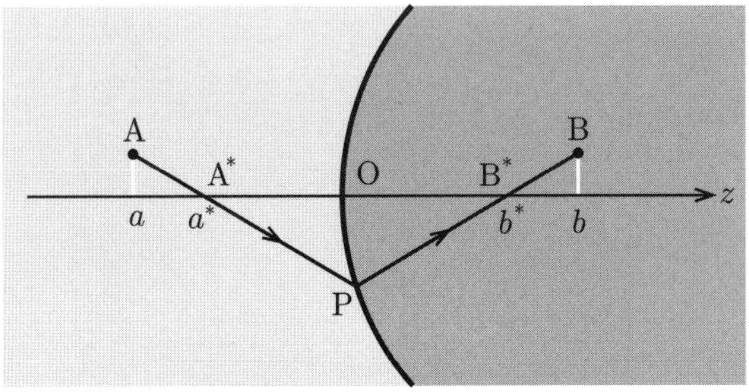


図 4.4-6 (a)　$J$ が極大のケース

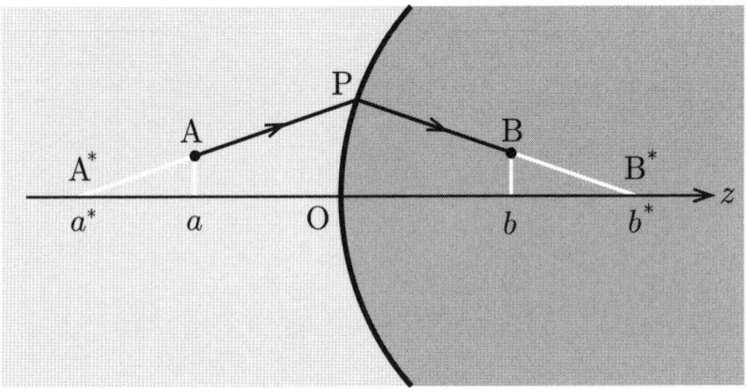


図 4.4-6 (b)　$J$ が極小のケース

の関係が得られるが，これは点 $A^*$，$B^*$ が軸上の共役点であることを示している．点 AB をさらに近づけると $1/L$ は正になる．それゆえ，AB 間に共役点がないときには $J$ は極小である．これは図 4.4-6b のケースである．

球面鏡による反射も同様に扱える(図 4.4-7)．

反射の場合，始点と終点は鏡のおなじ側ゆえ，これまでの議論で $\mu = \mu'$ として，$a > 0$ の場合を考えればよい．このとき，近軸近似で

$$\frac{J}{\mu} = b + a + \frac{q_{\mathrm{B}}^2}{2b} + \frac{q_{\mathrm{A}}^2}{2a} - \left(\frac{q_{\mathrm{B}}}{b} + \frac{q_{\mathrm{A}}}{a}\right)x + \frac{1}{2}\left(\frac{1}{b} + \frac{1}{a} - \frac{2}{R}\right)x^2 \tag{4.62}$$

であり，これが停留値をとるためには

$$\frac{\partial}{\partial x}\left(\frac{J}{\mu}\right) = -\left(\frac{q_{\mathrm{B}}}{b} + \frac{q_{\mathrm{A}}}{a}\right) + \left(\frac{1}{b} + \frac{1}{a} - \frac{2}{R}\right)x = 0. \tag{4.63}$$

したがって，光軸上（$q_{\mathrm{B}} = q_{\mathrm{A}} = 0$）の $z = a$，$z = b$ の 2 点（図 4.4-7）は

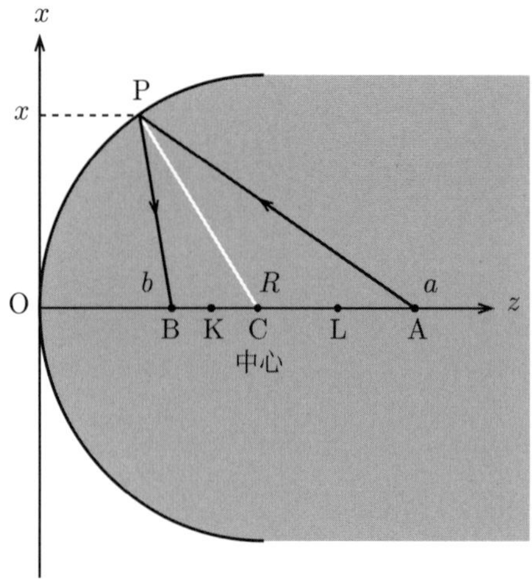


図 4.4-7 球面鏡での反射

$$\frac{1}{a}+\frac{1}{b}=\frac{2}{R}$$

のとき共役で，近軸近似の範囲で，一方から出た光線はすべて他方に集束する．これが結像条件である．AB が光軸上になければ，$q_{\mathrm{B}}=-(b/a)q_{\mathrm{A}}$.

この結果より，とくに $a\to\infty$ で $b\to R/2$, $q_{\mathrm{B}}\to 0$ となり，軸上のこの点 $(z=R/2)$ が球面鏡の焦点である．

(4.62) は (4.63) を満たす $x$ の値の近傍で，

$$\frac{1}{a}+\frac{1}{b}-\frac{2}{R}>0 \quad なら\ J\ は極小, \qquad \frac{1}{a}+\frac{1}{b}-\frac{2}{R}<0 \quad なら\ J\ は極大.$$

とくに $a=b$ で $q_{\mathrm{A}}=q_{\mathrm{B}}=0$ の場合，つまり AB が光軸上の同一の点の場合を考える．図で，A と B が K に一致する場合 $(a=b=\overline{\mathrm{OK}}<R)$，$J$ は極小，つまり K から出て K に戻る光線は O で反射されるものが最短時間であり，これが実現される．A と B が L に一致する場合 $(a=b=\overline{\mathrm{OL}}>R)$，$J$ は極大，つまり L から出て L に戻る光線は O で反射されるものが最長時間であり，これが実現される．A と B が円の中心 C に一致する場合，$J=0$ で，C から出るすべての光線は同一時間で C に戻り，C は自身の共役点である．

この場合も，間に共役点 C をもつ L の場合は，$J$ が極大で，共役点をもたない K の場合，$J$ が極小になる[13].

### 例 4.4-2（薄いレンズ）

曲率半径が左側で $R_1$，右側で $R_2$ の 2 枚の接近した曲面で囲まれた透明物質よりなるレンズを考える．ただし曲面の曲率半径を曲面が入射光の方向に凸のとき正と約束するので，両凸レンズでは $R_1 > 0 > R_2$．薄いレンズでは，両側の屈折面の間の距離を無視してよい．レンズのガラスの屈折率を $\mu = n > 1$，外側の空間の屈折率を $\mu = 1$ とする．その場合には，レンズの変換行列 $\hat{M}$ は，それぞれの屈折のパワーを $P_1 = (n-1)/R_1$，$P_2 = (1-n)/R_2$ として

$$\begin{pmatrix} 1 & 0 \\ -P_2 & 1 \end{pmatrix}\begin{pmatrix} 1 & 0 \\ -P_1 & 1 \end{pmatrix} = \begin{pmatrix} 1 & 0 \\ -(P_1 + P_2) & 1 \end{pmatrix} = \begin{pmatrix} 1 & 0 \\ -1/f & 1 \end{pmatrix}.$$

ここに $P_1 + P_2$ は長さの逆数の次元を有するので，長さの次元をもつ量 $f$ を用いて

$$-C = P_1 + P_2 = (n-1)\left(\frac{1}{R_1} - \frac{1}{R_2}\right) = \frac{1}{f}$$

と記した．このように薄いレンズの屈折のパワーは両側の屈折面のパワーの和で与えられる．$f > 0$ $(C < 0)$ で凸レンズ，$f < 0$ $(C > 0)$ で凹レンズ．

このレンズから左 $|a| = -a$ の距離のところに位置する平面上の 1 点を出た光線がレンズの右 $b$ の距離にある平面に達したとする．全体の変換行列は

---

13) この球面レンズと球面鏡の例に示されたように，**与えられた 2 点間のフェルマの原理にしたがう光線経路，つまり二点間の光路長 $J$ が極値をとる光線経路において，その途中に共役な点の組がないときには光路長は極小となるが，共役な点の組がひとつある場合には光路長は極大となる**．このことは，数学的な証明は立ち入らないが，一般的にいえることである．たとえば，§1.2 の図 1.2-1 の点 A から出て球面鏡 OPQ で反射して B に戻る光線の場合，点 A, B を焦点とする回転楕円体が点 P で球に外接する場合には，光路長は極大である．実際，点 P での法線 $\vec{n}$ が ∠APB を二等分するので，この場合には点 P で球に内接する小さな回転楕円体で，その焦点 A′ と B′ が AP と BP 上にあるものが存在する．それゆえ経路 APB は途中に共役な点の組（A′ と B′）を有している．他方，点 A, B を焦点とする回転楕円体が点 P で球に内接する場合には，経路 APB は極小になっているが，この場合は途中に共役な点の組をもたない．

$$\hat{M}^* = \begin{pmatrix} 1 & b \\ 0 & 1 \end{pmatrix}\begin{pmatrix} 1 & 0 \\ -1/f & 1 \end{pmatrix}\begin{pmatrix} 1 & -a \\ 0 & 1 \end{pmatrix}$$
$$= \begin{pmatrix} 1-b/f & -a+b+ab/f \\ -1/f & 1+a/f \end{pmatrix}. \tag{4.64}$$

いま，レンズの左で距離 $-a = f$ の位置にある光軸に垂直な面上の点からさまざまな角度（さまざまな $p$）で出た光線束を考える：

$$\begin{pmatrix} q' \\ p' \end{pmatrix} = \begin{pmatrix} 1-b/f & f \\ -1/f & 0 \end{pmatrix}\begin{pmatrix} q \\ p \end{pmatrix} = \begin{pmatrix} (1-b/f)q + fp \\ -q/f \end{pmatrix}.$$

このとき，この面上で光軸上の点 $(q = 0)$ から出たすべての光線はレンズで屈折後，$p$ の値によらず $p' = 0$ となり，近軸近似の範囲ではそのすべての光線は光軸に平行に進む．したがって光軸上 $a = -f$ のこの点が物側焦点，この点をとおり軸に垂直なこの面が物側焦平面．この場合は $q \neq 0$ でも $p'$ は $q$ のみにより $p$ に無関係なので，この面上の一点から出たすべての光線は，レンズで屈折後たがいに平行に進む．

逆に，$b = f$ の位置にある光軸に垂直な面を考える．

$$\begin{pmatrix} q' \\ p' \end{pmatrix} = \begin{pmatrix} 0 & f \\ -1/f & 1+a/f \end{pmatrix}\begin{pmatrix} q \\ p \end{pmatrix} = \begin{pmatrix} fp \\ -q/f + (1+a/f)q \end{pmatrix}.$$

したがって，$q'$ は $q$ の値によらず $p$ だけで決まり，近軸近似の範囲で平行な入射光線（$p$ の等しい入射光線）はすべてこの面上の 1 点に集まる．とくに軸に平行に入射した光線 $(p = 0)$ はこの面上の光軸との交点に集束する．この点が像側焦点，この点をとおり光軸に直交する平面が像側焦平面．

薄いレンズの場合，レンズから両側焦点までの距離が等しく，その距離 $f$ が，通常，**レンズの焦点距離**といわれているものである．したがってレンズの焦点距離は屈折のパワーの逆数に等しい [14]．

---

[14] メガネ・レンズの場合，この $f$ をメートル単位であらわしたときのパワーの値，つまり焦点距離の逆数をジオプターといっている．ジオプターの絶対値が大きいほど度が強い．遠視用の凸メガネではジオプターは正，近視用の凹メガネではジオプターは負である．

そして結像条件は

$$\tilde{B} = -a + b + \frac{ab}{f} = 0 \quad \text{i.e.} \quad -\frac{1}{a} + \frac{1}{b} = \frac{1}{f}. \tag{4.65}$$

この条件を満たすとき，二つの平面 $z = a$ と $z = b$ は共役で物平面と像平面になる．この式は薄肉レンズの**レンズの公式**としてよく知られている．$a \neq -f$ であるかぎり，与えられた $a$ にたいして $b$ が一意的に決まる．つまり焦平面以外のすべての面は共役な面をひとつもつ．実際，この場合，任意の $p$ にたいして

$$q' = \left(1 - \frac{b}{f}\right)q = \frac{b}{a}q$$

ゆえ，$a < -f$，つまりレンズから見て物側焦点より遠くの物平面の 1 点からさまざまな角度で出た光線はすべて $b > 0$ の像平面の 1 点に集束し，実際に光のエネルギーが集まる**実像**として結像する．そのさいの倍率（横倍率）は

$$\beta = \frac{q'}{q} = \frac{b}{a}.$$

他方で，物空間の軸上 $(q = 0)$ からある角度 $\theta$ で出た光線が，像空間の軸上に角度 $\theta'$ で入射したとすれば，物空間と像空間はともに屈折率 1 としているので，その光線ベクトル成分は，近軸近似で $p = \theta$，$p' = \theta'$ であり，角倍率は

$$\gamma = \frac{\theta'}{\theta} = \frac{p'}{p} = 1 + \frac{a}{f} = \frac{a}{b}.$$

それゆえ，この場合もたしかに

$$\beta\gamma = 1.$$

なお，$a < 0$ で $b > 0$ であれば $\beta < 0$，$\gamma < 0$ であるが，このように倍率が負というのは，像が倒立していることを意味する．

凹レンズ，すなわち $f < 0$ の発散系の場合，$a < 0$ にたいして (4.65) より $b < 0$，また凸レンズ，すなわち $f > 0$ の場合でも，$-a = |a| < f$ であれば，やはり $b < 0$．これらの場合，$z = a < 0$ の点から出てレンズで屈折した光線を進行方向と逆向きに延長した線が $z = b < 0$ の位置に集束する．つまり像はレンズの物体側（入射光線の側）に生じる．この像には実際に光のエネルギー

が集まっているわけではないので，**虚像**といわれる．

なお，薄いレンズでは変換行列 $\hat{M}$ において $B=0$ ゆえ，レンズの両面に接した面（事実上 1 枚の平面）が自己共役な面であり，さらに $A=D=1$，$\mu=\mu'=1$ ゆえ，(4.43) より $a_{\rm H}=b_{\rm H}=0$，そして (4.45) より $a_{\rm N}=b_{\rm N}=0$，すなわち 2 枚の主面はレンズに接しているこの面に一致し，二つの節点もレンズの中心に一致している．したがって，(4.47) (4.49) より，像側焦点距離は $f_{\rm B}=f$，物側焦点距離は $f_{\rm A}=-f$．そしてまた，たしかにレンズの中心に入射した光線は光軸にたいしておなじ角度で出てゆく．実際にはむしろ話は逆で，もともとは薄い 1 枚のレンズにたいして「焦点距離」という概念が語られていて，何枚ものレンズの組み合わせよりなる任意の光学系においても「焦点距離」を定義するために，薄いレンズの両側の表面に相当する面として主面が定義され，薄いレンズの中心に相当する点として節点が定義されたというべきであろう．

**例 4.4–3**（2 枚のレンズの系と望遠鏡）

焦点距離が $f_1$ と $f_2$ の 2 枚のレンズを真空中で距離 $L$ 離して並べた光学系を考える．$f_1$ のレンズ ($\mathrm{L}_1$) が物空間側，$f_2$ のレンズ ($\mathrm{L}_2$) が像空間側とする．

変換行列 $\hat{M}$ は

$$\begin{pmatrix} 1 & 0 \\ -1/f_2 & 1 \end{pmatrix}\begin{pmatrix} 1 & L \\ 0 & 1 \end{pmatrix}\begin{pmatrix} 1 & 0 \\ -1/f_1 & 1 \end{pmatrix}$$
$$=\begin{pmatrix} 1-L/f_1 & L \\ (L-f_1-f_2)/f_1f_2 & 1-L/f_2 \end{pmatrix}.$$

したがって，この系の焦点距離（組み合わせレンズの合成焦点距離）$f_{\rm A}$，$f_{\rm B}$ は

$$\frac{1}{f_{\rm B}}=-\frac{1}{f_{\rm A}}=-C=\frac{f_1+f_2-L}{f_1f_2}.$$

他方，主点と節点の位置は一致し

$$a_{\rm H}=a_{\rm N}=\frac{-Lf_1}{L-f_1-f_2},\qquad b_{\rm H}=b_{\rm N}=\frac{Lf_2}{L-f_1-f_2}.$$

この例で，とくに $L=f_1+f_2$ と選ぶと，変換行列の要素は $C=0$ となり，合成焦点距離は無限大で，屈折力は 0，そして主点も節点も焦点も無限遠に遠

ざかり，この光学系は無焦点系となる．そしてそのとき光線データの変換は

$$\begin{pmatrix} q' \\ p' \end{pmatrix} = \begin{pmatrix} -f_2/f_1 & L \\ 0 & -f_1/f_2 \end{pmatrix} \begin{pmatrix} q \\ p \end{pmatrix} = \begin{pmatrix} -(f_2/f_1)q + Lp \\ -(f_1/f_2)p \end{pmatrix}$$

で与えられる．$p' = -(f_1/f_2)p$ ゆえ，屈折光線の方向 $p'$ は $q$ によらず，入射光線の方向だけで決まる．そして平行な光線束は屈折後も平行な光線束となる．

これは**天体望遠鏡**に使われる．その場合には $f_1$ のレンズ $(\mathrm{L}_1)$ が対物レンズ，$f_2$ のレンズ $(\mathrm{L}_2)$ が接眼レンズである．対物レンズは凸レンズ（$f_1 > 0$）であり，接眼レンズも凸レンズ（$f_2 > 0$）にするのがケプラー式望遠鏡で，接眼レンズを凹レンズ（$f_2 < 0$）にするのがガリレオ式望遠鏡である．無限遠にある物体の実像が対物レンズ $(\mathrm{L}_1)$ の像側焦平面上に形成されるが，ケプラー式望遠鏡ではその面は同時に接眼レンズ $(\mathrm{L}_2)$ の物側焦平面ゆえ，眼は接眼レンズを通してその実像を無限遠にある倒立像として見る(図 4.4-8)．

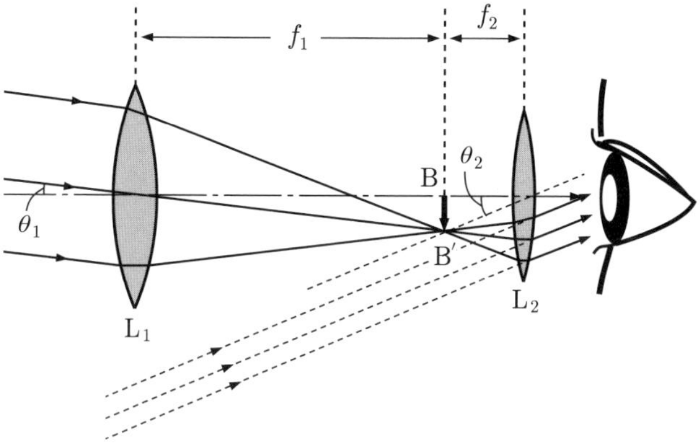


図 4.4-8 ケプラー式望遠鏡

このときの倍率は角倍率

$$\gamma = \frac{p'}{p} = -\frac{f_1}{f_2}$$

であり，これが「望遠鏡の倍率」といわれているものである．ケプラー式望遠鏡の場合，図より

$$|\gamma| = \frac{\theta_2}{\theta_1} = \frac{\tan\theta_2}{\tan\theta_1} = \frac{\overline{\mathrm{BB}}'/f_2}{\overline{\mathrm{BB}}'/f_1} = \frac{f_1}{f_2}$$

が直接的に導かれる．それゆえ倍率を大きくするには，対物レンズの焦点距離 $f_1$ を大きく，接眼レンズの焦点距離 $f_2$ を小さくとればよい．

両側に長さ $-l$, $l'$ のドリフト空間をおいた参照平面を考えれば

$$\hat{M}^* = \begin{pmatrix} -f_2/f_1 & L^* \\ 0 & -f_1/f_2 \end{pmatrix},$$

ただし

$$L^* = L + \frac{f_2}{f_1}l - \frac{f_1}{f_2}l' = f_1 + f_2 + \frac{f_2}{f_1}l - \frac{f_1}{f_2}l'.$$

とくに参照平面を共役な位置にとると（すなわち $L^* = 0$ となるようにとると），つねに $q' = -(f_2/f_1)q = q/\gamma$ となり，横倍率は $\beta = 1/\gamma = \mathrm{const.}$ となる．そしてこの場合

$$\hat{M}^* = \begin{pmatrix} 1/\gamma & 0 \\ 0 & \gamma \end{pmatrix}.$$

またこのとき，$l' = (f_2/f_1)^2 l + (f_2/f_1)L$ ゆえ，縦倍率は

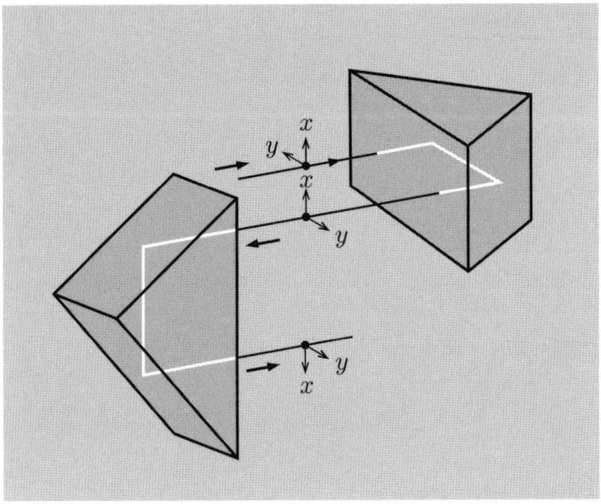


図 4.4-9 正立プリズム

$$\alpha = \frac{\Delta l'}{\Delta l} = \left(\frac{f_2}{f_1}\right)^2 = \frac{1}{\gamma^2} = \beta^2.$$

なお，ケプラー式望遠鏡は像が倒立しているので，天体望遠鏡に使われる．地上での使用には，像を正立に戻すために，図 4.4-9 のような全反射を利用した正立プリズムが使用される．とくに図の組み合せのプリズムの場合，対物レンズと接眼レンズの間の距離を縮めることが可能になり双眼鏡に使用される．

## 4.5 シンプレクティック写像

ガウス光学においては，2 行 2 列の変換行列 (ABCD 行列) はつねに $\det \hat{M} = AD - BC = 1$ の関係を満たしている．そのため ABCD 行列はシンプレクティック条件 (2.136) を満たす，2 次の**シンプレクティック行列**である．実際

$$\hat{M}^t \hat{\Omega} \hat{M} = \begin{pmatrix} A & B \\ C & D \end{pmatrix}^t \begin{pmatrix} 0 & -1 \\ 1 & 0 \end{pmatrix} \begin{pmatrix} A & B \\ C & D \end{pmatrix}$$
$$= \begin{pmatrix} 0 & BC - AD \\ AD - BC & 0 \end{pmatrix} = \begin{pmatrix} 0 & -1 \\ 1 & 0 \end{pmatrix} = \hat{\Omega}. \qquad (4.66)$$

このように $2 \times 2$ の行列は，その行列式の値が 1 であれば同時にシンプレクティック行列であり，また 2 次のシンプレクティック行列であれば，その行列式の値は 1 になる．数学の言葉で言えば，2 次の実特殊線形変換群 $Sl(2, \mathsf{R})$ は 2 次の実シンプレクティック群 $Sp(2, \mathsf{R})$ と同型である．結局，ガウス光学における相空間上の点の移動はシンプレクティック写像であらわされるのであり，その研究は 2 次の実特殊線形変換群 $Sl(2, \mathsf{R})$ に帰着する．

ところで，メトリック（空間の計量）が

$$\hat{G} := \begin{pmatrix} 1 & 0 \\ 0 & 1 \end{pmatrix}$$

で与えられるデカルト座標であらわした 2 次元ユークリッド空間では，二つのベクトル $\boldsymbol{u} = (u_x, u_y)$ と $\boldsymbol{v} = (v_x, v_y)$ にたいして,「ベクトルの長さ」として座標変換によって不変に保たれるユークリッド内積

$$(\boldsymbol{u}\cdot\hat{G}\boldsymbol{v}) = (u_x, u_y)\begin{pmatrix} 1 & 0 \\ 0 & 1 \end{pmatrix}\begin{pmatrix} v_x \\ v_y \end{pmatrix} = u_x v_x + u_y v_y$$

が定義されている．このことと同様に考えて，ガウス光学における 2 次元相空間では，その点 $(q,p)=\boldsymbol{w}$ をベクトルと見なしたときに [15)]

$$\hat{\Omega} := \begin{pmatrix} 0 & -1 \\ 1 & 0 \end{pmatrix} \tag{4.67}$$

をメトリックとするある種の「内積」

$$(\boldsymbol{w}_{\mathrm{u}}\cdot\hat{\Omega}\boldsymbol{w}_{\mathrm{v}}) = (q_{\mathrm{u}}, p_{\mathrm{u}})\begin{pmatrix} 0 & -1 \\ 1 & 0 \end{pmatrix}\begin{pmatrix} q_{\mathrm{v}} \\ p_{\mathrm{v}} \end{pmatrix} = p_{\mathrm{u}}q_{\mathrm{v}} - q_{\mathrm{u}}p_{\mathrm{v}} \tag{4.68}$$

が定義されていて，上記のシンプレクティック条件より，この「内積」は $\hat{M}$ による変換にたいして不変に保たれる，と捉えることができる（添え字の u，v は成分ではなく，ベクトルの区別をあらわす）．

実際，ベクトル $\boldsymbol{w}=(q,p)$ の変換 $\boldsymbol{w}\mapsto\boldsymbol{w}*=\hat{M}\boldsymbol{w}$ により

$$\begin{aligned}(\boldsymbol{w}_{\mathrm{u}}\cdot\hat{\Omega}\boldsymbol{w}_{\mathrm{v}}) \mapsto (\boldsymbol{w}^*_{\mathrm{u}}\cdot\hat{\Omega}\boldsymbol{w}^*_{\mathrm{v}}) &= (\hat{M}\boldsymbol{w}_{\mathrm{u}}\cdot\hat{\Omega}\hat{M}\boldsymbol{w}_{\mathrm{v}}) \\ &= (\boldsymbol{w}_{\mathrm{u}}\cdot\hat{M}^t\hat{\Omega}\hat{M}\boldsymbol{w}_{\mathrm{v}}) = (\boldsymbol{w}_{\mathrm{u}}\cdot\hat{\Omega}\boldsymbol{w}_{\mathrm{v}}),\end{aligned}$$

$$\text{i.e.}\qquad p^*_{\mathrm{u}}q^*_{\mathrm{v}} - q^*_{\mathrm{u}}p^*_{\mathrm{v}} = p_{\mathrm{u}}q_{\mathrm{v}} - q_{\mathrm{u}}p_{\mathrm{v}}. \tag{4.69}$$

この性質をもつ「内積」を**シンプレクティック内積**ないし**斜交積**という [16)]．

このことから，いくつかの事柄が簡単に導かれる．

たとえば，$z=a$ で光軸に直交する平面 $(\Sigma)$ 上の 2 点 $\mathrm{A_u}$ と $\mathrm{A_v}$ から出て，光学系を通過後 $z=b$ で光軸に直交する平面 $(\Sigma^*)$ 上の 2 点 $\mathrm{B_u}$ と $\mathrm{B_v}$ に達する二本の光線 $(q_{\mathrm{u}},p_{\mathrm{u}})\mapsto(q^*_{\mathrm{u}},p^*_{\mathrm{u}})$ と $(q_{\mathrm{v}},p_{\mathrm{v}})\mapsto(q^*_{\mathrm{v}},p^*_{\mathrm{v}})$ にたいして，(4.69) より

---

15) ベクトルは縦ベクトルであるが，印刷の便宜上，文中に埋め込むときには横ベクトルで記している．それゆえここでは $\boldsymbol{u}$ や $\boldsymbol{w}$ は実際には $(u_x,u_y)^t$ や $(q,p)^t$ をあらわしている．

16) 屈折率が連続的に変化する分布屈折率媒質系の場合でも，二つのベクトル $(q_{\mathrm{u}},p_{\mathrm{u}})$ と $(q_{\mathrm{v}},p_{\mathrm{v}})$ のシンプレクティック内積が光線の進展にともなって保存されることは，すでに §4.3 で示した．(4.27) 式参照．

$$\frac{q_{\rm u}}{q_{\rm v}}=\frac{p_{\rm u}}{p_{\rm v}}=\frac{\mu\theta_{\rm u}}{\mu\theta_{\rm v}} \qquad \text{であれば} \qquad \frac{q^*_{\rm u}}{q^*_{\rm v}}=\frac{p^*_{\rm u}}{p^*_{\rm v}}=\frac{\mu'\theta^*_{\rm u}}{\mu'\theta^*_{\rm v}}.$$

したがって，これらの二本の光線を前後に延長すると，光軸上の $A_0$ と $B_0$ で交わる（図 4.5-1）．すなわちガウス光学は，かならず光軸上に共役な点をもつ．

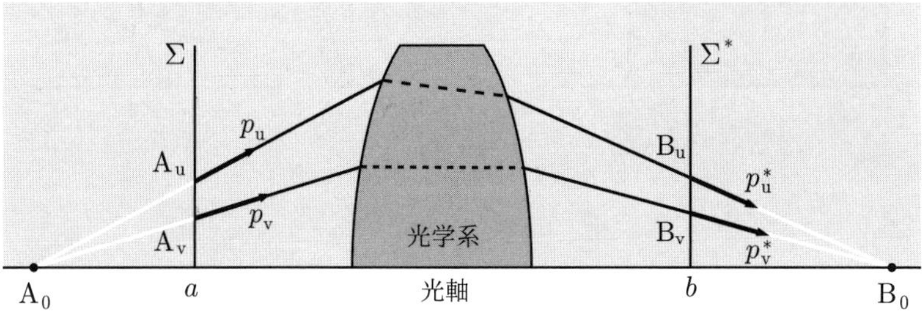


**図 4.5-1** ガウス光学における共役点の存在

また光軸上の $A_0$ を出て $B_0$ で光軸と交わる光線 $(0,\bar{p}_{\rm A})\mapsto(0,\bar{p}_{\rm B})$ と，$A_0$ を含み光軸に直交する平面上の点 A を出て $B_0$ を含み光軸に直交する平面上の点 B に達する光線 $(q_{\rm A},p_{\rm A})\mapsto(q_{\rm B},p_{\rm B})$ にたいして (4.69) は $q_{\rm A}\bar{p}_{\rm A}=q_{\rm B}\bar{p}_{\rm B}$ となるが，近軸近似では $p=\mu\theta$ であり，これは以前に見たラグランジュ＝ヘルムホルツの関係 (4.40) を与える．

ガウス光学における変換行列による相空間上の 4 点の変換を考える．変換を明示的に書くと

$$\mathrm{P}_0:\begin{pmatrix}0\\0\end{pmatrix}\longmapsto \mathrm{P}^*_0\colon\begin{pmatrix}A&B\\C&D\end{pmatrix}\begin{pmatrix}0\\0\end{pmatrix}=\begin{pmatrix}0\\0\end{pmatrix},$$

$$\mathrm{P}_1:\begin{pmatrix}q\\0\end{pmatrix}\longmapsto \mathrm{P}^*_1\colon\begin{pmatrix}A&B\\C&D\end{pmatrix}\begin{pmatrix}q\\0\end{pmatrix}=\begin{pmatrix}Aq\\Cq\end{pmatrix}=\begin{pmatrix}q^*\\p^*\end{pmatrix},$$

$$\mathrm{P}_2:\begin{pmatrix}0\\\bar{p}\end{pmatrix}\longmapsto \mathrm{P}^*_2\colon\begin{pmatrix}A&B\\C&D\end{pmatrix}\begin{pmatrix}0\\\bar{p}\end{pmatrix}=\begin{pmatrix}B\bar{p}\\D\bar{p}\end{pmatrix}=\begin{pmatrix}\bar{q}^*\\\bar{p}^*\end{pmatrix},$$

$$\mathrm{P}_3:\begin{pmatrix}q\\\bar{p}\end{pmatrix}\longmapsto \mathrm{P}^*_3\colon\begin{pmatrix}A&B\\C&D\end{pmatrix}\begin{pmatrix}q\\\bar{p}\end{pmatrix}=\begin{pmatrix}q^*\\p^*\end{pmatrix}+\begin{pmatrix}\bar{q}^*\\\bar{p}^*\end{pmatrix}.$$

相空間を直交する $q$ 軸と $p$ 軸をもつ 2 次元平面であらわす．そのとき，この変

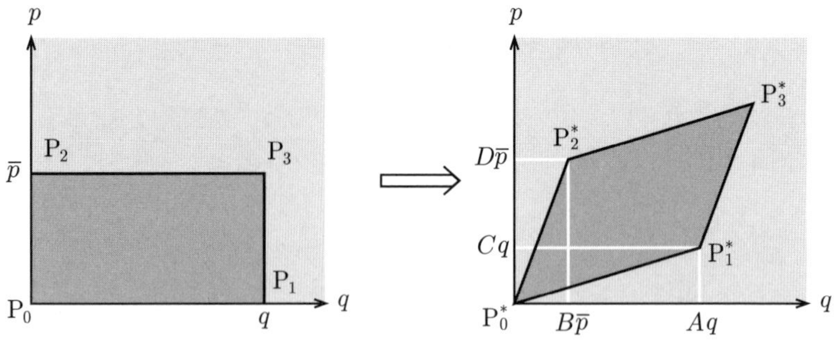


図 4.5-2 エミッタンスの保存

換では，図 4.5-2 のように変換前の相空間での長方形が変換後には平行四辺形に移っている．電子光学で**エミッタンス**とよばれているその面積の変換は

$$\Delta\mathcal{S} = q\bar{p} \ \longmapsto \ \Delta\mathcal{S}^* = q^*\bar{p}^* - \bar{q}^*p^* = (AD - BC)q\bar{p} = q\bar{p} \qquad (4.70)$$

であるが，これは二つのベクトル $\overrightarrow{\mathrm{P}_0\mathrm{P}_1}$ と $\overrightarrow{\mathrm{P}_0\mathrm{P}_2}$ のシンプレクティック内積であり，変換の前後でその値は変わらない ($\Delta\mathcal{S} = \Delta\mathcal{S}^*$)．つまり，エミッタンスとよばれているこの量は，ガウス光学ではシンプレクティック内積をあらわし，変換にさいして保存される．これは以前に一般的に証明したリューヴィルの定理にほかならない．

リューヴィルの定理はつまるところ相空間の体積の保存であり，統計力学では重要な役割をはたしている．統計力学では，たとえば $n$ 個の単原子分子気体の状態は $6n$ 次元相空間の一点であらわされる．統計的母集団としてのこのような点の集合（アンサンブル）を考えると，それらは相空間内に分布し，時間と共にその分布が変化してゆく．しかし相空間内のある領域は，時間ともにその形を変えるがその内の点の数は変わらない．しかもリューヴィルの定理でその体積も変わらないから，その密度も不変に保たれる．

このことは，今の場合でいえば，光学的相空間において光線の密度が変化しないことを意味している．

相空間 $(q, p)$ の 1 点で一本の光線が指定される．そして光線のビームは相空間上のこのような点の集合であらわされる．考察しているビームでは，$z = 0$

における 2 次元相空間内の正方形 $\mathrm{P}_0\mathrm{P}_1\mathrm{P}_2\mathrm{P}_3$ 内に $N$ 個の点があった（つまり光線が $N$ 本あった）とする [17]．その後，$z$ の進展とともにこの正方形は変形しながら移動してゆく．しかしその四辺形の外に出る点や外からその四辺形に入ってくる点はない．というのも，変形した四辺形の辺上の点はもとの正方形の辺上の点を初期値とする正準方程式の解であり，もしも外から入ってくる点や出てゆく点があれば，そこで解曲線が交差することになるが，正準方程式の解曲線にはそのようなことはありえないからである．つまり，最初の四辺形内にあった点を初期値とする光線はつねにこの四辺形内に留まり，また外からこの四辺形に入ってくる光線はない．したがってこの四辺形のなかの点の数は $N$ で変わらない．しかしリューヴィルの定理によればその過程で体積も変わらないから，結局，光線密度は変わらない．

もう少し丁寧にいうとつぎのようになる．

いま微小な四辺形 $(q,p),(q+a,p),(q,p+b),(q+a,p+b)$ 内の点の数の変化を考える（$a,b$ は微小量）．四辺形の面積は $\Delta S = ab$，点の密度は $\rho(q,p)$，したがって，内部の点の数すなわち光線の数は $\rho\Delta S$．この四辺形が静止しているとする．パラメータ $z$ を「時間」のように考えると，この 2 次元相空間内で点の速度は $\boldsymbol{v} = (v_q, v_p) = (dq/dz, dp/dz)$，したがって，$q$ 方向，$p$ 方向のそれぞれの方向に単位「時間」あたり出てゆく点の数は（図 4.5-3），

$$\rho(q+a,p)v_q(q+a,p)b - \rho(q,p)v_q(q,p)b = \frac{\partial(\rho v_q)}{\partial q}ab,$$

$$\rho(q,p+b)v_p(q,p+b)a - \rho(q,p)v_p(q,p)a = \frac{\partial(\rho v_p)}{\partial p}ab.$$

これより，四辺形内の点の「時間」あたりの変化率は

$$\frac{\partial(\rho\Delta S)}{\partial z} = -\frac{\partial(\rho v_q)}{\partial q}ab - \frac{\partial(\rho v_p)}{\partial p}ab.$$

四辺形は静止しているとしたから $\Delta S = ab$ は一定で，これより

---

17) 法線叢としての光線束の場合，空間の 1 点をとおる光線は 1 本に限られる．つまり $\boldsymbol{q}$ を与えれば $\boldsymbol{p}$ が決まる．しかしここでは単なる光線の集まりとしてのビームとして空間の 1 点を何本もの光線が通過するものを考えている．

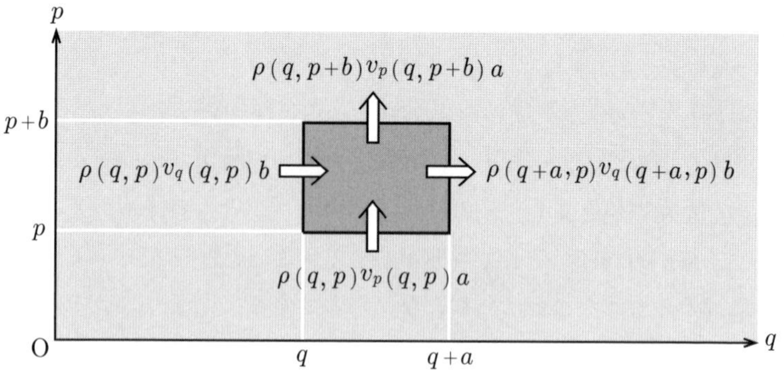


図 4.5-3 リューヴィルの定理

$$\frac{\partial \rho}{\partial z} + \frac{\partial(\rho v_q)}{\partial q} + \frac{\partial(\rho v_p)}{\partial p} = 0. \tag{4.71}$$

これは，流体力学では流体内の粒子数の保存をあらわすもので，**連続方程式**といわれている．そしてこれは，つぎのように書き直される：

$$\frac{\partial \rho}{\partial z} + \left(v_q \frac{\partial}{\partial q} + v_p \frac{\partial}{\partial p}\right)\rho + \rho\left(\frac{\partial v_q}{\partial q} + \frac{\partial v_p}{\partial p}\right) = 0.$$

ところが，正準方程式を用いれば

$$\frac{\partial v_q}{\partial q} + \frac{\partial v_p}{\partial p} = \frac{\partial}{\partial q}\left(\frac{dq}{dz}\right) + \frac{\partial}{\partial p}\left(\frac{dp}{dz}\right) = \frac{\partial}{\partial q}\left(\frac{\partial H}{\partial p}\right) + \frac{\partial}{\partial p}\left(-\frac{\partial H}{\partial q}\right) = 0.$$

したがって

$$\frac{\partial \rho}{\partial z} + \left(\frac{dq}{dz}\frac{\partial}{\partial q} + \frac{dp}{dz}\frac{\partial}{\partial p}\right)\rho = 0. \tag{4.72}$$

この左辺は，点の移動（点の集まりの流れ）と一緒に動く観測者から見た，したがって流れと共に四辺形が動くと見たとき変化率をあらわし，それが 0 に等しいということは，その立場では点の密度が変化しないことを意味している．

つまり，ある $z$ における相空間内の一個の点はその $z$ の位置での 1 本の光線の状態（$z$ 軸に垂直な面上の位置と方向）をあらわしているが，その点は $z$ とともに相空間内を移動してゆく．そこでそのような点の集合を考えると，その集まりは「流体」のように相空間を移動してゆくが，その「流体」の密度は変化しない．そのことは §2.13 に示した輝度不変則のひとつの現れである．

## 4.6 光学的正弦条件

ここで，軸対称な場合を離れて，一般の 4 次元相空間の議論に戻ろう．

ここでは，物体側の小さいが有限の大きさの物体が像空間に有限の大きさの像として結像する条件を考える．

光軸上の 1 点 $A_0$ から出た光線束が光学系を通過後に光軸上の共役点 $B_0$ に集束する（結像する）とき，$A_0$ をとおり光軸に垂直な平面 $\Sigma$ 上の光軸の近傍の点 A から出た光線束がその光学系を通過後に，やはり $B_0$ に垂直な平面 $\Sigma'$ 上の光軸の近傍の 1 点 B に集束する条件，つまり $\Sigma$ 上の物体 $A_0A$ の像が $\Sigma'$ 上に $B_0B$ として鮮鋭に形成される条件を考える（図 4.6-1）．ただし，光学系（結像系）では，通常は光束を制限するための絞りを設けるが，絞りの開きは必ずしも小さくはないので，物体と像は小さくとも，光線が光軸となす角度（図の $\theta$，$\theta'$）は必ずしも小さくはないとする．

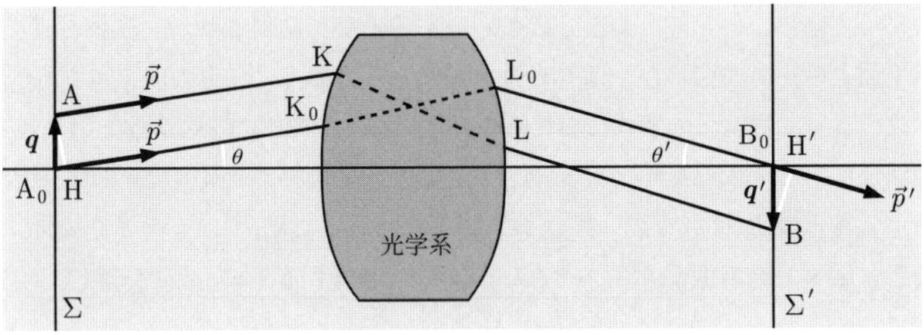


図 4.6-1 物体 $A_0A$ の $B_0B$ への結像

以下では，2 点 AB をとおる光線の AB 間の光路長を [AB] で記す．

点 $A_0$ からの光が点 $B_0$ に集束するのであるから，その 2 点を結ぶ光路長 $[A_0B_0]$ は $A_0$ から出るすべての光線で共通であり，同様に，点 A からの光が点 B に集束するのであるから，その 2 点を結ぶ光路長 [AB] も A から出るすべての光線で共通である．したがってそのふたつの差 $[AB] - [A_0B_0]$ もすべての光線の対にたいして共通で，$A_0$ から $B_0$ に向かう光線の出る方向によらない．

そこでいま，光路差 $[AB] - [A_0B_0]$ を求めるために，軸上の点 $A_0$ から光線ベクトル $\vec{p}$ で出て，光線ベクトル $\vec{p}'$ で $B_0$ に達する光線と，点 A からおなじ

$\vec{p}$の方向に出て B に達する光線の光路長の差を考える．

そのさい，$\overline{\mathrm{A_0A}} = q$，$\overline{\mathrm{B_0B}} = q'$ はともに微小ゆえ，変分法の基本公式 (1.22) を使うことができる．この場合は現実の光線経路についての差であるから，(1.22) 式の積分項は消え，結果は，$\overrightarrow{\mathrm{A_0A}} = \Delta\vec{r} = (\boldsymbol{q}, 0)$，$\overrightarrow{\mathrm{B_0B}} = \Delta\vec{r}\,' = (\boldsymbol{q}', 0)$ と記し，$\vec{p}$ と $\vec{p}\,'$ が光軸となす角度をそれぞれ $\theta$，$\theta'$ とすれば [18]．

$$[\mathrm{AB}] - [\mathrm{A_0B_0}] = \vec{p}\,' \cdot \Delta\vec{r}\,' - \vec{p} \cdot \Delta\vec{r} = \mu' q' \sin\theta' - \mu q \sin\theta. \qquad (4.73)$$

ところが，上に述べたようにこの値が光線の方向つまり角度 $\theta$ によらないのであるから，とくに $\mathrm{A_0}$ から $\mathrm{B_0}$ に向かう光線が光軸にそったものである場合，つまり $\theta = \theta' = 0$ の場合の値すなわち 0 に等しく，したがって

$$\mu' q' \sin\theta' = \mu q \sin\theta. \qquad (4.74)$$

これが光軸と直交する小さい直線 $\mathrm{A_0A}$ が任意の開きをもつ光線束によって鮮鋭に結像されるための条件である．光学系が軸対称性をもつときには，これと直交する方向にたいしてもおなじことがいえるので，結局これが，光軸と直交する平面上の小さな図形がやはり光軸と直交する平面上に任意の開き角をもつ光線束によって鮮鋭に結像されるための条件であり，**光学的正弦条件**といわれる．

図 4.6-1 で，物体 $\mathrm{AA_0}$ が無限遠にある場合を考えるために，この図を主面と節点で書き直す（図 4.6-2）．すなわち物平面の点 $\mathrm{A_0} = (0, l)$ からの光線は，光軸と角度 $\theta$ で進み $\mathrm{K_0}$ 点において入射高 $h$ で物側主面 $z = a_{\mathrm{H}}$ に入射し，$\mathrm{L_0}$ 点でおなじ高さ $h$ で像側主面 $z = b_{\mathrm{H}}$ を出て，光軸と角度 $\theta'$ $(< 0)$ で進み，共役な像平面の点 $\mathrm{B_0} = (0, l')$ に達する（$l < 0$, $l' > 0$）．物平面の点 A からの光線のうちとくに光軸と角度 $\phi$ $(< 0)$ をなして物側節点 N $(z = a_{\mathrm{N}})$ に達する光線は，光軸とおなじ角度 $\phi$ で像側節点 N′ $(z = b_{\mathrm{N}})$ を出て像平面上の B に達するので，$q = (a_{\mathrm{N}} - l)\tan\phi$，$q' = (l' - b_{\mathrm{N}})\tan\phi$. いま，$|l| = -l$ が十分に大きいとすれば $\sin\theta = \tan\theta = h/(a_{\mathrm{H}} - l)$ と書けるので，正弦条件 (4.74) は

$$\mu'(l' - b_{\mathrm{N}})\tan\phi\sin\theta' = \mu(a_{\mathrm{N}} - l)\tan\phi \times \frac{h}{a_{\mathrm{H}} - l}.$$

---

18) あるいは，図 4.6-1 で，$\mathrm{A_0}$ から出た光線に A から下ろした垂線の足を H，B から下ろした垂線の足を H′ とすると，マリュス＝デュパンの定理より $[\mathrm{AB}] = [\mathrm{HH'}]$ であるから，$[\mathrm{AB}] - [\mathrm{A_0B_0}] = [\mathrm{HH'}] - [\mathrm{A_0B_0}] = [\mathrm{B_0H'}] - [\mathrm{A_0H}] = \vec{p}\,' \cdot \Delta\vec{r}\,' - \vec{p} \cdot \Delta\vec{r}$.

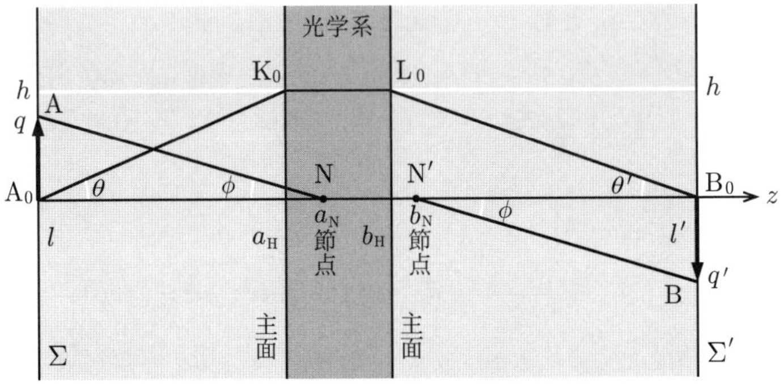


図 4.6-2 結像と光学系

ここで $l \to -\infty$ とする．このとき結像条件 (4.33) より，$l' - b_N \to -\mu/C = (\mu/\mu')f_B$ ゆえ，物体が無限遠の場合の正弦条件として

$$f_B \sin\theta' = h$$

が得られる．アッベが最初に導いたものはこの形である．

なお (4.74) 式は，横倍率が

$$\beta = \frac{q'}{q} = \frac{\mu \sin\theta}{\mu' \sin\theta'} \tag{4.75}$$

であらわされることを示している [19]．

角度 $\theta$，$\theta'$ が小さいときには，光学的正弦条件はラグランジュ＝ヘルムホルツの関係 (4.40) を与える．しかしいまの場合，$q, q'$ は小さいとしているが，角度については制限していないことに注意．それゆえ，$A_0$ から出て光学系の絞りを通過する最大角度の光線にたいして $\theta = \theta_{\max}$，$-\theta' = -\theta'_{\max}$ とすると，光学的正弦条件 (4.74) は

$$\mu' q' \sin\theta'_{\max} = \mu q \sin\theta_{\max}. \tag{4.76}$$

すなわち，物体の像を小さくすればそれだけ角度の開きが大きくなる．このことは光の波長にはよらないゆえ，短波長の極限では消滅する §1 で見た光の波動性に由来する不確定性とは別の，幾何光学に固有の不確定性をあらわしている．

---

[19] 軸対称な系においてこの横倍率を一定とするものが**アッベの正弦条件**である．

同様に，共役点 $\mathrm{A}_0$ と $\mathrm{B}_0$ から，光軸にそってそれぞれ $dz$，$dz'$ ずれた 2 点 $\bar{\mathrm{A}}_0$ と $\bar{\mathrm{B}}_0$ が共役になる，つまり $\bar{\mathrm{A}}_0$ から出たすべての近軸光線が $\bar{\mathrm{B}}_0$ に集束する条件を考えよう．上にやったのと同様にすれば，$\Delta\vec{r} = (0, 0, dz)$，$\Delta\vec{r}\,' = (0, 0, dz')$ として，

$$[\bar{\mathrm{A}}_0\bar{\mathrm{B}}_0] - [\mathrm{A}_0\mathrm{B}_0] = \vec{p}\,'\cdot\Delta\vec{r}\,' - \vec{p}\cdot\Delta\vec{r}$$
$$= \mu' dz' \cos\theta' - \mu\, dz \cos\theta = \mathrm{const.}.$$

ここでも，光軸をとおる光線と比較すれば $\mathrm{const.} = \mu' dz' - \mu\, dz$ となり，結局

$$\mu' dz'(1 - \cos\theta') = \mu\, dz(1 - \cos\theta).$$

ここで縦倍率の式 (4.37) を使えば，

$$\alpha = \frac{dz'}{dz} = \frac{\mu'}{\mu}\beta^2 = \frac{\mu' q'^2}{\mu q^2}$$

ゆえ，奥行きのある物体が光軸にそって前後に鮮鋭な像を結ぶための条件として

$$\mu' q' \sin(\theta'/2) = \mu q \sin(\theta/2) \tag{4.77}$$

が得られる．ここでも $\theta$ は微小角でなくともよい．これは**ハーシェルの条件**といわれる．天文学者ウィリアム・ハーシェルが地球から距離の異なる星を同時に鮮鋭に見るための条件として見出したと伝えられる．

光学的正弦条件とハーシェルの条件が両立し，小さいが拡がりと奥行きのある 3 次元物体が任意の開きをもつ光線束によって鮮鋭な 3 次元の像を結ぶためには，$\beta = \mu/\mu'$，かつ $\theta' = \theta$ でなければならない．しかしこれはきわめて特別な場合であり，一般には 3 次元物体にたいして鮮鋭な結像は不可能と結論づけられる．

# 第 5 章

# 収差と火線をめぐって

## —— ガウス光学をこえて

## 5.1　ひとつの例 —— 球面収差と火線の形成

ガウス光学では，つまり軸対称な光学系にたいする近軸近似の扱いでは，光線の発展は線形変換であらわされる．その場合，変換行列が (4.23) で与えられる光学系にたいして，その前後に (4.33) の関係を満たす参照面をとれば，共役な物平面と像平面が形成され，物平面の任意の 1 点（物点）から出た光線束は像平面の 1 点に集まる．このとき光線束が集束する点を**ガウス像点**という．

しかしそのことは線形近似の結果であり，実際には，物平面の 1 点から出た光線束はガウス光学では結像するはずの像平面（**ガウス像面**）上のガウス像点の近傍にある広がりをもって到達し，そのためその位置にフィルムをおいても像がぼやける．この現象が**収差**である[1]．そしてその場合，光線の包絡面として**火面**が生じる．カメラや天体望遠鏡といった光学系の現実の設計では，収差を減らす，理想的には収差をなくすることがきわめて重要で，そのため収差の見積もりは欠かせない．しかしそれにはかなりの計算が必要とされる．本章では，そのような数式のジャングルになるべく踏み込まないで，収差論の概略および火面の形成について瞥見するに留めよう．

最初に簡単な例として，例 4.4-1 に見た球面による屈折をあらためて考える．

ただしここでは屈折面を軸対称な曲面 $z = \Phi(\sqrt{x^2 + y^2})$ とし，この屈折面に屈折率 $\mu$ の媒質中から光軸に平行に入射した後の，屈折率 $\mu'$ の媒質中の光線の経路を見出すために，屈折前後の光線座標の関係を与えた式 (2.91) (2.92) を使う．ただし $\mu' > \mu$ とする．

---

1) 線形近似の範囲でも，軸対称性が破れている場合には，やはり 1 点に結像せず収差が生じうることは §4.2 に示した．

無限遠から光軸に平行に進んできた入射光線が入射高 $h$ で屈折面に入射したとする．簡単のため $\Phi(h) = \Phi$, $d\Phi/dx|_{x=h,y=0} = \Phi'$ と記す．屈折光線をあらわす直線は，式 (2.92) において，$q_{\mathrm{A}} = h$，$p_{\mathrm{A}} = 0$，$b = z$，$q_{\mathrm{B}} = x$ として，

$$x = -\lambda(z - \Phi) + h \qquad \text{ただし} \qquad \lambda = \frac{-p_{\mathrm{B}}}{\sqrt{\mu'^2 - p_{\mathrm{B}}^2}}. \tag{5.1}$$

ここまでは近似していない．求めるこの直線の傾きを $-\lambda$ と記した（$\mu' > \mu$ ゆえ，$p_{\mathrm{B}} < 0$，したがって $\lambda > 0$ に注意）．

さてここでは，近似を近軸近似から 1 段上げたときに球面による屈折ではどのような収差が生じるのか（ガウス結像からどれだけのずれが生じるのか）を見るだけではなく，どのような曲面であれば収差が生じないのかをも見るために，屈折曲面を頂点 $z = 0$ で曲率半径 $R$ をもつ光軸まわりの回転面として，子午面（$(z, x)$ 面）との交線が

$$z = \Phi(x) = \frac{x^2}{2R} + \frac{\kappa x^4}{8R^3} \tag{5.2}$$

であらわされるとする．これは (1.54) と見くらべればわかるように，$\kappa > 0$ で回転楕円面，とくに $\kappa = 1$ のとき球面，そして $\kappa = 0$ で回転放物面，$\kappa < 0$ で回転双曲面を，$|x| \ll R$ の範囲で，それぞれ $x$ の 4 次まで近似したものである．$x^2$ までの範囲では，それらの間のちがいは出ない．これらを $\boldsymbol{p}_{\mathrm{A}} = 0$ の場合の (2.91) 式，すなわち $\mu\Phi' = p_{\mathrm{B}} + \sqrt{\mu'^2 - p_{\mathrm{B}}^2}\Phi'$ に代入して，$p_{\mathrm{B}}$ を $h/R$ の 4 次まで求め，$\lambda$ を $h/R$ であらわす（$\Phi' = h/R + \kappa h^3/2R^3$）．結果は

$$p_{\mathrm{B}} = (\mu - \mu')\left\{\frac{h}{R} + \frac{\mu + (\kappa - 1)\mu'}{2\mu'}\left(\frac{h}{R}\right)^3\right\} + O\left(\left(\frac{h}{R}\right)^5\right),$$

$$\lambda = \frac{\mu' - \mu}{\mu'}\left\{\frac{h}{R} + \frac{\mu^2 - \mu\mu' + \kappa\mu'^2}{2\mu'^2}\left(\frac{h}{R}\right)^3\right\} + O\left(\left(\frac{h}{R}\right)^5\right).$$

これより，屈折後の光線経路 (5.1) は，直線

$$x = -\lambda\left[z - f\left\{1 - \frac{\mu^2 + (\kappa - 1)\mu'^2}{2\mu'^2}\left(\frac{h}{R}\right)^2\right\}\right] \tag{5.3}$$

で近似される．ここにガウス光学での像側焦点距離 $\mu' R/(\mu' - \mu) = f$ を用い

た．これより，入射高 $h$ で光軸に平行に屈折面に入射した光線が屈折後に光軸と交わる点 $\mathrm{F}'$ は，

$$z = f\left\{1 - \frac{\mu^2 + (\kappa - 1)\mu'^2}{2\mu'^2}\left(\frac{h}{R}\right)^2\right\} = f'. \tag{5.4}$$

とくに屈折面が球面の場合，$\kappa = 1$ ゆえ

$$f' = f\left\{1 - \frac{\mu^2}{2\mu'^2}\left(\frac{h}{R}\right)^2\right\}. \tag{5.5}$$

入射高 $h$ が十分に小さくて $(h/R)^2$ を 1 にくらべて無視できる光線（近軸光線）は，たしかにガウス光学の像側焦点の位置 $(z = f)$ で光軸と交わるが，光軸から離れた点で入射し $(h/R)^2$ が無視できない光線では光軸との交点 $\mathrm{F}'$ は $h$ とともに屈折面に接近してゆき，それゆえさまざまな入射高で光軸に平行に入射して屈折した光線束が一点で交わることはない（図 5.1-1）[2]．つまりガウス光学（軸対称な線形光学）で定義された焦点という概念が，ここでは意味を失う．

つぎのように言ってもよい．

屈折面が球面の場合 $(\kappa = 1)$，ガウス像面の位置 $(z = f)$ にスクリーンをおくと，入射高 $h$ の光軸に平行な光線は，スクリーン上の軸から

$$x = -\lambda f \cdot \frac{\mu^2}{2\mu'^2}\frac{h^2}{R^2} = -\frac{\mu^2}{2\mu'^2}\frac{h^3}{R^2} \tag{5.6}$$

離れた点 G に達する．それゆえ，屈折面の手前に置いた半径 $H$ の円形の絞り

---

2) 球面の場合にこの結果を導くだけであれば，つぎのようにすればよい．

図 4.4-5 で B は光軸上（$\mathrm{B}_0$ と一致）とする．光線 AP が光軸に平行に入射した場合には，入射角は $\vartheta = \angle\mathrm{PCO}$ で，$\angle\mathrm{PBC} = \angle\mathrm{PCO} - \angle\mathrm{BPC} = \vartheta - \vartheta'$．入射高 $h$ の屈折光線が光軸を切る B 点を $z = f'$ として，$\triangle\mathrm{PBC}$ にたいする正弦定理より

$$\frac{f' - R}{\sin\vartheta'} = \frac{R}{\sin(\vartheta - \vartheta')} \qquad \therefore \quad f' = R\left(1 + \frac{\sin\vartheta'}{\sin(\vartheta - \vartheta')}\right)$$

ここで $\sin\vartheta = \sin\zeta = h/R$ であり，屈折の法則は $\sin\vartheta' = (\mu/\mu')\sin\vartheta = \mu h/\mu' R$．よって

$$f' = R\left(1 + \frac{\mu/\mu'}{\sqrt{1 - (\mu h/\mu' R)^2} - (\mu/\mu')\sqrt{1 - (h/R)^2}}\right).$$

この式は厳密に正しいが，これより $h/R$ の 2 次までとれば (5.5) が得られる．

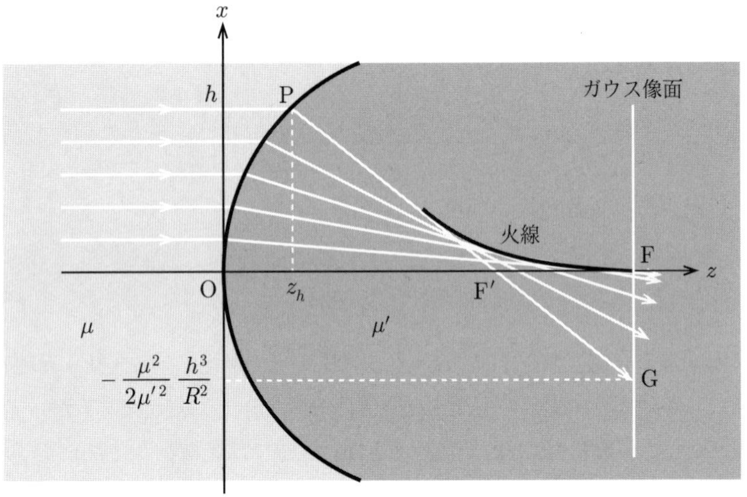


**図 5.1-1** 球面収差と火線（正しくは $x < 0$ の入射光線も考慮）

（光軸に中心をもつ円形の穴を開けた遮蔽板）で入射光線束の広がりを制限したならば，$|h| \leqq H$ ゆえ，スクリーン上には，半径

$$\frac{\mu^2}{2\mu'^2}\frac{H^3}{R^2} \tag{5.7}$$

の円形に広がった像ができる．これを**錯乱円**という．

これは後節で述べる**球面収差**の一例である．球面収差という言葉は，ここに見るように球形の屈折面の場合に現れる収差であるということに由来する．

この結果は，球面での屈折の場合，光軸から離れる（入射高が高くなる）につれて屈折の度合いが大きくなり（屈折力が強くなり），そのため収差が生じることを意味している．それゆえ球面収差を補正するには，光軸より離れるにつれて曲率がいくぶん小さくなる（曲率半径が大きくなりより平らになる）面にすればよい．人間の目では光が空気中から角膜に入射するときに屈折するが，それが網膜上の一点に結像するように，角膜表面は周辺部では中心にくらべてわずかに平らになり，球面収差が補正されている．

実際，軸に平行な光線が入射高 $h$ によらず光軸上の 1 点に集束するためには，(5.4) より

$$\kappa = 1 - \frac{\mu^2}{\mu'^2} \tag{5.8}$$

とればよいことがわかる．これは例 1.6-1 で見たデカルトの卵形曲線の特別な場合としての楕円 (1.54) に，$x$ の 4 次までの範囲で，たしかに一致している．

なお，球面での屈折の場合，図 5.1-1 よりあきらかなように，異なる入射高で入射したいくつもの屈折光線は包絡線（図の黒い曲線．ただし，正しくは $x < 0$ の入射光線も考慮しなければならない）をつくる．これは火線ないし火面とよばれる現象で，この問題は §5.5 で論ずる．

## 5.2　波面収差と光線収差

収差の現象は，幾何光学における波面概念の重要性をも浮かび上がらせるので，本節ではその点に触れることにしよう．

物平面上の点 A からの光線束が，ガウス光学で結像する点を $\mathrm{B_G}$ とする．この点が**ガウス像点**，その点を含み光軸に直交する平面がガウス像面である．点 $\mathrm{B_G}$ は近似の結果として得られた理想像点であり，実際には点 A からの光線束のそれぞれの光線はガウス像面上の $\mathrm{B_G}$ の近くの点 B, B′, B″, B‴, ⋯ にばらつく．これが**収差**といわれる現象である．その 1 点を B とすれば，ガウス像面上のベクトル $\overrightarrow{\mathrm{B_G B}}$ がその点の収差をあらわす．収差のこのあらわし方を，現実の光線のガウス光学における理想的結像の場合の光線からのずれという意味で**光線収差**という．

他方で，この現象はつぎのように見ることができる．点 A からの光線束は物側のドリフト空間内を A を中心とする球面波として広がっていって光学系に入射し，理想的には，その光学系により点 $\mathrm{B_G}$ を中心とする球面波に変換される．つまり光線束が点 A を中心とする同心球状の波面をもつ光線束として広がり，点 $\mathrm{B_G}$ を中心とする球を同位相面にもつ光線束に変換され，こうしてすべての光線が点 $\mathrm{B_G}$ に集束する（図 5.2-1）．しかし現実には光学系を出た後の同位相面は正確な球面にはならず，それゆえその光線束は 1 点に結像することはない．このように，光学系による変換後に波面が球面から歪むことを**波面収差**という．

しかし，光線収差と波面収差は，二種類の収差を意味しているわけではなく，

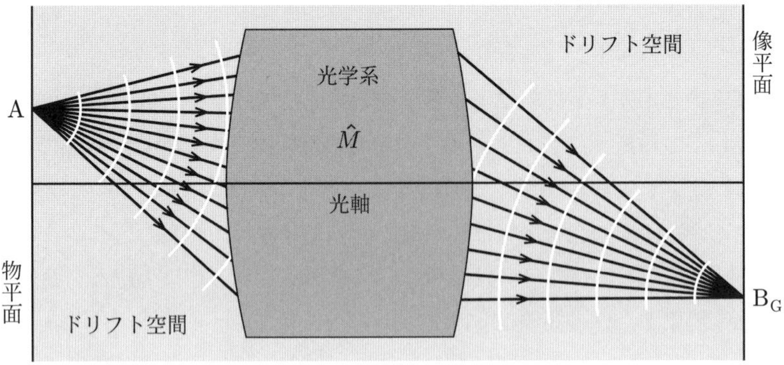


図 5.2-1 理想的光学系と結像

同一の現象にたいして異なる見方をしているにすぎない.

この現象を，つぎのように記述しよう．通常の光学装置では，光軸の遠くをとおる光線は収差の原因になるので，開口絞りをもちいて光源から出た光の一部のみが光学系（結像系）を通過するようにしている．軸対象な系では，通常，絞りも円形とし，その中心を光軸に一致させる．この光学系が像側空間に作るその絞りの像を射出瞳（ひとみ），物側空間に作る像を入射瞳という．以下ではわかりやすく開口絞りが像側空間にあり射出瞳と一致している場合で考える．

絞りの半径を十分に小さくとれば，光学系を通過するのは事実上近軸光線にかぎられるので，この場合の像平面がガウス像面であり，物平面 $\Sigma$ 上の点光源 A から光線のうち，絞りの中心，したがって射出瞳の中心 C をとおった光線（主光線）が，この像平面 $\Sigma'$ に達する点が点光源 A の理想像点 $B_G$ である．点 A から出た光線のうち，主光線と異なる経路をとおって像平面 $\Sigma'$ に達した点を B とする．光軸を $z$ 軸とする座標軸をとり，物平面 $\Sigma$ が光軸と交わる点 $A_0$ の $z$ 座標を $a$，物点 A の位置を座標 $(x, y, z) = (\boldsymbol{q}, a)$ で記す．また，像平面 $\Sigma'$ が光軸と交わる点 $B_0$ の $z$ 座標を $b$ とし，点 B の位置を座標 $(\boldsymbol{q}_{\mathrm{B}}, b)$ で，理想像点 $B_G$ の位置を座標 $(\boldsymbol{q}_{\mathrm{BG}}, b)$ で記す．そのとき，光線収差は 2 次元ベクトル $\overrightarrow{\mathrm{B_G B}} = \boldsymbol{q}_{\mathrm{B}} - \boldsymbol{q}_{\mathrm{BG}} = \Delta\boldsymbol{q}_{\mathrm{B}}$ であらわされる（図 5.2-2）.

波動的な見方をすれば，理想的な場合，点 A から広がった光線束の，光学系を通過後の射出瞳における波面（射出瞳の中心点 C と同位相の面）W が，ガ

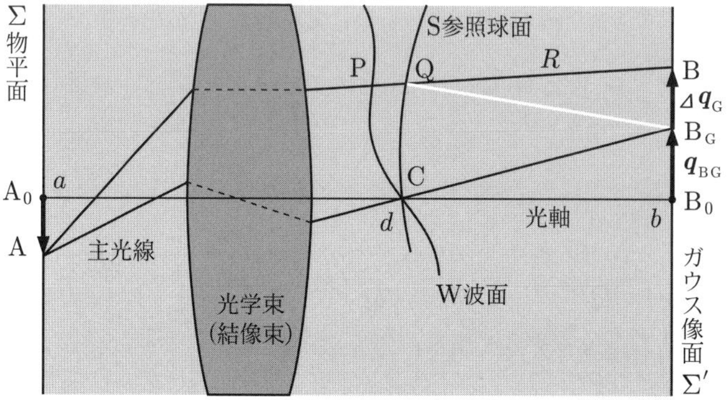


図 5.2-2 波面収差

ウス像点 $B_G$ を中心とする球面 S になるはずである．その場合には，B は $B_G$ に一致する．この球面 S を**ガウスの参照球面**という．波面 W が参照球面 S と異なっていると，収差が生じる．その場合，A から出て B に達する光線が点 P で波面 W と交差し，点 Q で参照球面 S を横切るとしよう．そのとき P と Q の間の光路長 $[PQ] = \mu' \overline{PQ} =: V_{PQ}$ が波面収差の大きさをあらわす．点 Q の座標を $(X, Y, Z) = (\boldsymbol{Q}, Z)$，点 C の座標を $(0, 0, d)$ で記す[3]．

さて，点 P と C は A から出た光線束の同一波面W上にあるから，AP 間と AC 間の光路長は等しく $[AP] = [AC]$．したがって波面収差は

$$V_{PQ}(\boldsymbol{q}, \boldsymbol{Q}, Z) = [PQ] = [AQ] - [AP] = [AQ] - [AC]$$
$$= V(\boldsymbol{Q}, Z\,; \boldsymbol{q}, a) - V(0, 0, d\,; \boldsymbol{q}, a).$$

ここに，関数 $V$ はアイコナールである．

ところで，点 Q と C が ガウス像点 $B_G$ を中心とする球面 S 上にあるから，

$$\overline{QB}_G = \overline{CB}_G \qquad \text{i.e.} \quad (\boldsymbol{Q} - \boldsymbol{q}_{BG})^2 + (Z - b)^2 = \boldsymbol{q}_{BG}^2 + (d - b)^2 \qquad (5.9)$$

の関係があり，これを解いて参照球面 S の方程式が $Z = Z(\boldsymbol{Q})$ とあらわされ

3) ここでは射出瞳の中心 C が開口絞りの中心に一致して光軸上にあるとしたが，そうでないときは C の座標を $(\boldsymbol{q}_C, d)$ とし，この後の式を $V_{PQ} = V(\boldsymbol{Q}, Z\,; \boldsymbol{q}, a) - V(\boldsymbol{q}_C, d\,; \boldsymbol{q}, a)$，また式 (5.9) を $(\boldsymbol{Q} - \boldsymbol{q}_{BG})^2 + (Z - b)^2 = (\boldsymbol{q}_C - \boldsymbol{q}_{BG})^2 + (d - b)^2$ とすればよく，その後の議論は，変わらない．

る．したがって $V_{\mathrm{PQ}}(\boldsymbol{q},\boldsymbol{Q},Z)$ は，じつは $\boldsymbol{Q}$，$\boldsymbol{q}$ の関数であり，

$$\frac{\partial V_{\mathrm{PQ}}}{\partial \boldsymbol{Q}}=\left[\frac{\partial V_{\mathrm{PQ}}(\boldsymbol{q},\boldsymbol{Q},Z)}{\partial \boldsymbol{Q}}+\frac{\partial V_{\mathrm{PQ}}(\boldsymbol{q},\boldsymbol{Q},Z)}{\partial Z}\frac{\partial Z}{\partial \boldsymbol{Q}}\right]_{Z=Z(\boldsymbol{Q})}. \tag{5.10}$$

いま $\overline{\mathrm{QB}}=R$ とすれば，点アイコナールの性質より

$$\frac{\partial V_{\mathrm{PQ}}(\boldsymbol{q},\boldsymbol{Q},Z)}{\partial \boldsymbol{Q}}=\frac{\partial V(\boldsymbol{Q},Z\,;\boldsymbol{q},a)}{\partial \boldsymbol{Q}}=\boldsymbol{p}(\mathrm{Q})=\mu'\,\frac{\boldsymbol{q}_{\mathrm{B}}-\boldsymbol{Q}}{R},$$
$$\frac{\partial V_{\mathrm{PQ}}(\boldsymbol{q},\boldsymbol{Q},Z)}{\partial Z}=\frac{\partial V(\boldsymbol{Q},Z\,;\boldsymbol{q},a)}{\partial Z}=p_z(\mathrm{Q})=\mu'\,\frac{b-Z}{R}.$$

ここに $(\boldsymbol{p}(\mathrm{Q}),p_z(\mathrm{Q}))$ は Q 点での光線ベクトル．他方，(5.9) 式より

$$(Z-b)\frac{\partial Z}{\partial \boldsymbol{Q}}+(\boldsymbol{Q}-\boldsymbol{q}_{\mathrm{BG}})=0 \qquad \therefore \quad \frac{\partial Z}{\partial \boldsymbol{Q}}=\frac{\boldsymbol{Q}-\boldsymbol{q}_{\mathrm{BG}}}{b-Z}.$$

したがって

$$\frac{\partial V_{\mathrm{PQ}}}{\partial \boldsymbol{Q}}=\mu'\frac{\boldsymbol{q}_{\mathrm{B}}-\boldsymbol{Q}}{R}+\mu'\frac{b-Z}{R}\,\frac{\boldsymbol{Q}-\boldsymbol{q}_{\mathrm{BG}}}{b-Z}=\mu'\frac{\boldsymbol{q}_{\mathrm{B}}-\boldsymbol{q}_{\mathrm{BG}}}{R}=\mu'\frac{\Delta\boldsymbol{q}_{\mathrm{B}}}{R},$$

すなわち

$$\overrightarrow{\mathrm{B_G B}}=\Delta\boldsymbol{q}_{\mathrm{B}}=\frac{R}{\mu'}\frac{\partial V_{\mathrm{PQ}}}{\partial \boldsymbol{Q}}. \tag{5.11}$$

これが光線収差 $\Delta\boldsymbol{q}_{\mathrm{B}}$ を波面収差 $V_{\mathrm{PQ}}$ に結びつける式で，この式自体は厳密に正しい．物点の位置 $\boldsymbol{q}$ を固定すれば，$V_{\mathrm{PQ}}$ は射出瞳面上の光線がとおった点の座標 $\boldsymbol{Q}$ の関数であり，収差はその勾配として与えられる．系のもつ対称性から $V_{\mathrm{PQ}}$ に制限がつき，それによって起こりうる収差の形が決まってくる．

次節で軸対称な系にたいして，ガウス光学から近似を 1 次あげたときに生じる収差についてその概略を見るが，さしあたってここでは，光線束の有する波面のはたしている役割，ひいては波動的な見方が幾何光学においてどのように有効であるのかがわかってもらえればよい．

## 5.3 ザイデル収差について

前節で議論した波面収差の計算において，参照球面の位置を射出瞳面にとっているので，$\boldsymbol{Q}=(X,Y)$ はその瞳面の座標である．物点 A の座標は $\boldsymbol{q}=(x,y)$

で，波面収差をあらわす関数 $V_{\mathrm{PQ}}$ は，軸対称な系では

$$\boldsymbol{q}^2 = x^2 + y^2, \quad \boldsymbol{q}\cdot\boldsymbol{Q} = xX + yY, \quad \boldsymbol{Q}^2 = X^2 + Y^2$$

の関数であり，これらの量で冪展開して，必要な次数までとる近似がおこなわれる [4)].

ガウス光学ではアイコナールは座標と光線成分の 2 次式であらわされ，また瞳面の座標は入射光の座標と光線ベクトルの線形結合であらわされる．それゆえ，ガウス光学からの偏差をあらわす $V_{\mathrm{PQ}}$ にはこれらの 2 次の項はなく，これらの 4 次以上の次数の項のみが含まれる．

その最低次，つまりその 4 次までとる近似では，光線収差は座標の 3 次であらわされ，それは**ザイデル収差**ないし **3 次収差**とよばれている．そのときには，$R$ を参照球面の半径 $\overline{\mathrm{QB}}_{\mathrm{G}}$ に置き換えてよいので，$A$, $B$, $C$, $D$, $E$, $F$ を定数として [5)]

$$\frac{R}{\mu'}V_{\mathrm{PQ}} = A(\boldsymbol{Q}^2)^2 + B\boldsymbol{Q}^2(\boldsymbol{q}\cdot\boldsymbol{Q}) + C\boldsymbol{Q}^2\boldsymbol{q}^2 + D(\boldsymbol{q}\cdot\boldsymbol{Q})^2 + E(\boldsymbol{q}\cdot\boldsymbol{Q})\boldsymbol{q}^2 + F(\boldsymbol{q}^2)^2 \tag{5.12}$$

とおくことができる．これを (5.11) に代入し

$$\begin{aligned}\Delta\boldsymbol{q}_{\mathrm{B}} = 4A(\boldsymbol{Q}^2)\boldsymbol{Q} &+ 2B(\boldsymbol{q}\cdot\boldsymbol{Q})\boldsymbol{Q} + B(\boldsymbol{Q}^2)\boldsymbol{q} \\ &+ 2C(\boldsymbol{q}^2)\boldsymbol{Q} + 2D(\boldsymbol{q}\cdot\boldsymbol{Q})\boldsymbol{q} + E(\boldsymbol{q}^2)\boldsymbol{q}.\end{aligned}$$

ここで，瞳面の座標を極座標 $(X, Y) = (\rho\cos\phi, \rho\sin\phi)$ であらわす．軸対称で子午面内光線のみを考えているゆえ $y = 0$ としても一般性を失わないので

$$\Delta\boldsymbol{q}_{\mathrm{B}} = \begin{pmatrix} 4A\rho^3\cos\phi + Bx\rho^2(\cos 2\phi + 2) + 2(C + D)\rho x^2\cos\phi + Ex^3 \\ 4A\rho^3\sin\phi + Bx\rho^2\sin 2\phi + 2C\rho x^2\sin\phi \end{pmatrix}. \tag{5.13}$$

このとき $|x|$ は物点の光軸からの距離――「物点の高さ」――をあらわす．ま

---

4) 軸対称な 2 次の量としては，これら三つの他に $xY - yX = (\boldsymbol{q}\times\boldsymbol{Q})_z$ も考えられるが，4 次では $(xY - yX)^2 = \boldsymbol{q}^2\boldsymbol{Q}^2 - (\boldsymbol{q}\cdot\boldsymbol{Q})^2$ となり，結局，この三つでよい．

5) $A$, $B$, $C$, $D$, $E$, $F$ は収差係数といわれる．もちろんその値は参照球面をどこにとるかで変わってくる．

た，$\rho$ は光線が瞳面を通過する点 $\boldsymbol{Q}=(X,Y)$ の瞳面の中心（光軸）からの距離 $|\boldsymbol{Q}|=\sqrt{X^2+Y^2}$ であり，$Ex^3$ の項をのぞいて $\rho=0$ で $\Delta\boldsymbol{q}_{\mathrm{B}}=0$，つまり瞳面の中心をとおる主光線は，$Ex^3$ の項に由来する像の歪み（後述）をのぞいて，事実上理想像点 $\mathrm{B_G}$ に達する．

物点と光軸を含む平面が子午面（いまの場合は $(z,x)$ 平面）で，もちろん，子午面には主光線が含まれている．他方，子午面に直交し主光線を含み —— したがってガウス像点 $\mathrm{B_G}$ と瞳面の中心 $\mathrm{O}'$ を含み —— 光軸とある角度で交わる平面は**球欠面**[6] とよばれている．ガウス像面と子午面と球欠面の交点がガウス像点（理想像点）である．そして，$\rho$ を一定として，ガウス像面上で $\boldsymbol{q}_{\mathrm{B}}=\boldsymbol{q}_{\mathrm{BG}}+\Delta\boldsymbol{q}_{\mathrm{B}}$ の描く曲線を**収差曲線**という．この曲線によって収差の現れ方がイメージできる．ザイデル収差は子午面にたいして対称になっている．

さて，この $\Delta\boldsymbol{q}_{\mathrm{B}}$ の表式の第 1 項（$x$ の 0 次の項）は

$$\Delta\boldsymbol{q}_{\mathrm{B}}=\begin{pmatrix}\Delta x_{\mathrm{B}}\\ \Delta y_{\mathrm{B}}\end{pmatrix}=\begin{pmatrix}4A\rho^3\cos\phi\\ 4A\rho^3\sin\phi\end{pmatrix}\tag{5.14}$$

で，その収差曲線は円：

$$(x_{\mathrm{B}}-x_{\mathrm{BG}})^2+(y_{\mathrm{B}}-y_{\mathrm{BG}})^2=(4A\rho^3)^2.\tag{5.15}$$

である．瞳面の半径を $\rho_{\max}=H$ とすれば，ガウス近似では一点 $\mathrm{B_G}$ に集束するはずの光線束がガウス像点 $\mathrm{B_G}$ を中心とする半径 $4AH^3$ の円（錯乱円）に広がることがわかる．これは§5.1 で見た**球面収差**であって，球面収差は物点の「高さ」（$|x|$）によらないことに注意．つまり物点が物平面上のどこにあっても，光は，ガウス像面上ではガウス像点を中心とするおなじ半径の円の内部に広がる．そして瞳面の半径は円形の絞りの開きに比例しているので，球面収差は絞りの半径の 3 乗に比例して大きくなる．前節で見たように，これは球面レンズによる屈折が中心よりも周辺で大きくなる傾向から生じたものである．

---

6)「球欠面」は英語では ‘sagittal plane’．‘sagittal’ はラテン語の ‘sagitta（矢）’ に由来する形容詞で，辞書で引くと「矢状の」とある．解剖学では ‘sagittal plane’ は「矢状面」ときわめて忠実に訳されている．それにたいして幾何光学での訳語「球欠面」はいったい何に由来するのだろうか？

なお，物点が光軸上にあれば $x = 0$ であり，(5.13) においてこれ以外の項はすべて消える．つまり球面収差は光軸上の物点にたいして生じる唯一の収差である．他方，(5.13) の第 1 項以外は，物点が光軸から外れているときにのみ生じる収差で，それゆえ**軸外収差**といわれる．

軸外収差は $x$ の次数で分類される．最低次は (5.13) の第 2 項で

$$\Delta \boldsymbol{q}_{\mathrm{B}} = \begin{pmatrix} \Delta x_{\mathrm{B}} \\ \Delta y_{\mathrm{B}} \end{pmatrix} = \begin{pmatrix} Bx\rho^2(\cos 2\phi + 2) \\ Bx\rho^2 \sin 2\phi \end{pmatrix}. \tag{5.16}$$

これは物点の高さ $|x|$ に比例するもので，$x$ が小さいときには，軸外収差のなかで支配的となる．収差曲線は

$$(x_{\mathrm{B}} - x_{\mathrm{BG}} - 2Bx\rho^2)^2 + (y_{\mathrm{B}} - y_{\mathrm{BG}})^2 = (Bx\rho^2)^2. \tag{5.17}$$

つまり瞳面上で光軸から距離 $\rho$ の点をとおる光線はガウス像点より中心が $x$ 方向に（つまり子午面内で）$2Bx\rho^2$ だけずれた半径 $Bx\rho^2$ の円に広がる．

$\rho$ は 0 から瞳面の半径 $H$ までの値をとるので，単一の物点 A にたいして，像平面上には，$\rho$ の値を連続的に変えてそれに対応する円を描きそれらを重ねた広がりの像が生じる．つまり光線は図 5.3-1 のように $x$ 軸の両側に 30° ずつの角度をなした直線のあいだに広がり，それが彗星の尾の形に似ているので，**コマ収差**といわれる[7]．光学系の製作過程で，軸がわずかにずれていた場合，1

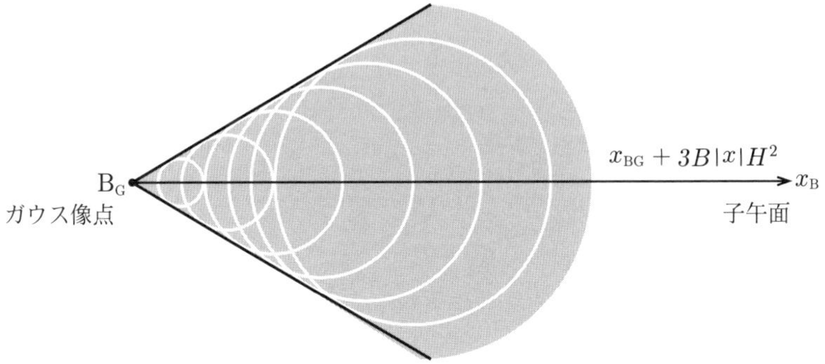


図 5.3-1 コマ収差

7) ラテン語の 'coma' そしてギリシャ語の '$\kappa\acute{o}\mu\eta$' は「毛髪」で，彗星の尾の形が毛髪に似ていることから「彗星」を指す言葉に使われた．英語の 'comet' はそれを語源とする．

点に集束させるつもりの光束が光軸と想定した点上にコマ収差を作ることになり，それゆえコマ収差は光軸のわずかなずれを見出すために使われる．

なお，§4.6 で見たように，図 4.6-1 において光軸上の $A_0$ から出た光線束が光軸上の $B_0$ に鮮鋭に結像するとき，つまり球面収差がないとき，$A_0$ から少し離れた点 A から出た光線が $B_0$ と少し離れた点 B に鮮鋭に結像する条件が光学的正弦条件であった．つまり光学的正弦条件 (4.74) は，$q$ の 1 次までの範囲で軸外収差の出ない条件，言い換えればコマ収差の出ない条件をあらわしている．

2 次の軸外収差つまり (5.13) 式で $x^2$ に比例した項は $C$ と $D$ のかかっている項である．とくに $D=0$ のとき

$$\Delta\boldsymbol{q}_{\mathrm{B}} = \begin{pmatrix} \Delta x_{\mathrm{B}} \\ \Delta y_{\mathrm{B}} \end{pmatrix} = \begin{pmatrix} 2C\rho x^2\cos\phi \\ 2C\rho x^2\sin\phi \end{pmatrix} = 2Cx^2\boldsymbol{Q}. \tag{5.18}$$

この場合は，物点からの光線束が球面収差の場合と同様に円に広がる．しかし球面収差と異なり，物点が光軸の外にある（$|x|\neq 0$）ときにのみ生じる．また物点の位置を固定した場合，$\Delta\boldsymbol{q}_{\mathrm{B}}$ がその光線が瞳面を通過する位置 $\boldsymbol{Q}$ に比例しているのでその物点からの光線束は主光線上に集束する点をもつ（図 5.3-2）．図で $\overline{\mathrm{CG}}:\overline{\mathrm{GF}} = |\boldsymbol{Q}|:|\Delta\boldsymbol{q}_{\mathrm{B}}|$ で，しかもこの比例定数がひとつの物点から出た

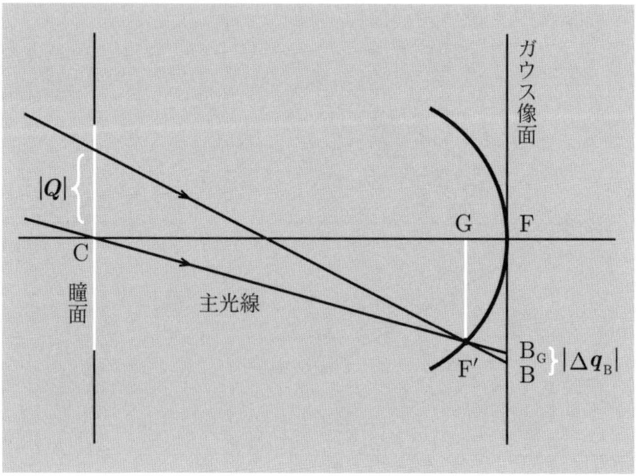


図 5.3-2 像面湾曲

光線束について共通ゆえ，その光線束のすべての光線は図の点 F′ に集束する．しかしこの点の位置は物点の高さ $x$ により異なり，$x^2$ に比例してガウス像面から離れてゆくので，結局，像平面がガウス像面から湾曲したことになる．それゆえ，これは**像面湾曲**といわれる．ガウス結像の平面性からの離反である．

$x^2$ に比例した第 3 項は $C \neq 0$，$D \neq 0$ の場合，

$$\Delta \boldsymbol{q}_{\mathrm{B}} = \begin{pmatrix} \Delta x_{\mathrm{B}} \\ \Delta y_{\mathrm{B}} \end{pmatrix} = \begin{pmatrix} 2(C+D)\rho x^2 \cos\phi \\ 2C\rho x^2 \sin\phi \end{pmatrix}. \tag{5.19}$$

これより収差曲線は

$$\frac{(x_{\mathrm{B}} - x_{\mathrm{B0}})^2}{(C+D)^2} + \frac{(y_{\mathrm{B}} - y_{\mathrm{B0}})^2}{C^2} = 4(\rho x^2)^2. \tag{5.20}$$

つまり点光源からの光はガウス像面上では楕円状に広がる．この楕円は物点の高さ $|x|$ とともに大きくなる．とくに $C = 0$ では，$x$ 方向つまり子午面内の線分になり，球欠面内の光線は一点に集束する．逆に $C + D = 0$ では，この楕円は球欠面内の線分になり，子午面内の光線は一点に集束する．これらの線分の長さは物点の高さが高いほど長い．そしてそれぞれの場合，像面湾曲の場合とおなじ理由で像点をもつが，その位置が異なる．それゆえ $C \neq 0$，$D \neq 0$ の場合，光線は 1 点に集束しないので，この収差は**非点収差**であり，図 4.2-1 に示したのと同様の現象が生じている．

最後の項は $\rho$ にはよらず $|x|^3$ に比例した項で

$$\Delta \boldsymbol{q}_{\mathrm{B}} = \begin{pmatrix} \Delta x_{\mathrm{B}} \\ \Delta y_{\mathrm{B}} \end{pmatrix} = \begin{pmatrix} Ex^3 \\ 0 \end{pmatrix}. \tag{5.21}$$

この場合，$\Delta \boldsymbol{q}_{\mathrm{B}}$ は $\boldsymbol{Q}$ によらないので結像は点的，つまり各物点からの光線束はそれぞれガウス像面上の 1 点に集束し，それゆえ像がぼやけるという意味での収差は生じない．ただ横倍率が，ガウス結像の横倍率を $\beta_{\mathrm{G}}$ として

$$\beta = \frac{x_{\mathrm{B}}}{x} = \frac{x_{\mathrm{BG}} + \Delta x_{\mathrm{B}}}{x} = \beta_{\mathrm{G}} + Ex^2 \tag{5.22}$$

のように物点の高さ（光軸からの距離）によって変わる（$E$ の符号により拡大ないし縮小される）．したがって，広がりのある物体のガウス像面上での像は，

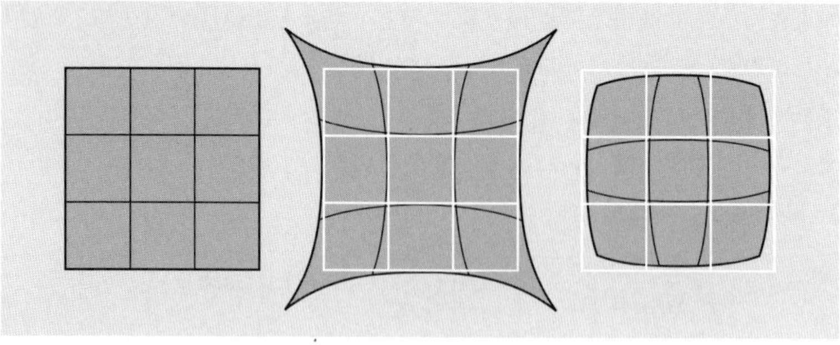


図 5.3-3 歪曲収差

中心から遠いほど拡大ないし縮小され歪むことになり(図 5.3-3),**歪曲収差**といわれる.これも,球面収差と同様に,レンズの中心よりも周辺のほうが屈折が大きくなることの効果であり,ガウス結像の相似性からの離反である.

なお,本書では単色光のみを扱い屈折率を位置の関数としているが,実際には屈折率は光の色つまり振動数によって変化し,そしてそのために生じる収差(**色収差**)が存在する.その他にも,光の波動性により生じる回折現象に起因する収差(**回折収差**)もある(§6.6 参照).ザイデルの五つの収差はそのような収差と区別して**幾何収差**といわれる.

### 例 5.3–1 (球面での屈折と軸外収差)

軸外収差の例として,球面での屈折を考える.球面の中心 C をとおる光軸上の点 $\mathrm{A}_0$ にある点光源からの光線が半径 $H$ の円形の開口絞りを通過後,球形の屈折面で屈折したとする.簡単のため,$\mathrm{A}_0$ が屈折面から十分に遠くて,入射光線がすべて事実上光軸に平行とすると,これは §5.1 で見たものである.(5.6) 式より,絞り面上で光軸から $h$ の距離の点をとおった光線は,球面で屈折後,ガウス焦点 $\mathrm{F}_0$ の少し手前で光軸と交わり,ガウス像面 (Σ) 上で光軸上から $\alpha h^3$ の距離の点に到達する($\alpha$ は比例定数,$h \leq H$).したがって,$\mathrm{A}_0$ にある点光源のガウス像面上の像は $\mathrm{F}_0$ を中心として半径 $\alpha H^3$ の円(錯乱円)に広がる.これが球面収差である.

いま，点光源が光軸からわずかに離れた点 A に置かれたとする．そのとき，この球面収差がどのように形を変えるかを見よう．

この場合，AC を光軸と考えれば，これは光軸上に光源がある場合にほかならない．ただしガウス像面はわずかに傾き，A の点光源からの光線はその新しいガウス像面上の新しいガウス焦点 F を中心として広がった像を作る（図 5.3-4a）．ただし，光源の移動距離 $\overline{AA_0}$ は光源から球の中心までの距離 $\overline{A_0C} = \overline{AC}$ にくらべて十分に小さいので，新しいガウス像面ともとのガウス像面は事実上一致していると見なし，以下では区別しない．二つの光軸 $A_0C$（図の鎖線）と AC（図の実線）を含む面を子午面とする．

この新しい光軸 AC が絞り面をとおる点を O，屈折球面と交わる点を $O^*$，点 A から出て絞りの中心 Q をとおった光線（図の点線），および絞りの面内の点 P をとおった光線が球面に入射する点を，それぞれ $Q^*$，$P^*$ とする（屈折球面の曲率半径は十分に大きいから，絞りをとおった光線が達する球面の部分は事実上平面と見なしうる）．§5.1 の議論より，$PP^*$ をとおった光線は，光軸上

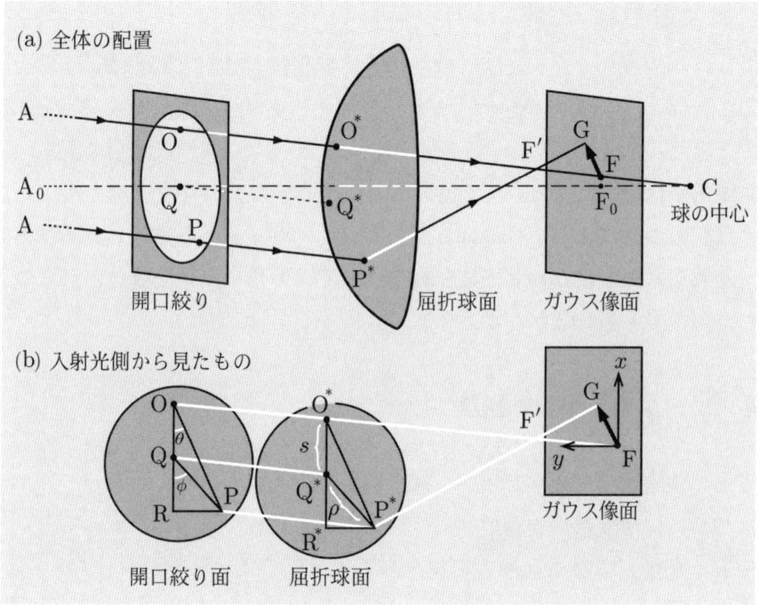


図 5.3-4　軸外収差の起源

の F の少し手前の点 F′ で光軸 AC と交わり，ガウス像面上の点 G に達する．これは球面収差で，$\overrightarrow{\mathrm{FG}}$ が光線収差であり，$\overline{\mathrm{FG}} = \alpha\,\overline{\mathrm{O^*P^*}}^3 = \alpha\,\overline{\mathrm{OP}}^3$.

絞りの面とそこをとおった光線が達する球面の部分を図 5.3-4b に記す．絞り面上で OQ の延長線に P から下ろした垂線の足を R，そして $\angle\mathrm{POQ} = \theta$ とする．ガウス像面上で，F を原点として，子午面の向きに $x$ 軸，それに直交する向きに $y$ 軸をとると，光線収差 $\overrightarrow{\mathrm{FG}} = (\Delta x, \Delta y)$ の成分は，

$$\Delta x = \overline{\mathrm{FG}}\cos\theta = \alpha\,\overline{\mathrm{OP}}^3\cos\theta = \alpha\,\overline{\mathrm{OP}}^2\,\overline{\mathrm{OR}},$$

$$\Delta y = \overline{\mathrm{FG}}\sin\theta = \alpha\,\overline{\mathrm{OP}}^3\sin\theta = \alpha\,\overline{\mathrm{OP}}^2\,\overline{\mathrm{PR}}.$$

絞り面上に極座標をとる（これは球面上の極座標でもある）．つまり図で $\overline{\mathrm{PQ}} = \rho$，$\angle\mathrm{PQR} = \phi$ とし，さらに $\overline{\mathrm{OQ}} = s$ とすると，$\overline{\mathrm{OP}}^2 = \rho^2 + s^2 + 2\rho s\cos\phi$，$\overline{\mathrm{OR}} = \rho\cos\phi + s$，$\overline{\mathrm{PR}} = \rho\sin\phi$ で，これらを上式に代入して整理することにより，光線収差 $\overrightarrow{\mathrm{FG}}$ の成分

$$\Delta x = \alpha\{\rho^3\cos\phi + s\rho^2(\cos 2\phi + 2) + 3s^2\rho\cos\phi + s^3\},$$

$$\Delta y = \alpha\{\rho^3\sin\phi + s\rho^2\sin 2\phi + s^2\rho\sin\phi\}$$

が得られる．これは，本文に求めたザイデル収差 (5.13) にほかならない．

ここでは，点光源 A が屈折面より十分遠くにあり，入射光線が事実上すべて平行としたが，光源が有限の距離のときも，まったく同様に議論できる，

結像系が球面よりなるいくつもの素子の組み合わせの場合の収差も，この収差の足し合わせによって得られるから，結局，**ザイデル収差における軸外収差は，それぞれの素子がわずかに光軸を外しているために球面収差が形を変えて現れたもの**であることがわかる．

## 5.4 リー変換を用いた議論

以上の議論はリー変換を用いれば，つぎのようになる．

はじめに線形変換の場合のリー変換について，瞥見しておこう．

均質な媒質 $\mu = n$ (const.) の場合，近軸近似で，光学ハミルトニアンは

$$H = -\sqrt{n^2 - \boldsymbol{p}^2} \fallingdotseq -n + \frac{\boldsymbol{p}^2}{2n}. \tag{5.23}$$

このハミルトニアンを生成関数とするリー演算子は

$$\hat{L}_H = -\{H, \bullet\} = \frac{\partial H}{\partial \boldsymbol{p}} \cdot \frac{\partial}{\partial \boldsymbol{q}} - \frac{\partial H}{\partial \boldsymbol{q}} \cdot \frac{\partial}{\partial \boldsymbol{p}} = \frac{\boldsymbol{p}}{n} \cdot \frac{\partial}{\partial \boldsymbol{q}}. \tag{5.24}$$

この場合，$\hat{L}_H[\boldsymbol{p}] = 0$，$\hat{L}_H[\boldsymbol{q}] = \boldsymbol{p}/n$，$\hat{L}_H^2[\boldsymbol{q}] = 0$ ゆえ

$$\boldsymbol{p}(z + \Delta z) = \exp(\Delta z \hat{L}_H)[\boldsymbol{p}(z)] = \boldsymbol{p}(z),$$

$$\boldsymbol{q}(z + \Delta z) = \exp(\Delta z \hat{L}_H)[\boldsymbol{q}(z)] = (1 + \Delta z \hat{L}_H)[\boldsymbol{q}(z)] = \boldsymbol{q}(z) + \Delta z \frac{\boldsymbol{p}(z)}{n}.$$

これは (4.1) とおなじものであり，屈折率が $n$ の媒質中での $z$ 方向への移行の線形近似をあらわしている．

屈折面では，すこし技巧的であるが，リー変換の生成関数を

$$G := \frac{\mu' - \mu}{2}(\boldsymbol{q} \cdot \hat{\kappa} \boldsymbol{q}) \tag{5.25}$$

とすれば，リー演算子は

$$\hat{L}_G = \frac{\partial G}{\partial \boldsymbol{p}} \cdot \frac{\partial}{\partial \boldsymbol{q}} - \frac{\partial G}{\partial \boldsymbol{q}} \cdot \frac{\partial}{\partial \boldsymbol{p}} = -(\mu' - \mu)(\hat{\kappa} \boldsymbol{q}) \cdot \frac{\partial}{\partial \boldsymbol{p}} \tag{5.26}$$

であり，$\hat{L}_G[\boldsymbol{p}] = -(\mu' - \mu)\hat{\kappa}\boldsymbol{q}$，$\hat{L}_G[\boldsymbol{q}] = 0$，$\hat{L}_G[\boldsymbol{p}] = 0$ ゆえ，その作用は，変換後の量を $'$（プライム）で記して

$$\boldsymbol{p}' = \exp(\hat{L}_G)[\boldsymbol{p}] = (1 + \hat{L}_G)[\boldsymbol{p}] = \boldsymbol{p} - (\mu' - \mu)\hat{\kappa}\boldsymbol{q},$$

$$\boldsymbol{q}' = \exp(\hat{L}_G)[\boldsymbol{q}] = (1 + \hat{L}_G)[\boldsymbol{q}] = \boldsymbol{q}.$$

これは (4.6) とおなじもの，すなわち屈折変換の線形近似である．生成関数 $G$ に含まれている因子 $(\boldsymbol{q} \cdot \hat{\kappa}\boldsymbol{q})/2$ は屈折面 $z = \varPhi(\boldsymbol{q})$ の最低次の近似であり，軸対称であれば，これは $\boldsymbol{q}^2/2R$ で，$\hat{\kappa}\boldsymbol{q}$ は $\boldsymbol{q}/R$ となる．

正準変数 $\boldsymbol{q}$，$\boldsymbol{p}$ の 2 次式としては，いまひとつ $\boldsymbol{q} \cdot \boldsymbol{p}$ が考えられる．そこで $F = \sigma \boldsymbol{q} \cdot \boldsymbol{p}$ を生成関数とするリー変換

$$\hat{L}_F = \frac{\partial F}{\partial \boldsymbol{p}} \cdot \frac{\partial}{\partial \boldsymbol{q}} - \frac{\partial F}{\partial \boldsymbol{q}} \cdot \frac{\partial}{\partial \boldsymbol{p}} = \sigma \boldsymbol{q} \cdot \frac{\partial}{\partial \boldsymbol{q}} - \sigma \boldsymbol{p} \cdot \frac{\partial}{\partial \boldsymbol{p}} \tag{5.27}$$

を考える．$\hat{L}_F[\boldsymbol{q}] = \sigma \boldsymbol{q}$，$\hat{L}_F[\boldsymbol{p}] = -\sigma \boldsymbol{p}$ ゆえ

$$\boldsymbol{q}' = \exp(\hat{L}_F)[\boldsymbol{q}] = \exp(\sigma)\boldsymbol{q}, \quad \boldsymbol{p}' = \exp(\hat{L}_F)[\boldsymbol{p}] = \exp(-\sigma)\boldsymbol{p}. \tag{5.28}$$

これは $\exp(-\sigma)=\gamma$ と書き直せば，この場合の変換行列は

$$\hat{M}=\begin{pmatrix}1/\gamma & 0\\ 0 & \gamma\end{pmatrix}$$

であらわされ，例 4.4-3 で見た望遠鏡の場合である．

以上の議論からわかるように，線形変換の範囲ではリー変換の生成関数は $\boldsymbol{q}$ と $\boldsymbol{p}$ の 2 次式で与えられる，

とくにシステムが光軸のまわりに軸対称の場合，つまりガウス光学では，生成関数は $\boldsymbol{q}^2$, $\boldsymbol{p}^2$, $\boldsymbol{q}\cdot\boldsymbol{p}$ のみの関数になる．

しかし実際には，軸対称であったとしても，ハミルトニアンの冪展開では $\boldsymbol{p}^2$ の高次の項が，また屈折面や屈折率の冪展開でも $\boldsymbol{q}^2$ の高次の項が現れる．さらには光学系の素子の組み合わせによっては $\boldsymbol{q}\cdot\boldsymbol{p}$ の高次の項が現れうる．それゆえ，リー変換の生成関数におけるこれらの高次の項は，ガウス結像からのずれ，つまり収差をもたらす．

すなわち，軸対称な光学系全体のリー変換の生成関数を

$$\begin{aligned}W=&W_2(\boldsymbol{q}^2,\boldsymbol{p}^2,\boldsymbol{q}\cdot\boldsymbol{p}\text{ の項の和})+W_4(\boldsymbol{q}^2,\boldsymbol{p}^2,\boldsymbol{q}\cdot\boldsymbol{p}\text{ の 2 次の項の和})\\&+W_n(\boldsymbol{q}^2,\boldsymbol{p}^2,\boldsymbol{q}\cdot\boldsymbol{p}\text{ のさらに高次の項の和})\end{aligned}$$

として，物平面上の点 $\mathrm{A}:(\boldsymbol{q},a)$ から像平面上の点 $\mathrm{B}:(\boldsymbol{q}_{\mathrm{B}},b)$ への変換は

$$\begin{aligned}\boldsymbol{q}\mapsto\boldsymbol{q}_{\mathrm{B}}=\hat{L}_W[\boldsymbol{q}]&=\frac{\partial W_2}{\partial\boldsymbol{p}}+\frac{\partial W_4}{\partial\boldsymbol{p}}+\frac{\partial W_n}{\partial\boldsymbol{p}}\\&=(\boldsymbol{q}\text{ と }\boldsymbol{p}\text{ の 1 次})+(\text{同, 3 次})+(\text{同, さらに高次})\end{aligned}$$

とあらわされる．この 1 次の項はガウス光学のものすなわち $\boldsymbol{q}_{\mathrm{BG}}$ であるから，収差は

$$\Delta\boldsymbol{q}_{\mathrm{B}}=\boldsymbol{q}_{\mathrm{B}}-\boldsymbol{q}_{\mathrm{BG}}=\boldsymbol{q}_{\mathrm{B}}-\frac{\partial W_2}{\partial\boldsymbol{p}}=\frac{\partial W_4}{\partial\boldsymbol{p}}+\frac{\partial W_n}{\partial\boldsymbol{p}}. \tag{5.29}$$

このうちの $\partial W_4/\partial\boldsymbol{p}$ の項が 3 次収差を与える．

軸対称な系を考えているので，生成関数 $W$ は

$$\xi:=\boldsymbol{p}^2=p_x^2+p_y^2,\quad \eta:=\boldsymbol{q}\cdot\boldsymbol{p}=xp_x+yp_y,\quad \zeta:=\boldsymbol{q}^2=x^2+y^2$$

の関数である．そしてこれらの変数の 2 次（$\boldsymbol{q}$ と $\boldsymbol{p}$ の 4 次）までとる近似では，

$$W = W_2(\xi, \eta, \zeta \text{ の 2 次式}) + W_4(\xi, \eta, \zeta \text{ の 4 次式}). \tag{5.30}$$

最低次の 2 次までとる近似がガウス近似ゆえ，3 次収差は

$$\Delta \boldsymbol{q}_{\mathrm{B}} = \boldsymbol{q}_{\mathrm{B}} - \boldsymbol{q}_{\mathrm{BG}} = \frac{\partial W_4}{\partial \boldsymbol{p}} = 2\frac{\partial W_4}{\partial \xi}\boldsymbol{p} + \frac{\partial W_4}{\partial \eta}\boldsymbol{q}. \tag{5.31}$$

ここで，$\xi$, $\eta$, $\zeta$ の 2 次関数は，一般的に

$$W_4 = A^*\xi^2 + B^*\xi\eta + C^*\xi\zeta + D^*\eta^2 + E^*\eta\zeta + F^*\zeta^2$$

とあらわされるので，これを前式に代入して

$$\Delta \boldsymbol{q}_{\mathrm{B}} = (4A^*\xi + 2B^*\eta + 2C^*\zeta)\boldsymbol{p} + (B^*\xi + 2D^*\eta + E^*\zeta)\boldsymbol{q}$$

ここでも，前節と同様に $y = 0$ ととり，また $\boldsymbol{p} = (p\cos\varphi, p\sin\varphi)$ とあらわせば，$\xi = p^2$, $\eta = xp\cos\varphi$, $\zeta = x^2$ となり，結局

$$\Delta \boldsymbol{q}_{\mathrm{B}} = \begin{pmatrix} 4A^*p^3\cos\varphi + B^*xp^2(\cos 2\varphi + 2) + 2(C^* + D^*)px^2\cos\varphi + E^*x^3 \\ 4A^*p^3\sin\varphi + B^*xp^2\sin 2\varphi + 2C^*px^2\sin\varphi \end{pmatrix}. \tag{5.32}$$

これは (5.13) と事実上おなじもので，ザイデルの五つの収差をあらわしている．

## 5.5 火面と火線について

§5.1 に見た球面での屈折の場合，近似をガウス近似から一段あげて非線形の効果を考慮すると，図 5.1-1 に示されているようにさまざまな入射高での屈折光線は 1 点に集束せず，したがって光線どうしが交差する．このように非点収差のあるときに光線の集まりの作る包絡面を**火面**という．そして，その火面の任意の平面との交線が**火線**である．

図 5.1-1 の 1 本の光線を図 5.5-1 に記す．図で直線 PF′ 上の点 $(z, x)$ にたいし

$$\frac{x}{f' - z} = \frac{h}{f' - z^*} = \tan\theta. \tag{5.33}$$

以下，$\tan\theta = \lambda$, また (5.5) 式を $f' = f - Ah^2$ と記すと $(A = \alpha f = \mu^2 f/2\mu'^2 R^2)$, 上式の第二の等号より $h = (f - Ah^2 - h^2/2R)\lambda = f\lambda +$

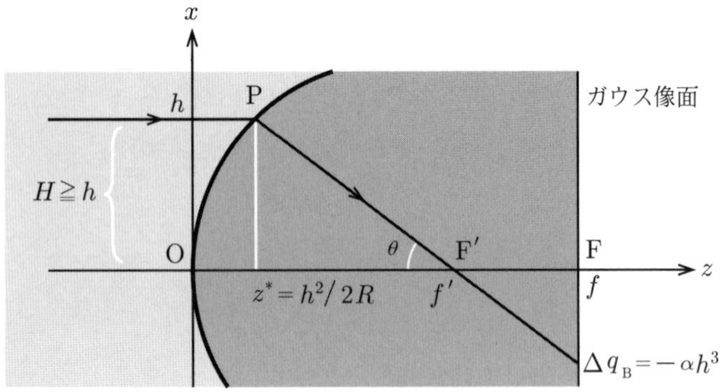


図 5.5-1 球面による屈折

$O(\lambda^3)$ であるから，直線 PF′ は，

$$x = (f - Ah^2 - z)\lambda = (f - z)\lambda - Af^2\lambda^3 + O(\lambda^5),$$

すなわち，$\lambda$ の 4 次以上を無視する近似で

$$F(x, z, \lambda) := x - (f - z)\lambda + Af^2\lambda^3 = 0. \tag{5.34}$$

これは $\lambda$ をパラメータとしてあらわされた屈折光線束 $\mathcal{C}$ である．その包絡線 $\mathcal{E}$ をパラメータ表示で $x = \psi(\lambda), z = \phi(\lambda)$ とする．接点 Q : $(x, z)$ での屈折光線と包絡線のそれぞれの傾きは

$$\mathcal{C}: \ \frac{dx}{dz} = -\frac{\partial F}{\partial z}\Big/\frac{\partial F}{\partial x} = -\frac{F_z}{F_x}, \qquad \mathcal{E}: \ \frac{dx}{dz} = \frac{\psi'}{\phi'}.$$

これが一致するのであるから

$$F_z\phi' + F_x\psi' = \frac{\partial F}{\partial z}\frac{d\phi}{d\lambda} + \frac{\partial F}{\partial x}\frac{d\psi}{d\lambda} = 0.$$

他方

$$\frac{dF}{d\lambda} = \frac{\partial F}{\partial z}\frac{d\phi}{d\lambda} + \frac{\partial F}{\partial x}\frac{d\psi}{d\lambda} + \frac{\partial F}{\partial \lambda} = 0.$$

したがって

$$\frac{\partial F}{\partial \lambda} = z - f + 3Af^2\lambda^2 = 0. \tag{5.35}$$

包絡線つまり火線は (5.34) (5.35) の両式から $\lambda$ を消去することで得られる．

実際には光軸まわりに軸対称であることを考慮し，得られた式で $x^2$ を $x^2+y^2$ で置き換えることにより，この場合の火面が，高次の $\lambda$ を無視する近似で

$$x^2+y^2=\frac{4}{27Af^2}(f-z)^3=\frac{8}{27}\left(\frac{\mu'}{\mu}\right)^2R^2\left(1-\frac{z}{f}\right)^3 \qquad (5.36)$$

とあらわされる．火線はその曲面と $(z,x)$ 平面との交線で，図 5.1-1 の黒い嘴形の曲線である．

光線は光のエネルギーが運ばれる線であり，したがってそれが何本も接しあるいは重なって生じる火面は物理的に光のエネルギー密度の高い曲面になる．「コースティックは幾何光学において何らかの物理的現実性を有する若干のもののひとつである．波面や光線は実現できない．それらは私たちが私たちのアイデアを取り付けることのできる便利なシンボルにすぎない．それにたいしてコースティックは現実のものであり，レンズの焦点の近くにタバコの煙を吹きつけることで見ることができるのである．」[8)]

いまひとつの具体例として，光のあてられたコーヒーカップのコーヒーの面上に現れる曲線を，円筒形の凹面鏡に入射した平行光線の反射光の作る火線として考える（図 5.5-2）．

円筒鏡の軸に垂直な断面を半径 $R$ の半円であらわす．その断面内で円の中心 C をとおる直線を光軸（$z$ 軸），その光軸と円の交点を原点 O，光軸と円筒の軸の双方に直交して（円に接するように）$x$ 軸をとる（図 5.5-3）．$(x,z)$ 面上で無限遠の点 $\mathrm{A}_\infty$ から光軸に平行にやってきた光線が鏡面上の点 $\mathrm{P}:(x^*,z^*)$ で反射して光軸上の点 $\mathrm{B}:(x,z=b)$ に向かうとする．

簡単のため，空間の屈折率を 1 とする．

図で光軸に平行な光線にたいしては反射の法則より $\angle\mathrm{BPC}=\angle\mathrm{A}_\infty\mathrm{PC}=$

---

8) O.N.Stavroudis, *The Optics of Rays, Wavefronts, and Caustics*, p.79f. 岩波の『理化学辞典』では「火面」は caustic surface,「火線」は caustic line. それにたいして培風館の『物理学辞典』では「火面」は caustic surface,「火線」はたんに caustic とある．他方で，*Oxford Dictionary of English* では ‘caustic’ の説明に A caustic surface or curve. とある．英語の文献では ‘caustic’ は火面と火線のどちらにも使われているようで，ここではカタカナの「コースティック」をあてた．

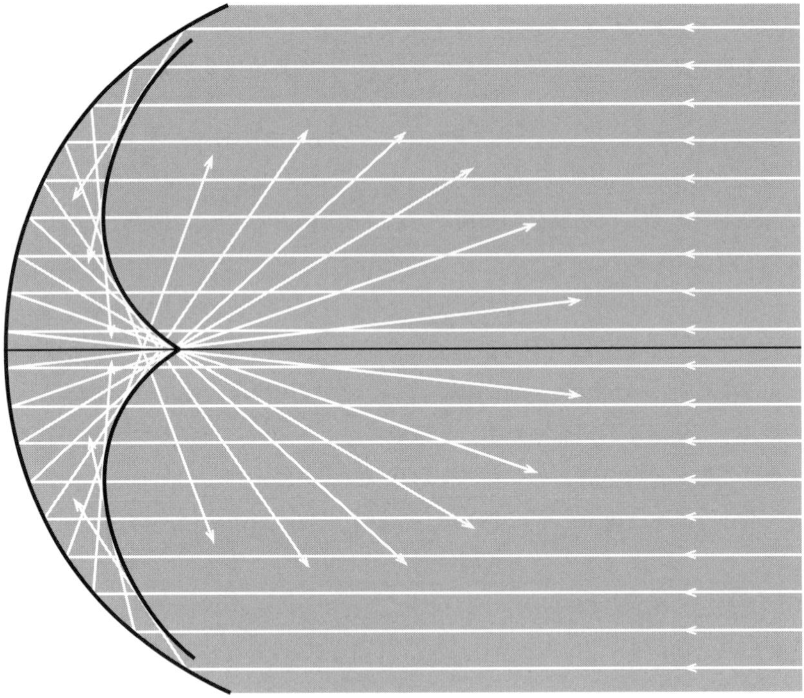

図 5.5-2 円筒鏡に生じる火線

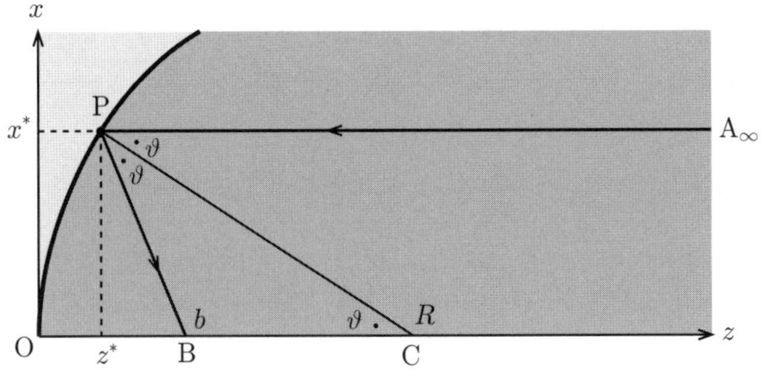


図 5.5-3 円筒鏡による反射（光源無限遠）

$\angle\mathrm{PCO} = \vartheta$ が得られ，他方 $R = 2\overline{\mathrm{BC}}\cos\vartheta = 2(R-b)\cos\vartheta$. これより

$$b = R - \frac{R}{2\cos\vartheta} = R\left(1 - \frac{R}{2\sqrt{R^2 - x^{*2}}}\right).$$

さて，反射光線, すなわち直線 PB は，$z$ 軸と $\pi - 2\vartheta$ の傾きゆえ

$$x = -\tan 2\vartheta(z-b) = -\frac{\sin 2\vartheta}{\cos 2\vartheta}\left(z - R + \frac{R}{2\cos\vartheta}\right)$$

$$\text{i.e.}\quad F(x,z,\vartheta) := x\cos 2\vartheta + (z-R)\sin 2\vartheta + R\sin\vartheta = 0.$$

これは $\vartheta$ をパラメータと見たとき，反射光線束 $\mathcal{C}$ をあらわす直線族を与える.

火線はこの直線族の包絡線として，先にやったのと同様にして，上式および

$$\frac{\partial F}{\partial\vartheta} = -2x\sin 2\vartheta + 2(z-R)\cos 2\vartheta + R\cos\vartheta = 0$$

より得られる．得られた包絡線の方程式のパラメータ表示は

$$x = \frac{R}{4}(3\sin\vartheta - \sin 3\vartheta), \qquad z = R - \frac{R}{4}(3\cos\vartheta - \cos 3\vartheta). \tag{5.37}$$

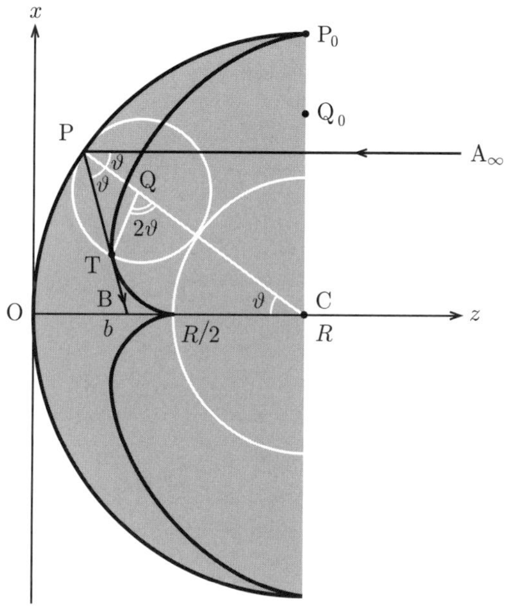


図 5.5-4 円筒鏡の反射光で生じる火線（ネフロイド曲線）

これは図 5.5-4 であらわされる．中心が円筒の中心 C に一致した半径 $R/2$ の固定円周に外接した半径 $R/4$ の小円が固定円周上をすべらずに転がるときに，小円の円周上の 1 点 T（小円の中心 Q が点 $Q_0 = (3R/4, R)$ にあるときに点 $P_0 = (R, R)$ で円筒に接している点）の描く軌跡であり，数学ではネフロイド曲線（腎曲線）といわれている（「ネフロス」はギリシャ語の腎臓）．

### 例 5.5-1（虹のしくみ）

コースティックの例として，虹が挙げられる．

虹は大気中に浮遊している水滴による太陽光線の屈折と反射によって生じる．太陽から水滴に入射する光線は平行光線としてよい．図 5.5-5 のように水滴に入射後，水滴表面で一度内部に反射してのち水滴外に出る光線を考える．水滴に入るときと水滴から出るときにそれぞれ屈折する．その結果，光線は $\pi - \theta$ だけ屈折し，$\theta$ の傾きで地上に達する．入射光線に平行で水滴の中心をとおる直線を光軸にとると，$\theta$ は入射光線の入射高 $q$ とともに変化する．水滴の半径を $a$，入射角を $\alpha$ として，図より $q = a \sin\alpha$ で，入射角 $\alpha$ は入射高とともに単調に増加．

考察している光にたいする水滴の屈折率を $n$ とする．水滴に入射するとき

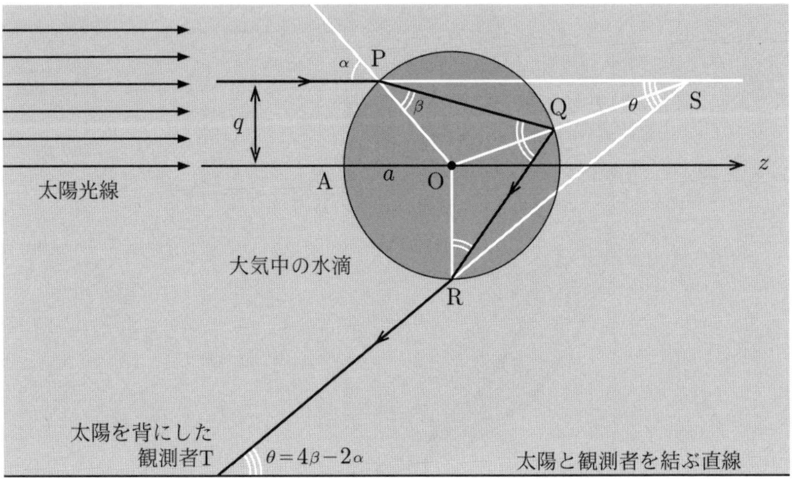


図 5.5-5 大気中の水滴による太陽光の屈折と虹の形成

の屈折の法則は，屈折角を $\beta$，空気の屈折率を 1 として $\sin\alpha = n\sin\beta$. したがって，光軸と光線を含む面が鉛直面の場合に地上に達する光線の仰角 $\theta$ は

$$\begin{aligned}\theta = 4\beta - 2\alpha &= 4\sin^{-1}\left(\frac{1}{n}\sin\alpha\right) - 2\alpha \\ &= 4\sin^{-1}\left(\frac{q}{na}\right) - 2\sin^{-1}\left(\frac{q}{a}\right).\end{aligned} \tag{5.38}$$

与えられた屈折率 $n$ にたいする仰角 $\theta$ と $q/a$ のこの関係は図 5.5-6 であらわされる．図より $q = 0$ で $\theta = 0$ であるが，$q$ を大きくすると $\theta$ も増加し，ある $q$ の値，したがってある $\alpha$ の値で $\theta$ は最大値 $\theta_{\max}$ をとる．このとき

$$\frac{d\theta}{d\alpha} = 4\,\frac{d\beta}{d\alpha} - 2 = 0.$$

他方，屈折の法則より

$$\cos\alpha = n\cos\beta\,\frac{d\beta}{d\alpha}.$$

この両式より，

$$\alpha = \sin^{-1}\sqrt{\frac{4-n^2}{3}} = \alpha_0, \qquad q = a\sqrt{\frac{4-n^2}{3}} = q_0 \tag{5.39}$$

のとき，$\theta = \theta_{\max}$ となる．

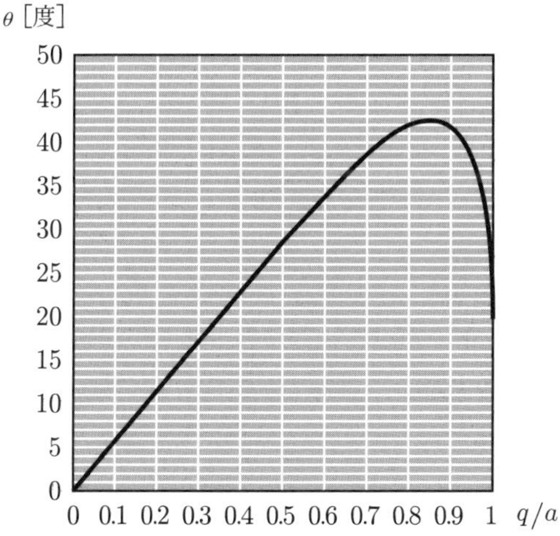


**図 5.5-6** $\theta - q/a$ のグラフ（$n = 1.3$ の場合）

図 5.5-6 より見てとれるように，入射高が $q = q_0$ 近傍の入射光線がすべてほぼおなじ角度 $\theta = \theta_{\max}$ の方向に屈折し，そのためこの近傍のある範囲の入射高の光線がすべてほぼこの角度で地上に達する [9)]．この結果は水滴の大きさには無関係である．こうして太陽を背にした観測者は, 太陽と観測者を結び延長した直線にたいしてこの角度の方向に強い光を見る．

このことは，散乱光の光線ベクトル $p' = \sin\theta$ にたいして

$$\frac{dp'}{dq} = -\cos\theta\,\frac{d\theta}{d\alpha}\frac{d\alpha}{dq}$$

が $\theta = \theta_{\max}$ で 0 となるため，この方向の一本の散乱光線にたいして入射光線を一意的に決められないことを意味している．

実際には太陽光線は可視光線の範囲内全域の振動数の光を含み，水にたいする屈折率はその振動数ごとにすこしづつ異なる（振動数が大きくなるとともに屈折率も大きくなる）．これを**分散**という．赤よりも波長が短かくなると（振動数が大きくなると）水の屈折率が大きくなるので，水滴におなじ角度で入射しても，赤にくらべて少し小さな角度で屈折し，したがって $\theta$ も，その最大値も少し小さくなる

可視光線の範囲で一番振動数の小さい赤色の光(波長は約 $7 \times 10^{-7}$ メートル)にたいしては $n = 1.33$，一番振動数の大きい紫の光（波長は約 $4 \times 10^{-7}$ メートル）にたいしては $n = 1.34$ で，そのため，(5.39) で決まる $\alpha_0$ したがって $\theta_{\max}$ の値がわずかに異なる．実際,

赤色光線にたいして　$n = 1.33$　$\alpha_0 = 59.58°$　$\theta_{\max} = 42°30'$,

紫色光線にたいして　$n = 1.34$　$\alpha_0 = 59.00°$　$\theta_{\max} = 40°04'$.

この光線を含む面が鉛直でない場合は，太陽と観測者を結ぶ直線のまわりに面をそのまま傾けたものになっているから，地上から見ると，太陽と観測者を結ぶ直線を軸とし，観測者を頂点とする頂角約 42° 強の円錐面上に赤い光が,

---

9) Descartes の『気象学』には，$q = 0$ から $q = a$ までに入射する光線束を平行で等間隔な 10000 本の直線で表し，屈折率 $n = 250/187 = 1.33\cdots$ のとき，そのうち $q = 0.8a$ から $q = 0.9a$ までの 1000 本が $\theta = 40°44'$ から $\theta_{\max} = 41°30'$ までのわずか $46'$ の範囲の角度で屈折することが記されている.『デカルト著作集 1』（白水社）pp.301-304.

そして頂角約 $40^\circ$ の円錐面上に紫の光が見えることになる．そのため紫の光は，赤より内側に円弧を描く．こうして赤から紫にいたるスペクトルの分かれた円弧としての虹が見られる．

この場合のように，水滴内での一度の反射によって生じる虹を主虹という．

このほかに水滴内部でもう一度反射して生じる副虹の現象がある（図 5.5-7）．この場合は $\theta = 2\alpha - 6\beta + \pi$ で，$\alpha = \sin^{-1}\sqrt{(9-n^2)/8} = \alpha'_0$ で $\theta$ が最大値 $\theta'_{\max}$ をとる．$\alpha'_0 > \alpha_0$，$\theta'_{\max} > \theta_{\max}$ ゆえ，副虹は主虹の上に現れる．光の波長による違いは

赤色光線にたいして　$n = 1.33$　$\alpha'_0 = 71.9^\circ$　$\theta_{\max} = 51.1^\circ$,

紫色光線にたいして　$n = 1.34$　$\alpha'_0 = 71.6^\circ$　$\theta_{\max} = 52.7^\circ$

であり，主虹の場合と逆に，副虹では紫が外側，赤が内側となる．

なお，主虹と副虹の間は水滴からの反射光がこなくなるため，地上から見てすこし暗い帯になる．これはアレクサンダー帯とよばれている．

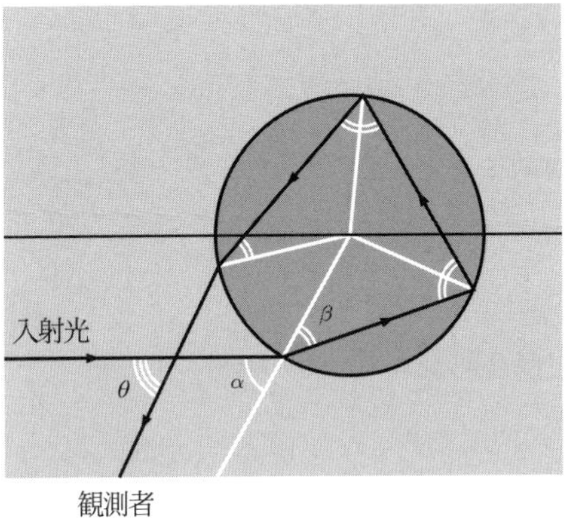


図 5.5-7 副虹のしくみ

# 第 6 章

# 幾何光学と質点力学

## —— フェルマの原理の根拠をめぐって

### 6.1　最小作用の原理

これまで見てきた幾何光学は，じつは古典力学と同様の原理を基礎にもち，そして同一の数学的構造を有している．したがって幾何光学の基礎を検討するにあたって古典力学を参照するのは，きわめて有益である．そこで古典力学の基本的部分に目を転じることにしよう．

簡単なケースとして，粒子を質点と見なし保存力 $\vec{F} = -\vec{\nabla} U(\vec{r})$ のもとでのその質点（質量 $m$）の運動を考える．$U(\vec{r})$ はポテンシャル．運動方程式は

$$m\frac{d\vec{v}}{dt} = -\frac{\partial U}{\partial \vec{r}}. \tag{6.1}$$

両辺と $\vec{v} = d\vec{r}/dt$ の内積をとって（$\vec{v} \cdot \vec{v} = v^2$ と記して）

$$m\vec{v} \cdot \frac{d\vec{v}}{dt} = -\frac{\partial U}{\partial \vec{r}} \cdot \frac{d\vec{r}}{dt} \qquad \therefore \quad \frac{d}{dt}\left(\frac{m}{2}v^2 + U(\vec{r})\right) = 0.$$

こうしてエネルギー保存則（エネルギー積分）

$$\frac{m}{2}v^2 + U(\vec{r}) = E \ (\text{const.}). \tag{6.2}$$

が導かれる．

以下しばらく，$E$ を与えられた値としてこの等エネルギーの状態についてのみ考え，粒子の運動を時間的に追跡するのではなく，幾何光学の場合と同様に，その軌道形だけを問題にしよう．加速器や電子顕微鏡の主要な問題はそうである（ただし本書では，非相対論的な運動に限定する）．

このとき，粒子の走行距離を $s = \int \sqrt{(dx)^2 + (dy)^2 + (dz)^2}$ とすれば，そ

の粒子の速さ $v = |d\vec{r}/dt|$ は

$$v = \frac{ds}{dt} = \sqrt{\frac{2}{m}(E - U(\vec{r}))}, \tag{6.3}$$

$$\therefore \quad \frac{d}{dt} = \frac{ds}{dt}\frac{d}{ds} = \sqrt{\frac{2}{m}(E - U(\vec{r}))}\,\frac{d}{ds}$$

ゆえ，運動方程式 (6.1) の左辺は

$$m\,\frac{d\vec{v}}{dt} = m\,\frac{d^2}{dt^2}\vec{r} = m\sqrt{\frac{2}{m}(E - U(\vec{r}))}\,\frac{d}{ds}\left\{\sqrt{\frac{2}{m}(E - U(\vec{r}))}\frac{d\vec{r}}{ds}\right\},$$

したがって軌道形を決定する方程式は

$$\begin{aligned}\frac{d}{ds}\left\{\sqrt{2m(E - U(\vec{r}))}\,\frac{d\vec{r}}{ds}\right\} &= -\sqrt{\frac{m}{2(E - U(\vec{r}))}}\,\frac{\partial}{\partial\vec{r}}U(\vec{r}) \\ &= \frac{\partial}{\partial\vec{r}}\sqrt{2m(E - U(\vec{r}))}.\end{aligned} \tag{6.4}$$

これを光線方程式 (1.26) と見くらべると，保存力 $\vec{F} = -\vec{\nabla}U(\vec{r})$ の場のなかでの粒子の軌道は，屈折率が

$$\mu(\vec{r}) = \sqrt{2m(E - U(\vec{r}))} \tag{6.5}$$

の媒質中での光線の経路とまったくおなじように決定されることがわかる [1)]．ポテンシャル $U(\vec{r})$ は基準点の取り方によって値が変わるが，それに応じてエネルギー $E$ の値も変わるので，こうして決めた「屈折率」はそれぞれの運動ごとに空間の各点で一意的に決まる．

---

1) 実際には，光学での屈折率は無次元量でしかも $\mu \geqq 1$ の制限があるのにたいして，力学の場合のこの対応する量 $\sqrt{2m(E - U(\vec{r}))}$ は運動量の次元を有し，またその値は，負ではないということをのぞいて，制限はない．したがって厳密には，量 $\sqrt{2m(E - U(\vec{r}))}$ は「光学における屈折率に比例する量」に対応するというべきだが，そう杓子定規なことをいわなくとも，光線経路と粒子軌道だけを問題にしているかぎりでは不都合はない．ただし，この違いは運動の時間的追跡を問題にするときには無視できなくなる．その点は後述．また，光学では屈折率が大きいほど光の伝播速度は小さいが，力学では「屈折率」$\sqrt{2m(E - U)}$ が大きいほど粒子の速度は大きい．この点では安易なアナロジーが成り立たないことに注意．粒子において，光の伝播速度に対応するのは，後に定義する「位相速度」(6.83) である．

この量 $\sqrt{2m(E-U(\vec{r}))}$ が幾何光学の屈折率に対応するものであるという事実は，つぎの簡単な例からも見てとることができる．

ポテンシャルの値が $z<0$ の領域で $U=U_1\,(\mathrm{const.})$，$z>\epsilon>0$ の領域で $U=U_2\,(\mathrm{const.})$，そして $z=0$ と $z=\epsilon$ の二つの平面にはさまれた狭い層の中では $U=(U_2-U_1)z/\epsilon+U_1$ で，そこでだけ $\vec{F}=(0,0,-(U_2-U_1)/\epsilon)$ の力が働くとする．$U_2>U_1$ であればこの力の向きは $-z$ 方向．この空間でエネルギー $E$ の粒子が $-z$ 方向から $z=0$ の面に $z$ 軸との角度 $\vartheta_1$ で入射し，この力によって進行方向を曲げられ，$z=\epsilon$ の面を $z$ 軸との角度 $\vartheta_2$ で出ていったとする（図 6.1-1）．屈折前後での粒子の運動量は $p_1=\sqrt{2m(E-U_1)}$，$p_2=\sqrt{2m(E-U_2)}$，$z$ 軸に直交する方向には力が働かないから，境界面に平行な運動量成分は保存し $p_1\sin\vartheta_1=p_2\sin\vartheta_2$，すなわち

$$\sqrt{2m(E-U_1)}\sin\vartheta_1=\sqrt{2m(E-U_2)}\sin\vartheta_2.$$

これを光学における屈折の法則 (1.7) と見くらべれば，ポテンシャルが $U(\vec{r})$ の空間中の質点にたいしては，たしかに量 $\sqrt{2m(E-U(\vec{r}))}$ が光学における屈折率 $\mu(\vec{r})$ の役割を果たしていることがわかる．

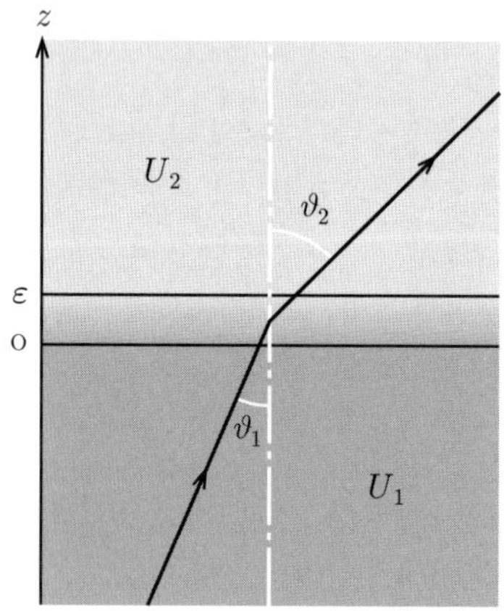


図 6.1-1 粒子軌道の屈折

したがってフェルマの原理に対応して，保存系の力学では，力学的エネルギーの値が $E$（一定）の粒子の，空間内の点 A : $\vec{r}=\vec{r}_{\mathrm{A}}$ から点 B : $\vec{r}=\vec{r}_{\mathrm{B}}$ にいた

る軌道が積分

$$A = \int_{\mathrm{A}}^{\mathrm{B}} \sqrt{2m(E - U(\vec{r}))}\sqrt{(dx)^2 + (dy)^2 + (dz)^2} = \int_{\mathrm{A}}^{\mathrm{B}} mv\, ds \qquad (6.6)$$

を停留値にする曲線で与えられる，と主張することができる．この積分を**作用**，そしてこの命題を**最小作用の原理**という．

ここで最小作用の原理と解析力学の原理であるハミルトンの原理との関係を明らかにしておこう．

話を一般的にするために，電磁場 $\vec{E} = -\vec{\nabla}\phi - \partial\vec{A}/\partial t$, $\vec{B} = \vec{\nabla} \times \vec{A}$ の中での荷電粒子 (電荷 $e$，質量 $m$) の運動を考える（$\phi$ はスカラー・ポテンシャル，$\vec{A}$ はベクトル・ポテンシャル [2)]）．運動方程式は

$$m\frac{d^2\vec{r}}{dt^2} = e(\vec{E} + \vec{v} \times \vec{B}). \qquad (6.7)$$

右辺（ローレンツ力）をポテンシャル ($\phi$, $\vec{A}$) で書き直すと [3)]

$$\begin{aligned}\vec{E} + \dot{\vec{r}} \times \vec{B} &= -\left(\frac{\partial\phi}{\partial\vec{r}} + \frac{\partial\vec{A}}{\partial t}\right) + \dot{\vec{r}} \times \left(\frac{\partial}{\partial\vec{r}} \times \vec{A}\right) \\ &= \left\{\frac{d}{dt}\left(\frac{\partial}{\partial\dot{\vec{r}}}\right) - \frac{\partial}{\partial\vec{r}}\right\}(\phi - \dot{\vec{r}} \cdot \vec{A}).\end{aligned}$$

それゆえ，**質点力学におけるラグランジアン**

$$L(\vec{r}, \dot{\vec{r}}, t) := \frac{m}{2}(\dot{\vec{r}} \cdot \dot{\vec{r}}) - e\{\phi - (\dot{\vec{r}} \cdot \vec{A})\} \qquad (6.8)$$

を定義すると，正準運動量は

$$\vec{p} = \frac{\partial L}{\partial\dot{\vec{r}}} = m\dot{\vec{r}} + e\vec{A}, \qquad (6.9)$$

運動方程式 (6.7) は

$$\frac{d}{dt}\left(\frac{\partial L}{\partial\dot{\vec{r}}}\right) - \frac{\partial L}{\partial\vec{r}} = 0, \qquad (6.10)$$

すなわちオイラー方程式 (1.16) の形であらわされる．力学ではこれは**ラグラン**

---

2) 作用 $A$ とベクトル・ポテンシャル $\vec{A}$ を混同しないように．

3) 本章では時間による導関数をドットで記す．すなわち $\dot{\vec{r}} = d\vec{r}/dt$.

**ジュ方程式**といわれている.

ところで, オイラー方程式は経路にそったラグランジアンの積分がその端点を固定した変分で停留値をとることから導かれた. したがって今の場合では, 点ABをとおるこの質点の軌道は, 積分

$$I[\Lambda] = \int_{\mathrm{A}}^{\mathrm{B}} L(\vec{r}, \dot{\vec{r}}, t)dt = \int_{t=a}^{t=b} \left\{ \frac{m}{2}(\dot{\vec{r}} \cdot \dot{\vec{r}}) - e\{\phi - (\dot{\vec{r}} \cdot \vec{A})\} \right\} dt \qquad (6.11)$$

が端点ABを固定した変分にたいして停留値をとるときの積分経路 $\Lambda$ として決定される. これが**ハミルトンの原理**であり, この積分が**作用積分**といわれる.

はじめにエネルギー保存則を導いておこう. ラグランジアンの時間変化率は

$$\begin{aligned} \frac{dL}{dt} &= \frac{\partial L}{\partial \vec{r}} \cdot \frac{d\vec{r}}{dt} + \frac{\partial L}{\partial \dot{\vec{r}}} \cdot \frac{d\dot{\vec{r}}}{dt} + \frac{\partial L}{\partial t} \\ &= \frac{\partial L}{\partial \vec{r}} \cdot \frac{d\vec{r}}{dt} + \frac{d}{dt}\left( \frac{\partial L}{\partial \dot{\vec{r}}} \cdot \dot{\vec{r}} \right) - \frac{d}{dt}\left( \frac{\partial L}{\partial \dot{\vec{r}}} \right) \cdot \frac{d\vec{r}}{dt} + \frac{\partial L}{\partial t} \end{aligned}$$

$$\therefore \quad \frac{d}{dt}\left( \frac{\partial L}{\partial \dot{\vec{r}}} \cdot \dot{\vec{r}} - L \right) = \left\{ \frac{d}{dt}\left( \frac{\partial L}{\partial \dot{\vec{r}}} \right) - \frac{\partial L}{\partial \vec{r}} \right\} \cdot \frac{d\vec{r}}{dt} - \frac{\partial L}{\partial t}. \qquad (6.12)$$

したがって, ラグランジアンが $t$ を陽に含まず $\partial L/\partial t = 0$ であれば, ラグランジュ方程式 (6.10) を満たす $\vec{r}$ にたいして, すなわち粒子の現実の運動にそって

$$\frac{\partial L}{\partial \dot{\vec{r}}} \cdot \dot{\vec{r}} - L = \frac{m}{2}(\dot{\vec{r}} \cdot \dot{\vec{r}}) + e\phi(\vec{r}) = E \text{ (const.)}. \qquad (6.13)$$

これがエネルギー保存則である. ここにはベクトル・ポテンシャル $\vec{A}$ が含まれていないことに注意. 磁場はつねに粒子の進行方向に直交する方向にのみ力を及ぼし, そのため仕事をしないので, エネルギーの増減には無関係なのである.

さて, このエネルギー保存則が満たされているという条件のもとでの, 積分経路の微小変化 $r \mapsto r + \delta r$ にともなう作用積分 $I$ の変分を考える. ただしこの場合は, 条件 (6.13) のもとでの変分であるため, 端点ABを固定した変分というときに, 注意が必要である. というのも, エネルギー保存則を満たしているため各点での粒子の速さが決まり, もとの経路にたいしてすこし変形した経路を考えると, たとえもとと同時刻に点Aを出発してももとと同時刻に点Bに到達するとはかぎらないからである. したがって, ハミルトンの原理のよう

に天下りに $\delta\vec{r}(a) = \delta\vec{r}(b) = 0$ とおくことはできない.

そのため，さしあたって端点を自由にしたときの変分の公式 (1.19) を使う. この場合は (6.13) を考慮して

$$\delta I = \left[\frac{\partial L}{\partial\dot{\vec{r}}}\cdot\Delta\vec{r} - E\Delta t\right]_a^b - \int_a^b \left\{\frac{d}{dt}\left(\frac{\partial L}{\partial\dot{\vec{r}}}\right) - \frac{\partial L}{\partial\vec{r}}\right\}\cdot\delta\vec{r}(t)dt. \qquad (6.14)$$

ここに $\Delta\vec{r} = \delta\vec{r} + \dot{\vec{r}}\Delta t$ は出発と到達の時刻の変化も考慮した全変分で，この場合の端点固定は，この量が点 AB で 0 となることを意味している．すなわち $\Delta\vec{r}(a) = \Delta\vec{r}(b) = 0$.

他方で，エネルギー保存則 (6.13) より

$$\delta I = \delta\int_a^b \left(\frac{\partial L}{\partial\dot{\vec{r}}}\cdot\dot{\vec{r}} - E\right)dt = \Big[-E\Delta t\Big]_a^b + \delta\int_a^b \left(\frac{\partial L}{\partial\dot{\vec{r}}}\cdot\dot{\vec{r}}\right)dt. \qquad (6.15)$$

この二つの $\delta I$ を等置することで

$$\delta\int_a^b \left(\frac{\partial L}{\partial\dot{\vec{r}}}\cdot\dot{\vec{r}}\right)dt = \left[\frac{\partial L}{\partial\dot{\vec{r}}}\cdot\Delta\vec{r}\right]_{t=a}^{t=b} - \int_a^b \left\{\frac{d}{dt}\left(\frac{\partial L}{\partial\dot{\vec{r}}}\right) - \frac{\partial L}{\partial\vec{r}}\right\}\cdot\delta\vec{r}\,(t)dt. \qquad (6.16)$$

ところが (6.13) で決められる等エネルギー状態で考えているから，ラグランジュ方程式の解ではなくとも (6.12) (6.13) より

$$\left\{\frac{d}{dt}\left(\frac{\partial L}{\partial\dot{\vec{r}}}\right) - \frac{\partial L}{\partial\vec{r}}\right\}\cdot\frac{d\vec{r}}{dt} = \frac{dE}{dt} = 0.$$

したがって

$$\int_a^b \left\{\frac{d}{dt}\left(\frac{\partial L}{\partial\dot{\vec{r}}}\right) - \frac{\partial L}{\partial\vec{r}}\right\}\cdot\dot{\vec{r}}(t)\Delta t dt = 0.$$

それゆえ (6.16) は

$$\delta\int_a^b \left(\frac{\partial L}{\partial\dot{\vec{r}}}\cdot\dot{\vec{r}}\right)dt = \left[\frac{\partial L}{\partial\dot{\vec{r}}}\cdot\Delta\vec{r}\right]_a^b - \int_a^b \left\{\frac{d}{dt}\left(\frac{\partial L}{\partial\dot{\vec{r}}}\right) - \frac{\partial L}{\partial\vec{r}}\right\}\cdot\Delta\vec{r}(t)dt. \qquad (6.17)$$

したがって，端点で $\Delta\vec{r} = 0$ ととる変分にたいして

$$\delta\int_a^b \left(\frac{\partial L}{\partial\dot{\vec{r}}}\cdot\dot{\vec{r}}\right)dt = 0 \quad\Longleftrightarrow\quad \frac{d}{dt}\left(\frac{\partial L}{\partial\dot{\vec{r}}}\right) - \frac{\partial L}{\partial\vec{r}} = 0. \qquad (6.18)$$

ここで $\dot{\vec{r}}\cdot\dot{\vec{r}}\,dt = v^2\,dt = v\,ds$, $\dot{\vec{r}}\,dt = d\vec{r}$ に注意すれば

$$\left(\frac{\partial L}{\partial\dot{\vec{r}}}\cdot\dot{\vec{r}}\right)dt = \vec{p}\cdot d\vec{r} = mv\,ds + e\vec{A}\cdot d\vec{r} = \sqrt{2m(E-e\phi)}\,ds + e\vec{A}\cdot d\vec{r}$$

ゆえ，ベクトル・ポテンシャルのある場合の最小作用の原理として

$$\delta\int_a^b \vec{p}\cdot d\vec{r} = \delta\int_a^b\{\sqrt{2m(E-e\phi)}\,ds + e\vec{A}\cdot d\vec{r}\} = 0 \tag{6.19}$$

が得られる．

なお，この場合，正準運動量 (6.9) は粒子の進行方向 $\vec{v}$ を向いていない．これは，光学では非等方的媒質で屈折率が $\mu(\vec{r},\dot{\vec{r}})$ で与えられる場合に相当する．本書ではその場合は扱っていないので，以下では磁場のない空間のみを考え，$\vec{A}=0$ とする．

もちろん (6.6) は $e\phi(\vec{r}) = U(\vec{r})$ としたものである．

## 6.2　力学におけるハミルトン＝ヤコビ方程式

保存系の力学では，$\sqrt{2m(E-U(\vec{r}))}$ を光学における屈折率 $\mu(\vec{r})$ に相当する量と見なすことで，幾何光学におけるフェルマの原理の §1.3 で論じた 3 次元空間での表現と同型の最小作用の原理が成り立つことがわかった．それゆえ，光学と同様の議論が可能になる．つまり §2.7 で幾何光学において点特性関数（アイコナール）を導入し，そのことで §3.2 において光線束にたいする位相と波面を定義することができたが，それとまったく同様に，力学においても特性関数を導入し，粒子軌道にたいする位相と波面を定義することができる．

つぎのように考えればよい．

前節の最小作用の原理の議論で導入した作用 (6.6)，すなわち点 A から B まで実際の粒子がとる経路 $\Lambda_{\text{real path}}$ にそった積分

$$A[\Lambda_{\text{real path}}] = \int_{\mathrm{A}}^{\mathrm{B}}\frac{\partial L}{\partial\dot{\vec{r}}}\cdot\dot{\vec{r}}\,dt = \int_{\mathrm{A}}^{\mathrm{B}}\vec{p}\cdot d\vec{r} = \int_{\mathrm{A}}^{\mathrm{B}} mv\,ds \tag{6.20}$$

を考える．この積分経路 $\Lambda$ を端点 AB を固定せずにわずかに変化させると，第 1 変分は (6.16) で与えられる．しかしもとの経路は実際の経路ゆえその途中で

ラグランジュ方程式が満たされているので，寄与は積分の端からのものだけとなる．つまり $W_H(E, \vec{r}_\mathrm{B}, \vec{r}_\mathrm{A}) := A[\Lambda_{\text{real path}}]$ として

$$\delta W_H = \vec{p}\cdot d\vec{r}\,|_\mathrm{B} - \vec{p}\cdot d\vec{r}\,|_\mathrm{A}, \tag{6.21}$$

すなわち，$W_H$ は $\vec{r}_\mathrm{A}$ と $\vec{r}_\mathrm{B}$ の関数で，これが力学におけるハミルトンの**特性関数**である．これより，$\vec{r}_\mathrm{A}$，$\vec{r}_\mathrm{B}$，$\vec{p}_\mathrm{A}$，$\vec{p}_\mathrm{B}$ を $\vec{r}_0$，$\vec{r}$，$\vec{p}_0$，$\vec{p}$ と書きかえて

$$\vec{p} = \frac{\partial W_H(E, \vec{r}, \vec{r}_0)}{\partial \vec{r}}, \qquad \vec{p}_0 = -\frac{\partial W_H(E, \vec{r}, \vec{r}_0)}{\partial \vec{r}_0}. \tag{6.22}$$

このことは，粒子が $W_H = \text{const.}$ の面に直交する方向に進んでゆくことを示している．したがって，この $W_H$ によって粒子の運動にたいして位相を導入し，波面を定義することができる．

ここで，$p^2/2m + U = E$ であることを用いれば，この特性関数は連立偏微分方程式

$$\frac{1}{2m}\left\{\left(\frac{\partial W_H}{\partial x}\right)^2 + \left(\frac{\partial W_H}{\partial y}\right)^2 + \left(\frac{\partial W_H}{\partial z}\right)^2\right\} + U(\vec{r}) = E, \tag{6.23}$$

$$\frac{1}{2m}\left\{\left(\frac{\partial W_H}{\partial x_0}\right)^2 + \left(\frac{\partial W_H}{\partial y_0}\right)^2 + \left(\frac{\partial W_H}{\partial z_0}\right)^2\right\} + U(\vec{r}_0) = E \tag{6.24}$$

を満たすことがわかる．この特性関数が求まれば，(6.22) の微分演算だけで運動方程式の解が求まるというのが，ハミルトンの考え方であった．

なお (6.22) を見ると，ハミルトンの特性関数 $W_H(E, \vec{r}, \vec{r}_0)$ は $\vec{r}, \vec{p}$ から初期値 $\vec{r}_0, \vec{p}_0$ への正準変換の母関数であるように思える．しかしこの特性関数は，節末の自由粒子の例（例 6.2-1）からわかるように $\det(\partial^2 W_H/\partial x^i \partial x_0^j) = 0$ であり，正準変換の母関数とはなりえない．

幾何光学と質点力学（粒子力学）のアナロジーについては，つぎのように考えることもできる．

幾何光学で議論を転用するために，復習をかねて光学での議論をまとめておこう．2 次元配位空間におけるフェルマの原理は，配位空間上の 2 点 AB をつなぐ曲線 $\Lambda_L$: $\boldsymbol{q} = \boldsymbol{q}(z)$ にそった積分

$$J[\Lambda_L] = \int_{z=a}^{z=b} L(z, \boldsymbol{q}, \boldsymbol{q}')dz \qquad (\text{ただし } L = \mu(z, \boldsymbol{q})\sqrt{\boldsymbol{q}'^2 + 1}) \tag{6.25}$$

が端点を固定した変分にたいして停留値をとるとき，その曲線がAB間の真の光線経路を与える，と表現される．そしてこのとき，

$$\boldsymbol{p} := \frac{\partial L}{\partial \boldsymbol{q}'} \quad \Longleftrightarrow \quad \boldsymbol{q}' = \boldsymbol{\phi}(z, \boldsymbol{q}, \boldsymbol{p}) \tag{6.26}$$

としてハミルトニアン（光学ハミルトニアン）を

$$\begin{aligned} H(z, \boldsymbol{q}, \boldsymbol{p}) &:= \left[ \boldsymbol{q}' \cdot \frac{\partial L}{\partial \boldsymbol{q}'} - L(z, \boldsymbol{q}, \boldsymbol{q}') \right]_{\boldsymbol{q}' = \boldsymbol{\phi}(z, \boldsymbol{q}, \boldsymbol{p})} \\ &= -\sqrt{\mu(z, \boldsymbol{q})^2 - \boldsymbol{p}^2} \end{aligned} \tag{6.27}$$

を定義したとき，4次元相空間上での光線経路はハミルトン方程式

$$\frac{d\boldsymbol{p}}{dz} = -\frac{\partial H}{\partial \boldsymbol{q}}, \qquad \frac{d\boldsymbol{q}}{dz} = \frac{\partial H}{\partial \boldsymbol{p}} \tag{6.28}$$

で決定される．

それにたいして力学のハミルトンの原理は3次元配位空間上の2点ABをつなぐ曲線 $\Lambda : \vec{r} = \vec{r}(t)$ にそった積分（作用積分）

$$I[\Lambda] = \int_{\mathrm{A}}^{\mathrm{B}} L(t, \vec{r}, \dot{\vec{r}}) dt \quad \left( \text{ただし} \quad L = \frac{m}{2}(\dot{\vec{r}} \cdot \dot{\vec{r}}) - U(t, \vec{r}) \right) \tag{6.29}$$

が端点を固定した変分にたいして停留値となるとき，その経路が粒子の現実の経路を与える，と表現される．配位空間の次元が2から3に，積分変数が $z$ から $t$ にかわったことをのぞき，光学の場合とまったく同様である．とするならば，$\boldsymbol{q} \leftrightarrow \vec{r}$, $z \leftrightarrow t$ の対応にもとづいて，幾何光学での上述の議論をそっくり質点力学に置き移すことができる．

すなわち，幾何光学での光線ベクトル $\boldsymbol{p} = \partial L / \partial \boldsymbol{q}'$ のかわりに運動量 $\vec{p}$ を

$$\vec{p} := \frac{\partial L}{\partial \dot{\vec{r}}} = m\dot{\vec{r}} \quad \Longleftrightarrow \quad \dot{\vec{r}} = \frac{\vec{p}}{m} \tag{6.30}$$

と定義する．さらにハミルトニアンを

$$\begin{aligned} H(t, \vec{r}, \vec{p}) &:= \left[ \dot{\vec{r}} \cdot \frac{\partial L}{\partial \dot{\vec{r}}} - L(t, \vec{r}, \dot{\vec{r}}\,) \right]_{\dot{\vec{r}} = \vec{p}/m} \\ &= \frac{1}{2m}(\vec{p} \cdot \vec{p}) + U(t, \vec{r}) \end{aligned} \tag{6.31}$$

と定義したとき，これは力学的エネルギーを与える．そして 6 次元相空間上での粒子の軌跡は正準方程式

$$\frac{d\vec{p}}{dt} = -\frac{\partial H}{\partial \vec{r}}, \qquad \frac{d\vec{r}}{dt} = \frac{\partial H}{\partial \vec{p}} \tag{6.32}$$

で決定される．$\vec{r}$ と $\vec{p}$ が正準変数で，正準変換も幾何光学の場合と同様に定義される．

この場合も，現実に粒子がとる経路 $\Lambda_{\text{real path}}$ にそった積分（作用積分）

$$I[\Lambda_{\text{real path}}] = \int_{\text{A}}^{\text{B}} L(t, \vec{r}, \dot{\vec{r}})dt \tag{6.33}$$

において，その経路をわずかに変化させたときの変化は，(1.19) や (2.6) を導いたのと同様にすれば，途中の積分からの寄与は消え，

$$\delta I[\Lambda_{\text{real path}}] = (\vec{p}\cdot\Delta\vec{r} - H\Delta t)|_{\text{B}} - (\vec{p}\cdot\Delta\vec{r} - H\Delta t)|_{\text{A}} \tag{6.34}$$

となる．したがって，$\vec{r}_{\text{B}} = \vec{r}$，$\vec{r}_{\text{A}} = \vec{r}_0$，$t_{\text{B}} = t$，$t_{\text{A}} = t_0$ と記せば，この積分は $\vec{r}, \vec{r}_0, t, t_0$ の関数である．すなわち

$$I[\Lambda_{\text{real path}}] =: S_H(\vec{r}, t\,; \vec{r}_0, t_0). \tag{6.35}$$

これが，力学におけるハミルトンの**主関数**である．これより

$$\vec{p} = \frac{\partial S_H(\vec{r}, t\,; \vec{r}_0, t_0)}{\partial \vec{r}}, \qquad H(t, \vec{r}, \vec{p}) = -\frac{\partial S_H(\vec{r}, t\,; \vec{r}_0, t_0)}{\partial t}, \tag{6.36}$$

$$\vec{p}_0 = -\frac{\partial S_H(\vec{r}, t\,; \vec{r}_0, t_0)}{\partial \vec{r}_0}, \quad H(t_0, \vec{r}_0, \vec{p}_0) = \frac{\partial S_H(\vec{r}, t\,; \vec{r}_0, t_0)}{\partial t_0}. \tag{6.37}$$

したがって，この主関数はつぎの連立微分方程式を満たす：

$$H\left(t, \vec{r}, \frac{\partial S_H}{\partial \vec{r}}\right) + \frac{\partial S_H}{\partial t} = 0, \quad H\left(t_0, \vec{r}_0, -\frac{\partial S_H}{\partial \vec{r}_0}\right) - \frac{\partial S_H}{\partial t_0} = 0. \tag{6.38}$$

これらの連立微分方程式の解としてハミルトンの特性関数ないし主関数が求まったならば，あとは微分演算だけで運動方程式の解が得られるというのが，前にも言ったようにハミルトンの考え方であった．しかし現実には，これらの連立方程式を解くことは，大部分の場合に不可能である．

その点を解決したのがヤコビの理論であった[4].

ヤコビによる発展を見るために，もう一度光学の議論にもどる．光学ハミルトニアンを用いたハミルトン＝ヤコビ方程式

$$H\left(z,\ \boldsymbol{q},\ \frac{\partial S}{\partial \boldsymbol{q}}\right)+\frac{\partial S}{\partial z}=0 \tag{6.39}$$

のひとつの完全解 $S(z,\boldsymbol{q},\boldsymbol{\alpha})$(ただし $\boldsymbol{\alpha}$ は付加定数以外の積分定数であって，かつ $\det|\partial^2 S/\partial q^i\partial\alpha_j|\neq 0$) が得られたならば，$S=\mathrm{const.}$ で決まる面にたいする法線叢がひとつの光線束を与える．$S=\mathrm{const.}$ の面はこの光線束の波面である．そしてこの $\partial S(z,\boldsymbol{q},\boldsymbol{\alpha})/\partial\boldsymbol{\alpha}$ は第 1 積分，つまりその光線束の個々の光線にそって不変である．そこでとくに

$$\frac{\partial S(z,\boldsymbol{q},\boldsymbol{\alpha})}{\partial\boldsymbol{\alpha}}=\boldsymbol{\beta}\ (\mathrm{const.})\quad\Longleftrightarrow\quad \boldsymbol{q}=\boldsymbol{\chi}(z,\boldsymbol{\alpha},\boldsymbol{\beta}) \tag{6.40}$$

とおくことで，その光線束のなかの一本の光線を選びだすことができる．こうしてたハミルトン方程式の一般解が

$$\boldsymbol{q}=\boldsymbol{\chi}(z,\boldsymbol{\alpha},\boldsymbol{\beta}),\qquad \boldsymbol{p}=\left.\frac{\partial S(z,\boldsymbol{q},\boldsymbol{\alpha})}{\partial\boldsymbol{q}}\right|_{\boldsymbol{q}=\boldsymbol{\chi}(z,\boldsymbol{\alpha},\boldsymbol{\beta})} \tag{6.41}$$

で与えられる．これがヤコビの定理である．そしてまた，この完全解 $S(z,\boldsymbol{q},\boldsymbol{\alpha})$ から幾何光学におけるハミルトンの点特性関数ないしブルンスのアイコナールを導くことも原理的には可能である．その処方は §3.5 に記した．

なお，(6.39) (6.40) (6.41) の 3 式は，$S(z,\boldsymbol{q},\boldsymbol{\alpha})$ が正準変換

$$\boldsymbol{p},\ \boldsymbol{q},\ H\quad\mapsto\quad\boldsymbol{\alpha},\ \boldsymbol{\beta},\ K=H+\frac{\partial S}{\partial z}=0$$

の母関数（§2.6 の $W_3$ に対応）であることを示している．

---

[4] 本書は歴史的に論じているわけではない．この過程の歴史については，中根美知代「W.R.Hamilton の光学の特性関数と「最小作用の原理」」『科学史研究』II Vo.29 (1990) pp.30-36, 同「ハミルトン形式の形成過程における C.G.J.Jacobi の寄与」『津田塾大学紀要』Vol.24 (1992) pp.175-186, 同「物理学から数学へ：Hamilton-Jacobi 理論の誕生」『数理解析研究所講究録』1130 (2000) pp.58-71, M.Nakane & C.G.Fraser, 'The Early History of Hamilton-Jacobi Dynamics 1834-1837,' *Centaurus*, Vol.44 (2002) pp.161-227 等を参照していただきたい．

まったく同様に，力学のハミルトニアンにたいするハミルトン＝ヤコビ方程式

$$H\left(t,\ \vec{r},\ \frac{\partial S}{\partial \vec{r}}\right) + \frac{\partial S}{\partial t} = 0, \tag{6.42}$$

すなわち

$$\frac{1}{2m}\left\{\left(\frac{\partial S}{\partial x}\right)^2 + \left(\frac{\partial S}{\partial y}\right)^2 + \left(\frac{\partial S}{\partial z}\right)^2\right\} + U(t,\vec{r}\,) + \frac{\partial S}{\partial t} = 0 \tag{6.43}$$

にたいして，そのひとつの完全解 $S(t,\vec{r},\alpha_1,\alpha_2,\alpha_3)$ (ただし $(\alpha_1,\alpha_2,\alpha_3)$ は付加定数以外の積分定数) が得られたならば，ここでも

$$\frac{\partial S}{\partial \alpha_i} = \text{const.} \qquad (i = 1, 2, 3)$$

がいえる（以下では $\alpha_1, \alpha_2, \alpha_3$ をまとめて $\alpha$ と記す）．完全解の条件には

$$\det\left|\frac{\partial^2 S}{\partial q^i \partial \alpha_j}\right| \neq 0 \tag{6.44}$$

が含まれている．ただしここでは $(q^1, q^2, q^3) = (x, y, z)$.

そして $S = \text{const.}$ で決まる面にたいする法線叢がこの面に直交する軌道の集合を与え，とくに $\beta^i$ $(i = 1, 2, 3)$ を定数として

$$\frac{\partial S(t,\vec{r},\alpha)}{\partial \alpha_i} = \beta^i \ \ (i = 1, 2, 3) \iff \vec{r} = \vec{\chi}(t, \alpha, \beta^1, \beta^2, \beta^3) \tag{6.45}$$

とおくことで，そのなかの一本を選び出すことができる（以下では $\beta^1, \beta^2, \beta^3$ もまとめて $\beta$ と記す）．そして

$$\vec{r} = \vec{\chi}(t, \alpha, \beta), \qquad \vec{p} = \left.\frac{\partial S(t,\vec{r},\alpha)}{\partial \vec{r}}\right|_{\vec{r}=\vec{\chi}(t,\alpha,\beta)} \tag{6.46}$$

が正準方程式の一般解を与える．ヤコビの定理である．

なお，(6.44)〜(6.46) の関係は $S(t,\vec{r},\alpha)$ が $(\vec{p} = (p_x, p_y, p_z),\ \vec{r} = (x, y, z),\ H)$ から新しい運動量 $\alpha = (\alpha_1, \alpha_2, \alpha_3)$ と座標 $\beta = (\beta^1, \beta^2, \beta^3)$ とハミルトニアン $K = H + \partial S/\partial t = 0$ への正準変換の母関数であることを示している．新しいハミルトニアンは $K = 0$ ゆえ，新しい正準方程式は $\dot{\vec{P}} = 0,\ \dot{\vec{Q}} = 0$ そして，そ

の解が $P_i = \alpha_i$, $Q^i = \beta^i$ となっている．つまり $\alpha$ と $\beta$ は正準定数である．

そして，光学でおこなったのとまったく同様に，原理的にはハミルトンの主関数をつぎのように導くことができる．関数

$$G(t, \vec{r}, t_0, \vec{r}_0, \alpha) := S(t, \vec{r}, \alpha) - S(t_0, \vec{r}_0, \alpha) \tag{6.47}$$

を定義し，

$$\frac{\partial G(t, \vec{r}, t_0, \vec{r}_0, \alpha)}{\partial \alpha_i} = \frac{\partial S(t, \vec{r}, \alpha)}{\partial \alpha_i} - \frac{\partial S(t_0, \vec{r}_0, \alpha)}{\partial \alpha_i} = 0 \quad (i = 1, 2, 3) \tag{6.48}$$

として，これを用いて $G$ からパラメータ $\alpha$ を消去したものがハミルトンの主関数 $S_H(\vec{r}, t; \vec{r}_0, t_0)$ である．この処方はつぎのように解釈できる．

$$\frac{\partial S(t, \vec{r}, \alpha)}{\partial \alpha_i} = \beta^i, \qquad \frac{\partial S(t_0, \vec{r}_0, \alpha)}{\partial \alpha_i} = \beta_0^i \quad (i = 1, 2, 3)$$

としたとき $S(t, \vec{r}, \alpha)$ は $(\vec{p},\ \vec{r}) \mapsto (\alpha,\ \beta)$ への正準変換の，そして $-S(t_0, \vec{r}_0, \alpha)$ は $(\alpha,\ \beta_0) \mapsto (\vec{p}_0, \vec{r}_0)$ への正準変換の母関数．ところで条件 (6.48) は $\beta = \beta_0$ としたことにあたり，それゆえこのときの (6.47) すなわちハミルトンの主関数 $S_H(\vec{r}, t\,; \vec{r}_0, t_0)$ は $(\vec{p},\ \vec{r}) \mapsto (\vec{p}_0, \vec{r}_0)$ への正準変換の母関数になっている．

とくにハミルトニアンが陽に $t$ によらないとき，(6.32) を使えば

$$\frac{dH}{dt} = \frac{\partial H}{\partial \vec{r}} \cdot \frac{d\vec{r}}{dt} + \frac{\partial H}{\partial \vec{p}} \cdot \frac{d\vec{p}}{dt} = 0 \tag{6.49}$$

で，ハミルトニアン自身は第 1 積分である．

このとき，$U = U(\vec{r})$ ゆえハミルトン＝ヤコビ方程式 (6.43) は変数分離形で，$E$ を定数として $S(\vec{r}, t) = W(\vec{r}) - Et$ とおくことができ，

$$\frac{1}{2m}\left\{\left(\frac{\partial W(\vec{r})}{\partial x}\right)^2 + \left(\frac{\partial W(\vec{r})}{\partial y}\right)^2 + \left(\frac{\partial W(\vec{r})}{\partial z}\right)^2\right\} + U(\vec{r}) = E \tag{6.50}$$

とあらわされる．これはハミルトンの特性関数の満たす方程式 (6.23) とおなじ形の方程式であり，保存系のハミルトン＝ヤコビ方程式といわれる．この場合は，すでにひとつの積分定数として $\alpha_1 = E$ が導入されているから，その完全解は $S = W(\vec{r}, E, \alpha_2, \alpha_3) - Et$ となり，(6.45) に対応する式は

$$\frac{\partial S}{\partial E} = \frac{\partial W}{\partial E} - t = \beta^1 = -t_0, \qquad \frac{\partial S}{\partial \alpha_i} = \frac{\partial W}{\partial \alpha_i} = \beta^i \quad (i = 2, 3).$$

これを逆に解くことによって，正準方程式の一般解

$$\vec{r}=\vec{\chi}(t-t_0,\beta^2,\beta^3,E,\alpha_2,\alpha_3),\qquad \vec{p}=\left.\frac{\partial W(\vec{r},E,\alpha_2,\alpha_3)}{\partial\vec{r}}\right|_{\vec{r}=\vec{\chi}} \tag{6.51}$$

が得られる．このとき，粒子の速度は $\vec{v}=\vec{p}/m=\vec{\nabla}W/m$ で与えられる．

すなわち粒子は $W=\text{const.}$ で与えられる平面（波面）に直交する軌道を進んでゆく．

そしてこの完全解からハミルトンの特性関数 $W_H(E,\vec{r},\vec{r}_0)$ を導く処方も，§3.5 での光学の議論とパラレルにおこなわれる．その実際は例で説明しよう．

#### 例 6.2-1（自由粒子の特性関数・主関数）

自由粒子では $U=0$ で，ラグランジアンは $L=m\dot{\vec{r}}^2/2$，$\vec{p}=\partial L/\partial\dot{\vec{r}}=m\dot{\vec{r}}$ として，ハミルトニアンは $H=\vec{p}^2/2m$ であり，ハミルトン＝ヤコビ方程式は

$$H\left(\vec{r},\frac{\partial S}{\partial\vec{r}}\right)+\frac{\partial S}{\partial t}=\frac{1}{2m}\left(\frac{\partial S}{\partial\vec{r}}\right)^2+\frac{\partial S}{\partial t}=0. \tag{6.52}$$

このひとつの完全解は，$\vec{\alpha}$ を定ベクトルとして $S(t,\vec{r},\vec{\alpha})=\vec{\alpha}\cdot\vec{r}-(\vec{\alpha}\cdot\vec{\alpha})t/2m$．これより

$$\vec{p}=\frac{\partial S}{\partial\vec{r}}=\vec{\alpha},\quad \vec{\beta}=\frac{\partial S}{\partial\vec{\alpha}}=\vec{r}-\frac{\vec{\alpha}}{m}t\qquad\therefore\quad \vec{r}=\vec{\beta}+\frac{\vec{\alpha}}{m}t$$

が得られる．この第 1 式で軌道の方向が特定され，第 2 式でそのうちの 1 本の軌道（$t=0$ に点 $\vec{\beta}$ をとおる軌道）が定められた．そこで

$$\begin{aligned}G(t,t_0,\vec{r},\vec{r}_0,\vec{\alpha})&=S(t,\vec{r},\vec{\alpha})-S(t_0,\vec{r}_0,\vec{\alpha})\\&=\vec{\alpha}\cdot(\vec{r}-\vec{r}_0)-\frac{(\vec{\alpha}\cdot\vec{\alpha})}{2m}(t-t_0)\end{aligned}$$

を作って，

$$\frac{\partial G}{\partial\vec{\alpha}}=\vec{r}-\vec{r}_0-\frac{\vec{\alpha}}{m}(t-t_0)=0 \tag{6.53}$$

とおき，これを用いて $G$ から $\vec{\alpha}$ を消去することで，ハミルトンの主関数が

$$S_H(\vec{r},t\,;\vec{r}_0,t_0)=G\left(t,t_0,\vec{r},\vec{r}_0,\vec{\alpha}=\frac{m(\vec{r}-\vec{r}_0)}{(t-t_0)}\right)$$

$$= \frac{m(\vec{r}-\vec{r}_0)^2}{2(t-t_0)} \tag{6.54}$$

と得られる．

他方で，この場合の特性関数 $W_H(E,\vec{r},\vec{r}_0)$ は

$$\frac{\partial S_H}{\partial t} = -\frac{m(\vec{r}-\vec{r}_0)^2}{2(t-t_0)^2} = -E \tag{6.55}$$

とおいて主関数 $S_H$ にルジャンドル変換を施すことで求まる．つまり上式から得られる $t-t_0=\sqrt{m/2E}\,|\vec{r}-\vec{r}_0|$ を $S_H(t,t_0,\vec{r},\vec{r}_0)+E(t-t_0)$ に代入して

$$W_H(E,\vec{r},\vec{r}_0) = \sqrt{2mE}\,|\vec{r}-\vec{r}_0|. \tag{6.56}$$

つぎのように簡単に考えてもよい．

ハミルトンの特性関数や主関数は，現実の軌道にそった積分である．ところがこの場合は等速度運動で $\dot{\vec{r}}=\vec{v}=\vec{v}_0$，したがって軌道は $\vec{r}=\vec{r}_0+\vec{v}_0(t-t_0)$，そして $E=mv_0^2/2$．したがって，ハミルトンの特性関数と主関数を，いきなり

$$W_H(E,\vec{r},\vec{r}_0) = \int_{\vec{r}_0}^{\vec{r}} mv\,ds = mv_0|\vec{r}-\vec{r}_0| = \sqrt{2mE}\,|\vec{r}-\vec{r}_0|, \tag{6.57}$$

$$S_H(\vec{r},t\,;\vec{r}_0,t_0) = \int_{t_0}^{t} L\,dt = \frac{m}{2}\,\vec{v}_0^{\,2}(t-t_0) = \frac{m(\vec{r}-\vec{r}_0)^2}{2(t-t_0)} \tag{6.58}$$

と書き下すことができる．

なお，ハミルトンの特性関数についての (6.22) 式および主関数についての (6.36) (6.37) 式は，その両関数のいずれもが $\vec{r},\vec{p}$ から初期値 $\vec{r}_0,\vec{p}_0$ への正準変換の母関数となっていることをあらわしているように思える．主関数についてはdet$(\partial^2 S_H/\partial x^i\partial x_0^j)\neq 0$ でたしかに母関数の条件を満たしているが，しかし特性関数は，この例からわかるように det$(\partial^2 W_H/\partial x^i\partial x_0^j)=0$ で，正準変数の母関数ではない．実際，$\vec{r}_0$ と $\vec{p}_0$ が与えられたとき，(6.58) の主関数にたいしては，(6.36) (6.37) より

$$\vec{p}=\vec{p}_0, \qquad \vec{r}=\vec{r}_0+\frac{\vec{p}_0}{m}(t-t_0)$$

が得られ，任意の時刻の $\vec{p}$ と $\vec{r}$ が一意的に決定される．しかし (6.57) の特性関数では，(6.22) より

$$\vec{p}=\vec{p}_0,\quad |\vec{p}_0|=\sqrt{2mE},\qquad \vec{r}-\vec{r}_0=\frac{\vec{p}_0}{\sqrt{2mE}}|\vec{r}-\vec{r}_0|$$

としか得られず，軌道が求まるだけで，位置 $\vec{r}$ は一意的には決まらない．

例 6.2-2（一様な力の場と放物運動）

一様な力 $\vec{F}$ を受けている粒子の運動を考える．この場合，ポテンシャルを $U(\vec{r})=-\vec{F}\cdot\vec{r}$ とすることができる．ラグランジアンは $L=m\dot{\vec{r}}^2/2+\vec{F}\cdot\vec{r}$.

この場合も，運動方程式 $m\ddot{\vec{r}}=\vec{F}$ より運動は直接求まり

$$\vec{v}(t)=\vec{v}_0+\frac{\vec{F}}{m}(t-t_0),\qquad \vec{r}(t)=\vec{r}_0+\vec{v}_0(t-t_0)+\frac{\vec{F}}{2m}(t-t_0)^2.$$

これらを用いることで，現実の軌道にそった作用積分は

$$\begin{aligned}I[\text{real path}]&=\int_{t_0}^{t}dt'\left\{\frac{m}{2}\,v(t')^2+\vec{F}\cdot\vec{r}(t')\right\}\\&=\int_{t_0}^{t}dt'\left\{\frac{m}{2}\,v_0^2+2\vec{v}_0\cdot\vec{F}(t'-t_0)+\vec{F}\cdot\vec{r}_0+\frac{F^2}{m}(t'-t_0)^2\right\}\\&=\frac{m}{2}\,v_0^2(t-t_0)+\vec{v}_0\cdot\vec{F}(t-t_0)^2+\vec{F}\cdot\vec{r}_0(t-t_0)+\frac{F^2}{3m}(t-t_0)^3.\end{aligned}$$

ここで

$$\vec{v}_0=\frac{\vec{r}-\vec{r}_0}{t-t_0}-\frac{\vec{F}}{2m}(t-t_0)$$

を用いて，この式から $\vec{v}_0$ を消去して，ハミルトンの主関数

$$S_H(\vec{r},t\,;\vec{r}_0,t_0)=\frac{m(\vec{r}-\vec{r}_0)^2}{2(t-t_0)}+\frac{1}{2}(\vec{r}+\vec{r}_0)\cdot\vec{F}(t-t_0)-\frac{F^2}{24m}(t-t_0)^3 \tag{6.59}$$

が得られる．(6.36) (6.37) の関係は直接たしかめられる．

以下では，力を地表近くの重力とする．この場合，鉛直上方向に $z$ 軸をとれば力は $\vec{F}=(0,0,-mg)$ で与えられる．簡単のため $\vec{r}_0$ を原点に，そして $t_0=0$ ととり，$S_H(\vec{r},t\,;\vec{r}_0,t_0)$ を $S_H(\vec{r},t)$ と記す．原点から時刻 $t=0$ に一定の速さ $v_0=\sqrt{2mE}$ でさまざまな方向に投げ出された粒子の集まり，あるいはホースの口から散水された水滴の集まりの運動を考えればよい．

運動は等加速度運動で，それぞれの粒子の軌道は鉛直面内にあり，原点をと

おる放物運動である.

上に求めたハミルトンの主関数は，この場合

$$S_H(\vec{r},t)=\frac{m}{2}\left(\frac{x^2+y^2+z^2}{t}-gzt-\frac{g^2}{12}t^3\right).$$

ここで $\partial S_H/\partial t=-E=-mv_0^2/2$ とおいて，また $\sqrt{x^2+y^2+z^2}=r$ として

$$(gt)^4-4(v_0^2-gz)(gt)^2+4g^2r^2=0$$

$$\therefore\quad gt=\sqrt{v_0^2-g(z-r)}\pm\sqrt{v_0^2-g(z+r)}. \tag{6.60}$$

これより，ハミルトンの特性関数は

$$\begin{aligned}W_H(E,\vec{r})&=[S_H(\vec{r},t)+Et]_{(6.60)}\\&=\frac{m}{3g}\Big[\{v_0^2-g(z-r)\}^{3/2}\pm\{v_0^2-g(z+r)\}^{3/2}\Big].\end{aligned} \tag{6.61}$$

これらの粒子の到達可能な領域は

$$v_0^2-gz\geqq gr=g\sqrt{x^2+y^2+z^2}\qquad\text{i.e.}\qquad z\leqq\frac{v_0^2}{2g}-\frac{g(x^2+y^2)}{2v_0^2}.$$

等号は，放物線軌道の集まりの包絡面をあらわす(図 6.2-1).

曲面 $W_H=\text{const.}$ は，これらの粒子の運動に付随する波動の波面（同位相面）をあらわす．各粒子の描く放物線軌道はこの曲面に直行している．上向きに打ち上げられた粒子は最初上昇し，あるところで最高点に達し下降に移る．$W_H$ の複号のうち－（マイナス）記号のものは，最高点に達する以前のもので，下降に移ってからは＋（プラス）記号のものであらわされる．

原点で打ち出された直後は

$$W_H(E=mv_0^2/2,\vec{r})=mv_0r\left(1-\frac{gz}{2v_0^2}\right)+(\text{座標の 3 次以上})$$

ゆえ，波面 $W_H=\text{const.}$ は，ほぼ原点を中心とし，上方に伸び下方に縮んだ球面になっている．十分時間がたって，$|z|=-z$ が十分大きくなった状態では，波面は $z$ 軸の近くでは

$$W_H\fallingdotseq\frac{m}{3g}\{g(r-z)\}^{3/2}=\text{const.}\quad\text{i.e.}\quad\sqrt{x^2+y^2+z^2}-z=\text{const.}$$

これは回転放物面である.

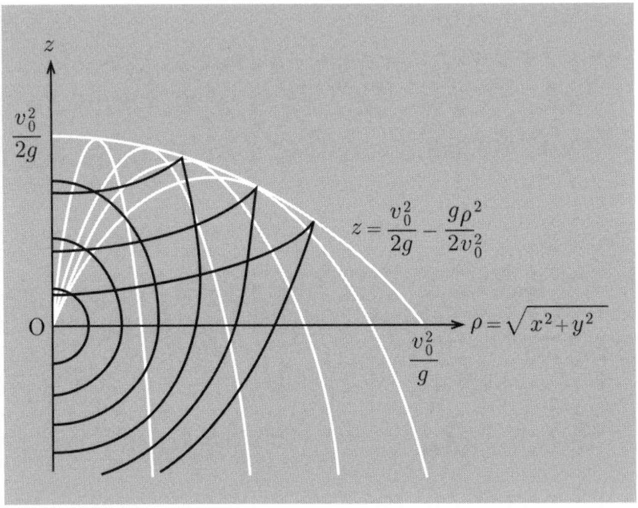


図 6.2-1　粒子軌道と波面（白線が粒子の放物線軌道とその包絡線．黒線は波面 $W_H = \mathrm{const.}$）

## 6.3　幾何光学と波動光学

幾何光学でアイコナール方程式を満たす点特性関数（アイコナール）を用いて位相（幾何光学的位相）が定義できるということは，光が波動的に伝播することを示唆している．そのさい光線経路についてフェルマの原理が成り立つということは，幾何光学がその波の波長の小さいときに成り立つ近似であることを示している．後節で詳しく述べるが，簡単にいうと，光の波長が十分に小さければ，接近する軌道間で位相が大きく異ならないのは光路長が停留値をとる経路のみであり，その経路上では波が打ち消しあうことなく進むからである．逆に波長が長ければ，隣り合った軌道の経路長が少々異なったとしても位相が大きく異なることはなく，したがって広がった領域でも波は打ち消しあうことはなく，そのため光はひろがって進む．

とするならば，質点力学においてもフェルマの原理に類似の最小作用の原理とハミルトン=ヤコビ方程式が成り立ち，特性関数を定義できるということは，粒子の運動の背後に波動的伝播が秘められていることを示唆している．

そこで，力学に潜む波動的構造を暴きだすために，さしあたって幾何光学と波動光学の関係を明らかにすることからはじめよう．というのも，光学では，ある時期から幾何光学と波動光学が並行的に研究されてきたため，光線概念と波動概念の関係は比較的容易に見てとれるからである．

§3.2 では光路長をあらわす関数

$$V(\vec{r}, \vec{r}_0) = \int_{\vec{r}_0}^{\vec{r}} \mu(\vec{r})ds \tag{6.62}$$

を光線束の位相（幾何光学的位相）を与えるものとして導入した．この関数はアイコナール方程式 (3.2) を満たし，直接微分することより

$$\vec{\nabla} V(\vec{r}) = \mu(\vec{r})\vec{e}_t \qquad \therefore \qquad |\vec{\nabla} V(\vec{r})| = \mu(\vec{r}) \tag{6.63}$$ [5)]

（$\vec{e}_t$ は $V = \text{const.}$ の面に直交する光線経路の接線方向の単位ベクトル）．

幾何光学では状態の時間変化を問わないので，この位相は時間変数を含まない．というのもフェルマの原理は時間的変動を考えない定常的経路のみを考察するものだからである．このような状況に対応する波動としては，空間のすべての点が同一の振動数で定常的に振動している単色波を考えることになる．その単色光の振動数を $\nu$（角振動数を $\omega = 2\pi\nu$）とする．

はじめに簡単のため，スカラー波で考える．ベクトル波の扱いは後で見る．

波長にくらべれば十分に大きいが，系の広がりにくらべて十分に小さい領域で屈折率 $\mu(\vec{r})$ が一定であるとすれば，その領域では，光の波動は，振幅 $a$ が一定の平面波

$$\Psi(\vec{r}, t) = a \exp\{i(\vec{k} \cdot \vec{r} - \omega t)\}$$

に近い振る舞いをするであろう．$\vec{k} = (2\pi/\lambda)\vec{e}_t = (2\pi\mu/\lambda_0)\vec{e}_t$ は波動ベクトル．屈折率がゆるやかに変化するところでは $\vec{k}$ もゆるやかに変化するので，位相の $\vec{k} \cdot \vec{r}$ を $\int \vec{k} \cdot d\vec{r}$ に置き換えればよいと予想される．

つぎのように考えてもよい．

---

5) この $V(\vec{r})$ は (6.62) の $V(\vec{r}, \vec{r}_0)$ の $\vec{r}_0$ の記入を省略したもの．同様の省略はハミルトンの主関数 $S_H(\vec{r}, t; \vec{r}_0, t_0)$ や特性関数 $W_H(E, \vec{r}, \vec{r}_0)$ でもしばしばおこない，それらを単に $S_H(\vec{r}, t)$，$W_H(E, \vec{r})$ とも記す．

一般にその単色光の波は（スカラー波の扱いで）

$$\Psi(\vec{r},t) = a(\vec{r})\exp\{i(\phi(\vec{r}) - \omega t)\} = a(\vec{r})\exp\{i\,\Phi(\vec{r},t)\} \tag{6.64}$$

の形にあらわされる[6]．ここに $a(\vec{r})$ は，空間的にゆっくり変わってゆく振幅．同位相面は $\Phi(\vec{r},t) = \phi(\vec{r}) - \omega t = \text{const.}$．微小時間 $\Delta t$ 間にこの面が $\Delta s$ 進んだとすると，この面の法線ベクトルを $\vec{e}_n$ として（$\vec{\nabla}\phi\cdot\vec{e}_n = |\vec{\nabla}\phi|$ に注意して）

$$\phi(\vec{r} + \vec{e}_n\Delta s) - \omega(t + \Delta t) = \phi(\vec{r}) - \omega t \qquad \therefore \qquad |\vec{\nabla}\phi|\Delta s = \omega\Delta t.$$

ところで波の位相速度は $v = \Delta s/\Delta t$ で与えられるゆえ，$\omega/c = 2\pi/\lambda_0 = k_0$ として

$$|\vec{\nabla}\phi| = \omega\frac{\Delta t}{\Delta s} = \frac{\omega}{v} = \frac{\omega}{c}\mu = k_0\mu, \tag{6.65}$$

したがって，(6.63) と見くらべて，二つの位相 $V$ と $\phi$ の関係は

$$|\vec{\nabla}\phi| = k_0|\vec{\nabla}V| \qquad \text{かつ同位相面が一致しているとして} \quad \vec{e}_n = \vec{e}_t.$$

こうして，幾何光学的位相 $V(\vec{r})$ と波動光学的位相 $\phi(\vec{r})$ の関係

$$\phi(\vec{r}) = k_0V(\vec{r}) \tag{6.66}$$

が得られる．ここに，真空中の波長を $\lambda_0$ として，$k_0 = 2\pi/\lambda_0$ は真空中の波動ベクトルの大きさである．

このとき，局所的波動ベクトルを

$$\vec{k} = \frac{2\pi}{\lambda}\vec{e}_t = k_0\mu(\vec{r})\vec{e}_t$$

として，曲線 $\vec{r}(s)$ にそった位相の変化は

$$\phi(\vec{r},\vec{r}_0) = \int_{\vec{r}_0}^{\vec{r}}\vec{k}\cdot d\vec{r} = k_0\int_{\vec{r}_0}^{\vec{r}}\mu(\vec{r})ds \tag{6.67}$$

であり，$\delta\phi = 0$ がフェルマの原理で，これは力学での最小作用の原理に対応している．そして $\phi$ が停留値になったとき $\phi(\vec{r},\vec{r}_0) = k_0V(\vec{r},\vec{r}_0)$ で，ここに $V(\vec{r},\vec{r}_0)$ はハミルトンの点特性関数である．

---

6) この $\phi(\vec{r})$ は位相（波動光学的位相）をあらわす関数で，§6.1 のスカラー・ポテンシャル $\phi$ と混同しないように．

波面 $\phi(\vec{r}) = \mathrm{const.}$ を有する光線束に対応する光の波動は，もっと一般的には，つまり単色波という仮定をおかなければ

$$\Psi(\vec{r},t) = a(\vec{r},t)\exp\{i(\phi(\vec{r}) - \omega t)\} \tag{6.68}$$

とあらわすことができる．これを波動方程式

$$\frac{\partial^2\Psi}{\partial t^2} = v^2\left(\frac{\partial^2\Psi}{\partial x^2} + \frac{\partial^2\Psi}{\partial y^2} + \frac{\partial^2\Psi}{\partial z^2}\right) \tag{6.69}$$

に代入して整理すると（$\omega = k_0 c = k_0\mu v$ に注意して）

$$v^2\{(\vec{\nabla}\phi)^2 - k_0^2\mu^2\} + \frac{1}{a}\left(\frac{\partial^2 a}{\partial t^2} - v^2\vec{\nabla}^2 a\right) - \frac{i}{a^2}\left\{v^2\vec{\nabla}\cdot(a^2\vec{\nabla}\phi) + \frac{\partial}{\partial t}(\omega a^2)\right\} = 0. \tag{6.70}$$

この実数部分は，$k_0 v = 2\pi v/\lambda_0 = 2\pi/\mu T$（$T$ は振動周期），さらに $\lambda = \lambda_0/\mu$ を用いて，幾何光学的位相であらわすと

$$(\vec{\nabla}V)^2 - \mu^2 + \frac{\mu^2}{4\pi^2}\left(\frac{T^2}{a}\frac{\partial^2 a}{\partial t^2} - \frac{\lambda^2}{a}\vec{\nabla}^2 a\right) = 0. \tag{6.71}$$

つまり，位相の変化と振幅の時間的および空間的変化は一般には独立ではない．

しかし振幅 $a$ の，波長 $\lambda$ の範囲での空間的変化や周期 $T$ の範囲での時間的変化が十分小さい，すなわち $\lambda^2|\vec{\nabla}^2 a| \ll |a|$, $T^2|\partial^2 a/\partial t^2| \ll |a|$ の条件が満たされていれば，幾何光学的位相 $V$ の変化は振幅の変化とは無関係になり，それの満たす方程式はアイコナール方程式 $(\vec{\nabla}V)^2 = \mu^2$ にほかならない．

なお，この波があらわす光のエネルギー密度を

$$\rho := \frac{1}{2i}\left(\frac{\partial\Psi^*}{\partial t}\Psi - \Psi^*\frac{\partial\Psi}{\partial t}\right) = \omega a^2 = \omega|\Psi|^2 \tag{6.72}$$

で定義すれば，

$$\begin{aligned}\frac{\partial\rho}{\partial t} &= \frac{1}{2i}\left(\frac{\partial^2\Psi^*}{\partial t^2}\Psi - \Psi^*\frac{\partial^2\Psi}{\partial t^2}\right) = \frac{v^2}{2i}\left\{(\vec{\nabla}^2\Psi^*)\Psi - \Psi^*(\vec{\nabla}^2\Psi)\right\}\\ &= -v^2\vec{\nabla}\cdot(a^2\vec{\nabla}\phi).\end{aligned}$$

したがって $\mu$ の空間的変化が十分緩やかで $\vec{\nabla}\mu$ のかかっている項を無視することができ，$\vec{\nabla}\cdot(v^2a^2\vec{\nabla}\phi) = v^2\vec{\nabla}\cdot(a^2\vec{\nabla}\phi)$ と近似しうる範囲で連続方程式

$$\frac{\partial\rho}{\partial t}+\vec{\nabla}\cdot\vec{j}=0 \tag{6.73}$$

を満たすようにするには，この光波のエネルギー・フローを

$$\vec{j}:=\frac{i}{2}v^2\{(\vec{\nabla}\Psi^*)\Psi-\Psi^*(\vec{\nabla}\Psi)\}=(va)^2\vec{\nabla}\phi=v\omega a^2\vec{e}_t=v\rho\vec{e}_n \tag{6.74}$$

と定義することができる．このとき，(6.70) 式の虚数部分は連続方程式 (6.73) を与える．

以上，スカラー波で論じたが，実際には古典電磁気学では光は電磁波（電場ベクトル $\vec{E}$ と磁場ベクトル $\vec{H}$ の波動としての伝播）であり，ベクトル波として扱われる．その成分は，非伝導性の透明媒質中でのマクスウェル方程式

$$\vec{\nabla}\times\vec{E}+\bar{\mu}\partial_t\vec{H}=0,\qquad \vec{\nabla}\cdot(\varepsilon\vec{E})=0,$$
$$\vec{\nabla}\times\vec{H}-\varepsilon\partial_t\vec{E}=0,\qquad \vec{\nabla}\cdot(\bar{\mu}\vec{H})=0$$

に支配されている．ここで $\varepsilon$ は媒質の誘電率，$\bar{\mu}$ は透磁率（透磁率は通常は単に $\mu$ と記されるが，本書では屈折率に $\mu$ を用いてきたので，区別のために $\bar{\mu}$ とした）．媒質中の光速は $v=1/\sqrt{\varepsilon\bar{\mu}}$ であり，真空中の光速を $c$ として，媒質の屈折率は $\mu(\vec{r})=c\sqrt{\varepsilon\bar{\mu}}$．誘電率や透磁率は不均質であるが時間的に変化せず，等方的つまり座標と振動数のみの関数とした．

ここで，やはり単色光のみを考え

$$\vec{E}(\vec{r},t)=\vec{e}(\vec{r})\exp\{i(k_0V(\vec{r})-\omega t)\}, \tag{6.75}$$

$$\vec{H}(\vec{r},t)=\vec{h}(\vec{r})\exp\{i(k_0V(\vec{r})-\omega t)\} \tag{6.76}$$

とおく（このベクトル $\vec{e}$ を曲線の接線方向の単位ベクトル $\vec{e}_t$ と混同しないように）．真空中の波長を $\lambda_0$ として，$k_0=2\pi/\lambda_0$，$\omega=k_0c$．上記のマクスウェル方程式は

$$ik_0\{(\vec{\nabla}V)\times\vec{e}-c\bar{\mu}\vec{h}\}+\vec{\nabla}\times\vec{e}=0,$$
$$ik_0\{(\vec{\nabla}V)\times\vec{h}+c\varepsilon\vec{e}\}+\vec{\nabla}\times\vec{h}=0,$$
$$ik_0(\varepsilon\vec{e}\cdot\vec{\nabla}V)=-\vec{\nabla}\cdot(\varepsilon\vec{e}),$$
$$ik_0(\bar{\mu}\vec{h}\cdot\vec{\nabla}V)=-\vec{\nabla}\cdot(\bar{\mu}\vec{h}).$$

ここで波長 $\lambda_0$ が十分に小さく波長の領域での電場と磁場の変化が無視しうるとするならば，上式を $ik_0$ で割った後，演算子 $(\lambda_0/2\pi)\vec{\nabla} = (1/k_0)\vec{\nabla}$ のかかった項，すなわち $\vec{\nabla}\times\vec{e}/k_0$，$\vec{\nabla}\times\vec{h}/k_0$，$\vec{\nabla}\cdot(\varepsilon\vec{e})/k_0$，$\vec{\nabla}\cdot(\bar{\mu}\vec{h})/k_0$ の項を捨ててよく，そのとき短波長近似の方程式

$$(\vec{\nabla}V)\times\vec{e} = c\bar{\mu}\vec{h}, \qquad (\vec{\nabla}V)\times\vec{h} = -c\varepsilon\vec{e}$$

$$\vec{e}\cdot\vec{\nabla}V = 0, \qquad \vec{h}\cdot\vec{\nabla}V = 0$$

が得られる[7]．これより，三つのベクトル $\vec{e}$, $\vec{h}$, $\vec{\nabla}V$ が右手直交系をなし，その大きさの関係は

$$\sqrt{\bar{\mu}}\,|\vec{h}| = \sqrt{\varepsilon}\,|\vec{e}|, \quad |\vec{\nabla}V| = \sqrt{\varepsilon\bar{\mu}}\,c \tag{6.77}$$

であることがわかる．つまり電磁波は横波で，たがいに直交し，そしてともに進行方向に直交する方向のみに成分をもつベクトル $\vec{E}$ と $\vec{H}$ が波動となって空間中を進むものである．

また上記の短波長近似のマクスウェル方程式から $V(\vec{r})$ の満たす方程式

$$(\vec{\nabla}V)^2 = c^2\varepsilon\bar{\mu} = \mu(\vec{r})^2 \tag{6.78}$$

が得られるが，これはアイコナール方程式にほかならない．すなわち，この近似は幾何光学近似である．

電場と磁場のエネルギー密度の時間平均は

$$\text{電場}:\langle U_E\rangle = \frac{\varepsilon}{2}\vec{E}\cdot\vec{E}^* = \frac{\varepsilon}{2}e^2, \quad \text{磁場}:\langle U_B\rangle = \frac{\bar{\mu}}{2}\vec{H}\cdot\vec{H}^* = \frac{\bar{\mu}}{2}h^2. \tag{6.79}$$

したがって $\langle U_E\rangle = \langle U_B\rangle$ で，全エネルギー密度は $\langle U\rangle = \langle U_E\rangle + \langle U_B\rangle = \varepsilon e^2$.

他方で，もとのマクスウェル方程式より

$$\vec{\nabla}\cdot(\vec{E}\times\vec{H}^*) + \frac{1}{2}\frac{\partial}{\partial t}\Big(\varepsilon\vec{E}\cdot\vec{E}^* + \mu\vec{H}\cdot\vec{H}^*\Big) = \vec{\nabla}\cdot(\vec{E}\times\vec{H}^*) + \frac{\partial\langle U\rangle}{\partial t} = 0.$$

したがって，$\langle\vec{S}\,\rangle := \vec{E}\times\vec{H}^*$ は単位時間あたり単位面積を通過するエネルギー

---

[7] ただし，媒質が階段状に変化し，そのため $\vec{r}$ のわずかな変化にたいして $\vec{e}$ や $\vec{h}$ が大きく変化する点の近くや，焦点や火面のような光線が集中する点の近くでは，この近似は危険がともなう．

の流れをあらわすベクトルであり，ポインティング・ベクトルとよばれる．それは，この幾何光学近似では

$$\langle \vec{S}\,\rangle = \vec{E} \times \vec{H}^* = \vec{e} \times \vec{h} = \frac{\langle U\rangle}{\varepsilon\bar{\mu}c}\,\overrightarrow{\nabla} V = v\langle U\rangle \vec{e}_t, \tag{6.80}$$

すなわち，幾何光学的波面 $V(\vec{r}\,) = \text{const.}$ に直交し，その大きさは $|\langle \vec{S}\,\rangle| = v\langle U\rangle$. このことは，幾何光学の範囲では，光のエネルギーが，局所的には，たしかに位相面に直交する光線にそって速さ（位相速度）$v = c/\mu$ で運ばれることを示している．

以上の議論よりわかるように，横波としての電磁波の二つの成分 $\vec{E}$ と $\vec{H}$ は，まったく対称で，一方がわかれば他方もわかり，このことが電磁波にたいするスカラー波の扱いの妥当性を保証している．つまり先のスカラー波の近似は

$$\begin{aligned}\varPsi(\vec{r}, t) &= (\sqrt{\varepsilon/\omega})|\vec{E}|\exp\{i(\phi(\vec{r}\,) - \omega t)\}\\ &= (\sqrt{\bar{\mu}/\omega})|\vec{H}|\exp\{i(\phi(\vec{r}\,) - \omega t)\}\end{aligned}$$

とおいたことになる．$\rho = \langle U\rangle$, $\vec{j} = \langle \vec{S}\,\rangle$ である．

結局，幾何光学は波動光学にたいする近似であり，その近似は，振幅や屈折率が空間的に変化する距離にくらべて波長が十分小さく，また振幅が時間的に変化する時間にくらべて周期が十分に小さい範囲で有効である．

逆にたとえば，十分に小さなスリットを光が通過する場合は，振幅が大きく変化する距離にくらべて波長が大きく，幾何光学とその基本にあった光線概念は有効性を失う．

## 6.4 粒子にともなう波動とは

同様に，粒子力学は想定される波動力学のある極限であろうと推測される．そのさい，粒子力学にとっての波，提唱者ド・ブロイが語った「粒子に結びつけられた波（l'onde associée au corpuscule）」とはなんだろうか．

その問題をあくまで光学とのアナロジーにもとづいて考えれば，幾何光学における位相としてのアイコナール $V$ に質点力学におけるハミルトンの特性関数 $W_H$ が（比例定数の任意性をのぞいて）対応する．それゆえ，波動光学におけ

る単色光の位相 $\Phi(\vec{r},t)=\phi(\vec{r})-\omega t=k_0V(\vec{r})-\omega t$ には，エネルギーが一定の定常状態のハミルトンの主関数 $S_H(\vec{r},t)=W_H(E,\vec{r})-Et$ が対応するであろう．ただし関数 $S_H$ は (運動量) × (長さ) の次元ないしはおなじことであるが (エネルギー) × (時間) の次元（作用の次元）をもつのにたいして，位相 $\Phi$ は無次元量ゆえ，$S_H$ にたいしても (運動量) × (長さ) の次元をもつ定数 $\hbar$ で割り，力学において粒子にともなうと考えられる波動（ド・ブロイ波）の位相を $\Phi=S_H/\hbar=W_H/\hbar-(E/\hbar)t$ とする．こうすれば，幾何光学における $\phi$ に対応するのが $W_H/\hbar$，角振動数 $\omega$ に対応するのが $E/\hbar$ となる．ただしこの定数 $\hbar$ については，この時点ではその次元しかわかっていない．

ところで，幾何光学では，波動ベクトルは $\vec{k}=\vec{\nabla}\phi=(\omega/v)\vec{e}_t=(2\pi/\lambda)\vec{e}_t$，すなわち波長は $\lambda=2\pi/|\vec{\nabla}\phi|$ であった．他方，力学では運動量は $\vec{p}=\vec{\nabla}W_H$ ゆえ，先の対応からは $\vec{p}=\hbar\vec{k}$ であり，その波動の波長を

$$\lambda=\frac{2\pi}{|\vec{\nabla}W_H|/\hbar}=\frac{2\pi\hbar}{p} \tag{6.81}$$

と定めるのが合理的と考えられる．これが**ド・ブロイの関係**であり，$\lambda$ はド・ブロイ波の波長．同様に，$E=\hbar\omega$ の関係より，力学の波動の振動数は

$$\nu=\frac{\omega}{2\pi}=\frac{E}{2\pi\hbar}. \tag{6.82}$$

これが**アインシュタインの関係**である．この定数 $\hbar$ は**プランク定数**ないし**作用量子**といわれる [8)].

つぎのように考えてもよい．

幾何光学での屈折率 $\mu(\vec{r})$ は波長に反比例している．粒子力学で屈折率に対応するのは (6.5) 式に見たように $\sqrt{2m(E-U(\vec{r}))}=p$ ゆえ，同様に $p\propto 1/\lambda$ が成り立つと考えられる．そのさい，比例定数は (運動量) × (長さ) の次元すなわち作用の次元を有し，その比例定数を作用量子とおいたのがド・ブロイの関係である．他方で，粒子の波動の振動数については，この場合も同位相面が微小時間 $\Delta t$ に微小距離 $\Delta s$ 進むとすると，この同位相面の法線ベクトルを $\vec{e}_n$

---

8) 通常は $h=2\pi\hbar$ がプランク定数といわれ，ド・ブロイとアインシュタインの関係は，それぞれ $\lambda=h/p$，$\nu=E/h$ とあらわされているが，本書ではすべて $\hbar$ で記す．

として $W_H(\vec{r}+\vec{e}_n\Delta s)-E(t+\Delta t)=W_H(\vec{r})-Et$，すなわち，以前にやった計算と同様に $|\vec{\nabla}W_H|\Delta s=E\Delta t$．したがってド・ブロイ波の位相速度は

$$v_{\text{phase velocity}}=\frac{\Delta s}{\Delta t}=\frac{E}{|\vec{\nabla}W_H|}=\frac{E}{p}. \tag{6.83}$$

この位相速度が粒子の速度 $v$ と一致しないことに注意．この位相速度と先に求めた波長 (6.81) より，粒子の波動の振動数は

$$\nu=\frac{v_{\text{phase velocity}}}{\lambda}=\frac{E}{2\pi\hbar}.$$

これはアインシュタインの関係であり，したがって粒子にともなう波動は，

$$\Psi(\vec{r},t)=a(\vec{r},t)\exp\frac{i}{\hbar}(W_H(\vec{r})-Et),$$

ないしは，より一般的に

$$\Psi(\vec{r},t)=a(\vec{r},t)\exp\left\{\frac{i}{\hbar}S_H(\vec{r},t)\right\} \tag{6.84}$$

の形をしていると考えられる．

ここまでは，単に光学とのアナロジーだけで形式的に議論してきた．

問題は，粒子力学におけるこの波動がそもそも物理的に何であるのかにある．量子力学の形成の直後から語られ，そして現代にいたるまで実験によって確かめられ維持されてきたもっとも有力な解釈は，その波動が重ね合わせの原理に従い，粒子の存在確率を与えるということである，

粒子（たとえば電子）を 1 個，2 個と識別する実験では，粒子は点状の領域に検出され，そのかぎりで波動性を示すことはない．実際，粒子源から打ち出され，ほぼ $z$ 軸方向にそろった弱い粒子ビームを $z=z_0$ の位置に $z$ 軸に垂直においた写真乾板ないしスクリーンにあてると，乾板のあちこちに広がりのない輝点がポツン，ポツンと記されてゆく．十分に弱いビームであれば，1 個の輝点が記されてからつぎの輝点が記されるまで，時間があく．そこで，1 回輝点が記される過程を 1 回の実験とする．実験の間隔が十分に長いと，1 回の実験では粒子源から写真乾板までのあいだに 1 個の粒子だけがあったと考えられる．そしてその粒子が写真乾板のどこに来るかはまったく不定である．

十分に時間がたち，何度も実験をくり返し，多くの輝点が記されると，それはある分布を示す．写真乾板上でのその粒子の波動関数を $\Psi(x, y, z_0)$ とすると，乾板上の $x \sim x + dx$，$y \sim y + dy$ の領域にある輝点の数は $|\Psi(x, y, z_0)|^2 dxdy$ に比例している．つまり $|\Psi(x, y, z_0)|^2$ は 1 回の実験で乾板上の $(x, y)$ の位置に粒子が見出される確率密度に比例している（全確率を 1 になるように波動関数の振幅を規格化しておくと確率密度そのものを与える）．1 個の粒子が局所的に検出される実験と，粒子に付随する空間的に広がった波動なるものを矛盾なく両立させる唯一の道が，粒子の波動にたいするこのような確率解釈である．

つぎに，粒子源と写真乾板の間に，二つのスリット $\mathrm{S_A}$，$\mathrm{S_B}$ をもち，その他の部分では粒子をとおさない衝立を置く．重ね合わせの原理より，写真乾板上での波動関数 $\Psi$ は $\mathrm{S_A}$ を通った波動 $\Psi_\mathrm{A}$ と $\mathrm{S_B}$ を通った波動 $\Psi_\mathrm{B}$ の和

$$\Psi = \Psi_\mathrm{A} + \Psi_\mathrm{B} \tag{6.85}$$

で与えられる．

いま，スリット $\mathrm{S_B}$ を塞いだときに写真乾板上で粒子が観測される確率密度は $P_\mathrm{A} = |\Psi_\mathrm{A}|^2$，逆にスリット $\mathrm{S_A}$ を塞いだときに写真乾板上で粒子が観測される確率密度は $P_\mathrm{B} = |\Psi_\mathrm{B}|^2$，そしてその二つの場合の写真乾板を重ねると，実際に $|\Psi_\mathrm{A}|^2 + |\Psi_\mathrm{B}|^2$ の分布が得られる．しかし，二つのスリットを開けて粒子ビームがその両方のスリットを通過しうるようにしたとき，写真乾板上で粒子が観測される確率密度は，$P_\mathrm{AB} = P_\mathrm{A} + P_\mathrm{B} = |\Psi_\mathrm{A}|^2 + |\Psi_\mathrm{B}|^2$ とはならずに

$$P_\mathrm{AB} = |\Psi_\mathrm{A} + \Psi_\mathrm{B}|^2 = P_\mathrm{A} + P_\mathrm{B} + 2\mathrm{Re}\,(\Psi_\mathrm{A}^* \Psi_\mathrm{B}) \tag{6.86}$$

となり，干渉項が生じる．そして実際にこのことは確かめられている．

とくに注目すべきことであるが，両方のスリットを開けておくと，粒子源が十分に弱くて，粒子がスリットを事実上 1 個ずつしか通過しないときにも，この干渉が生じることが確かめられている．実際，1 回の実験では粒子源と写真乾板の間に 1 個の粒子しか存在しないような弱いビームを用いて実験を何度もくり返し，得られた 1 個だけ輝点の写っているそのすべての写真を重ね合わすと，明瞭な干渉縞が認められる．つまり，1 個の粒子の波動関数も，粒子源から乾板まで伝播する過程で両方のスリットを通過したと考えられるのである．

スリットが二つであるということは本質的ではないから，この衝立のスリットの数を増やしてゆくと，写真乾板に達した粒子の波動は，それらすべてのスリットをとおった波動の和となるであろう．そしてスリット数が無限大になった極限では，衝立そのものが存在しなくなった場合，あるいは衝立を大きな開口をもつ絞りに置き換えた場合に相当し，そのとき粒子の波動関数は，粒子源から開口絞り面のあらゆる点を通って乾板に達すると考えられる．

この実験事実から，この波動に課せられる条件を探ることにしよう．

ポテンシャルが $U(\vec{r})$ で与えられる力の場のなかを粒子が動いているものとする．時刻 $t$ に 1 点 $\vec{r}$ に到達する波は，それより微小時間 $\tau$ 以前（時刻 $t-\tau$）にその近くのすべての点つまりすべての $\vec{r}\,'=\vec{r}-\vec{\rho}$ をとおってきたのであり，

$$\Psi(\vec{r},t)=N\int\Psi(\vec{r}-\vec{\rho},t-\tau)\exp\,(i\Delta\Phi)d\vec{\rho} \tag{6.87}$$

とあらわされる．積分領域は $\vec{\rho}$ の全領域，$N$ は規格化の因子．その微小時間の位相差 $\Delta\Phi$ は，(6.84) よりその波動の位相がハミルトンの主関数

$$S_H(\vec{r},t)=\int_{t-\tau}^{t}L(\vec{r}(t'),\dot{\vec{r}}(t'))dt'$$

によって $\Phi(\vec{r},t)=S_H(\vec{r},t)/\hbar$ で与えられることを考慮すれば，$\tau$ が十分に小さいとしてその 2 次以上の項は無視し，また $\vec{v}$ を $(\vec{r}-\vec{r}\,')\div\tau=\vec{\rho}/\tau$ で置き換え

$$\begin{aligned}\Delta\Phi&=\frac{1}{\hbar}\int_{t-\tau}^{t}\Big(\frac{m}{2}v(t'\,)^2-U(\vec{r}(t'\,)\,)\Big)dt'\\&=\frac{1}{\hbar}\left\{\frac{m}{2}\left(\frac{\vec{\rho}}{\tau}\right)^2-U(\vec{r}\,)\right\}\tau\\&=\frac{m\rho^2}{2\hbar\tau}-\frac{1}{\hbar}U(\vec{r}\,)\tau.\end{aligned}$$

したがって，(6.87) は

$$\Psi(\vec{r},t)=N\int d\vec{\rho}\exp\left\{\frac{im\rho^2}{2\hbar\tau}-\frac{i}{\hbar}U(\vec{r}\,)\tau\right\}\Psi(\vec{r}-\vec{\rho},t-\tau). \tag{6.88}$$

ここで $\Psi(\vec{r},t)$ を簡単に $\Psi$ と記して

$$\Psi(\vec{r}-\vec{\rho},t-\tau)=\Psi-\frac{\partial\Psi}{\partial t}\tau-\vec{\rho}\cdot\vec{\nabla}\Psi+\frac{1}{2}(\vec{\rho}\cdot\vec{\nabla})^2\Psi$$

と展開する．そのさい $\vec{\rho}$ は3次元のベクトル $\vec{\rho}=(\rho_1,\rho_2,\rho_3)$，したがって $\rho^2=\rho_1^2+\rho_2^2+\rho_3^2$ であることに注意して，積分公式

$$\int d\vec{\rho}\exp(i\alpha\rho^2)=\iiint d\rho_1 d\rho_2 d\rho_3\exp(i\alpha\rho^2)=\left(\frac{i\pi}{\alpha}\right)^{3/2},$$

$$\int d\vec{\rho}\rho_k\exp(i\alpha\rho^2)=0 \qquad (k=1,2,3),$$

$$\int d\vec{\rho}\rho_k\rho_j\exp(i\alpha\rho^2)=i\frac{\delta_{kj}}{2\alpha}\left(\frac{i\pi}{\alpha}\right)^{3/2} \qquad (k,j=1,2,3),$$

を使うと，

$$\Psi=N\left(\frac{2i\pi\hbar\tau}{m}\right)^{3/2}\left[\Psi-\frac{\partial\Psi}{\partial t}\tau-\frac{i}{\hbar}U\tau\Psi+\frac{i\hbar\tau}{2m}\vec{\nabla}^2\Psi\right].$$

この式より，$\tau$ の0次の項から規格化の因子 $N$ が

$$N=\left(\frac{m}{2i\pi\hbar\tau}\right)^{3/2}$$

と定まり，さらに $\tau$ の1次の項より，波動関数 $\Psi(\vec{r},t)$ の満たすべき方程式

$$-\frac{\hbar^2}{2m}\vec{\nabla}^2\Psi(\vec{r},t)+U(\vec{r})\Psi(\vec{r},t)=i\hbar\frac{\partial}{\partial t}\Psi(\vec{r},t) \tag{6.89}$$

が得られる．この波動方程式が**シュレーディンガー方程式**とよばれている波動力学（量子力学）の基本方程式である．

シュレーディンガー方程式 (6.89) は線形同次方程式であり，解を定数倍したものも解である．そこで

$$\int|\Psi|^2 d\vec{r}=\iiint|\Psi|^2 dxdydz=1 \tag{6.90}$$

に規格化した解を選ぶと，その解 $\Psi(\vec{r},t)$ の物理的意味は，先にいったようにその質点が時刻 $t$ に領域 $[x,x+dx],[y,y+dy],[z,z+dz]$ に見出される確率が $|\Psi(\vec{r},t)|^2dxdydz$ で与えられることをあらわす．つまり $|\Psi(\vec{r},t)|^2=\rho_{\mathrm{p}}(\vec{r},t)$ が確率密度である．それゆえ関数 $\Psi(\vec{r},t)$ は**確率振幅**ともいわれている．

この確率密度の時間変化は，シュレーディンガー方程式を用いれば

$$\frac{\partial\rho_{\mathrm{p}}}{\partial t}=\frac{\partial}{\partial t}(\Psi^*\Psi)=-\frac{\hbar}{2mi}\vec{\nabla}\{\Psi^*(\vec{\nabla}\Psi)-(\vec{\nabla}\Psi^*)\Psi\}. \tag{6.91}$$

したがって，確率の流れを

$$\vec{j}_{\mathrm{p}} := \frac{\hbar}{2mi}\{\Psi^*(\vec{\nabla}\Psi) - (\vec{\nabla}\Psi^*)\Psi\} \tag{6.92}$$

で定義すると，(6.73) と同様の連続方程式が厳密に満たされる，言い換えれば，確率の保存が保証される．

そこで，あらためて波動関数を

$$\Psi(\vec{r},t) = a(\vec{r},t)\exp\{iS(\vec{r},t)/\hbar\} \qquad (a \text{ と } S \text{ は実数}) \tag{6.93}$$

とあらわして，シュレーディンガー方程式に代入し，虚数部分と実数部分にわけると，それぞれ

$$\text{虚数部分：}\quad \frac{\partial a}{\partial t} + \frac{1}{2m}(a\vec{\nabla}^2 S + 2\vec{\nabla}a\cdot\vec{\nabla}S) = 0, \tag{6.94}$$

$$\text{実数部分：}\quad \frac{1}{2m}(\vec{\nabla}S)^2 + U(\vec{r}) + \frac{\partial S}{\partial t} - \frac{\hbar^2}{2ma}\vec{\nabla}^2 a = 0 \tag{6.95}$$

となる．この虚数部は

$$\frac{\partial}{\partial t}(a^2) + \vec{\nabla}\left(a^2\frac{\vec{\nabla}S}{m}\right) = 0 \tag{6.96}$$

と書き直される．ところが波動関数の上記の $a$ と $S$ を用いた表現では，確率密度は $\rho_{\mathrm{p}} = |\Psi|^2 = a^2$，かつその流れ (6.92) は $\vec{j}_{\mathrm{p}} = a^2\vec{\nabla}S/m$ ゆえ，(6.96) は確率密度にたいする厳密な連続方程式を与える．

他方，この実数部分は $\hbar$ が十分に小さくて最後の項が無視できる範囲で，つまり $|\hbar^2(\vec{\nabla}^2 a/a)| \ll (\vec{\nabla}S)^2$ の範囲で，ハミルトン＝ヤコビ方程式にほかならない．この条件は，$|\vec{\nabla}S| = 2\pi\hbar/\lambda$ によってこの波の波長 $\lambda$ を定めると，$|\lambda^2\vec{\nabla}^2 a| \ll |(2\pi)^2 a|$ と書き直される．つまり波長の大きさの領域では振幅の変化が小さいこと，言い換えれば振幅の変化する領域にくらべて波長が十分に小さいことであり，これは幾何光学の成立する条件とおなじものである．

波動光学で真空中の波長を $\lambda_0$，光線ベクトルの大きさを $p = \mu$ として，$\lambda = \lambda_0/\mu = \lambda_0/p$，同様に，波動力学では $\lambda = \hbar/p$．そして波動光学において $\lambda_0 \to 0$ の極限で幾何光学の扱いが有効になるのと同様に，波動力学（量子力学）において $\hbar \to 0$ の極限で古典力学の扱いが有効になる．

結局，古典力学は扱っている（運動量）×（長さ）ないし（エネルギー）×（時間）の次元をもつ諸量にくらべてプランク定数（作用量子）が十分に小さくて無視しうるときに有効な理論なのである．いくつもの実験から求められたプランク定数の値は $\hbar = 1.05 \times 10^{-34}\ \mathrm{kg \cdot m^2/s}$ ($h = 6.62 \times 10^{-34}\ \mathrm{kg \cdot m^2/s}$) で，日常的な大きさの世界，つまりメートル・キログラム・秒で測る世界の諸量やまして天文学で扱う量にくらべて桁違いに小さく，それゆえ日常的世界や天体力学では古典力学が十分に有効である．それにたいして原子内の電子の振る舞いなどは，空間的にきわめて小さな領域にあり，質量も小さく，プランク定数を無視できないので，それらを論ずるには量子力学によらなければならない．

## 6.5 量子力学の枠組み

前節で，幾何光学と質点力学がそれぞれ波動光学と波動力学の短波長極限であること，幾何光学における光路長が波動光学における位相であり，質点力学における作用積分が波動力学における位相に対応することを見た．とすれば，光線の経路や粒子の軌道が光路長や作用積分にたいする変分原理で決定されることは，波動力学や波動光学における位相が停留値をとることを意味している．そのことの意味をより明白にするために，量子力学にすこし入り込もう．

以下では量子力学の基本的な部分の理解を必要とするので，必要最小限のことだけ記しておこう．議論を簡単にするため 1 次元で考える．

古典力学から量子力学への移行過程は,「量子化」規則の発見，つまり古典論を量子論に翻訳する翻訳コードの発見として進められた．

シュレーディンガーによる量子化は，古典論の正準変数 $x$, $p$ を，波動関数 $\Psi(x,t)$ に作用する演算子 $\hat{x}$, $\hat{p}$ で置き換えるものである．こうして得られる形式の量子力学が波動力学である．そのさい，それらの演算子の作用は

$$\hat{x}\Psi(x) = x\Psi(x), \qquad \hat{p}\Psi(x) = \frac{\hbar}{i}\frac{d}{dx}\Psi(x) \tag{6.97}$$

で与えられる (3 次元では, $\hat{x}$ を $(\hat{x}, \hat{y}, \hat{z})$ に，$\hat{p}$ を $\hat{\vec{p}} = (\hbar/i)\ (\partial_x, \partial_y, \partial_z)$ に置き換える）．これにおうじてハミルトニアン $H(p,x)$ も演算子 $\hat{H} = H(\hat{p},\ \hat{x})$ に置き換えられる．そして系（粒子）の状態は，微分方程式

$$H(\hat{p},\ \hat{x})\Psi(x) = E\Psi(x), \qquad \text{or} \qquad H(\hat{p},\ \hat{x})\Psi(x,t) = i\hbar\partial_t\Psi(x,t) \tag{6.98}$$

の解である $\Psi(x)$，ないし $\Psi(x,t)$ によってあらわされる（前者はエネルギーが一定の定常状態，後者は時間的に変動する状態）．この微分方程式は，前節で導いた**シュレーディンガー方程式** (6.89) にほかならない．

ハイゼンベルクによる量子化は，古典論の正準変数 $x$，$p$ をベクトル空間に作用する行列 $\hat{X}, \hat{P}$ で置き換えるものであり，そのさい $\hat{X}\hat{P} - \hat{P}\hat{X} = i\hbar\hat{I}$ の関係を満たす．こうして得られる形式の量子力学が行列力学である．

ディラックは，これらの量子化を，正準変数を抽象的な空間（ケット空間）に作用する演算子で交換関係

$$[\hat{x},\ \hat{p}] := \hat{x}\hat{p} - \hat{p}\hat{x} = i\hbar \tag{6.99}$$

を満たすものに置き換える，と抽象的に表現した．$\hat{x}$ は正準座標に対応する演算子，$\hat{p}$ は正準運動量に対応する演算子である．$\hat{x}\hat{p}$ と $\hat{p}\hat{x}$ が等しくないことに注意．他の物理量もこれらの演算子としての正準変数の組み合せから作られる演算子となる．3 次元では $i = 1, 2, 3$，$j = 1, 2, 3$ が成分を指すものとして

$$[\hat{x}_i, \hat{p}_j] = i\hbar\delta_{ij}, \quad [\hat{x}_i, \hat{x}_j] = 0, \quad [\hat{p}_i, \hat{p}_j] = 0 \tag{6.100}$$

を満たす．これらの交換関係は古典論のポアソン括弧 $\{\ \ ,\ \ \}$ を $[\ \ ,\ \ ]/i\hbar$ で置き換えることで得られる．これがディラックの量子化である．

ディラックによる量子化は波動力学と行列力学を包摂するもので，ディラック理論にもとづいて，量子力学の枠組みの概略を与えておこう．量子力学における着目している系（いまの場合は一個の粒子）の状態はベクトル空間としてのケット空間のベクトル（状態ケット）であらわされ，位置や運動量やエネルギーなどの物理量に対応してその空間に作用する演算子（$\hat{x}$ や $\hat{p}$ や $\hat{H}$）が定義される．エネルギーに対応する演算子 $\hat{H}$ は，古典力学のハミルトニアン

$$H(p,x) = \frac{p^2}{2m} + U(x) \tag{6.101}$$

を書き換えた（量子化した）演算子として

$$\hat{H} = \frac{\hat{p}^2}{2m} + U(\hat{x}) \tag{6.102}$$

で与えられ，やはりハミルトニアンといわれる．ここにハミルトニアンだけではなく，$\hat{x}$ および $\hat{p}$ も，それぞれ状態ケット $|\Psi\rangle$ に作用する演算子である[9]．

これらの演算子の状態ケットへの作用を $\hat{H}|\Psi\rangle$ のように記す．演算子が作用された状態ケットも，やはりおなじケット空間の状態ケットである．すなわち一般に演算子 $\hat{A}$ にたいして $\hat{A}|\Psi\rangle = C|\Phi\rangle$ （$C$ は定数）．関係 (6.99) は，任意の状態ケットにたいして $(\hat{x}\hat{p} - \hat{p}\hat{x})|\Psi\rangle = i\hbar|\Psi\rangle$ を意味する．

とくに，これらの演算子にたいして $\hat{H}|E_k\rangle = E_k|E_k\rangle$, $\hat{x}|x\rangle = x|x\rangle$, $\hat{p}|p\rangle = p|p\rangle$ を満たすケットはそれぞれの演算子の固有ケットであり，このとき状態は固有状態，つまり $|E_k\rangle$ はエネルギーの固有状態，$|x\rangle$ は座標の固有状態，$|p\rangle$ は運動量の固有状態，そして $E_k$ や $x$ や $p$ の値はその固有値といわれる．

演算子 $\hat{A}$ と $\hat{B}$ が交換可能（可換），つまり $\hat{A}\hat{B} = \hat{B}\hat{A}$ が成り立つとき，$\hat{A}$ と $\hat{B}$ の同時固有ケット（同時固有状態）が存在する．すなわち $\hat{A}|a, b\rangle = a|a, b\rangle$, $\hat{B}|a, b\rangle = b|a, b\rangle$ となるケット $|a, b\rangle$ が存在し，$|a, b\rangle$ は $\hat{A}$ の固有値が $a$，$\hat{B}$ の固有値が $b$ の状態をあらわす固有ケットである．たとえば自由粒子では運動量演算子 $\hat{p}$ とハミルトニアン $\hat{H} = \hat{p}^2/2m$ が交換可能ゆえ，運動量とエネルギーの同時固有ケットが存在する．しかし，運動量の演算子 $\hat{p}$ と座標の演算子 $\hat{x}$ は交換可能でない（非可換）ゆえ，同時固有ケットは存在しない．

ケット空間にたいしてそれに双対的な関係にあるブラ空間がかならず存在する．したがって状態ケット $|\Psi\rangle$ にはそれに対応して状態ブラ $\langle\Psi|$ が存在し，上記の固有ケットのそれぞれにはそれに対応して固有ブラ $\langle E_k|$, $\langle x|$, $\langle p|$ が存在する．そしてケット空間のベクトルとしてのケット・ベクトル $|\alpha\rangle$ とブラ空間のベクトルとしてのブラ・ベクトル $\langle\beta|$ のあいだに内積 $\langle\beta|\alpha\rangle$ が定義されている．ただし，複素共役を $*$ で記して $\langle\beta|\alpha\rangle = \langle\alpha|\beta\rangle^*$．状態ケット $|\Psi\rangle$ と，それを定数倍した $C|\Psi\rangle = |\Psi'\rangle$ は物理的にはおなじ状態をあらわしている．状態ケット $|\Psi'\rangle$ に対応する状態ブラは $\langle\Psi'| = C^*\langle\Psi|$ であり，とくに $\langle\Psi'|\Psi'\rangle = |C|^2\langle\Psi|\Psi\rangle = 1$ とすることを「規格化する」という．

物理量に対応する演算子は自己共役という性質を有し，その固有値は実数で，

---

[9] 正確には自己共役演算子というべきだが，詳しくは量子力学の教科書を参照してもらいたい．なお，$\hbar$ や $i\hbar$ のような実数や虚数，一般には複素数は，状態ケットの前に置かれたときには，状態ケットを単にそれだけ倍する演算子と考えてよい．

その固有ケットと固有ブラは直交性と完全性を有している．

簡単のため，1 次元の問題でハミルトニアンの固有値（とりうるエネルギー）が離散的でしかもその固有状態が縮退していない（同一の固有値を有する状態がひとつ）とすると，固有値 $E_j$ にたいする固有ケットと固有ブラを $|E_j\rangle$, $\langle E_j|$ として

$$\text{直交性}: \langle E_k|E_j\rangle = \delta_{kj},$$

$$\text{完全性}: \sum_k |E_k\rangle\langle E_k| = \hat{I} \ (\text{恒等演算子}) \tag{6.103}$$

が成り立つ（固有ケットと固有ブラは，その定義より定数倍だけ不定だから，ここでは $\langle E_k|E_k\rangle = 1$ となるように規格化した）[10]．

同様に，演算子 $\hat{x}$ のように連続的な固有値を有する場合は，固有値 $x$ にたいする固有ケットと固有ブラを $|x\rangle$, $\langle x|$ として，

$$\text{直交性}: \langle x'|x\rangle = \delta(x'-x), \qquad \text{完全性}: \int_{-\infty}^{+\infty} |x\rangle\langle x|dx = \hat{I}. \tag{6.104}$$

直交性は固有ケットが 1 次独立であることを，そして完全性はケット空間（ブラ空間）のすべてのベクトル（つまりすべての状態）がこれらの固有ケット（固有ブラ）の 1 次結合であらわされるということを，それぞれ意味している．すなわち，ある時刻の状態ケット $|\Psi(t)\rangle$ は，

$$|\Psi(t)\rangle = \hat{I}|\Psi(t)\rangle = \sum_k |E_k\rangle\langle E_k|\Psi(t)\rangle = \int_{-\infty}^{+\infty} |x\rangle\langle x|\Psi(t)\rangle dx$$

より，$\langle E_k|\Psi(t)\rangle = a_k(t)$, $\langle x|\Psi(t)\rangle = \Psi(x,t)$ として，

$$|\Psi(t)\rangle = \sum_k a_k(t)|E_k\rangle = \int_{-\infty}^{+\infty} \Psi(x,t)|x\rangle \tag{6.105}$$

とあらわされ，そのさい展開係数 $a_k(t)$ や $\Psi(x,t)$ は一意的に決まる．すなわ

---

10) ここでは 1 次元（自由度 1）の運動でエネルギーの縮退がないとしているが，3 次元（自由度 3）の運動で，エネルギーの固有状態が縮退している場合，たがいに可換でかつハミルトニアン $\hat{H}$ とも可換な演算子 $\hat{A}$, $\hat{B}$ が存在し，$\hat{H}$, $\hat{A}$, $\hat{B}$ の固有ケットによって，状態を区別することができる．そしてこのようにして縮退が解かれたケットの組を考えることによって，(6.103) の完全性が保証される．

ち $|E_k\rangle(k=1,2,\cdots)$ の組，あるいは $|x\rangle(-\infty<x<+\infty)$ の組は．それぞれケット空間の基底ベクトルを与える．(6.105) の $|\Psi(t)\rangle$ の二通りの展開は，通常のベクトル空間において二組の基底ベクトル $(\vec{e}_1,\vec{e}_2,\cdots)$ および $(\vec{e}^*_1,\vec{e}^*_2,\cdots)$ をとったとき，同一のベクトル $\vec{V}$ が

$$\vec{V}=a_1\vec{e}_1+a_2\vec{e}_2+\cdots=b_1\vec{e}^*_1+b_2\vec{e}^*_2+\cdots$$

と二通りに展開されるのに相当する．$a_k=(\vec{e}_k\cdot\vec{V})$ や $b_k=(\vec{e}^*_k\cdot\vec{V})$ はそれぞれの表示でのベクトル成分である．

いまの場合，(6.105) の展開係数

$$a_k(t)=\langle E_k|\Psi(t)\rangle \tag{6.106}$$

は，ベクトル $|\Psi(t)\rangle$ を基底ベクトル $|E_k\rangle$ $(k=1,2,\cdots)$ であらわしたときの成分であり，したがって $(a_1(t),a_2(t),\cdots)$ がベクトル $|\Psi(t)\rangle$ の成分表示で，物理的にはエネルギー表示での状態をあらわしている．このとき，

$$\langle\Psi(t)|\Psi(t)\rangle=\sum_{k,j}a_k(t)^*a(t)_j\langle E_k|E_j\rangle=\sum_{k,j}a_k(t)^*a(t)_j\delta_{kj}=\sum_j|a_j(t)|^2.$$

とくに，$|\Psi(t)\rangle$ が規格化されているときには，$\sum_j|a_j(t)|^2=1$.

以上の設定は，物理的にはつぎのことを意味する．ハミルトニアンの固有値は系が現実にとりうるエネルギーの値である．同様に，運動量演算子の固有値は系が現実にとりうる運動量の値である．とくにそれぞれの演算子の固有状態では，その固有値が測定値を与える．すなわちエネルギーの固有状態（$|E_k\rangle$ の状態）でエネルギーを測定すれば $E_k$ の値が得られる．自由粒子ではハミルトニアンと運動量演算子が可換で同時固有ケット $|p^2/2m,p\rangle$ が存在し，この状態でエネルギーを測定すれば $p^2/2m$ の値が，運動量を測定すれば $p$ の値が得られる．しかし座標と運動量は非可換ゆえ，同時固有ケットはなく，運動量の固有状態で座標を測定してもその値は一意的には決まらない．あるいは，ハミルトニアンが (6.102) の形をしていて，運動量演算子と非可換な場合，運動量の固有状態ではエネルギーは決まった値をとることはできない．そのような場合，その状態 $|\Psi(t)\rangle$ をエネルギーの固有ケットであらわせば (6.105) のはじめの等号の形になる．この状態で問題にしている系のエネルギーを観測すれば，この

固有値 $E_k$ $(k=1,2,3,\cdots)$ のいずれかの値が得られる．そして $|\Psi(t)\rangle$ が規格化されているときには，$|a_k(t)|^2$ が，その状態で系のエネルギーを観測したときに値が $E_k$ である確率を与える．他の物理量にたいしても同様に考えられる．

一般には座標表示が多く使われ，それは波動力学を与える．つまり波動力学は量子力学のひとつの表現形式であり，当然，ディラック理論に包摂されている．実際，状態ベクトル $|\Psi(t)\rangle$ の基底ベクトル $|x\rangle$ による展開の成分

$$\Psi(x,t)=\langle x|\Psi(t)\rangle \tag{6.107}$$

は座標表示での状態であり，これが波動力学で通常「波動関数」とよばれているものである．とくに状態 $|\Psi(t)\rangle$ が規格化されているときには，(6.105) より

$$\begin{aligned}\langle\Psi(t)|\Psi(t)\rangle &= \iint_{-\infty}^{+\infty} dxdx'\Psi(x',t)^*\Psi(x,t)\langle x'|x\rangle \\ &= \iint_{-\infty}^{+\infty} dxdx'\Psi(x',t)^*\Psi(x,t)\delta(x'-x) = \int_{-\infty}^{+\infty}|\Psi(x,t)|^2dx=1.\end{aligned}$$

そして $|\Psi(x,t)|^2dx$ が $[x,x+dx]$ の範囲に粒子の見出される確率を与える．すなわち $|\Psi(x,t)|^2$ は空間内の確率密度であり，その意味で $\Psi(x,t)$ は前にも言ったように「確率振幅」ともよばれる．

波動関数が確率密度を与えるということが，波動力学つまりは量子力学の最大の特徴である．粒子の状態をあらわす波動関数は広がりをもつけれども，実際に粒子の位置を測定すると，かならずある一点に見出される．たとえば写真乾板にスポットとして記される．しかし，同一の状態でくり返し位置の測定をすると，そのスポットの位置はばらついている．そしてその分布が確率密度であらわされる．先に述べたように，この事実を整合的に説明する解釈が波動関数にたいする確率振幅としての解釈なのである．

そして座標表示での演算子 $\hat{x}$ や $\hat{p}$ の作用は

$$\langle x|\hat{x}|\Psi\rangle = x\langle x|\Psi\rangle, \qquad \langle x|\hat{p}|\Psi\rangle=\frac{\hbar}{i}\frac{d}{dx}\langle x|\Psi\rangle, \tag{6.108}$$

すなわち $\hat{x}=x$，$\hat{p}=(\hbar/i)d/dx$．それゆえ，運動量の固有状態 $\hat{p}|p\rangle=p|p\rangle$ にたいしては，

$$\langle x|\hat{p}|p\rangle=\frac{\hbar}{i}\frac{d}{dx}\langle x|p\rangle=p\langle x|p\rangle. \tag{6.109}$$

したがって，運動量の固有関数は

$$\langle x|p\rangle = C\exp\Big(\frac{i}{\hbar}px\Big).$$

ここに $C$ は規格化の因子であり，

$$\langle p'|p\rangle = \int_{-\infty}^{+\infty}\langle p'|x\rangle\langle x|p\rangle dx = |C|^2\int_{-\infty}^{+\infty}\exp\{\frac{i}{\hbar}(p-p')x\}dx$$
$$= 2\pi\hbar|C|^2\delta(p-p')$$

より，$C = 1/\sqrt{2\pi\hbar}$ ととればよいことがわかる．すなわち

$$\langle x|p\rangle = \frac{1}{\sqrt{2\pi\hbar}}\exp\Big(\frac{i}{\hbar}px\Big). \tag{6.110}$$

エネルギーの固有状態 $|E_k\rangle$ は $\hat{H}|E_k\rangle = E_k|E_k\rangle$ で定められる．これを座標表示であらわせば定常状態のシュレーディンガー方程式が得られる:

$$\langle x|\hat{H}|E_k\rangle = \Big[-\frac{\hbar^2}{2m}\frac{d^2}{dx^2}+U(x)\Big]\langle x|E_k\rangle = E_k\langle x|E_k\rangle. \tag{6.111}$$

ここに $\langle x|E_k\rangle = u_k(x)$ は座標表示でのエネルギーの固有関数である．

状態ケットの時間的発展を見るために，先に求めた時間的変化をともなったシュレーディンガー方程式 (6.98) を考える．(6.89) で，$\Psi(\vec{r},t)$ を $\langle x|\Psi(t)\rangle$ と書き直し（1 次元で考えているので，$\vec{r}$ を $x$ に，$\vec{\nabla}^2$ を $d^2/dx^2$ に置き換え）

$$\Big[-\frac{\hbar^2}{2m}\frac{d^2}{dt^2}+U(x)\Big]\langle x|\Psi(t)\rangle = i\hbar\frac{\partial}{\partial t}\langle x|\Psi(t)\rangle. \tag{6.112}$$

この左辺はハミルトニアン $\hat{H}$ を用いれば $\langle x|\hat{H}|\Psi(t)\rangle$ とあらわされる．そこでディラックのケット表示において状態ケットは方程式

$$\hat{H}|\Psi(t)\rangle = i\hbar\frac{\partial}{\partial t}|\Psi(t)\rangle \tag{6.113}$$

に支配されているとする．したがって状態ケットの時間的発展は，形式的には $t > t_0$ にたいして

$$|\Psi(t)\rangle = \exp\Big\{-\frac{i}{\hbar}\hat{H}(t-t_0)\Big\}|\Psi(t_0)\rangle \tag{6.114}$$

で与えられる．これが量子動力学の基本である [11]．

したがって波動関数（確率振幅）の時間的発展は，つぎのようにあらわされる．(6.114) より，$t > t_0$ にたいして

$$\begin{aligned}\langle x|\Psi(t)\rangle &= \langle x|\exp(-i\hat{H}(t-t_0)/\hbar)|\Psi(t_0)\rangle \\ &= \int \langle x|\exp(-i\hat{H}(t-t_0)/\hbar)|x_0\rangle\langle x_0|\Psi(t_0)\rangle dx_0. \end{aligned} \tag{6.115}$$

そこで $t \geqq t_0$ で 1, $t < t_0$ で 0 となる階段関数 $\theta(t-t_0)$ を用いて

$$U(x,t;x_0,t_0) := \langle x|\exp\Big\{-\frac{i}{\hbar}\hat{H}(t-t_0)\Big\}|x_0\rangle\theta(t-t_0). \tag{6.116}$$

を定義すると，$t \geqq t_0$ にたいして

$$\Psi(x,t) = \int_{-\infty}^{+\infty} U(x,t;x_0,t_0)\Psi(x_0,t_0)dx_0. \tag{6.117}$$

この式が波動関数つまり確率振幅の時間的発展を与える．この $U(x,t;x_0,t_0)$ は**プロパゲーター**とよばれる．この式は，量子動力学の基本を書き直しただけではあるけれども，これによって量子力学における波動関数の時間的発展のもっとも基本的な特徴が明らかにされる．その点の説明は後節にまわそう．

なお，以上は 1 次元の系で論じたが，3 次元の場合は以上の議論で $x \mapsto \vec{r}$, $p \mapsto \vec{p}$ として，そして座標表示での運動量の固有関数を

$$\langle \vec{r}\,|\vec{p}\rangle = \frac{1}{(2\pi\hbar)^{3/2}}\exp\Big(\frac{i}{\hbar}\vec{p}\cdot\vec{r}\Big) \tag{6.118}$$

に，そしてプロパゲーターを

$$U(\vec{r},t;\vec{r}_0,t_0) := \langle \vec{r}\,|\exp\Big\{-\frac{i}{\hbar}\hat{H}(t-t_0)\Big\}|\vec{r}_0\rangle\theta(t-t_0) \tag{6.119}$$

に置き換えればよい．そのとき

---

[11] 量子力学は状態としてのケット・ベクトルと物理量としての演算子がセットになっているので，時間発展をこのように状態ケットに担わせることも，演算子に担わせることも，ともに可能である．ここでは時間変化は状態ケットが担うとして議論する．これを「シュレーディンガー表示」という．時間変化を演算子に担わせる行きかたは「ハイゼンベルク表示」といわれる．ここでは，シュレーディンガー表示で記述する．

$$\Psi(\vec{r},t) = \iiint_{-\infty}^{+\infty} U(\vec{r},t;\vec{r}_0,t_0)\Psi(\vec{r}_0,t_0)dx_0dy_0dz_0. \tag{6.120}$$

**例 6.5-1（自由粒子のプロパゲーター）**

自由粒子のハミルトニアンは $\hat{H} = \hat{p}^2/2m$ ゆえ，運動量 $\hat{p}$ の固有状態は同時にハミルトニアンの固有状態でもあり，1 次元運動での座標表示の固有関数は

$$u_E(x) = \langle x|E = p^2/2m\rangle = \langle x|p\rangle = \frac{1}{\sqrt{2\pi\hbar}}\exp\Big(\frac{i}{\hbar}px\Big). \tag{6.121}$$

この場合，運動量とエネルギーの固有値は連続量であるから，和を積分に置き換え，$t \geqq t_0$ として（$\theta(t-t_0)$ を省略し）

$$\begin{aligned}
&U(x,t\,;x_0,t_0)\\
&= \langle x|\exp\Big\{-\frac{i}{\hbar}\hat{H}(t-t_0)\Big\}|x_0\rangle\\
&= \int_{-\infty}^{+\infty}\langle x|\exp\Big\{-\frac{i}{\hbar}\hat{H}(t-t_0)\Big\}|p\rangle\langle p|x_0\rangle dp\\
&= \int_{-\infty}^{+\infty}\langle x|p\rangle\langle p|x_0\rangle\exp\Big\{-\frac{ip^2}{2m\hbar}(t-t_0)\Big\}dp\\
&= \int_{-\infty}^{+\infty}\frac{1}{2\pi\hbar}\exp\Big\{\frac{i}{\hbar}p(x-x_0)-\frac{ip^2}{2m\hbar}(t-t_0)\Big\}dp\\
&= \int_{-\infty}^{+\infty}\frac{1}{2\pi\hbar}\exp\Big\{-\frac{i(t-t_0)}{2m\hbar}\Big(p-m\frac{x-x_0}{t-t_0}\Big)^2+\frac{im}{2\hbar}\frac{(x-x_0)^2}{t-t_0}\Big\}dp\\
&= \Big\{\frac{m}{2i\pi\hbar(t-t_0)}\Big\}^{1/2}\exp\Big\{\frac{im}{2\hbar}\frac{(x-x_0)^2}{t-t_0}\Big\}.
\end{aligned} \tag{6.122}$$

積分は，数学公式

$$\int_{-\infty}^{+\infty}\exp(-i\alpha x^2)dx = \sqrt{\frac{\pi}{i\alpha}} \tag{6.123}$$

を用いた．

3 次元運動の場合は

$$U(\vec{r},t\,;\vec{r}_0,t_0) = \Big\{\frac{m}{2i\pi\hbar(t-t_0)}\Big\}^{3/2}\exp\Big\{\frac{im}{2\hbar}\frac{(\vec{r}-\vec{r}_0)^2}{t-t_0}\Big\}. \tag{6.124}$$

これが自由粒子のハミルトンの主関数 (6.58) を用いて

$$
\begin{aligned}
U(\vec{r},t\,;\vec{r}_0,t_0) &= \left\{\frac{m}{2i\pi\hbar(t-t_0)}\right\}^{3/2}\exp\left\{\frac{i}{\hbar}S_H(\vec{r},t\,;\vec{r}_0,t_0)\right\} \\
&= \left\{\frac{m}{2i\pi\hbar(t-t_0)}\right\}^{3/2}\exp\left\{\frac{i}{\hbar}\int_{t0}^{t}L(\vec{r}(t'),\dot{\vec{r}}(t'))dt'\right\} \quad (6.125)
\end{aligned}
$$

とあらわされることに注意しよう．

## 6.6 幾何光学の波動化

古典力学（質点力学）が波動力学の $h = 2\pi\hbar \to 0$ の極限であるのと同様に，幾何光学（光線光学）は波動光学の短波長の極限 $(\lambda_0 = 2\pi/k_0 \to 0)$ である．だとすれば，古典力学の「量子化」の操作と同様に，幾何光学の「波動化」の操作が考えられるであろう．

ここでは，幾何光学の波動化によって波動関数を「導き」，波動性に特有の回折現象を調べることで，幾何光学の限界をあらためて見なおすことにする．

幾何光学の波動化はつぎのようにすればよい．

古典力学の量子化のさいには正準変数である座標 $\vec{r}$ と運動量 $\vec{p}$ を状態 $|\Psi(t)\rangle$ に作用する演算子 $(\hat{\vec{r}},\ \hat{\vec{p}})$ で置き換えた．それと同様に，幾何光学でも正準変数である $\boldsymbol{q}$, $\boldsymbol{p}$ を演算子で置き換えればよいと考えられる．そのさい，古典力学のパラメータ $t$ に対応するのが波動光学では $z$，$\hbar$ に対応するのが $1/k_0$ であることに注意すると，状態をあらわす波動関数を座標表示で $\langle\boldsymbol{q}|\Psi(z)\rangle = \Psi(\boldsymbol{q},z)$ として，$\boldsymbol{q}$ と $\boldsymbol{p}$ を

$$
\langle\boldsymbol{q}|\,\hat{\boldsymbol{q}}\,|\Psi(z)\rangle = \boldsymbol{q}\langle\boldsymbol{q}|\Psi(z)\rangle = \boldsymbol{q}\Psi(\boldsymbol{q},z), \tag{6.126}
$$

$$
\langle\boldsymbol{q}|\,\hat{\boldsymbol{p}}\,|\Psi(z)\rangle = \frac{1}{ik_0}\frac{\partial}{\partial\boldsymbol{q}}\langle\boldsymbol{q}|\Psi(z)\rangle = \frac{1}{ik_0}\frac{\partial}{\partial\boldsymbol{q}}\Psi(\boldsymbol{q},z). \tag{6.127}
$$

で定義される演算子 $\hat{\boldsymbol{q}}$ と $\hat{\boldsymbol{p}}$ に置き換える．同様に，近軸近似の光学ハミルトニアン $H = -\sqrt{\mu^2 - \boldsymbol{p}^2} = \boldsymbol{p}^2/2\mu(\boldsymbol{q}) - \mu(\boldsymbol{q})$ を演算子 $\hat{H} = \hat{\boldsymbol{p}}^2/2\mu(\hat{\boldsymbol{q}}) - \mu(\hat{\boldsymbol{q}})$ に置き換える．そして，$\hat{\boldsymbol{p}}$ の固有値 $\boldsymbol{p}$ の固有関数の座標表示は (6.110) (6.118) と同様に，ただしここでは相空間が 4 次元で $\boldsymbol{q} = (q^1, q^2), \boldsymbol{p} = (p_1, p_2)$ であることに注意して

$$\langle \boldsymbol{q}|\boldsymbol{p}\rangle = \frac{k_0}{2\pi}\exp(ik_0\boldsymbol{p}\cdot\boldsymbol{q}). \tag{6.128}$$

ここに，波動関数 $\langle \boldsymbol{q}|\Psi(z)\rangle = \Psi(\boldsymbol{q},z)$ は，波動光学の立場では，電磁波のスカラー近似であるが，ここでは，量子力学における波動と同様に形式的に確率振幅と考え，確率振幅にたいするプロパゲーターを導入する．均質な空間，つまり $\mu(\boldsymbol{q}) = \mu(\text{const.})$ の空間で考えると，(6.116) (6.119) で与えられているプロパゲーターは，$z > z_0$ として $\theta(z-z_0)$ の因子を書くのを省略し

$$\begin{aligned}
&U(\boldsymbol{q},z\,;\boldsymbol{q}_0,z_0)\\
&= \langle \boldsymbol{q}|\exp(-ik_0\hat{H}(z-z_0)|\boldsymbol{q}_0\rangle\\
&= \int\langle \boldsymbol{q}|\exp(-ik_0\hat{H}(z-z_0))|\boldsymbol{p}\rangle\langle \boldsymbol{p}|\boldsymbol{q}_0\rangle d\boldsymbol{p}\\
&= \int\langle \boldsymbol{q}|\boldsymbol{p}\rangle\langle \boldsymbol{p}|\boldsymbol{q}_0\rangle\exp\left\{-ik_0\left(\frac{\boldsymbol{p}^2}{2\mu}-\mu\right)(z-z_0)\right\}d\boldsymbol{p}\\
&= \left(\frac{k_0}{2\pi}\right)^2\int\exp\left\{ik_0\boldsymbol{p}\cdot(\boldsymbol{q}-\boldsymbol{q}_0)-ik_0\left(\frac{\boldsymbol{p}^2}{2\mu}-\mu\right)(z-z_0)\right\}d\boldsymbol{p}\\
&= \left(\frac{k_0}{2\pi}\right)^2\exp\{i\mu k_0(z-z_0)\}\int\exp\left\{ik_0\boldsymbol{p}\cdot(\boldsymbol{q}-\boldsymbol{q}_0)-ik_0\frac{\boldsymbol{p}^2}{2\mu}(z-z_0)\right\}d\boldsymbol{p}
\end{aligned}$$

であらわされる（$d\boldsymbol{p} = dp_x dp_y$）．ここで (6.123) より導かれる積分公式

$$\int\exp\left\{-\frac{ik_0}{2\mu}(z-z_0)\left(\boldsymbol{p}-\mu\frac{\boldsymbol{q}-\boldsymbol{q}_0}{z-z_0}\right)^2\right\}d\boldsymbol{p} = \frac{2\pi\mu}{ik_0(z-z_0)}$$

を用いれば，

$$U(\boldsymbol{q},z\,;\boldsymbol{q}_0,z_0) = \frac{\mu k_0}{2\pi i(z-z_0)}\exp\left\{i\mu k_0(z-z_0)+\frac{i}{2}\mu k_0\frac{(\boldsymbol{q}-\boldsymbol{q}_0)^2}{z-z_0}\right\} \tag{6.129}$$

が得られる．

$z$ 軸に平行に $z < 0$ の領域からやってきた平面波の $z = z_0$ での変位は $\Psi(\boldsymbol{q}_0, z_0) = a\exp(ikz_0)$ であらわされる．ただし $k = \mu k_0$．$z = z_0$ の位置に光軸（$z$ 軸）に直交する衝立があり，そこにある面積の穴が開いているとすれば，それが開口絞りとなる．その絞りを通過した波の $z > z_0$ の位置での変位は

$$\begin{aligned}
&\Psi(\boldsymbol{q}, z)\\
&= \int_{\mathrm{S}} U(\boldsymbol{q}, z\,; \boldsymbol{q}_0, z_0)\Psi(\boldsymbol{q}_0, z_0)d\boldsymbol{q}_0\\
&= \frac{\mu k_0}{2\pi i(z-z_0)}\exp\{i\mu k_0(z-z_0)\}\int_{\mathrm{S}}\exp\left\{\frac{i}{2}\mu k_0\frac{(\boldsymbol{q}-\boldsymbol{q}_0)^2}{z-z_0}\right\}\Psi(\boldsymbol{q}_0, z_0)d\boldsymbol{q}_0.
\end{aligned} \tag{6.130}$$

積分範囲 S は絞りの開いている領域とする（$d\boldsymbol{q}_0 = dx_0 dy_0$）．これは，波動光学での**フレネル回折の公式**にほかならない．

近軸近似の範囲で議論しているから，$z > z_0$ であれば

$$\begin{aligned}
\mu\left\{(z-z_0) + \frac{(\boldsymbol{q}-\boldsymbol{q}_0)^2}{2(z-z_0)}\right\} &= \mu\sqrt{(z-z_0)^2 + (\boldsymbol{q}-\boldsymbol{q}_0)^2}\\
&= V(\boldsymbol{q}, z\,; \boldsymbol{q}_0, z_0)
\end{aligned} \tag{6.131}$$

と書き直すことができる．したがって (6.130) 式は

$$\Psi(\boldsymbol{q}, z) = N\int_{\mathrm{S}}\exp\{ik_0 V(\boldsymbol{q}, z\,; \boldsymbol{q}_0, z_0)\}\Psi(\boldsymbol{q}_0, z_0)d\boldsymbol{q}_0 \tag{6.132}$$

と書き直される．ここでは屈折率 $\mu(\boldsymbol{q}) = \mu$ (const.) の空間を考えているので，$N = \mu k_0/2\pi i(z-z_0)$ は回折のさいの位相の変化と伝播の過程での振幅の減衰をあらわす因子である．$V(\boldsymbol{q}, z\,; \boldsymbol{q}_0, z_0)$ は点 $(\boldsymbol{q}_0, z_0)$ から点 $(\boldsymbol{q}, z)$ までの光路長であり，それゆえ，$\lambda_0$ を真空中の波長として

$$k_0 V(\boldsymbol{q}, z\,; \boldsymbol{q}_0, z_0) = \frac{2\pi}{\lambda_0}V(\boldsymbol{q}, z\,; \boldsymbol{q}_0, z_0) \tag{6.133}$$

は，その 2 点間の位相差である．したがって (6.132) 式は，点 $(\boldsymbol{q}, z)$ における波動が絞り面の各点から相当する位相差をともなって伝播してきた波動の重ね合せで与えられるということをあらわしている．

ここで (4.15) によれば

$$V(\boldsymbol{q}, z\,; \boldsymbol{q}_0, z_0) = \frac{1}{2}(\boldsymbol{p}\cdot\boldsymbol{q} - \boldsymbol{p}_0\cdot\boldsymbol{q}_0) + V_0 \tag{6.134}$$

とあらわされることを使う．$V_0$ は光軸にそって測った光路長で，$\boldsymbol{q}$，$\boldsymbol{q}_0$ によらない．さらに近軸近似ゆえ $(\boldsymbol{q}_0, \boldsymbol{p}_0) \mapsto (\boldsymbol{q}, \boldsymbol{p})$ の変換が線形変換 (4.14) で与え

られることを使ってこの式を書き直す．ただし，系は軸対称として，$4\times 4$ の変換行列 $\hat{M}$ において，$\hat{A}=A\hat{I}$，$\hat{B}=B\hat{I}$，$\hat{C}=C\hat{I}$，$\hat{D}=D\hat{I}$，かつ $AD-BC=1$ とする．そうすれば $B=0$ でないかぎり (4.16) より

$$V(\boldsymbol{q},z\,;\boldsymbol{q}_0,z_0)=\frac{1}{2B}(D\boldsymbol{q}^2-2\boldsymbol{q}\cdot\boldsymbol{q}_0+A\boldsymbol{q}_0^2)+V_0,$$

したがって (6.132) は

$$\Psi(\boldsymbol{q},z)=N\exp(ik_0V_0)\int_{\mathrm{S}}\exp\left\{\frac{ik_0}{2B}(D\boldsymbol{q}^2-2\boldsymbol{q}\cdot\boldsymbol{q}_0+A\boldsymbol{q}_0^2)\right\}\Psi(\boldsymbol{q}_0,z_0)d\boldsymbol{q}_0. \tag{6.135}$$

絞りの開きが光軸を中心とする半径 $R$ の円で，その円にぴったり入る焦点距離 $f$ の薄い凸レンズをその位置に設置し，光軸に平行にやってきた平行光線束すなわち平面波を，絞りの位置から $f$ の距離（焦平面）に置いたスクリーン上に結像させる．レンズ以外では真空で $\mu=1$ とする．ガウス光学ではその像は点になる．

この場合，$\Psi(\boldsymbol{q}_0,z_0)=a\exp(ik_0z_0)$，$V_0=z-z_0=f$ であり，変換行列の要素は，(4.64) で $A=0$，$B=f$，$C=-1/f$，$D=1$ ゆえ [12)]，

$$\Psi(\boldsymbol{q},f)=aN\exp\left\{ik_0\left(f+\frac{\boldsymbol{q}^2}{2f}\right)\right\}\int_{\mathrm{S}}\exp\left\{-\frac{ik_0}{f}(\boldsymbol{q}\cdot\boldsymbol{q}_0)\right\}d\boldsymbol{q}_0. \tag{6.136}$$

積分は，$\boldsymbol{q}$ と $\boldsymbol{q}_0$ のなす角度を $\phi$，$q=|\boldsymbol{q}|$，$q_0=|\boldsymbol{q}_0|$ として

$$\int_{\mathrm{S}}\exp\left\{-\frac{ik_0}{f}(\boldsymbol{q}\cdot\boldsymbol{q}_0)\right\}d\boldsymbol{q}_0=\int_0^R\int_0^{2\pi}\exp\left(-\frac{ik_0}{f}qq_0\cos\phi\right)q_0dq_0d\phi. \tag{6.137}$$

ここでベッセル関数についての数学公式

$$\int_0^{2\pi}\exp(ix\cos\phi)d\phi=2\pi J_0(x),\qquad\int_0^r xJ_0(x)dx=rJ_1(r)$$

を使うと（$J_0(x)$，$J_1(x)$ はそれぞれ 1 次と 2 次のベッセル多項式），

$$\int_{\mathrm{S}}\exp\left\{-\frac{ik_0}{f}(\boldsymbol{q}\cdot\boldsymbol{q}_0)\right\}d\boldsymbol{q}_0=\pi R^2\left(\frac{2J_1(k_0qR/f)}{k_0qR/f}\right) \tag{6.138}$$

---

12) (4.64) 式の記号では $a=0$，$b=f$．ここでの記号では $z_0=0$，$z=f$．

となり，$\Psi(0,z_0)=aN\exp(ik_0z)$ として，最終的に

$$\Psi(\boldsymbol{q},f)=\Psi(0,f)\exp\left(i\,\frac{k_0q^2}{2f}\right)\left(\frac{2J_1(k_0qR/f)}{k_0qR/f}\right) \tag{6.139}$$

が得られる．このとき，スクリーン上での光の強度分布 $P(\boldsymbol{q})=|\Psi(\boldsymbol{q},f)|^2$ は

$$P(\boldsymbol{q})=P(0)\left|\frac{2J_1(k_0qR/f)}{k_0qR/f}\right|^2. \tag{6.140}$$

これは円形開口の**フラウンホーファー回折**といわれるもので，図 6.6-1 であらわされ，強度が最初に 0 になるのは $k_0qR/f=1.22\pi=3.83$ で，その外では強度がきわめて弱く，事実上 0 と見なしてよい．すなわち，ガウス光学では 1 点に集束する光線が，おなじ線形近似の範囲でも，波動性を考慮すれば

$$q\leqq 1.22\pi\frac{f}{k_0R}=0.61\frac{f\lambda_0}{R} \tag{6.141}$$

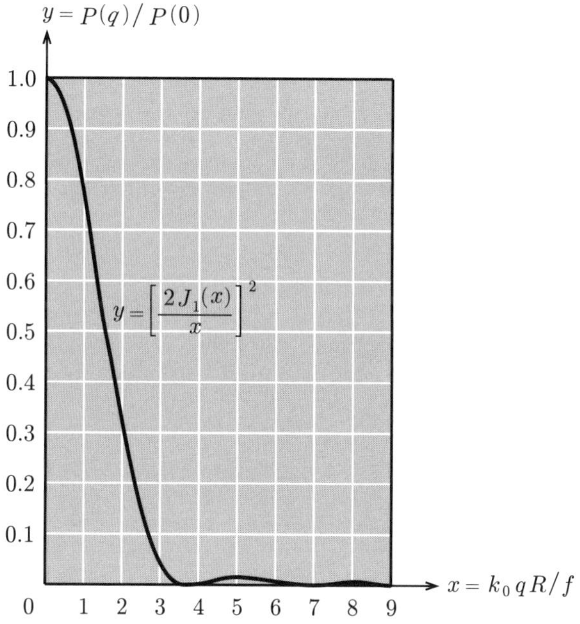


**図 6.6-1**　円形絞りによる回折の強度分布

の圏内に広がる．これをエアリー・ディスクという．幾何光学では理想的には1点に集束するはずの光線のこの広がりは光の波動性に由来するものであって，**回折収差**ともいわれる．それはレンズの形状に由来する幾何収差によるガウス像点のぼやけとは原因がまったく異なる．実際，幾何収差は近軸領域から外れるほど大きくなるので，その影響を減らすには，絞り面の開きを小さくすれば，つまり $R$ を小さくとれば良いが，しかし回折収差のこの式は絞りの開きを小さくして $R$ を小さくとれば逆に光線が広がることを示している．幾何収差と回折収差は，絞りの大きさの効果についてまったく相反的である，

いずれにせよここでも，$\lambda_0$ (真空中の波長) $\to 0$ であれば回折収差の効果は小さくなり，その極限で幾何光学の結果が再現されることが示される．

## 6.7 経路積分の方法

質点力学（古典力学）の量子化と光線光学（幾何光学）の波動化でもって，質点と光線の波動的伝播があきらかになったので，さらに量子論の立場から，その意味をより深く探ることにしよう．§6.5 で導入したプロパゲーターは，つぎのような物理的意味をもっている．時刻 $t_0$ に一点 $\vec{r}_{\rm initial}$ から出発した粒子を考える．このとき $\Psi(\vec{r}_0, t_0) = \delta(\vec{r}_0 - \vec{r}_{\rm initial})$ ゆえ，(6.120) より

$$
\begin{aligned}
\Psi(\vec{r}, t) &= \int_{-\infty}^{+\infty} d\vec{r}_0 U(\vec{r}, t\,; \vec{r}_0, t_0)\delta(\vec{r}_0 - \vec{r}_{\rm initial}) \\
&= U(\vec{r}, t\,; \vec{r}_{\rm initial}, t_0). \qquad (6.142)
\end{aligned}
$$

これからわかるように，$U(\vec{r}, t\,; \vec{r}_{\rm initial}, t_0)$ 自体，時刻 $t_0$ に $\vec{r}_{\rm initial}$ にあった粒子が時刻 $t$ に $\vec{r}$ に見出される確率振幅を与える．その意味で，このプロパゲーターは**遷移振幅**ともいわれる．ここに $d\vec{r}_0 = dx_0 dy_0 dz_0$ で，積分範囲は全空間．

ところで，この遷移振幅を用いて，波動関数の $t_0 \mapsto t_1 \mapsto t$ の順での時間発展をあらわすと

$$
\Psi(\vec{r}_1, t_1) = \int_{-\infty}^{+\infty} d\vec{r}_0 U(\vec{r}_1, t_1\,; \vec{r}_0, t_0)\Psi(\vec{r}_0, t_0),
$$

$$
\Psi(\vec{r}, t) = \int_{-\infty}^{+\infty} d\vec{r}_1 U(\vec{r}, t\,; \vec{r}_1, t_1)\Psi(\vec{r}_1, t_1).
$$

したがって

$$\Psi(\vec{r},t) = \int_{-\infty}^{+\infty} d\vec{r}_0 \int_{-\infty}^{+\infty} d\vec{r}_1 U(\vec{r},t\,;\vec{r}_1,t_1)U(\vec{r}_1,t_1\,;\vec{r}_0,t_0)\Psi(\vec{r}_0,t_0).$$

この式を (6.120) と見くらべると，遷移振幅それ自体についての重要な関係

$$U(\vec{r},t\,;\vec{r}_0,t_0) = \int_{-\infty}^{+\infty} d\vec{r}_1 U(\vec{r},t;\vec{r}_1,t_1)U(\vec{r}_1,t_1\,;\vec{r}_0,t_0) \tag{6.143}$$

が得られる．これを遷移振幅の**合成の性質**とよぶ．

遷移振幅のこの性質は，時刻 $t_0$ に $\vec{r}_0$ にあった粒子が時刻 $t$ に $\vec{r}$ に見出される確率振幅は，途中の $t_1$ の時刻に粒子がすべての点（あらゆる $\vec{r}_1$）をとおる確率振幅の和からなることをあらわしている，と解釈できる．

この議論をさらに進めるとつぎのようになる．

遷移振幅の合成の性質にもとづいて，時間間隔をさらに細かくとり，途中を何段にもわけて進めることができるであろう．つまり，$t-t_0$ を $n$ 等分し，

$$\Delta t = \frac{t-t_0}{n}, \qquad t_k = t_0 + k\Delta t \qquad (t_n = t)$$

とすると，$t_0$ から $t$ へのプロパゲーターは

$$U(\vec{r},t\,;\vec{r}_0,t_0) = \int d\vec{r}_1 \int d\vec{r}_2 \;\cdots \int d\vec{r}_{n-1} U(\vec{r},t\,;\vec{r}_{n-1},t_{n-1})$$
$$\times\, U(\vec{r}_{n-1},t_{n-1}\,;\vec{r}_{n-2},t_{n-2}) \;\cdots\; U(\vec{r}_2,t_2\,;\vec{r}_1,t_1)U(\vec{r}_1,t_1\,;\vec{r}_0,t_0) \tag{6.144}$$

とあらわされる．ここで，各段階での積分範囲は $k=1,2,3,\cdots,n-1$ のすべてにたいして $-\infty < x_k < +\infty$，$-\infty < y_k < +\infty$，$-\infty < z_k < +\infty$.

これは，時刻 $t_0$ に $\vec{r}_0$ を出て時刻 $t$ に $\vec{r}$ にいたる粒子の遷移振幅は，途中の時刻 $t_1$ にはあらゆる点 $\vec{r}_1$ をとおり，つぎにそのそれぞれの点を通ったものが，それぞれ時刻 $t_2$ にはやはりあらゆる点 $\vec{r}_2$ をとおり，こうして，各時刻のすべての点をとおるすべての経路を考え，それらの和よりなるというものである．そして分割数 $n$ は任意であるから，ここで $n$ を $\infty$ にとると，結局，$\vec{r}_0$ と $\vec{r}$ を結ぶすべての可能な経路が遷移振幅に寄与するということになる．

それは，つぎのようにあらわされる．時間の分割数 $n$ を十分大きくとれば，

間隔 $\Delta t$ は十分小さくなる．このときその微小時間間隔の遷移振幅は，(6.122) および (6.125) より，$t_k = t_{k-1} + \Delta t > t_k$ として

$$U(\vec{r}_k, t_k\,; \vec{r}_{k-1}, t_{k-1}) = \langle \vec{r}_k | \exp\Big\{-\frac{i}{\hbar}\hat{H}(t_k - t_{k-1})\Big\} | \vec{r}_{k-1} \rangle$$
$$= \left(\frac{m}{2i\pi\hbar\Delta t}\right)^{3/2} \exp\Big\{\frac{i}{\hbar}\int_{t_{k-1}}^{t_k} L(\vec{r}(t), \dot{\vec{r}}(t))dt\Big\}. \tag{6.145}$$

ここに

$$L(\vec{r}(t), \dot{\vec{r}}(t)) = \frac{m}{2}\,\dot{\vec{r}}(t)^2 - U(\vec{r}(t))$$

はラグランジアンである．

したがって，$t_0 \mapsto t$ 間の遷移振幅は

$$U(\vec{r}, t\,; \vec{r}_0, t_0)$$
$$= \lim_{n\to\infty} \int d\vec{r}_1 \cdots \int d\vec{r}_{n-1} U(\vec{r}, t\,; \vec{r}_{n-1}, t_{n-1}) \cdots U(\vec{r}_1, t_1\,; \vec{r}_0, t_0)$$
$$= \lim_{n\to\infty} \int d\vec{r}_1 \cdots \int d\vec{r}_{n-1} \left(\frac{m}{2i\pi\hbar\Delta t}\right)^{3n/2} \exp\Big\{\frac{i}{\hbar}\sum_{k=1}^{n}\int_{t_{k-1}}^{t_k} L(\vec{r}(t'), \dot{\vec{r}}(t')\,)dt'\Big\}$$
$$= \lim_{n\to\infty} \int d\vec{r}_1 \cdots \int d\vec{r}_{n-1} \left(\frac{m}{2i\pi\hbar\Delta t}\right)^{3n/2} \exp\Big\{\frac{i}{\hbar}\int_{t_0}^{t} L(\vec{r}(t'), \dot{\vec{r}}(t')\,)dt'\Big\}. \tag{6.146}$$

とあらわされる．この積分を**経路積分**という．この積分の数学的に厳密な意味はかならずしも明快ではないが，通常は

$$\lim_{n\to\infty} \int d\vec{r}_1 \cdots \int d\vec{r}_{n-1} \left(\frac{m}{2i\pi\hbar\Delta t}\right)^{3n/2} = \int \mathscr{D}(\vec{r}(t')) \tag{6.147}$$

という記号を用いて，形式的につぎのように記されている：

$$U(\vec{r}, t\,; \vec{r}_0, t_0) = \int \mathscr{D}(\vec{r}(t')) \exp\Big\{\frac{i}{\hbar}\int_{t_0}^{t} L(\vec{r}(t'), \dot{\vec{r}}(t'))dt'\Big\}. \tag{6.148}$$

### 例 6.7–1（経路積分の実際の計算）

経路積分は，実際に計算するのは非常に困難で，明示的な数式の形で実行で

きる例はかならずしも多くはない．そのなかでもっとも簡単なケースとして，他からの力をまったく受けていない自由粒子を考えよう．

ラグランジアンは $L(\vec{r},\dot{\vec{r}})=m\dot{\vec{r}}^2/2$. $t_0$ と $t$ の間を $n$ 等分して

$$\Delta t=\frac{t-t_0}{n},\qquad t_k=t_0+k\Delta t\quad(t_n=t)$$

とすると

$$\begin{aligned}&\int_{t_0}^{t}L(\vec{r}(t'),\dot{\vec{r}}(t'))dt'\\&=\int_{t_0}^{t_1}L\,dt'+\int_{t_1}^{t_2}L\,dt'+\cdots+\int_{t_{n-1}}^{t}L\,dt'\\&=\frac{m}{2}\frac{(\vec{r}_1-\vec{r}_0)^2}{\Delta t}+\frac{m}{2}\frac{(\vec{r}_2-\vec{r}_1)^2}{\Delta t}+\cdots+\frac{m}{2}\frac{(\vec{r}-\vec{r}_{n-1})^2}{\Delta t}.\end{aligned}$$

したがって，以下では簡単のため $m/2i\hbar\Delta t=\sigma$ として

$$U=\lim_{n\to\infty}\left(\frac{\sigma}{\pi}\right)^{3n/2}\int\cdots\int d\vec{r}_1d\vec{r}_2\cdots d\vec{r}_{n-1}\exp\Bigl\{-\sum_{k=1}^{n}\sigma(\vec{r}_k-\vec{r}_{k-1})^2\Bigr\}. \tag{6.149}$$

この最初の積分は

$$\begin{aligned}&\left(\frac{\sigma}{\pi}\right)^{3n/2}\int d\vec{r}_1\exp[-\sigma\{(\vec{r}_1-\vec{r}_0)^2+(\vec{r}_2-\vec{r}_1)^2\}]\\&=\left(\frac{\sigma}{\pi}\right)^{3n/2}\int d\vec{r}_1\exp[-\sigma\{2\vec{r}_1^{\,2}-2(\vec{r}_0+\vec{r}_2)\cdot\vec{r}_1+\vec{r}_0^{\,2}+\vec{r}_2^{\,2}\}]\\&=\left(\frac{\sigma}{\pi}\right)^{3n/2}\int d\vec{r}_1\exp\Bigl\{-2\sigma\Bigl(\vec{r}_1-\frac{\vec{r}_0+\vec{r}_2}{2}\Bigr)^2-\frac{\sigma}{2}(\vec{r}_2-\vec{r}_0)^2\Bigr\}\\&=\left(\frac{\sigma}{\pi}\right)^{3(n-1)/2}\left(\frac{1}{2}\right)^{3/2}\exp\Bigl\{-\frac{\sigma}{2}(\vec{r}_2-\vec{r}_0)^2\Bigr\},\end{aligned}$$

その次の積分は

$$\begin{aligned}&\left(\frac{\sigma}{\pi}\right)^{3(n-1)/2}\left(\frac{1}{2}\right)^{3/2}\int d\vec{r}_2\exp\Bigl\{-\frac{\sigma}{2}(\vec{r}_2-\vec{r}_0)^2-\sigma(\vec{r}_3-\vec{r}_2)^2\Bigr\}\\&=\left(\frac{\sigma}{\pi}\right)^{3(n-1)/2}\left(\frac{1}{2}\right)^{3/2}\int d\vec{r}_2\exp\Bigl\{-\frac{3\sigma}{2}\Bigl(\vec{r}_2-\frac{\vec{r}_0+2\vec{r}_3}{3}\Bigr)^2-\frac{\sigma}{3}(\vec{r}_3-\vec{r}_0)^2\Bigr\}\end{aligned}$$

$$= \left(\frac{\sigma}{\pi}\right)^{3(n-2)/2} \left(\frac{1}{3}\right)^{3/2} \exp\left\{-\frac{\sigma}{3}(\vec{r}_3 - \vec{r}_0)^2\right\}.$$

以下，同様にして，$\vec{r}_n = \vec{r}$ であることに注意すると，最後の積分は

$$U = \left(\frac{\sigma}{n\pi}\right)^{3/2} \exp\left\{-\frac{\sigma}{n}(\vec{r}_n - \vec{r}_0)^2\right\}$$
$$= \left\{\frac{m}{2\pi i\hbar(t-t_0)}\right\}^{3/2} \exp\left\{\frac{im(\vec{r}-\vec{r}_0)^2}{2\hbar(t-t_0)}\right\}.$$

たしかにこれは，例 6.5-1 で求めた自由粒子のプロパゲーターになっている．

## 6.8 変分原理の量子論的根拠

前節の結果を用いて，変分原理であるハミルトンの原理とフェルマの原理の根拠を説明しよう．

古典力学のハミルトンの原理から考える．

いま，点 $\vec{r}_0$ から $\vec{r}$ にゆく経路のうち，ある特定の経路 $\Lambda$ を選び，その経路にそったラグランジアンを $L(\Lambda)$，それからわずかにずれた経路 $\Lambda + \delta\Lambda$ にそったラグランジアンを $L(\Lambda + \delta\Lambda) = L(\Lambda) + \delta L(\Lambda)$ とする．そのずれた経路にそったラグランジアンの積分（作用積分）は

$$I[\Lambda + \delta\Lambda] = \int_{t_0}^{t} L(\vec{r}(t'), \dot{\vec{r}}(t'))dt' = \int_{t_0}^{t} L(\Lambda)dt' + \int_{t_0}^{t} \delta L(\Lambda)dt'.$$

そのとき，経路積分 (6.146) (6.148) は

$$U(\vec{r}, t\,; \vec{r}_0, t_0) = \exp\left(\frac{i}{\hbar}\int_{t_0}^{t} L(\Lambda)dt'\right) \int \mathscr{D}(\vec{r}(t')) \exp\left\{\frac{i}{\hbar}\int_{t_0}^{t} \delta L(\Lambda)dt'\right\} \tag{6.150}$$

とあらわされる．つまり，すべてのずれた経路からの寄与を重ね合わせたものである．

古典論では，扱っている系の物理量（作用量）のオーダーにくらべて $\hbar$ がきわめて小さいので，とくに $\int \delta L(\Lambda)dt'$ が 0 になる特別の場合をのぞいて，はじめに選んだ経路とその近くの経路の位相差 $i\int \delta L(\Lambda)dt'/\hbar$ が大きくなり，被積

分関数が大きく振動し，それらを通ったいくつもの波が干渉して打ち消しあい，遷移振幅が事実上 0 になってしまう．逆に言えば，粒子が実際にとる経路は，はじめに選んだ経路 $\Lambda$ にたいして少しずれた経路との位相差 $i\int \delta L(\Lambda)dt'/\hbar$ が 0 になり，それらのいくつもの経路を通った波が同位相で重なり合い，遷移振幅が打ち消しあうことのない場合だけであるが，この場合の $i\int \delta L(\Lambda)dt'/\hbar$ は両端を固定した変分ゆえ，これはハミルトンの原理にほかならない．

結局，**古典力学のハミルトンの原理において，作用積分が停留値になる経路を粒子がたどることの根拠は，量子力学において，ド・ブロイ波，もっと正確には確率振幅の干渉によってそれ以外の経路をとる確率が打ち消されてしまうからであると**説明される[13)]．

そして光のエネルギーの伝搬経路としての光線にたいするフェルマの原理も，まったく同様に説明される．

ここで光は「光子」と考える．そのことは，つぎのような意味である．

それまで「粒子」とよばれてきた電子や陽子などの微視的な実在は，古典力学から波動力学への移行（量子化）によって波動性が与えられた．つまり空間にひろがった波動場によってあらわされることになった．そしてこの波動的な

---

13) 経路積分の考案者 Feynman 自身の説明を引用しておこう：

> すべての経路にたいして $S$〔$=\int L\,dt$〕が $\hbar$ にくらべてきわめて大きいとしよう．すぐ近くの経路にたいしてその位相〔$S/\hbar$〕は大きく異なる．というのも，$\hbar$ がそんなに小さいので，大きな $S$ にとっては $S$ のわずかな変化でもまったく異なる位相を意味するからである．それゆえ近接した経路は，和をとることによって通常は打ち消しあうであろう．唯一の例外は，ある経路と近接したいくつもの経路が第一近似の範囲ですべて同位相（より正確には $\hbar$ の範囲でおなじ作用）の場合である．このような〔打ち消しあわない場合の〕経路のみが重要である．それゆえ，プランク定数 $\hbar$ をゼロとする極限の場合には，正しい量子力学の法則は，単純に以下のように要約される．「確率振幅についてのすべてのことを忘れよ．その粒子は特別の経路，すなわち第一近似では $S$ が変化しないような経路を辿る．」これが最小作用の原理〔ハミルトンの原理〕と量子力学の関係である．（*The Feynman Lectures on Physics*, Vol.2,§19-9.）

電子や陽子がつねに単位の整数倍としてのみ観測され，またかならず単位として消滅し発生する，という意味での粒子性は，この波動場をあらためて量子化（再度量子化）することによって獲得される．すなわち，こうして理解される「量子化された場」としての電子や陽子の場が，粒子性と波動性を兼ね備えた実在としての現実の粒子を正確に記述するのである．

古典力学（粒子力学）に幾何光学（光線光学）が対応している．そして，すでに見たように，古典力学が波動力学の極限での近似であったのと同様に，幾何光学は波動光学の極限での近似である．

それゆえ，まったく同様に，波動光学によってそれまで光線とよばれてきた実在にたいして波動性が与えられる．そしてその光の波動（電磁場）をあらためて量子化することによって，光にたいしても 1 個 2 個と数えられ，つねにその単位の整数倍でのみ発生し消滅する粒子性が付与される．その意味での「量子化された電磁場」が「光子」である．

実際「光」を検出するということは，つきつめれば，電子（一般には荷電粒子）と相互作用させることであるが，その要素的過程ではこの光の粒子性が検証されている．金属に光（紫外線）をあてたときに電子が飛び出してくる光電効果や，物質粒子による光（X 線やガンマ線）の散乱のさいに光の振動数がずれるコンプトン効果などで，振動数 $\nu$ の光は，アインシュタインの主張どおりに，エネルギーが $h\nu$ の粒子つまり「光子」の集まりとして振る舞うことが確かめられている．その光子の何分の一かの破片が観測されることはない．その意味で光の粒子性つまり「光子」としての光の存在は実証されている．

しかしそれと同時に，古典論では光は波動として伝播することが示されてきた．そのことは光の干渉によって示されている．そのさいに伝播する波動は，その粒子性と整合性をもたせるためには，粒子の場合と同様に確率振幅であると考えられる．つまりその絶対値の 2 乗が光子の存在する確率の密度を与える．古典電磁気学（古典波動光学）での波動は，光子の数がきわめて多くて，その確率密度に比例した数の光子が実際そこに存在し，それゆえ，確率密度が事実上エネルギー密度を与え，したがって波動を実際の場の強さをあらわすものと考えうるケースである．(6.140) のフラウンホーファー回折の強度は，その意味での強度である．実際たとえば可視光線の一個の光子のエネルギーは大

体 $10^{-19}$ ジュール程度であり [14)]，他方，100 ワットの電球は毎秒 100 ジュールのエネルギーを放出する．したがってそのうち 100 分の 1 が可視光線のエネルギーになったとしても，毎秒 $10^{19}$ 個の光子が放出されるわけで，このような場合には，粒子性は見えてこない．水は水分子の整数個からなるが，しかし 1 立方センチのなかにだいたい $10^{22}$ 個の分子が含まれ，そのとき水の粒子性（離散性）が見えてこないのと同様である．

光子の粒子的性質は，粒子の密度が小さくなり，小数の光子を対象とするときにはじめて明らかになる．しかしそれでも，波動性はなくならない．実際，光子は，粒子について先に語ったのと同様に干渉を示すことが知られている．いま，点光源とスクリーンのあいだに二つのスリットをあけた衝立を置き，そのスリットを通過した光でスクリーンに置いた写真乾板を感光させる．光が十分強いときには，顕著な干渉縞が現れる．

光をうんと弱くしてゆくと，乾板の 1 点に点状に感光したスポットができる．光が十分に弱ければ，光源から乾板までの間に光子が同時に 2 個以上存在することはない．そこで乾板を新しいものに取り替えてしばらくすると別の 1 点にスポットができる．あきらかに光が粒子（光子）としてポツン，ポツンと乾板上にやってきて，その 1 点で感光剤の分子と反応したと考えられる．顕著な粒子性である．そして，その 1 個の光子は光源から乾板までのあいだ他の光子の影響を受けていないはずである．しかしこうして 1 点だけスポットのできた乾板を何枚も重ねると，光が強い場合の干渉縞と同一の模様が作られる．

つまり，光子はたった 1 個の場合でも，その波は二つのスリットを通って干渉しているのである．このことは，光子は観測されるときには，つまり物質分子と反応するときには，かならず 1 個の点状の粒子として反応するが，しかしその 1 個の光子の波動は，それが光源からスクリーンにある写真乾板のなかのひとつの分子に到達して反応を起こすまで，広がって進み，同時に二つのスリットを通過し，その二つの経路を通って伝播した二つの波動が干渉したと考えなければならないのである．もちろん，スリットがたくさんあれば，それらのすべてのスリットを同時に通過したと考えられる．

---

14) 可視光線は，振動数 $\nu$ が $3.8 \times 10^{14}$Hz（赤）$\sim 7.9 \times 10^{14}$Hz（紫）の範囲の電磁波で，その光子のエネルギー $h\nu$ は 1.6eV $\sim$ 3.2eV の範囲（$1\text{eV} = 1.6 \times 10^{-19}$ ジュール）．

そこで，たとえばある光学系をとおる光を考えよう．

光の波動が光源の点 A から光学系の各素子の境界面（屈折率が不連続に変化する屈折面ないし反射面）上のすべての点をとおって観測点 B に達する．ひとつの境界面に着目し，その境界面を十分小さなセグメントにわけて，セグメントを順に $1, 2, \cdots, N$ と番号をふる．$N$ は十分に大きな数である．各セグメントをとおる経路の光路長を $J_1, J_2, \cdots, J_N$ とすると，B に達する波は

$$\begin{aligned}\Psi &= \sum_{n=1}^{N} a_n \exp(ik_0 J_n) = \sum_{n=1}^{N} a_n \exp\left(2\pi i \frac{J_n}{\lambda_0}\right) \\ &= \sum_{n=1}^{N} a_n \exp(i\phi_n). \end{aligned} \tag{6.151}$$

実際には，振幅は大きく変動しないから $a_n = a$ とすれば，各項は 2 次元平面（ガウス平面）上の原点を始点とする長さ $a$ の矢印（ベクトル）であらわされる．さて，隣り合うセグメントをとおる波の位相差は

$$\Delta\phi_n = \phi_{n+1} - \phi_n = 2\pi \frac{J_{n+1} - J_n}{\lambda_0} \tag{6.152}$$

で，とくに波長 $\lambda_0$ が小さいと，これは大きくなり，それゆえ隣り合う経路を通った波に対応するベクトルの向きは大きく異なり，そのようなベクトルをいくつもベクトル的に足し合わせても，その和は大きくならないので，全体の和 $\Psi$ には寄与しない．全体に寄与するのは，ある範囲で $J_{m+1} - J_m = 0$，したがって $\Delta\phi_m = 0$ となる部分だけである．すべての境界面について同様の議論ができるので，結局，光路長が停留値をとり，わずかに変形しても経路長が変わらない経路，すなわち，フェルマの原理を満たす経路だけが寄与する．これがフェルマの原理の物理的根拠である．

この議論は遷移振幅にたいする経路積分の場合と事実上おなじものであり，**フェルマの原理も，ハミルトンの原理とまったく同様に，フェルマの原理を満たす経路のみが，干渉で遷移振幅が打ち消しあって 0 になることがない**，ということによって説明されるのである．

付 録

# 正準理論の数学的基礎

## A.1 ベクトルと1ベクトル

幾何光学の数学的構造をあらためてはっきりさせるために，これまでの議論を数学的に見直し整理することにしよう．

それに先だって，ベクトル場と微分形式について必要最小限を駆け足で説明しておこう．

座標系 $\boldsymbol{q}=(x,y)$ の与えられた配位空間 $\mathsf{N}$ 上の点を Q とする [1]．$\mathsf{N}$ 上の点関数 $F(\boldsymbol{q})$ を考えると，Q 点をとおる $\mathsf{N}$ 上の曲線 $\Lambda_{\mathrm{A}}$: $\boldsymbol{c}_{\mathrm{A}}(\lambda)=(x(\lambda),y(\lambda))$ にそったその関数の変化率の点 $\mathrm{Q}(\boldsymbol{c}_{\mathrm{A}}(\lambda_{\mathrm{Q}})=\mathrm{Q})$ での値は

$$\frac{d}{d\lambda}F(\boldsymbol{c}_{\mathrm{A}}(\lambda))\bigg|_{\mathrm{Q}}=\frac{d\boldsymbol{c}_{\mathrm{A}}(\lambda)}{d\lambda}\cdot\frac{\partial F}{\partial\boldsymbol{q}}\bigg|_{\mathrm{Q}}\equiv\boldsymbol{c}'_{\mathrm{A}}(\lambda)\cdot\frac{\partial F}{\partial\boldsymbol{q}}\bigg|_{\mathrm{Q}}\tag{A.1}$$

で与えられる（$\boldsymbol{c}'_{\mathrm{A}}(\lambda)=d\boldsymbol{c}_{\mathrm{A}}/d\lambda=(x'(\lambda),y'(\lambda))$．プライム $'$ はここではパラメータ $\lambda$ による導関数をあらわす）．これは**方向微分**ともいわれる量であり，これを Q 点における微分演算子

$$\boldsymbol{v}_{\mathrm{A}}:=\frac{d}{d\lambda}\bigg|_{\mathrm{Q}}=\boldsymbol{c}'_{\mathrm{A}}\cdot\frac{\partial}{\partial\boldsymbol{q}}\bigg|_{\mathrm{Q}}\tag{A.2}$$

を関数 $F$ に作用させたものと考え，上記の変化率 (A.1) を $\boldsymbol{v}_{\mathrm{A}}[F]$ と記す．ところで $F$ と $G$ を $\mathsf{N}$ 上の関数，$\alpha,\beta$ を定数とすると，あきらかに

$$\boldsymbol{v}_{\mathrm{A}}[\alpha F+\beta G]=\alpha\boldsymbol{v}_{\mathrm{A}}[F]+\beta\boldsymbol{v}_{\mathrm{A}}[G],$$

すなわち，演算子 $\boldsymbol{v}_{\mathrm{A}}$ は線形である．

---

[1] 座標を $(x,y)$ と記したが，デカルト座標である必要はない．

このとき，Q 点におけるこのような微分演算子の集まりはベクトル空間を張る．実際，Q 点をとおる N 上の任意の 2 本の曲線 $\boldsymbol{c}_\mathrm{A}(\lambda)$ と $\boldsymbol{c}_\mathrm{B}(\sigma)$ のそれぞれにたいして微分演算子

$$\boldsymbol{v}_\mathrm{A} = \left.\frac{d}{d\lambda}\right|_\mathrm{Q} = \frac{d\boldsymbol{c}_\mathrm{A}(\lambda)}{d\lambda}\cdot\left.\frac{\partial}{\partial \boldsymbol{q}}\right|_\mathrm{Q}, \qquad \boldsymbol{v}_\mathrm{B} = \left.\frac{d}{d\sigma}\right|_\mathrm{Q} = \frac{d\boldsymbol{c}_\mathrm{B}(\sigma)}{d\sigma}\cdot\left.\frac{\partial}{\partial \boldsymbol{q}}\right|_\mathrm{Q}$$

を定義すると，この二つの演算子にたいしてその和と実数倍 $\boldsymbol{v}_\mathrm{A} + \boldsymbol{v}_\mathrm{B}$，$a\boldsymbol{v}_\mathrm{A}$ を

$$(\boldsymbol{v}_\mathrm{A} + \boldsymbol{v}_\mathrm{B})[F] = \boldsymbol{v}_\mathrm{A}[F] + \boldsymbol{v}_\mathrm{B}[F], \qquad (\alpha\boldsymbol{v}_\mathrm{A})[F] = \alpha(\boldsymbol{v}_\mathrm{A}[F])$$

によって定義することができる．そのことはこの微分演算子の集合がベクトル空間となる条件にほかならない．

このベクトルを空間 N の Q 点での**接ベクトル**，またこのベクトル空間を N 上の点 Q における**接空間**とよび $(\mathsf{TN})_\mathrm{Q}$ と記す．幾何学的には，この接ベクトル (A.2) は N 上の曲線 $\boldsymbol{c}_\mathrm{A}$ の点 Q における接線ベクトルである．

ここまでの議論は配位空間の座標系にはよらない．

なお，以下，本節末まではこの接空間 $(\mathsf{TN})_\mathrm{Q}$ に話をかぎるので，ベクトル空間 $(\mathsf{TN})_\mathrm{Q}$ を簡単に V と記す．また，微分演算子やベクトルはこの節ではすべて Q 点でのものにかぎられるので，添え字 Q を省略する．

この V のベクトルとしての演算子 $\boldsymbol{v}$ を空間 N の座標 $(x, y)$ であらわせば

$$\boldsymbol{v} = x'\frac{\partial}{\partial x} + y'\frac{\partial}{\partial y} = v^1\frac{\partial}{\partial x} + v^2\frac{\partial}{\partial y} \tag{A.3}$$

であり $(v^1 = x' = dx/d\lambda,\ v^2 = y' = dy/d\lambda)$，これは微分演算子

$$\boldsymbol{e}_1 := \frac{\partial}{\partial x}, \qquad \boldsymbol{e}_2 := \frac{\partial}{\partial y} \tag{A.4}$$

の線形結合になっている．しかもこの二つの演算子は 1 次独立である．というのも，この V のベクトル $\boldsymbol{u}$ が $\boldsymbol{u} = u^1\boldsymbol{e}_1 + u^2\boldsymbol{e}_2 = 0$ であれば，それを $x$ および $y$ のそれぞれに別々に作用させることで $\boldsymbol{u}[x] = u^1 = 0$，$\boldsymbol{u}[y] = u^2 = 0$ が示されるからである．また N は 2 次元空間ゆえ，その上の曲線はすべて $\boldsymbol{c}(\lambda) = (x(\lambda), y(\lambda))$ の形にあらわされ，したがって対応する微分演算子はかならず (A.3) 式のようにあらわされる．それゆえ，このベクトル空間 $\mathsf{V} = (\mathsf{TN})_\mathrm{Q}$

の次元も 2 で，(A.4) の $\boldsymbol{e}_1, \boldsymbol{e}_2$ をその基底と考えることができる．

そのとき $\boldsymbol{v} = v^1\boldsymbol{e}_1 + v^2\boldsymbol{e}_2$ において $(v^1, v^2)$ はその成分になっている．とくにパラメータ $\lambda$ が時間変数 $t$ であれば，この $\boldsymbol{v}$ は曲線 $\boldsymbol{c}(t) = (x(t), y(t))$ にそった速度ベクトルをあらわす．

ここで，$(x, y) \mapsto (q^1, q^2)$ という配位空間 N の座標変換とその逆変換

$$x \mapsto q^1 = \phi^1(x, y), \qquad y \mapsto q^2 = \phi^2(x, y), \tag{A.5}$$

$$q^1 \mapsto x = \psi^1(q^1, q^2), \quad q^2 \mapsto y = \psi^2(q^1, q^2) \tag{A.6}$$

を考える．ただし

$$\begin{vmatrix} \partial x/\partial q^1 & \partial y/\partial q^1 \\ \partial x/\partial q^2 & \partial y/\partial q^2 \end{vmatrix} \neq 0$$

とする．この座標変換は同一の点 Q を別の座標系であらわした，いわゆる受動的変換であるとする．そこで N 上の位置だけで決まる関数

$$F(\mathrm{Q}) = F(x, y) = F(\psi^1(q^1, q^2), \psi^2(q^1, q^2)) = \tilde{F}(q^1, q^2) \tag{A.7}$$

を考える．このような関数を**スカラー関数**という．この $\tilde{F}$ にたいして

$$\frac{d}{d\lambda}\tilde{F} = \left(\frac{dq^1}{d\lambda}\frac{\partial}{\partial q^1} + \frac{dq^2}{d\lambda}\frac{\partial}{\partial q^2}\right)\tilde{F}$$

ゆえ，この変換された座標系では，(A.3) のベクトルすなわち演算子 $\boldsymbol{v}$ は

$$\boldsymbol{v} = \frac{dq^1}{d\lambda}\frac{\partial}{\partial q^1} + \frac{dq^2}{d\lambda}\frac{\partial}{\partial q^2} \tag{A.8}$$

とあらわされる．すなわち，基底を

$$\tilde{\boldsymbol{e}}_1 = \frac{\partial}{\partial q^1}, \qquad \tilde{\boldsymbol{e}}_2 = \frac{\partial}{\partial q^2} \tag{A.9}$$

成分を

$$\tilde{v}^1 = (q^1)' = \frac{dq^1}{d\lambda}, \qquad \tilde{v}^2 = (q^2)' = \frac{dq^2}{d\lambda} \tag{A.10}$$

とするベクトルである．

ここで，微分法の演算規則

$$\frac{\partial \tilde{F}}{\partial q^1} = \frac{\partial x}{\partial q^1}\frac{\partial F}{\partial x} + \frac{\partial y}{\partial q^1}\frac{\partial F}{\partial y}, \qquad \frac{\partial \tilde{F}}{\partial q^2} = \frac{\partial x}{\partial q^2}\frac{\partial F}{\partial x} + \frac{\partial y}{\partial q^2}\frac{\partial F}{\partial y}$$

を考慮すれば，基底の変換規則

$$\tilde{\boldsymbol{e}}_1 = \frac{\partial x}{\partial q^1}\boldsymbol{e}_1 + \frac{\partial y}{\partial q^1}\boldsymbol{e}_2, \qquad \tilde{\boldsymbol{e}}_2 = \frac{\partial x}{\partial q^2}\boldsymbol{e}_1 + \frac{\partial y}{\partial q^2}\boldsymbol{e}_2, \tag{A.11}$$

および成分の変換規則

$$\tilde{v}^1 = \frac{\partial q^1}{\partial x}v^1 + \frac{\partial q^1}{\partial y}v^2, \qquad \tilde{v}^2 = \frac{\partial q^2}{\partial x}v^1 + \frac{\partial q^2}{\partial y}v^2 \tag{A.12}$$

が導かれる．基底と成分がそれぞれこの変換規則 (A.11) (A.12) にしたがうベクトルを**反変ベクトル**，ないし単に**ベクトル**という．

すなわち，一般にベクトル空間 V 上のベクトル（反変ベクトル）を

$$\boldsymbol{u} = u^1\boldsymbol{e}_1 + u^2\boldsymbol{e}_2 = \tilde{u}^1\tilde{\boldsymbol{e}}_1 + \tilde{u}^2\tilde{\boldsymbol{e}}_2$$

として，その成分と基底の変換規則は，行列を用いて表せば，それぞれ

$$\begin{pmatrix} \tilde{\boldsymbol{e}}_1 \\ \tilde{\boldsymbol{e}}_2 \end{pmatrix} = \begin{pmatrix} \partial x/\partial q^1 & \partial y/\partial q^1 \\ \partial x/\partial q^2 & \partial y/\partial q^2 \end{pmatrix} \begin{pmatrix} \boldsymbol{e}_1 \\ \boldsymbol{e}_2 \end{pmatrix} = \hat{D} \begin{pmatrix} \boldsymbol{e}_1 \\ \boldsymbol{e}_2 \end{pmatrix}, \tag{A.13}$$

$$(\tilde{u}^1, \tilde{u}^2) = (u^1, u^2) \begin{pmatrix} \partial q^1/\partial x & \partial q^2/\partial x \\ \partial q^1/\partial y & \partial q^2/\partial y \end{pmatrix} = (u^1, u^2)\hat{D}^{-1}. \tag{A.14}$$

なお，以下では反変ベクトルの成分の添え字を上付きで，基底の成分の添え字を下付きで記す．以前から $\boldsymbol{q}$ の成分を $(q^1, q^2)$ のように上付きで記してきたのも，それを見越してである．

つぎに，ベクトル空間 V のベクトルに実数を対応させる線形写像 $\theta$ を考える，すなわち $\boldsymbol{v}, \boldsymbol{u}$ を V のベクトルとして，$\theta[\boldsymbol{v}]$, $\theta[\boldsymbol{u}]$ が実数になり，かつ $a, b$ を任意の実数として，$\theta[a\boldsymbol{v} + b\boldsymbol{u}] = a\theta[\boldsymbol{v}] + b\theta[\boldsymbol{u}]$ が成り立つものである．

このような任意の二つの線形写像 $\theta_{\mathrm{A}}$，$\theta_{\mathrm{B}}$ にたいして，和と実数倍を

$$(\theta_{\mathrm{A}} + \theta_{\mathrm{B}})[\boldsymbol{v}] = \theta_{\mathrm{A}}[\boldsymbol{v}] + \theta_{\mathrm{B}}[\boldsymbol{v}], \quad (a\theta_{\mathrm{A}})[\boldsymbol{v}] = a(\theta_{\mathrm{A}}[\boldsymbol{v}])$$

で定義することができる．そのとき，この写像の集合はベクトル空間をなす．

そこで，このような写像を **1 ベクトル**ないし**共変ベクトル**，またこの共変ベ

クトルの張る空間を V の**双対空間**とよび，V* で記す．この定義も配位空間の座標系にはよらない．

共変ベクトルの座標系での表示を求めるために，V のひとつの基底 $(\boldsymbol{e}_1, \boldsymbol{e}_2)$ をとり，V のベクトル $\boldsymbol{u} = u^1\boldsymbol{e}_1 + u^2\boldsymbol{e}_2$ に実数 $u^i$ を対応させる写像 $\boldsymbol{\varepsilon}^i$，すなわち

$$\boldsymbol{\varepsilon}^i[\boldsymbol{u}] = u^i \qquad (i = 1, 2)$$

を考える．この写像を V のベクトル

$$\boldsymbol{w} = a\boldsymbol{v} + b\boldsymbol{u} = (av^1 + bu^1)\boldsymbol{e}_1 + (av^2 + bu^2)\boldsymbol{e}_2$$

に適用すると

$$\boldsymbol{\varepsilon}^i[a\boldsymbol{v} + b\boldsymbol{u}] = av^i + bu^i = a\boldsymbol{\varepsilon}^i[\boldsymbol{v}] + b\boldsymbol{\varepsilon}^i[\boldsymbol{u}] \qquad (i = 1, 2)$$

となるから，$\boldsymbol{\varepsilon}^1$，$\boldsymbol{\varepsilon}^2$ はともに線形写像で V* の要素であることがわかる．とくに基底ベクトル $(\boldsymbol{e}_1, \boldsymbol{e}_2)$ にたいしては

$$\boldsymbol{\varepsilon}^1[\boldsymbol{e}_1] = \boldsymbol{\varepsilon}^2[\boldsymbol{e}_2] = 1, \qquad \boldsymbol{\varepsilon}^1[\boldsymbol{e}_2] = \boldsymbol{\varepsilon}^2[\boldsymbol{e}_1] = 0.$$

そこで V* の任意の 1 ベクトル $\theta$ にたいして $\theta_i := \theta[\boldsymbol{e}_i]$ $(i = 1, 2)$ とおくと $\theta_i$ は実数で, V の任意のベクトル $\boldsymbol{u} = u^1\boldsymbol{e}_1 + u^2\boldsymbol{e}_2$ にたいして

$$\begin{aligned}\theta[\boldsymbol{u}] &= \theta[u^1\boldsymbol{e}_1 + u^2\boldsymbol{e}_2] = u^1\theta[\boldsymbol{e}_1] + u^2\theta[\boldsymbol{e}_2] \\ &= u^1\theta_1 + u^2\theta_2 = (\theta_1\varepsilon^1 + \theta_2\varepsilon^2)[\boldsymbol{u}]\end{aligned}$$

が成り立つゆえ，

$$\theta = \theta_1\boldsymbol{\varepsilon}^1 + \theta_2\boldsymbol{\varepsilon}^2, \tag{A.15}$$

すなわち，V* の任意の 1 ベクトルは $\boldsymbol{\varepsilon}^1, \boldsymbol{\varepsilon}^2$ の 1 次結合であらわされる．しかも $\boldsymbol{\varepsilon}^1, \boldsymbol{\varepsilon}^2$ は 1 次独立である．実際，$a_1\boldsymbol{\varepsilon}^1 + a_2\boldsymbol{\varepsilon}^2 = 0$ であれば，これを $\boldsymbol{e}_1, \boldsymbol{e}_2$ に順に作用させることによって，$a_1 = a_2 = 0$ であることがわかる．

したがって双対空間 V* の次元も 2 で，この $(\boldsymbol{\varepsilon}^1, \boldsymbol{\varepsilon}^2)$ が V* の基底であり，$(\boldsymbol{e}_1, \boldsymbol{e}_2)$ にたいする**双対基底**といわれ，$\theta_1, \theta_2$ はその基底での $\theta$ の成分である．

いま，V の基底として $\boldsymbol{e}_1 = \partial/\partial x, \boldsymbol{e}_2 = \partial/\partial y$ をとり，V のベクトルを $\boldsymbol{u} = u^1\boldsymbol{e}_1 + u^2\boldsymbol{e}_2$ とあらわし，V* の 1 ベクトル $\theta$ にたいして，$\theta[\boldsymbol{e}_1] = \theta_1, \theta[\boldsymbol{e}_2] =$

$\theta_2$ であるとする．この場合の V* の基底を $\boldsymbol{\varepsilon}^1, \boldsymbol{\varepsilon}^2$ とすれば，$\theta = \theta_1 \boldsymbol{\varepsilon}^1 + \theta_2 \boldsymbol{\varepsilon}^2$ とあらわされる．しかるに $\theta[\boldsymbol{u}] = u^1\theta_1 + u^2\theta_2$ 自体は座標系にはよらないから，座標変換で $\theta$ の成分 $\theta_1, \theta_2$ は V の基底 $\boldsymbol{e}_1, \boldsymbol{e}_2$ と同様に変換され，逆に V* の基底 $\boldsymbol{\varepsilon}^1, \boldsymbol{\varepsilon}^2$ は V の成分と同様に変換されることがわかる．すなわち $(x, y) \mapsto (q^1, q^2)$ の座標変換にさいして，1 ベクトル $\theta$ の基底と成分の変換規則は

$$(\tilde{\boldsymbol{\varepsilon}}^1, \tilde{\boldsymbol{\varepsilon}}^2) = (\boldsymbol{\varepsilon}^1, \boldsymbol{\varepsilon}^2) \begin{pmatrix} \partial q^1/\partial x & \partial q^2/\partial x \\ \partial q^1/\partial y & \partial q^2/\partial y \end{pmatrix} = (\boldsymbol{\varepsilon}^1, \boldsymbol{\varepsilon}^2)\hat{D}^{-1}, \tag{A.16}$$

$$\begin{pmatrix} \tilde{\theta}_1 \\ \tilde{\theta}_2 \end{pmatrix} = \begin{pmatrix} \partial x/\partial q^1 & \partial y/\partial q^1 \\ \partial x/\partial q^2 & \partial y/\partial q^2 \end{pmatrix} \begin{pmatrix} \theta_1 \\ \theta_2 \end{pmatrix} = \hat{D} \begin{pmatrix} \theta_1 \\ \theta_2 \end{pmatrix}. \tag{A.17}$$

このように 1 ベクトル（共変ベクトル）とベクトル（反変ベクトル）では，変換規則が成分と基底で逆になっているので，1 ベクトル（共変ベクトル）ではベクトルの成分を下付きの添え字で，基底の成分を上付きの添え字で記す．

そしてこのとき，座標系によらないこの実数 $\theta[\boldsymbol{v}] = \theta_1 v^1 + \theta_2 v^2$ を $\theta$ と $\boldsymbol{v}$ の**双対内積**といい，$<\theta|\boldsymbol{v}>$ のように記すことにする．

配位空間 N 上の点 Q の接空間 $(\mathrm{TN})_{\mathrm{Q}}$ にたいしては，その双対空間を**余接空間**とよび，$(\mathrm{T^*N})_{\mathrm{Q}}$ と記す．

さて，N 上の点 Q におけるひとつの接ベクトルを $\boldsymbol{v}$ としたときに，関数 $F$ の点 Q での方向微分は，はじめに見たように点 Q での接線ベクトルが $\boldsymbol{v}$ に一致する曲線を $\boldsymbol{c}(\lambda)$ ($\boldsymbol{c}(0) = \mathrm{Q}$) として

$$\boldsymbol{v}[F] = \left.\frac{dF(\boldsymbol{c}(\lambda))}{d\lambda}\right|_{\lambda=0} \tag{A.18}$$

であらわされる．この右辺は実数である．そこで $(\mathrm{TN})_{\mathrm{Q}} = \mathrm{V}$ のベクトル $\boldsymbol{v}$ と実数 $\boldsymbol{v}[F]$ の対応を V から実数への写像と見なし

$$dF[\boldsymbol{v}] = \boldsymbol{v}[F] \tag{A.19}$$

と記す [2)]．この写像はあきらかに $\boldsymbol{v}$ について線形ゆえ，$dF$ は双対空間 V* の

2) 丁寧には，これらの式は $dF_{\mathrm{Q}}[\boldsymbol{v}_{\mathrm{Q}}] = \boldsymbol{v}_{\mathrm{Q}}[F]$ とすべきであるが，はじめに断ったように添え字 Q は省略している．

元，すなわち共変ベクトルである．

点 Q の座標を $(x, y)$ とし，ベクトル $\boldsymbol{v} = v^1\boldsymbol{e}_1 + v^2\boldsymbol{e}_2$，および $\boldsymbol{\varepsilon}^i[\boldsymbol{v}] = v^i$ で定義される双対基底 $(\boldsymbol{\varepsilon}^1, \boldsymbol{\varepsilon}^2)$ を使えば，上式はつぎのようにあらわされる：

$$dF[\boldsymbol{v}] = \frac{\partial F}{\partial x}v^1 + \frac{\partial F}{\partial y}v^2 = \frac{\partial F}{\partial x}\boldsymbol{\varepsilon}^1[\boldsymbol{v}] + \frac{\partial F}{\partial y}\boldsymbol{\varepsilon}^2[\boldsymbol{v}]. \tag{A.20}$$

ここで $\boldsymbol{v}$ は V のベクトルであれば任意ゆえ，これは写像についての等式

$$dF = \frac{\partial F}{\partial x}\boldsymbol{\varepsilon}^1 + \frac{\partial F}{\partial y}\boldsymbol{\varepsilon}^2 \tag{A.21}$$

であり，これを関数 $F$ の点 Q での**微分**という．これは $((\partial F/\partial x), (\partial F/\partial y))$ を成分とする 1 ベクトル（共変ベクトル）である．実際，直接確かめられるように，座標変換 (A.5) にともなう成分の変換則

$$\frac{\partial \tilde{F}}{\partial q^1} = \frac{\partial x}{\partial q^1}\frac{\partial F}{\partial x} + \frac{\partial y}{\partial q^1}\frac{\partial F}{\partial y}, \qquad \frac{\partial \tilde{F}}{\partial q^2} = \frac{\partial x}{\partial q^2}\frac{\partial F}{\partial x} + \frac{\partial y}{\partial q^2}\frac{\partial F}{\partial y}$$

は，共変ベクトル成分の変換規則 (A.17) に一致している．

とくに関数 $F$ として座標関数 $F = x$ および $F = y$ をとると (A.21) は

$$dx = \boldsymbol{\varepsilon}^1, \qquad dy = \boldsymbol{\varepsilon}^2 \tag{A.22}$$

となり，$(dx,\, dy)$ が余接空間 $(\mathsf{T^*N})_{\mathrm{Q}} = \mathsf{V}^*$ の基底であることがわかる．これは接空間 $(\mathsf{TN})_{\mathrm{Q}} = \mathsf{V}$ の基底 $(\partial_x, \partial_y)$ にたいする双対基底である．座標変換 (A.5) にともなうこの基底の変換規則は (A.16) より

$$dq^1 = \frac{\partial q^1}{\partial x}dx + \frac{\partial q^1}{\partial y}dy, \qquad dq^2 = \frac{\partial q^2}{\partial x}dx + \frac{\partial q^2}{\partial y}dy.$$

これはよく知られた微分法の計算規則にほかならない．

以上より，N 上の関数 $F(\boldsymbol{q})$ の点 Q における微分

$$dF = \frac{\partial F}{\partial \boldsymbol{q}} \cdot d\boldsymbol{q} = \frac{\partial F}{\partial x}dx + \frac{\partial F}{\partial y}dy \tag{A.23}$$

は，$(dx, dy)$ を基底，$(\partial F/\partial x, \partial F/\partial y)$ を成分とする 1 ベクトル（共変ベクトル）であることがわかる．もちろんこれらも，丁寧には $(dx, dy)_{\mathrm{Q}}$, $((\partial F/\partial x),\, (\partial F/\partial y))_{\mathrm{Q}}$ と記すべきものであるが，ここでは添え字 Q を省略している．

なお，1 ベクトル $dF$ とベクトル $\boldsymbol{v}=(x',y')=d/d\lambda$ の双対内積は

$$dF[\boldsymbol{v}]=v[F]=<dF|\boldsymbol{v}>=x'\frac{\partial F}{\partial x}+y'\frac{\partial F}{\partial y}=\frac{d\boldsymbol{q}}{d\lambda}\cdot\frac{\partial F}{\partial \boldsymbol{q}}=\frac{dF}{d\lambda}. \tag{A.24}$$

2 個の 1 ベクトル $\omega$，$\theta$ にたいして $\boldsymbol{v},\boldsymbol{u}$ を任意のベクトルとして

$$(\omega\otimes\theta)[\boldsymbol{v},\boldsymbol{u}]=\omega[\boldsymbol{v}]\theta[\boldsymbol{u}]=<\omega|\boldsymbol{v}><\theta|\boldsymbol{u}>$$

で定義される $\omega\otimes\theta$ を二つの 1 ベクトルの**テンソル積**という．さらに二つの 1 ベクトルの**外積**（ウエッジ積）をつぎのように定義する：

$$\omega\wedge\theta:=\omega\otimes\theta-\theta\otimes\omega. \tag{A.25}$$

あきらかに $\omega\wedge\theta=-\theta\wedge\omega$，かつ $\omega\wedge\omega=0$ で，この外積にたいして分配則と結合則が成り立つ．

一般に，ベクトル空間 V の任意の二個のベクトル $\boldsymbol{u}$ と $\boldsymbol{v}$ の対を実数に対応づける写像 $\tau[\boldsymbol{u},\boldsymbol{v}]$ が $\boldsymbol{u}$ と $\boldsymbol{v}$ の双方にたいして線形のとき，すなわち $\boldsymbol{u}$，$\boldsymbol{v}$，$\boldsymbol{w}$ を V の任意のベクトル，$a,b$ を実数として

$$\tau[a\boldsymbol{u}+b\boldsymbol{w},\boldsymbol{v}]=a\tau[\boldsymbol{u},\boldsymbol{v}]+b\tau[\boldsymbol{w},\boldsymbol{v}],$$

$$\tau[\boldsymbol{u},a\boldsymbol{v}+b\boldsymbol{w}]=a\tau[\boldsymbol{u},\boldsymbol{v}]+b\tau[\boldsymbol{u},\boldsymbol{w}]$$

のとき，$\tau$ を**双線形写像**という．テンソル積は双線形写像である．

いま V の基底を $\boldsymbol{e}_1,\boldsymbol{e}_2$，対応する V* の双対基底を $\boldsymbol{\varepsilon}_1,\boldsymbol{\varepsilon}_2$, $\boldsymbol{u}=u^1\boldsymbol{e}_1+u^2\boldsymbol{e}_2$, $\boldsymbol{v}=v^1\boldsymbol{e}_1+v^2\boldsymbol{e}_2$ とする．このとき $u^i=\boldsymbol{\varepsilon}^i[\boldsymbol{u}]$，$v^i=\boldsymbol{\varepsilon}^i[\boldsymbol{v}]$ であり

$$\tau[\boldsymbol{u},\boldsymbol{v}]=(\tau[\boldsymbol{e}_i,\boldsymbol{e}_j])u^iv^j=(\tau[\boldsymbol{e}_i,\boldsymbol{e}_j])\boldsymbol{\varepsilon}^i[\boldsymbol{u}]\boldsymbol{\varepsilon}^j[\boldsymbol{v}]=(\tau[\boldsymbol{e}_i,\boldsymbol{e}_j])\boldsymbol{\varepsilon}^i\otimes\boldsymbol{\varepsilon}^j[\boldsymbol{u},\boldsymbol{v}].$$

ここに $\boldsymbol{u}$，$\boldsymbol{v}$ は任意ゆえ，$\tau$ は $\tau=T_{ij}\boldsymbol{\varepsilon}^i\otimes\boldsymbol{\varepsilon}^j$ の形にあらわされる．ただし $T_{ij}=\boldsymbol{\tau}[\boldsymbol{e}_i,\boldsymbol{e}_j]$．しかもこの展開は一意的である．実際，$\tau=T_{ij}\boldsymbol{\varepsilon}^i\otimes\boldsymbol{\varepsilon}^j=S_{ij}\boldsymbol{\varepsilon}^i\otimes\boldsymbol{\varepsilon}^j$ であれば $\tau[\boldsymbol{e}_i,\boldsymbol{e}_j]=T_{ij}=S_{ij}$.

このように定義された $\tau$ が座標系によらない意味をもつためには，座標変換 $(x,y)\mapsto(q^1,q^2)$ にさいして $T_{ij}$ は V* の二つの 1 ベクトル（共変ベクトル）$\omega,\sigma$ の成分の積 $\omega_i\sigma_j$ と同様の変換規則にしたがって変換されなければならない．すなわち $x=x^1,y=x^2$ と記し，また上下におなじローマ字の添え字のあるときは 1,2 で和をとるとの約束で

$$\tau = T_{ij}\varepsilon^i \otimes \varepsilon^j = \tilde{T}_{ij}\tilde{\varepsilon}^i \otimes \tilde{\varepsilon}^j \quad \text{のとき} \quad T_{ij}\frac{\partial x^i}{\partial q^k}\frac{\partial x^j}{\partial q^l} = \tilde{T}_{kl}.$$

このとき，$\tau$ は 2 **階共変テンソル**といわれる．

とくにこの双線形写像が任意の $\boldsymbol{u}$ と $\boldsymbol{v}$ にたいして

$$\tau[\boldsymbol{u}, \boldsymbol{v}] = -\tau[\boldsymbol{v}, \boldsymbol{u}]$$

を満たすとき，$\tau$ は 2 **階交代テンソル**または 2 **ベクトル**といわれる．したがって 1 ベクトルの外積は 2 ベクトルである．

そして，二個の 1 ベクトルのテンソル積および外積と同様に，$p$ 個の 1 ベクトルのテンソル積および外積が定義される．

すなわち $p$ 個の 1 ベクトルのテンソル積 $\omega_{(1)} \otimes \omega_{(2)} \otimes \cdots \otimes \omega_{(p)}$ は V の $p$ 個のベクトル $(\boldsymbol{u}_{(1)}, \boldsymbol{u}_{(2)}, \cdots, \boldsymbol{u}_{(p)})$ を実数に対応づける写像であり，

$$\begin{aligned}&\omega_{(1)} \otimes \omega_{(2)} \otimes \cdots \otimes \omega_{(p)}[\boldsymbol{u}_{(1)}, \boldsymbol{u}_{(2)}, \cdots, \boldsymbol{u}_{(p)}]\\&:= \omega_{(1)}[\boldsymbol{u}_{(1)}]\omega_{(2)}[\boldsymbol{u}_{(2)}]\cdots\omega_{(p)}[\boldsymbol{u}_{(p)}],\end{aligned}$$

で定義される．そして外積は，実際に以下で必要な $p = 4$ の場合で説明すると，$\pi$ を $(1, 2, 3, 4)$ を並べ替える置換，$\mathrm{sgn}(\pi)$ をその符号つまり $\pi$ が偶置換で $+$，奇置換で $-$ として，(A.25) と同様に

$$\omega_{(1)} \wedge \omega_{(2)} \wedge \omega_{(3)} \wedge \omega_{(4)} := \sum_\pi \mathrm{sgn}(\pi)\omega_{(\pi 1)} \otimes \omega_{(\pi 2)} \otimes \omega_{(\pi 3)} \otimes \omega_{(\pi 4)}$$

で定義される．ここに和はすべての置換についての和をあらわす．したがって

$$\begin{aligned}&\omega_{(1)} \wedge \omega_{(2)} \wedge \omega_{(3)} \wedge \omega_{(4)}[\boldsymbol{u}_{(1)}, \boldsymbol{u}_{(2)}, \boldsymbol{u}_{(3)}, \boldsymbol{u}_{(4)}]\\&= \sum_\pi \mathrm{sgn}(\pi)\omega_{(1)}[\boldsymbol{u}_{(\pi 1)}]\omega_{(2)}[\boldsymbol{u}_{(\pi 2)}]\omega_{(3)}[\boldsymbol{u}_{(\pi 3)}]\omega_{(4)}[\boldsymbol{u}_{(\pi 4)}].\end{aligned}$$

この右辺は $\omega_{(\alpha)}[\boldsymbol{u}_{(\beta)}]$ を $(\alpha, \beta)$ 成分とする $4 \times 4$ 行列の行列式に他ならない．

## A.2 ベクトル場と 1 形式

前節の議論は，配位空間 N 上の 1 点での議論，つまり点 Q の接空間 $(\mathrm{TN})_{\mathrm{Q}}$ に限定したものであった．

本節では，議論を N 上のすべての点に押し広げる．

N 上のすべての点とその点での接空間の直和空間 $\mathrm{TN}:=\bigcup_{\mathrm{Q}\in\mathrm{N}}(\mathrm{TN})_{\mathrm{Q}}$，すなわち N 上のすべての点とその各点 Q の接空間のすべての接ベクトル $\boldsymbol{v}_{\mathrm{Q}}$ の集まりを考える．これを数学では**接バンドル**（接束）という．N が配位空間であれば，その接バンドル TN は状態空間である．その上の点は，$(\mathrm{Q},\boldsymbol{v}_{\mathrm{Q}})$ の組で指定され，その成分表示 $(x,y,x',y')_{\mathrm{Q}}$ が TN の自然な座標を与える（ここでは，$\boldsymbol{v}_{\mathrm{Q}}$ が Q 点の接空間 $(\mathrm{TN})_{\mathrm{Q}}$ のベクトルであることをはっきりさせるために添え字 Q をつけた）．

さて，N の各点 Q にその点での接空間のベクトル $\boldsymbol{v}_{\mathrm{Q}}$ をひとつずつ定める対応づけ $\boldsymbol{v}$ を**ベクトル場**という．$\boldsymbol{v}$ は点 Q で値 $\boldsymbol{v}_{\mathrm{Q}}$ をとるベクトル値関数であるといってもよい．N 上にベクトル場 $\boldsymbol{v}$ が存在するとは，ようするに N 上の各点 Q にベクトル $\boldsymbol{v}_{\mathrm{Q}}$ がひとつ分布していることをいう．

そして $(\partial/\partial x,\partial/\partial y)$ を各点 $(x,y)_{\mathrm{Q}}$ で基底 $(\partial/\partial x,\partial/\partial y)_{\mathrm{Q}}$ に対応付けられる基底ベクトル場とするならば，ベクトル場 $\boldsymbol{v}$ は，成分表示で

$$\boldsymbol{v}=v^1(x,y)\frac{\partial}{\partial x}+v^2(x,y)\frac{\partial}{\partial y} \tag{A.26}$$

とあらわされる．成分 $v^1(x,y), v^2(x,y)$ のそれぞれは配位空間 N 上の関数であり，座標変換にさいしては N 上の各点で反変ベクトル成分の変換則 (A.14) にしたがう．

配位空間 N にベクトル場 $\boldsymbol{v}=v_1(\boldsymbol{q})\partial_x+v_2(\boldsymbol{q})\partial_y$ が与えられているとき，N 上の 1 点から出発し，各点でその点の $\boldsymbol{v}$ によって定められるベクトルに導かれて進む点の軌跡としての曲線 $\boldsymbol{c}(\lambda)=(x(\lambda),y(\lambda))$ が考えられる．その曲線では，各点での接線ベクトル $\boldsymbol{c}'(\lambda)$ が，その点でのベクトル $\boldsymbol{v}[\boldsymbol{q}]$ に一致するが，そのことは $\boldsymbol{c}(\lambda)$ が方程式

$$\frac{d\boldsymbol{q}}{d\lambda}=\boldsymbol{v}[\boldsymbol{q}], \tag{A.27}$$

成分で書くならば，

$$\frac{dx(\lambda)}{d\lambda}=v^1(x(\lambda),y(\lambda)),\qquad \frac{dy(\lambda)}{d\lambda}=v^2(x(\lambda),y(\lambda)) \tag{A.28}$$

の解だということである．初期条件としての始点 $\boldsymbol{c}(0)=(x(0),y(0))$ を N 上

に定めれば，N 上に一本の曲線が決まる．これをベクトル場 $\boldsymbol{v}$ の**積分曲線**という．各点で接線がその点でのベクトル $\boldsymbol{v}$ に一致する曲線である．

同様に，N 上のすべての点での余接空間の和集合 $\mathrm{T^*N} := \bigcup_{\mathrm{Q}\in\mathrm{N}} (\mathrm{T^*N})_{\mathrm{Q}}$，言い換えればN上のすべての点とその各点 Q の余接空間のすべての1ベクトル $\theta_{\mathrm{Q}}$ の集まりを考える．これを，数学では**余接バンドル**（余接束）という．とくに N が配位空間の場合，$\mathrm{T^*N}$ は相空間 M である．

そしてNの各点 Q にその点での余接空間の1ベクトル $\theta_{\mathrm{Q}}$ をひとつずつ対応づける写像 $\theta$ を1**形式**ないし1**次微分形式**，通常は簡単に**微分形式**という．つまり微分形式は余接空間のベクトル場のことである．$(dx, dy)$ を各点 $(x, y)_{\mathrm{Q}}$ で基底 $(dx, dy)_{\mathrm{Q}}$ に対応づける1形式として，$\theta$ は成分表示では

$$\theta = \theta_1(x, y)dx + \theta_2(x, y)dy. \tag{A.29}$$

成分 $\theta_1(x, y)$，$\theta_2(x, y)$ は N 上の関数であるが，座標変換のさいには N の各点で1ベクトル成分の変換規則 (A.17) にしたがって変換される．

同様に，各点に2ベクトルをひとつずつ定める対応づけを2**形式**ないし2**次微分形式**という．とくに，各点に1ベクトルのテンソル積や外積を定める対応づけとして1形式のテンソル積や外積（ウエッジ積）を定義することができ，これらを1ベクトルの場合とおなじ記号で記す．1ベクトルの外積が2ベクトルゆえ，1形式の外積は2形式である．

ここでさらに，1形式 (A.29) の**外微分**

$$d\theta = d\theta_1 \wedge dx + d\theta_2 \wedge dy = \left(\frac{\partial\theta_2(x, y)}{\partial x} - \frac{\partial\theta_1(x, y)}{\partial y}\right)dx \wedge dy \tag{A.30}$$

を定義する．この定義が意味を待つためには，それが座標系によらないこと，つまり $\theta$ を $\theta = \theta_1(x, y)dx + \theta_2(x, y)dy = \tilde{\theta}_1(q^1, q^2)dq^1 + \tilde{\theta}_2(q^1, q^2)dq^2$ のように二つの座標系であらわしたときに，

$$d\theta_1 \wedge dx + d\theta_2 \wedge dy = d\tilde{\theta}_1 \wedge dq^1 + d\tilde{\theta}_2 \wedge dq^2$$

が成り立たなければならない．そのことは $(x, y) \mapsto (q^1, q^2)$ および $(\theta_1, \theta_2) \mapsto (\tilde{\theta}_1, \tilde{\theta}_2)$ の変換がそれぞれ (A.16),(A.17) にしたがうことより示される．

おなじように考えて，スカラー関数 $F$ の外微分は

$$dF = \frac{\partial F}{\partial x}dx + \frac{\partial F}{\partial y}dy \tag{A.31}$$

で，これは 1 形式ゆえ，スカラー関数を 0 形式という．このとき

$$d(dF) = \left(\frac{\partial^2 F}{\partial x \partial y} - \frac{\partial^2 F}{\partial y \partial x}\right)dx \wedge dy = 0. \tag{A.32}$$

この逆が，**ポアンカレの補題**である．すなわち，微分形式 $\theta$ にたいして

$$d\theta = 0 \quad \text{ならば} \quad \theta = dF \text{ となる関数 } F \text{ が存在する．} \tag{A.33}$$

このことは，(A.29) で $\partial\theta_2/\partial x = \partial\theta_1/\partial y$ を満たせば，$\theta$ は積分可能と言い直すことができる．証明はしかるべきテキストに委ねるが [3)]，この命題は局所的に成り立つ．物理にかんする議論では，ほぼ問題なく成り立つと考えてよい．

1 ベクトルとベクトルのあいだの諸関係とおなじ関係が微分形式とベクトル場のあいだに成立する．そのあいだの双対内積は $<\theta|\boldsymbol{v}>= \theta_1 v^1 + \theta_2 v^2$ である．とくに，$\theta = dF$，$\boldsymbol{v} = \boldsymbol{q}' = x'(\partial/\partial x) + y'(\partial/\partial y)$ のとき，

$$< dF|\boldsymbol{v} >= \boldsymbol{v}[F] = \frac{\partial F}{\partial x}x' + \frac{\partial F}{\partial y}y' = \frac{dF(\boldsymbol{q}(\lambda))}{d\lambda} \tag{A.34}$$

は N 上の各点で関数 $F$ の $\boldsymbol{v}$ 方向への方向微分を与える関数である．

2 形式にたいしては，つぎの関係が導かれる．$\tau = adx \wedge dy$ を 2 形式，$\boldsymbol{v}, \boldsymbol{u}$ を二つのベクトル場とする．1 ベクトルの外積の定義 (A.25) を 1 形式に拡大して

$$\tau = adx \wedge dy = a(dx \otimes dy - dy \otimes dx).$$

ここで，$(dx \otimes dy)[\boldsymbol{v}, \boldsymbol{u}] = dx[\boldsymbol{v}]dy[\boldsymbol{u}] =< dx|\boldsymbol{v} >< dy|\boldsymbol{u} >$ ゆえ，

$$\begin{aligned} < \tau|\boldsymbol{v}, \boldsymbol{u} > &= a(< dx|\boldsymbol{v} >< dy|\boldsymbol{u} > - < dx|\boldsymbol{u} >< dy|\boldsymbol{v} >) \\ &= a(v^1 u^2 - u^1 v^2). \end{aligned} \tag{A.35}$$

これは二つのベクトル場 $\boldsymbol{v}, \boldsymbol{u}$ の $\tau$ による実数関数への写像である．あるいは，ブランクを黒丸 (●) であらわして，

$$< \tau|\boldsymbol{v}, \bullet > = a(< dx|\boldsymbol{v} > dy - < dy|\boldsymbol{v} > dx) = a(v^1 dy - v^2 dx), \tag{A.36}$$

3) たとえば山本義隆・中村孔一『解析力学 I』(朝倉書店) pp.92,98.

$$< \tau|\bullet, \boldsymbol{v} > = a(< dy|\boldsymbol{v} > dx - < dx|\boldsymbol{v} > dy) = a(v^2 dx - v^1 dy). \qquad \text{(A.37)}$$

このそれぞれは 1 形式である．つまり 2 形式 $\tau$ を介したベクトル場 $\boldsymbol{v}$ の 1 形式への写像であり，数学では**内部積**といわれる [4]．

なお，この表記法をブランクのところにベクトル場を入れることによって 1 次だけ次数の低い微分形式が得られるマシーンと見ることができる．その意味では $\tau = < \tau|\bullet, \bullet >$ と書いて，これもブランクの位置にひとつベクトル場を入れることで 1 形式が得られ，二つのベクトル場を入れることによってスカラー関数が得られるマシーンと見ることもできる．

以上，2 次元で見てきたが，一般の $n$ 次元でも基本的な違いはない．$n$ 次元空間 $\mathsf{N}_n$ の座標系を $(x^1, x^2, x^3, \cdots, x^n)$ として，必要な公式のみを書いておこう．

ベクトル場 $\boldsymbol{v}$ と微分形式 $\theta$ は，それぞれ

$$\boldsymbol{v} = \sum_{i=1}^{n} v^i \frac{\partial}{\partial x^i}, \qquad \theta = \sum_{i=1}^{n} \theta_i dx^i \qquad \text{(A.38)}$$

で，その双対内積は $< \theta|\boldsymbol{v} > = \sum_{i=1}^{n} \theta_i v^i$.

また，1 形式の外微分は，$dx^i \wedge dx^j = -dx^j \wedge dx^i$ に注意して

$$\begin{aligned} d\theta &= \sum_{i=1}^{n} d\theta_i \wedge dx^i = \sum_{j=1}^{n} \sum_{i=1}^{n} \frac{\partial \theta_i}{\partial x^j} dx^j \wedge dx^i \\ &= \sum_{i<j} \left( \frac{\partial \theta_i}{\partial x^j} - \frac{\partial \theta_j}{\partial x^j} \right) dx^j \wedge dx^i. \end{aligned} \qquad \text{(A.39)}$$

したがって，1 形式 $dF = \sum_{i=1}^{n} (\partial F/\partial x^i) dx^i$ の外微分は

$$d(dF) = \sum_{i<j} \left( \frac{\partial^2 F}{\partial x^j \partial x^i} - \frac{\partial^2 F}{\partial x^i \partial x^j} \right) dx^j \wedge dx^i = 0. \qquad \text{(A.40)}$$

そしてこの逆，すなわち 1 形式 $\theta$ にたいして $d\theta = 0$ なら $\theta = dF$ となる $F$ が存在するというポアンカレの補題も，2 次元の場合と同様に成立する．

1 形式 $\theta = \sum_{i=1}^{n} \theta_i dx^i$ の，$\mathsf{N}_n$ 上の曲線 $\Lambda$: $\boldsymbol{c}(\lambda) = (x^1(\lambda), x^2(\lambda), \cdots, x^n(\lambda))$

---

[4] 数学のテキストでは，この内部積 $< \tau|\boldsymbol{v}, \bullet >$ が，$\tau \lrcorner\, \boldsymbol{v}$，ないし $i_{\boldsymbol{v}}\tau$，$i(\boldsymbol{v})\tau$ のように書かれていることが多い．

にそった $\lambda = a$ から $\lambda = b$ までの積分は，つぎのように定義される．空間の各点での曲線の接線ベクトルを $\boldsymbol{c}' = (x'^1, x'^2, \cdots, x'^n)$ として

$$\int_\Lambda \theta := \int_a^b < \theta|\boldsymbol{c}'(\lambda) > d\lambda = \int_a^b \sum_i^n \theta_i \frac{dx^i}{d\lambda} d\lambda = \int_a^b \sum_i^n \theta_i dx^i. \qquad \text{(A.41)}$$

右辺は通常の線積分であり，これは 1 形式の**線積分**とよばれる．

同様に，2 形式 $\tau = \sum_{i,j} a_{ij} dx^i \wedge dx^j$ の $\mathsf{N}_n$ 上の領域 $\Sigma$ での積分は, 曲面の上の点を $\mathrm{P} : (\xi, \zeta)$ のようにパラメータ表示し，$\zeta = \mathrm{const.}$ の曲線の接ベクトルと，$\xi = \mathrm{const.}$ の曲線の接ベクトルをそれぞれ，$\boldsymbol{u} = \partial/\partial\xi$，$\boldsymbol{v} = \partial/\partial\zeta$ として

$$\begin{aligned}\int_\Sigma \tau &:= \iint_{(\xi,\zeta)\in\Sigma} < \tau|\boldsymbol{u}, \boldsymbol{v} > d\xi d\zeta \\ &= \iint_{(\xi,\zeta)\in\Sigma} \sum_{i<j} a_{i,j} \left\langle dx^i \wedge dx^j \middle| \frac{\partial}{\partial\xi} \frac{\partial}{\partial\zeta} \right\rangle d\xi d\zeta \\ &= \iint_{(\xi,\zeta)\in\Sigma} \sum_{i,j} a_{i,j} \left( \frac{\partial x^i}{\partial\xi} \frac{\partial x^j}{\partial\zeta} - \frac{\partial x^j}{\partial\zeta} \frac{\partial x^i}{\partial\xi} \right) d\xi d\zeta. \qquad \text{(A.42)}\end{aligned}$$

右辺は通常の面積分であり，これは 2 形式の**面積分**とよばれる．

とくに 2 次元の配位空間 $\mathsf{N}$ 上で考えている場合は，$\Lambda$: $\boldsymbol{c}(\lambda) = (x(\lambda), y(\lambda))$ にそった $\lambda = a$ から $\lambda = b$ までの 1 形式 $\theta = \theta_1 dx + \theta_2 dy$ の積分（線積分）は，$\lambda$ による導関数をプライム $'$ であらわして

$$\int_\Lambda \theta = \int_a^b < \theta|\boldsymbol{c}'(\lambda) > d\lambda = \int_a^b (\theta_1 x' + \theta_2 y') d\lambda. \qquad \text{(A.43)}$$

これは，パラメータ $\lambda$ の選び方によらないので [5)]，通常は

$$\int_a^b \theta_1 dx + \theta_2 dy$$

と書かれている．とくに $\theta = dF$ のとき

---

5) 実際，$\lambda = f(t)$，$d\lambda/dt = \dot{f}(t) > 0$，$f^{-1}(a) = \alpha$，$f^{-1}(b) = \beta$ とすれば，$t$ による導関数をドットで記して

$$\int_\Lambda \theta = \int_a^b (\theta_1 x' + \theta_2 y') d\lambda = \int_\alpha^\beta (\theta_1 x' + \theta_2 y') \frac{d\lambda}{dt} dt = \int_\alpha^\beta (\theta_1 \dot{x} + \theta_2 \dot{y}) dt. \qquad \text{(A.44)}$$

$$\begin{aligned}\int_\Lambda \theta &= \int_a^b < dF|\boldsymbol{c}' > d\lambda = \int_a^b \left(\frac{\partial F}{\partial x}x' + \frac{\partial F}{\partial y}y'\right)d\lambda \\ &= \int_a^b \left(\frac{\partial F}{\partial x}dx + \frac{\partial F}{\partial y}dy\right) = \int_a^b dF \\ &= F(\boldsymbol{q}(a)) - F(\boldsymbol{q}(b)),\end{aligned} \tag{A.45}$$

したがって，とくに閉曲線にそった積分では

$$\oint \theta = 0.$$

同様に，曲面上で領域 $\Sigma$ にわたる 2 形式 $\tau = a(x, y)dx \wedge dy$ の積分は，

$$\begin{aligned}\int_\Sigma \tau &= \iint_{(\xi,\zeta)\in\Sigma} < \tau|\boldsymbol{u}, \boldsymbol{v} > d\xi d\zeta \\ &= \iint_{(\xi,\zeta)\in\Sigma} a(x(\xi,\zeta), y(\xi,\zeta))\left\langle dx \wedge dy \middle| \frac{\partial}{\partial \xi}\frac{\partial}{\partial \zeta}\right\rangle d\xi d\zeta \\ &= \iint_{(\xi,\zeta)\in\Sigma} a(x(\xi,\zeta), y(\xi,\zeta))\left(\frac{\partial x}{\partial \xi}\frac{\partial y}{\partial \zeta} - \frac{\partial x}{\partial \zeta}\frac{\partial y}{\partial \xi}\right)d\xi d\zeta.\end{aligned} \tag{A.46}$$

しかしこの場合はもとの空間 N が 2 次元ゆえ，とくに $(x, y)$ 自身を考えている曲面のパラメータにとることができるので，$\boldsymbol{u} = \partial/\partial x$，$\boldsymbol{v} = \partial/\partial y$ として

$$\begin{aligned}\int_\Sigma \tau &= \iint_{(x,y)\in\Sigma} < \tau|\boldsymbol{u}, \boldsymbol{v} > dxdy \\ &= \iint_{(x,y)\in\Sigma} a(x, y)\left\langle dx \wedge dy \middle| \frac{\partial}{\partial x}\frac{\partial}{\partial y}\right\rangle dxdy \\ &= \iint_{(x,y)\in\Sigma} a(x, y)dxdy.\end{aligned} \tag{A.47}$$

とすることができる．右辺は通常の面積分で，とくに $a(x, y) = 1$，$\tau = dx \wedge dy$ のとき，これは領域 $\Sigma$ の面積をあらわす．

配位空間 N 上の閉曲線を C，この C で囲まれた領域を D とする．ただし C の向きは，C にそって進むとき，領域 D が左側に見えるような向きとする．このとき**ストークスの定理**

$$\int_{\mathrm{D}} d\theta = \int_{\mathrm{C}} \theta \tag{A.48}$$

が成り立つ．実際，$\theta = fdx + gdy$ とすると，$d\theta = (\partial_x g - \partial_y f)dx \wedge dy$ であ

り，通常の積分に書き直せば

$$\int_{\mathrm{D}} d\theta = \int_{(x,y)\in\mathrm{D}} \left(\frac{\partial g}{\partial x} - \frac{\partial f}{\partial y}\right) dxdy, \qquad \int_{\mathrm{C}} \theta = \oint (f\,dx + g\,dy)$$

であり，通常の面積分と線積分のあいだのグリーンの定理より，両者は等しい[6]．

以上でもって，以下の説明にとって必要最小限のことを見たことになる．

## A.3　状態空間と相空間

さてここで，本文第 1，第 2 章でやってきたことをベクトル場と微分形式の観点から簡単に見なしておこう．

**配位空間** N の接バンドル，つまり N の各点 Q で接ベクトルの張る接空間 $(\mathsf{TN})_{\mathrm{Q}}$ の直和空間 TN が**状態空間**である．そして N の座標を $\boldsymbol{q} = (x, y)$ とすれば，TN の座標として $(\boldsymbol{q}, \boldsymbol{q}') = (x, y, x', y') = (x, y, u_x, u_y)$ が自然に導かれる．ここで，これを状態空間 TN の座標と考えるかぎり $(x, y)$ と $(x', y') = (u_x, u_y)$ は独立であることに注意．つまりここではに接空間のベクトル $(x', y')$ は特定の曲線 $\boldsymbol{c}(\lambda) = (x(\lambda), y(\lambda)$ に接するベクトルという意味をもたない．その意味ではその接ベクトル成分を $(x', y')$ と記すよりは $(u_x, u_y)$ と記すほうが誤解がないであろう．しかし，それはその点をとおる N 上のなんらかの曲線の接線ベクトルでなければならないのであり，それゆえ座標変換のさいには各点で (A.14) の変換規則を満たさなければならない．

そこで，配位空間の座標変換 $(x, y) \mapsto (q^1, q^2)$ を考える．逆変換を $q^1 \mapsto x = \psi^1(q^1, q^2)$，$q^2 \to y = \psi^2(q^1, q^2)$ とする．任意の曲線 $\boldsymbol{c}(\lambda)$ にそって考えれば，

$$x' = \frac{\partial \psi^1}{\partial q^1} q^{1'} + \frac{\partial \psi^1}{\partial q^2} q^{2'}, \qquad y' = \frac{\partial \psi^2}{\partial q^1} q^{1'} + \frac{\partial \psi^2}{\partial q^2} q^{2'}.$$

これより，

$$\frac{\partial x'}{\partial q^{i'}} = \frac{\partial \psi^1}{\partial q^i} = \frac{\partial x}{\partial q^i}, \qquad \frac{\partial y'}{\partial q^{i'}} = \frac{\partial \psi^2}{\partial q^i} = \frac{\partial y}{\partial q^i} \quad (i = 1, 2). \tag{A.49}$$

---

6) 詳しい証明は，たとえば小林昭七『曲線と曲面の微分幾何』(裳華房, 1977), pp.119-123, 長野正『曲面の数学』(培風館, 1968), pp.35-40 にあり．

この座標変換にともなう光学ラグランジアンの変換は

$$L(z,x,y,x',y') \longmapsto$$
$$L^*(z,q^1,q^2,q^{1'},q^{2'}) := L(z,\psi^1(q^1,q^2),\psi^1(q^1,q^2),\psi^{1'}(q^1,q^2),\psi^{2'}(q^1,q^2))$$

したがって，光線ベクトル $\boldsymbol{p}_L = \partial L/\partial \boldsymbol{q}'$ の成分の変換規則は

$$p^*_{Li} = \frac{\partial L^*}{\partial q^{i'}} = \frac{\partial L}{\partial x'}\frac{\partial x'}{\partial q^{i'}} + \frac{\partial L}{\partial y'}\frac{\partial y'}{\partial q^{i'}} = p_{Lx}\frac{\partial x}{\partial q^i} + p_{Ly}\frac{\partial y}{\partial q^i} \qquad (i=1,2).$$

この式は共変ベクトル成分の変換規則 (A.17) にほかならず，$\boldsymbol{p}_L$ が N の各点での余接空間の共変ベクトル（1 ベクトル）であることを示している．

この議論は N 上のどの点においても成り立つので，用いる座標系によらない量（幾何学的な量）として，1 形式

$$\theta_L := \frac{\partial L}{\partial \boldsymbol{q}'}\cdot d\boldsymbol{q} = \frac{\partial L}{\partial x'}dx + \frac{\partial L}{\partial y'}dy = p_{Lx}dx + p_{Ly}dy = \boldsymbol{p}_L\cdot d\boldsymbol{q} \qquad \text{(A.50)}$$

が定義できる．これを**基本 1 形式**とよぼう．

フェルマの原理において光路長の積分変数（パラメーター）を経路長 $s$ にとるならば，配位空間 N は $\vec{r} = (x,y,z)$ で張られる 3 次元の拡大配位空間 $\mathsf{N}\times\mathsf{R} = \mathsf{R}^3$ つまり実空間に拡大される（図 2.1-1）．その場合，ラグランジアンは（$\dot{x} = dx/ds$ 等と記して）

$$\tilde{L}(x,y,z,\dot{x},\dot{y},\dot{z}) = \mu(x,y,z)\sqrt{\dot{x}^2+\dot{y}^2+\dot{z}^2}, \qquad \text{(A.51)}$$

それゆえ，光線ベクトル $\vec{p}_L = \partial\tilde{L}/\partial\dot{\vec{r}}$ の成分は

$$\frac{\partial\tilde{L}}{\partial\dot{x}} = \frac{\mu\dot{x}}{\sqrt{\dot{x}^2+\dot{y}^2+\dot{z}^2}} = \frac{\mu x'}{\sqrt{\boldsymbol{q}'^2+1}} = p_{Lx},$$
$$\frac{\partial\tilde{L}}{\partial\dot{y}} = \frac{\mu\dot{y}}{\sqrt{\dot{x}^2+\dot{y}^2+\dot{z}^2}} = \frac{\mu y'}{\sqrt{\boldsymbol{q}'^2+1}} = p_{Ly},$$
$$\frac{\partial\tilde{L}}{\partial\dot{z}} = \frac{\mu\dot{z}}{\sqrt{\dot{x}^2+\dot{y}^2+\dot{z}^2}} = \frac{\mu}{\sqrt{\boldsymbol{q}'^2+1}} = -H_L.$$

したがって，この拡大空間に持ち上げられた基本 1 形式は

$$\Theta_L := \frac{\partial\tilde{L}}{\partial\dot{\vec{r}}}\cdot d\vec{r} = p_{Lx}dx + p_{Ly}dy - H_L dz = \theta_L - H_L dz. \qquad \text{(A.52)}$$

座標 $(x, y)$ をもつ 2 次元配位空間 N に対応して座標 $(x, y, x', y')$ をもつ 4 次元状態空間が考えられる．同様に座標 $(x, y, z)$ の 3 成分をもつ 3 次元拡大配位空間 N × R に対応して 6 次元拡大状態空間があるように考えられる．しかし物理学的には独立な変数は $(x, y, z, \dot{x}, \dot{y})$ の五つであり，余計な次元が加わったように見える．実際には，ラグランジアン $\tilde{L}$ は恒等的に (1.20) すなわち

$$\tilde{L} - \frac{\partial \tilde{L}}{\partial \dot{\vec{r}}} \cdot \dot{\vec{r}} = 0 \tag{A.53}$$

を満たしているので，拡大空間はこの関係を満たす 5 次元超曲面に限定され，次元は 5 になる．

正則な光学ラグランジアンでは $\boldsymbol{q}' = (x', y')$ と $\boldsymbol{p}_L = (p_{Lx}, p_{Ly})$ は 1 対 1 に対応しているので，接バンドル TN から余接バンドル T*N への空間の変換にともない，独立変数を $\boldsymbol{q}' = (x', y')$ から $\boldsymbol{p} = (p_x, p_y)$ に変換することができる．T*N は光線成分 $(\boldsymbol{q}, \boldsymbol{p}) = (x, y, p_x, p_y)$ をその自然な座標としてもつ空間であり，それが**相空間** M である（ただし $\boldsymbol{p}^2 < \mu^2$）．相空間の記述では，光線ベクトルの成分は独立な変数ゆえ，もはや添え字 $L$ をつけない．

そして，状態空間における基本 1 形式に対応して，相空間において，1 形式

$$\theta := \boldsymbol{p} \cdot d\boldsymbol{q} = p_x dx + p_y dy \tag{A.54}$$

を定義することができ，さらにその外微分を作ることによって 2 形式

$$\Omega := d\theta = dp_x \wedge dx + dp_y \wedge dy = d\boldsymbol{p} \wedge d\boldsymbol{q} \tag{A.55}$$

が得られる．これらをそれぞれ**正準 1 形式**，**正準 2 形式**という．

なお，拡大状態空間に対応して拡大相空間を考えることができる．拡大相空間の光線ベクトルは $\vec{p} = (p_x, p_y, p_z = -H)$ であり，相空間のものと変わらない．ただし，その場合のハミルトニアンは，恒等的に

$$\tilde{H} := \frac{\partial \tilde{L}}{\partial \dot{\vec{r}}} \cdot \dot{\vec{r}} - \tilde{L} = 0 \tag{A.56}$$

であるから，実際には拡大相空間は 6 次元ではなく，この関係を満たす 5 次元の超曲面上にかぎられる．それは 4 次元の相空間 M = T*N に $z$ 軸をつけ加えた M × R にすぎない．

そしてこの拡大相空間においても，相空間での正準形式をもちあげた 1 形式

$$\Theta := p_x dx + p_y dy - H(\vec{r}, \vec{p})dz = \theta - H dz \tag{A.57}$$

および 2 形式

$$d\Theta = \Omega - dH \wedge dz \tag{A.58}$$

が定義される．

これらの正準形式は，用いる座標系によらず「幾何学的な量」といわれる．そして相空間の構造を調べる上で，きわめて重要な役割を果たす．

## A.4　フェルマの原理と光線方程式

ここであらためて，フェルマの原理とそこから導かれる光線方程式およびハミルトン方程式を考えよう．

はじめに拡大配位空間上での 2 点 A と B を結ぶ曲線 $\Lambda_L$ ： $\vec{c}(s)$ を考える．ラグランジアン $\tilde{L}$ にたいして (A.53) より

$$\tilde{L}\, ds = \frac{\partial \tilde{L}}{\partial \dot{\vec{r}}} \cdot \dot{\vec{r}}\, ds = \vec{p}_L \cdot d\vec{r} = \Theta_L \tag{A.59}$$

であることに注意すると，1 形式 $\Theta_L$ を用いて光路長が

$$J = \int_a^b \tilde{L}(\vec{r}(s), \dot{\vec{r}}(s))ds = \int_{\Lambda_L} \Theta_L \tag{A.60}$$

と幾何学的に表現できることがわかる．

つぎのように考えてもよい．基本 1 形式の $\Lambda_L$ にそった積分

$$\int_{\Lambda_L} \Theta_L = \int_a^b < \Theta_L | \dot{\vec{c}}(s) > ds$$

は，$\dot{\vec{c}}(s) = d/ds = \dot{x}\partial_x + \dot{y}\partial_y + \dot{z}\partial_z$ であることを考慮すれば，

$$\begin{aligned} < \Theta_L | \dot{\vec{c}}(s) > &= p_{Lx}\dot{x} + p_{Ly}\dot{y} + p_{Lz}\dot{z} \\ &= \mu(\vec{r})\sqrt{\dot{x}^2 + \dot{y}^2 + \dot{z}^2} = \mu(\vec{r})|\dot{\vec{r}}| \end{aligned} \tag{A.61}$$

ゆえ，この積分は光路長 $J$ にほかならない．

したがって，与えられた2点ABをとおる光線は光路長が停留値となる経路となるというフェルマの原理は，ABを結ぶ曲線$\Lambda$とやはりABを結びその近くをとおる任意の曲線$\Lambda+\delta\Lambda$を考え，この二つの曲線にそった基本1形式$\Theta_L$の積分の値が変わらないとき（正確には差が高次の無限小のとき），曲線$\Lambda$は実際に光線がとる経路であると言いあらわされる．

ところで，Aから$\Lambda$をとおってBに達し$\Lambda+\delta\Lambda$を逆にたどってAに戻る閉曲線C，およびその閉曲線で囲まれた領域Dを考えると，ストークスの定理(A.48)より，両端を固定した光路長の変分は

$$\delta J = \delta\int_\Lambda \Theta_L = \int_{\Lambda+\delta\Lambda}\Theta_L - \int_\Lambda \Theta_L = -\int_{\mathrm{C}}\Theta_L = \mp\int_{\mathrm{D}} d\Theta_L. \tag{A.62}$$

いま，曲線$\Lambda$のパラメータを$\lambda=\lambda(z)$，ただし$d\lambda/dz\neq 0$にとり，またこの閉曲線Cとそれによって囲まれる領域Dを含む曲面上では，その上の点のひとつの座標を$z$にとり，また曲面上で曲線C上の各点を始点として$\lambda=\text{const.}$で定められる曲線群を考え，その曲線にそってCから測った距離$\sigma$をいまひとつの座標にとり，$\dot{\vec{c}}=\partial/\partial\lambda=\vec{v}$，$\partial/\partial\sigma=\vec{u}$とする．$\vec{u}$はこの$\lambda=\text{const.}$の曲線の接ベクトルである．そのときこの面積分は，

$$\begin{aligned}\int_{\mathrm{D}} d\Theta_L &= \iint_{(z,\sigma)\in\mathrm{D}} < d\Theta_L|\vec{v},\vec{u}> d\lambda d\sigma \\ &= \int_{\mathrm{A}}^{\mathrm{B}} < d\Theta_L|\vec{v},\vec{u}> \delta\sigma d\lambda + (\text{高次の無限小})\end{aligned}$$

のように，$\Lambda$にそった線積分に書き直される．最後の等号は，2本の曲線$\Lambda$と$\Lambda+\delta\Lambda$がきわめて近くにあり，この2本の曲線のおなじ$z$の点のあいだの距離$\delta\sigma$が無限小であることを用いた（式中の（高次の無限小）の項はその項が$\delta\sigma$よりも高次の無限小，つまり$o(\mathrm{Max}|\delta\sigma|)$であることを意味している）．

この被積分関数

$$\begin{aligned}&< d\Theta_L|\vec{v},\vec{u}> \\ &= < d\theta_L - dH_L\wedge dz|\vec{v},\vec{u}> \\ &= < d\theta_L|\vec{v},\vec{u}> - < dH_L|\vec{v}>< dz|\vec{u}> + < dz|\vec{v}>< dH_L|\vec{u}>\end{aligned}$$

において，$< dz|\vec{v}> = dz/d\lambda$，他方$\vec{u}$は$\lambda=\text{const.}$つまり$z=\text{const.}$の曲

線の接ベクトルゆえ $< dz|\vec{u} > = 0$. また右辺第1項では,

$$\begin{aligned}
< d\theta_L|\vec{v}, \bullet > &= < d\boldsymbol{p}_L \wedge d\boldsymbol{q}\,|\vec{v}, \bullet > \\
&= \left[\frac{d}{dz}\left(\frac{\partial L}{\partial \boldsymbol{q}'}\right)d\boldsymbol{q} - \boldsymbol{q}'\cdot d\left(\frac{\partial L}{\partial \boldsymbol{q}'}\right)\right]\frac{dz}{d\lambda} \\
&= \left[\left\{\frac{d}{dz}\left(\frac{\partial L}{\partial \boldsymbol{q}'}\right) - \frac{\partial L}{\partial \boldsymbol{q}}\right\}d\boldsymbol{q} - d\left(\boldsymbol{q}'\cdot\frac{\partial L}{\partial \boldsymbol{q}'} - L\right)\right]\frac{dz}{d\lambda} \\
&= \left[\left\{\frac{d}{dz}\left(\frac{\partial L}{\partial \boldsymbol{q}'}\right) - \frac{\partial L}{\partial \boldsymbol{q}}\right\}d\boldsymbol{q} - dH_L\right]\frac{dz}{d\lambda}. \qquad \text{(A.63)}
\end{aligned}$$

したがって, 最終的に

$$\begin{aligned}
\delta J &= \mp \int_{\mathrm{D}} d\Theta_L \\
&= \mp \int_{\mathrm{A}}^{\mathrm{B}} \left\{\frac{d}{dz}\left(\frac{\partial L}{\partial \boldsymbol{q}'}\right) - \frac{\partial L}{\partial \boldsymbol{q}}\right\} < d\boldsymbol{q}|\vec{u} > \delta\sigma \frac{dz}{d\lambda} d\lambda \\
&= \mp \int_{\mathrm{A}}^{\mathrm{B}} \left\{\frac{d}{dz}\left(\frac{\partial L}{\partial \boldsymbol{q}'}\right) - \frac{\partial L}{\partial \boldsymbol{q}}\right\}\delta\boldsymbol{q}dz \qquad \text{(A.64)}
\end{aligned}$$

ここに $< d\boldsymbol{q}|\vec{u} > \delta\sigma = \delta\boldsymbol{q}$ は任意の微小量ゆえ, フェルマの原理 $\delta J = 0$ よりただちにオイラー方程式

$$\frac{d}{dz}\left(\frac{\partial L}{\partial \boldsymbol{q}'}\right) - \frac{\partial L}{\partial \boldsymbol{q}} = 0 \qquad \text{(A.65)}$$

が得られる. 配位空間上の光線方程式 (2.7) である.

もちろん以上の結果より, 曲線を $\boldsymbol{c}(z)$ と記すことにより, 光線方程式は座標系を用いない幾何学的な形で

$$< d\Theta_L|\boldsymbol{c}', \bullet > = 0 \qquad \text{または} \qquad < d\theta_L|\boldsymbol{c}', \bullet > + dH_L = 0 \qquad \text{(A.66)}$$

とあらわされることがわかる.

同様に, 相空間では $\boldsymbol{q}$ と $\boldsymbol{p}$ は独立であり

$$d\theta = d\boldsymbol{p}\wedge d\boldsymbol{q}, \qquad \boldsymbol{c}' = \boldsymbol{q}'\cdot\frac{\partial}{\partial \boldsymbol{q}} + \boldsymbol{p}'\cdot\frac{\partial}{\partial \boldsymbol{p}} \qquad \text{(A.67)}$$

ゆえ

$$< d\theta|\boldsymbol{c}', \bullet > = \boldsymbol{p}'\cdot d\boldsymbol{q} - \boldsymbol{q}'\cdot d\boldsymbol{p} \qquad \text{(A.68)}$$

であり，他方で

$$dH = \frac{\partial H}{\partial \boldsymbol{p}} \cdot d\boldsymbol{p} + \frac{\partial H}{\partial \boldsymbol{q}} \cdot d\boldsymbol{q} \tag{A.69}$$

であることを考慮すると，やはり，ハミルトン方程式の幾何学的表現

$$< d\theta|\boldsymbol{c}', \bullet > +dH = 0 \tag{A.70}$$

が得られる．これは，拡大相空間では

$$\begin{aligned} d\Theta &= d\theta - dH \wedge dz = d\boldsymbol{p} \wedge d\boldsymbol{q} - dH \wedge dz \\ &= d\boldsymbol{p} \wedge d\boldsymbol{q} - \frac{\partial H}{\partial \boldsymbol{p}} \cdot d\boldsymbol{p} \wedge dz - \frac{\partial H}{\partial \boldsymbol{q}} \cdot d\boldsymbol{q} \wedge dz, \\ \vec{c}\,' &= \boldsymbol{q}' \cdot \frac{\partial}{\partial \boldsymbol{q}} + \boldsymbol{p}' \cdot \frac{\partial}{\partial \boldsymbol{p}} + \frac{\partial}{\partial z} \end{aligned} \tag{A.71}$$

ゆえ（この場合は $z$ は座標）

$$< d\Theta|\boldsymbol{c}', \bullet > = \left(\frac{d\boldsymbol{p}}{dz} + \frac{\partial H}{\partial \boldsymbol{q}}\right) \cdot d\boldsymbol{q} - \left(\frac{d\boldsymbol{q}}{dz} - \frac{\partial H}{\partial \boldsymbol{p}}\right) \cdot d\boldsymbol{p} - \left(\frac{dH}{dz} - \frac{\partial H}{\partial z}\right) dz = 0. \tag{A.72}$$

したがって，拡大相空間にもちあげたハミルトン方程式は

$$< d\Theta|\vec{c}\,', \bullet > = 0. \tag{A.73}$$

## A.5　正準変換をめぐって

正準変換は，用いる座標系の変換を含むゆえ，幾何学的表現を離れ，座標系に依拠した本文での議論を援用する．以前に導いた正準変数の変換あるいは写像 $(\boldsymbol{q}, \boldsymbol{p}) \mapsto (\boldsymbol{Q}, \boldsymbol{P})$ が正準変換（すなわち，ハミルトン方程式の形を変えない変換）であるための条件は (2.62) でとくに $\lambda = 1$ としたもの，すなわち

$$\boldsymbol{p} \cdot d\boldsymbol{q} - \boldsymbol{P} \cdot d\boldsymbol{Q} - \{H(z, \boldsymbol{q}, \boldsymbol{p}) - K(z, \boldsymbol{Q}, \boldsymbol{P})\} dz = dW_1(\boldsymbol{q}, \boldsymbol{Q}) \tag{A.74}$$

となる関数 $W_1$ が存在することであった．この式を拡大相空間における微分形式の関係と見なして，その外微分をとろう：

$$d\boldsymbol{p} \wedge d\boldsymbol{q} - d\boldsymbol{P} \wedge d\boldsymbol{Q} - \left(\frac{\partial H}{\partial z} - \frac{\partial K}{\partial z}\right) dz \wedge dz = d(dW_1).$$

ここで正準方程式を満たす変数にたいして $dH = (\partial H/\partial z)dz$, $dK = (\partial K/\partial z)dz$ であることを使った．ところで $d(dW_1) = 0$, $dz \wedge dz = 0$ であるから，これより

$$d\boldsymbol{p} \wedge d\boldsymbol{q} = d\boldsymbol{P} \wedge d\boldsymbol{Q}, \tag{A.75}$$

$$\text{i.e.} \quad dp_1 \wedge dq^1 + dp_2 \wedge dq^2 = dP_1 \wedge dQ^1 + dP_2 \wedge dQ^2. \tag{A.76}$$

もちろん，はじめから相空間で考えれば，$z$ は単なるパラメータであるから，いきなりこの式が得られる．このことは，正準変換では正準 2 形式が変わらないことを示している．つまり，(A.75) あるいは (A.76) は**正準変換の必要条件**である．

これが正準変換の十分条件でもあることは，以下に示される．

その証明のために，§2.10 で導入した表記法 (2.107) を用いることにしよう．すなわち $\boldsymbol{q}$ と $\boldsymbol{p}$ をひとまとめに**正準変数**として

$$\boldsymbol{\eta} = \begin{pmatrix} \eta^1 \\ \eta^2 \\ \eta^3 \\ \eta^4 \end{pmatrix} = \begin{pmatrix} \boldsymbol{q} \\ \boldsymbol{p} \end{pmatrix} = \begin{pmatrix} q^1 \\ q^2 \\ p_1 \\ p_2 \end{pmatrix}, \quad \frac{\partial}{\partial \boldsymbol{\eta}} = \begin{pmatrix} \partial/\partial\eta^1 \\ \partial/\partial\eta^2 \\ \partial/\partial\eta^3 \\ \partial/\partial\eta^4 \end{pmatrix} = \begin{pmatrix} \partial_1 \\ \partial_2 \\ \partial_3 \\ \partial_4 \end{pmatrix} \tag{A.77}$$

と記す．この付録のはじめの §A.1, §A.2 で配位空間 N をひとつの空間として論じたのと同様に，以下では 4 次元相空間 M を，それが 2 次元配位空間 N の余接バンドルであるということを忘れ，単にひとつの空間として論じる．したがって M の座標成分（$\boldsymbol{\eta}$ の成分）をすべて（$\boldsymbol{q}$ の成分，$\boldsymbol{p}$ の成分という区別なく）上付き添え字（$1, 2, 3, 4$ またはギリシャ文字）で指定する．M 上のベクトルやベクトル場の成分についても同様である．同時に，§2.11 で導入した 4 行 4 列の行列

$$\hat{\Omega} = (\Omega_{\nu\rho}) = \begin{pmatrix} \hat{0} & -\hat{I} \\ \hat{I} & \hat{0} \end{pmatrix} = \begin{pmatrix} 0 & 0 & -1 & 0 \\ 0 & 0 & 0 & -1 \\ 1 & 0 & 0 & 0 \\ 0 & 1 & 0 & 0 \end{pmatrix}, \tag{A.78}$$

$$\hat{\Omega}' = (\Omega^{\nu\rho}) = \begin{pmatrix} \hat{0} & \hat{I} \\ -\hat{I} & \hat{0} \end{pmatrix} = \begin{pmatrix} 0 & 0 & 1 & 0 \\ 0 & 0 & 0 & 1 \\ -1 & 0 & 0 & 0 \\ 0 & -1 & 0 & 0 \end{pmatrix} \tag{A.79}$$

を使用する（2 行 2 列の単位行列を $\hat{I}$，0 行列を $\hat{0}$ とした）．ここに．$\det\hat{\Omega} = \det\hat{\Omega}' = 1$ であり，$\hat{\Omega}^{-1} = \hat{\Omega}' = -\hat{\Omega}$.

この表記法では，ハミルトン方程式は

$$\frac{d\boldsymbol{\eta}}{dz} = \hat{\Omega}'\frac{\partial H}{\partial\boldsymbol{\eta}} \quad \text{ないし} \quad \hat{\Omega}\frac{d\boldsymbol{\eta}}{dz} = \frac{\partial H}{\partial\boldsymbol{\eta}}. \tag{A.80}$$

そして，正準 2 形式は [7)]

$$\Omega = \frac{1}{2}(d\boldsymbol{p}\wedge d\boldsymbol{q} - d\boldsymbol{q}\wedge d\boldsymbol{p}) = \frac{1}{2}\Omega_{\rho\nu}d\eta^\rho\wedge d\eta^\nu. \tag{A.81}$$

それゆえ変換 $\boldsymbol{\eta}\mapsto\tilde{\boldsymbol{\eta}} = \boldsymbol{\phi}(\boldsymbol{\eta})$ にさいして，変換行列を

$$\hat{M} = (M^\alpha_{\ \beta}) := \left(\frac{\partial\phi^\alpha(\boldsymbol{\eta})}{\partial\eta^\beta}\right) = \left(\frac{\partial\tilde{\eta}^\alpha}{\partial\eta^\beta}\right) \tag{A.82}$$

で定義すると，この変換にともない正準 2 形式は

$$\frac{1}{2}\Omega_{\rho\nu}d\tilde{\eta}^\rho\wedge d\tilde{\eta}^\nu = \frac{1}{2}\Omega_{\rho\nu}M^\rho_{\ \alpha}M^\nu_{\ \beta}d\eta^\alpha\wedge d\eta^\beta$$

に変換される．したがって，正準変換の条件 (A.75) (A.76) は

$$\frac{1}{2}\Omega_{\rho\nu}d\eta^\rho\wedge d\eta^\nu = \frac{1}{2}\Omega_{\alpha\beta}M^\alpha_{\ \rho}M^\beta_{\ \nu}d\eta^\rho\wedge d\eta^\nu, \tag{A.83}$$

すなわち $\Omega_{\alpha\beta}M^\alpha_{\ \rho}M^\beta_{\ \nu} = \Omega_{\rho\nu}$，あるいは行列表示で

$$\hat{M}^t\hat{\Omega}\hat{M} = \hat{\Omega}. \tag{A.84}$$

---

7) 以下ではギリシャ文字の添え字は 1 から 4 までの値をとるものとし，さらに上付きと下付きでおなじ添え字があるときはその添え字については 1 から 4 までの和ととるものと約束する．たとえば $\Omega^{\rho\nu}\partial_\nu H = \sum_{\nu=1}^{4}\Omega^{\rho\nu}\partial_\nu H$．このように上下に同一の添え字があって和がとられるときの添え字はダミーといわれる．ダミーは同一の文字で記されていることだけが意味をもつから，他の（おなじ式のなかに使われていない）文字に置き換えてもよい．

この両式の行列式を計算すれば，$\det\hat{\Omega}=1$ に注意して，$(\det\hat{M})^2=1$．したがって, 変換行列 $\hat{M}$ は正則で逆 $\hat{M}^{-1}$ をもつ．これより，上にあげた $\hat{\Omega}$ の性質 $\hat{\Omega}^{-1}=-\hat{\Omega}$ を使えば

$$\hat{M}\hat{\Omega}\hat{M}^t=\hat{\Omega}. \tag{A.85}$$

あるいは，$\hat{\Omega}'=-\hat{\Omega}$ を使えば,

$$\hat{M}^t\hat{\Omega}'\hat{M}=\hat{\Omega}', \qquad \hat{M}\hat{\Omega}'\hat{M}^t=\hat{\Omega}' \tag{A.86}$$

ともあらわされる．これらはすべて (A.84) と等価で，正準変換の条件 (A.75)(A.76) の行列表現であり，結果は §2.11 で導いたものと同一である．

さて，この条件が，座標変換あるいは一般の写像 $\boldsymbol{\eta}\mapsto\tilde{\boldsymbol{\eta}}=\boldsymbol{\phi}(\boldsymbol{\eta},z)$（ただし変換行列は正則で，逆変換は $\tilde{\boldsymbol{\eta}}\mapsto\boldsymbol{\eta}=\boldsymbol{\phi}^{-1}(\tilde{\boldsymbol{\eta}},z)$ とする）が正準変換であるための十分条件であることを示そう．

正準変数 $\boldsymbol{\eta}$ がハミルトニアン $H(\boldsymbol{\eta},z)$ にたいするハミルトン方程式を満たすとしよう．そのとき変換された $\tilde{\boldsymbol{\eta}}$ にたいして,

$$\hat{\Omega}\frac{d\tilde{\boldsymbol{\eta}}}{dz}=\hat{\Omega}\left[\hat{M}\frac{d\boldsymbol{\eta}}{dz}+\frac{\partial\boldsymbol{\phi}}{\partial z}\right]=\hat{\Omega}\hat{M}\hat{\Omega}'\frac{\partial H}{\partial\boldsymbol{\eta}}+\hat{\Omega}\frac{\partial\boldsymbol{\phi}}{\partial z}. \tag{A.87}$$

ここで $H(\boldsymbol{\eta},z)=H(\boldsymbol{\phi}^{-1}(\tilde{\boldsymbol{\eta}},z))=\tilde{H}(\tilde{\boldsymbol{\eta}},z)$ とすれば,

$$\frac{\partial H}{\partial\eta^\alpha}=\frac{\partial\tilde{H}}{\partial\tilde{\eta}^\beta}\frac{\partial\tilde{\eta}^\beta}{\partial\eta^\alpha}=\frac{\partial\tilde{H}}{\partial\tilde{\eta}^\beta}M^\beta{}_\alpha=\left(\hat{M}^t\frac{\partial\tilde{H}}{\partial\tilde{\boldsymbol{\eta}}}\right)_\alpha,$$

したがって (A.86) が成り立っているとすれば，$\hat{\Omega}\hat{M}\hat{\Omega}'\hat{M}^t=\hat{\Omega}\hat{\Omega}'=\hat{I}$ を使って

$$\hat{\Omega}\frac{d\tilde{\boldsymbol{\eta}}}{dz}=\hat{\Omega}\hat{M}\hat{\Omega}'\hat{M}^t\frac{\partial\tilde{H}}{\partial\tilde{\boldsymbol{\eta}}}+\hat{\Omega}\frac{\partial\boldsymbol{\phi}}{\partial z}=\frac{\partial\tilde{H}}{\partial\tilde{\boldsymbol{\eta}}}+\hat{\Omega}\frac{\partial\boldsymbol{\phi}}{\partial z}. \tag{A.88}$$

変換が $z$ に陽に依存しないときは，$\partial\boldsymbol{\phi}/\partial z=0$ であるから，この式自体が, $\tilde{\boldsymbol{\eta}}$ にたいする $\tilde{H}$ をハミルトニアンとするハミルトン方程式である．

変換が $z$ に陽に依存するときには，つぎのように考えればよい．すこし技巧的であるが，1 形式

$$f=\Omega_{\rho\nu}\frac{\partial\phi^\rho}{\partial z}d\tilde{\eta}^\nu=\Omega_{\rho\nu}\frac{\partial\phi^\rho}{\partial z}\frac{\partial\phi^\nu}{\partial\eta^\alpha}d\eta^\alpha$$

を考える．この式の両辺の外微分をとると

$$df = \Omega_{\rho\nu}\frac{\partial}{\partial z}\left(\frac{\partial\phi^\rho}{\partial\eta^\beta}\right)\frac{\partial\phi^\nu}{\partial\eta^\alpha}d\eta^\beta\wedge d\eta^\alpha + \Omega_{\rho\nu}\frac{\partial\phi^\rho}{\partial z}\frac{\partial^2\phi^\nu}{\partial\eta^\alpha\partial\eta^\beta}d\eta^\beta\wedge d\eta^\alpha. \quad \text{(A.89)}$$

右辺第 2 項は，$\eta^\alpha$ と $\eta^\beta$ に関する 2 階偏導関数が $\alpha$ と $\beta$ に関して対称，他方，外積 $d\eta^\beta\wedge d\eta^\alpha$ が反対称ゆえ，消える．残る，第 1 項を変換行列であらわすと $df = \Omega_{\rho\nu}(\partial_z M^\rho{}_\beta)M^\nu{}_\alpha d\eta^\beta\wedge d\eta^\alpha$．ここでダミーを $\alpha\leftrightarrow\beta$，$\rho\leftrightarrow\nu$ に書き換え，さらに $\hat{\Omega}$ と $d\eta^\alpha\wedge d\eta^\beta$ の反対称性を用いて $df = \Omega_{\rho\nu}M^\rho{}_\beta(\partial_z M^\nu{}_\alpha)d\eta^\beta\wedge d\eta^\alpha$ と書き直し，もとの式と足し合す：

$$\begin{aligned} 2df &= \Omega_{\rho\nu}\{(\partial_z M^\rho{}_\beta)M^\nu{}_\alpha + M^\rho{}_\beta(\partial_z M^\nu{}_\alpha)\}d\eta^\beta\wedge d\eta^\alpha \\ &= \partial_z(\Omega_{\rho\nu}M^\rho{}_\beta M^\nu{}_\alpha)d\eta^\beta\wedge d\eta^\alpha = \partial_z(\hat{M}^t\hat{\Omega}\hat{M})_{\beta\alpha}d\eta^\beta\wedge d\eta^\alpha \\ &= \partial_z(\Omega_{\beta\alpha})d\eta^\beta\wedge d\eta^\alpha = 0. \end{aligned} \quad \text{(A.90)}$$

したがって，ポアンカレの補題により

$$f = \frac{\partial}{\partial z}(\Omega_{\rho\nu}\phi^\nu)d\tilde{\eta}^\rho = dF \quad \text{(A.91)}$$

となる $F(\tilde{\boldsymbol{\eta}}, z)$ が存在し，

$$\frac{\partial}{\partial z}(\Omega_{\rho\nu}\phi^\nu) = \frac{\partial F}{\partial\tilde{\eta}^\rho}$$

とあらわされる．このことは

$$\Omega_{\rho\nu}\phi^\nu = \frac{\partial W}{\partial\tilde{\eta}^\rho}, \qquad F = \frac{\partial W}{\partial z}$$

となる関数 $W(\boldsymbol{\eta}, z)$ が存在することを意味し，それゆえ (A.88) 式は

$$\hat{\Omega}\frac{d\tilde{\boldsymbol{\eta}}}{dz} = \frac{\partial}{\partial\tilde{\boldsymbol{\eta}}}\left\{\tilde{H}(\tilde{\boldsymbol{\eta}}) + \frac{\partial W(\tilde{\boldsymbol{\eta}}, z)}{\partial z}\right\}. \quad \text{(A.92)}$$

この式は，$\tilde{\boldsymbol{\eta}}$ にたいする $K := \tilde{H} + \partial W/\partial z$ をハミルトニアンとするハミルトン方程式であり，したがって $\boldsymbol{\eta}\mapsto\tilde{\boldsymbol{\eta}}$ の変換は正準変換である．

以上より，**座標変換が正準変換であるための必要十分条件は，変換によって正準 2 形式が不変なこと，すなわち (A.83) が成り立つこと，言い換えれば，変**

換行列が (A.84) または (A.85) (A.86) を満たすこと，とまとめられる．

たとえば，$c$ を定数，$\theta$ をパラメータとする変換

$$\boldsymbol{q} \mapsto \boldsymbol{Q} = \boldsymbol{q}\cos\theta - c\boldsymbol{p}\sin\theta, \qquad \boldsymbol{p} \mapsto \boldsymbol{P} = (\boldsymbol{q}/c)\sin\theta + \boldsymbol{p}\cos\theta,$$

では，直接の計算で $d\boldsymbol{P}\wedge d\boldsymbol{Q} = d\boldsymbol{p}\wedge d\boldsymbol{q}$ が示されるので，正準変換であることがわかる．$\theta = 0$ で恒等変換，$\theta = \pi/2$ で座標と光線ベクトルを入れかえる変換，$\theta$ がそれ以外の値では座標と光線ベクトルが入りまじる変換である．いずれにせよ，母関数を用いるやり方よりずっと簡単に示される．

配位空間の座標変換 $\boldsymbol{q} \mapsto \boldsymbol{Q} = \boldsymbol{\Psi}(\boldsymbol{q})$（逆変換 $\boldsymbol{Q} \mapsto \boldsymbol{q} = \boldsymbol{\Phi}(\boldsymbol{Q})$）にともなって光線ベクトルの変換が $\boldsymbol{p} \mapsto \boldsymbol{P} = \partial_{\boldsymbol{Q}}(\boldsymbol{p}\cdot\boldsymbol{\Phi}(\boldsymbol{Q}))$ で与えられるとき（§2.6 の (2.71) で与えられたもの），$(\boldsymbol{q},\boldsymbol{p}) \mapsto (\boldsymbol{Q},\boldsymbol{P})$ は正準変換である．実際，

$$\begin{aligned} d\boldsymbol{P}\wedge d\boldsymbol{Q} &= dP_i \wedge dQ^i = \left\{ dp_j \frac{\partial\Phi^j(\boldsymbol{Q})}{\partial Q^i} + p_j \frac{\partial^2\Phi^j(\boldsymbol{Q})}{\partial Q^k \partial Q^i} dQ^k \right\} \wedge dQ^i \\ &= dp_j \wedge \frac{\partial\Phi^j(\boldsymbol{Q})}{\partial Q^i} dQ^i = dp_j \wedge dq^j = d\boldsymbol{p}\wedge d\boldsymbol{q}. \end{aligned}$$

媒質が不連続に変化する屈折面の前後での変化 $(\boldsymbol{p}_{\mathrm{A}},\boldsymbol{q}_{\mathrm{A}}) \to (\boldsymbol{p}_{\mathrm{B}},\boldsymbol{q}_{\mathrm{B}})$ を考える．§2.8 の (2.91) (2.92) より，

$$d\boldsymbol{p} = \left(1 - \frac{\boldsymbol{p}_{\mathrm{A}}}{\sqrt{\mu^2 - \boldsymbol{p}_{\mathrm{A}}^2}} \frac{\partial\Psi}{\partial\boldsymbol{q}}\right) d\boldsymbol{p}_{\mathrm{A}} + d\boldsymbol{q} \text{ の比例項},$$

$$d\boldsymbol{q}\left(1 - \frac{\boldsymbol{p}_{\mathrm{A}}}{\sqrt{\mu^2 - \boldsymbol{p}_{\mathrm{A}}^2}} \frac{\partial\Psi}{\partial\boldsymbol{q}}\right) = d\boldsymbol{q}_{\mathrm{A}} + d\boldsymbol{p}_{\mathrm{A}} \text{ の比例項}.$$

これより $d\boldsymbol{p}\wedge d\boldsymbol{q} = d\boldsymbol{p}_{\mathrm{A}}\wedge d\boldsymbol{q}_{\mathrm{A}}$．同様に $d\boldsymbol{p}\wedge d\boldsymbol{q} = d\boldsymbol{p}_{\mathrm{B}}\wedge d\boldsymbol{q}_{\mathrm{B}}$．したがって $d\boldsymbol{p}_{\mathrm{A}}\wedge d\boldsymbol{q}_{\mathrm{A}} = d\boldsymbol{p}_{\mathrm{B}}\wedge d\boldsymbol{q}_{\mathrm{B}}$ であり，$(\boldsymbol{p}_{\mathrm{A}},\boldsymbol{q}_{\mathrm{A}}) \to (\boldsymbol{p}_{\mathrm{B}},\boldsymbol{q}_{\mathrm{B}})$ は正準変換である．

## A.6 シンプレクティック空間

これまでの議論を，幾何学の言葉で書き直しておこう．

幾何学では，偶数次元（$2n$ 次元）の多様体 M に閉じた非退化な 2 形式 $\omega$ が備わっているとき，(M, $\omega$) を**シンプレクティック空間**，そしてこの $\omega$ を**シンプ**

**レクティック形式**という[8)]．ここで「閉じた」とは $d\omega = 0$ のことであり，「非退化」とは $< \omega|\boldsymbol{v}, \bullet >= 0$ であれば，かならず $\boldsymbol{v} = 0$ となることをいう．

一般の座標系 $(\pi^1, \pi^2, \cdots, \pi^{2n})$ をとると，2 形式は

$$\omega = \frac{1}{2}\omega_{\rho\nu} d\pi^\rho \wedge d\pi^\nu \quad (\text{ただし } \omega_{\rho\nu} = -\omega_{\nu\rho}) \tag{A.93}$$

とあらわされる．ここで $< \omega|\boldsymbol{v}, \bullet >= \omega_{\rho\nu} v^\rho d\pi^\nu$ ゆえ，非退化とはすべての $\nu$ にたいして $\omega_{\rho\nu} v^\rho = 0$ となるベクトル $\boldsymbol{v} = v^\rho \partial_\rho$ は 0 ベクトルしかないということで，行列 $\hat{\omega} = (\omega_{\rho\nu})$ が正則 $(\det \hat{\omega} \neq 0)$ と言い直すことができる．

じつは，証明抜きにいうが，すべてのシンプレクティック空間にはシンプレクティック形式 $\omega$ が局所的に (A.81) の $\Omega$ の形をとる座標系 $(\eta^1, \eta^2, \cdots, \eta^{2n})$ が存在する．言い換えれば，座標変換 $(\pi^1, \pi^2, \cdots, \pi^{2n}) \mapsto (\eta^1, \eta^2, \cdots, \eta^{2n})$（ただし $\det(\partial\eta^\alpha/\partial\pi^\beta) \neq 0$）によって

$$\frac{1}{2}\omega_{\rho\nu} d\pi^\rho \wedge d\pi^\nu = \frac{1}{2}\frac{\partial\pi^\rho}{\partial\eta^\alpha}\omega_{\rho\nu}\frac{\partial\pi^\nu}{\partial\eta^\beta} d\eta^\alpha \wedge d\eta^\beta = \frac{1}{2}\Omega_{\alpha\beta} d\eta^\alpha \wedge d\eta^\beta \tag{A.94}$$

とすることができる（そのような座標 $(\eta^1, \eta^2, \cdots, \eta^{2n})$ を選ぶことができる）．このことを**ダルブーの定理**という．そして，この座標系 $(\eta^1, \eta^2, \cdots, \eta^{2n})$ をシンプレクティック空間の**標準座標系**，(A.81) の形の 2 形式をシンプレクティック形式の標準形という．そしてとくにこの場合，$\omega$ を $\Omega$ で記している．

とするならば，相空間 M はシンプレクティック空間であり，正準変数はその標準座標，そして正準 2 形式はシンプレクティック形式の標準形にほかならないことがわかる．とくにその標準座標を $(\boldsymbol{q}, \boldsymbol{p})$ で記すならば，$\Omega = d\boldsymbol{p} \wedge d\boldsymbol{q}$ とあらわされる．

そして，正準変換はその標準座標の間の座標変換であり，その意味で，幾何学では**シンプレクティック変換**ともいわれる．要するに標準形にあらわされたシンプレクティック形式の形を変えない変換である．前節に求めた正準変換の条件 (A.84) (A.85) (A.86) は**シンプレクティック条件**といわれる．そして変換

---

8) 「シンプレクティック」は数学者 Hermann Weyl の造語．Weyl はラテン語の動詞 'plecto（よりあわせる，組む）' に由来する 'plexus' と前置詞 'cum（英語の with にあたる）' よりなるラテン語 'complector（巻きつく，囲む）' の過去分詞 'complexus' に対応するギリシャ語として「シンプレクティック」を用いた．

行列であらわしたその条件は，シンプレクティック条件の行列表現であり，その条件を満たす変換行列を**シンプレクティック行列**という．

シンプレクティック変換の大きな特徴を挙げておこう．

以下では，4 次元相空間 M で論じ，標準座標を $\boldsymbol{\eta} = (\boldsymbol{q}, \boldsymbol{p})$ とする．M 上の任意の点における二つのベクトル

$$\boldsymbol{v} = v^\rho \frac{\partial}{\partial \eta^\rho} = \boldsymbol{v_q} \cdot \frac{\partial}{\partial \boldsymbol{q}} + \boldsymbol{v_p} \cdot \frac{\partial}{\partial \boldsymbol{p}}, \quad \boldsymbol{u} = u^\rho \frac{\partial}{\partial \eta^\rho} = \boldsymbol{u_q} \cdot \frac{\partial}{\partial \boldsymbol{q}} + \boldsymbol{u_p} \cdot \frac{\partial}{\partial \boldsymbol{p}}$$

の正準 2 形式による実数への双線形写像

$$< \Omega | \boldsymbol{v}, \boldsymbol{u} >= v^\rho \Omega_{\rho\nu} u^\nu = \boldsymbol{v_p} \cdot \boldsymbol{u_q} - \boldsymbol{v_q} \cdot \boldsymbol{u_p} \tag{A.95}$$

を考える．座標変換 $\boldsymbol{\eta} \mapsto \tilde{\boldsymbol{\eta}}$ で，ベクトルは

$$\boldsymbol{v} = v^\rho \frac{\partial}{\partial \eta^\rho} = v^\rho \frac{\partial \tilde{\eta}^\alpha}{\partial \eta^\rho} \frac{\partial}{\partial \tilde{\eta}^\alpha} = \tilde{v}^\alpha \frac{\partial}{\partial \tilde{\eta}^\alpha} \tag{A.96}$$

に変換されるので，変換行列を $\hat{M} = (M^\alpha_{\ \rho}) = (\partial \tilde{\eta}^\alpha / \partial \eta^\rho)$ として，その成分の変換規則は

$$\tilde{v}^\alpha = v^\rho \frac{\partial \tilde{\eta}^\alpha}{\partial \eta^\rho} = M^\alpha_{\ \rho} v^\rho. \tag{A.97}$$

したがって，上記の双線形写像は，

$$v^\rho \Omega_{\rho\nu} u^\nu \ \mapsto \ \tilde{v}^\alpha \Omega_{\alpha\beta} \tilde{u}^\beta = (M^\alpha_{\ \rho} v^\rho) \Omega_{\alpha\beta} (M^\beta_{\ \nu} u^\nu) = v^\rho (\hat{M}^t \hat{\Omega} \hat{M})_{\rho\nu} u^\nu \tag{A.98}$$

と変換される．それゆえ，変換がシンプレクティック変換（正準変換）であれば，変換行列 $\hat{M}$ はシンプレクティック条件を満たし，この双線形写像は値を変えない．

言い換えればシンプレクティック空間とは，座標変換によって値を変えない**シンプレクティック内積**

$$< \Omega | \boldsymbol{v}, \boldsymbol{u} > = < d\boldsymbol{p} \wedge d\boldsymbol{q} | \boldsymbol{v}, \boldsymbol{u} > = \boldsymbol{v_p} \cdot \boldsymbol{u_q} - \boldsymbol{v_q} \cdot \boldsymbol{u_p} \tag{A.99}$$

の備わった空間である．これは二つのベクトルの**斜交積**ともいわれる．

とくに座標変換が線形変換 $\tilde{\boldsymbol{\eta}} = \hat{M} \boldsymbol{\eta}$ の場合，$\boldsymbol{\eta}$ 自体が M 上のベクトルであり，§4.5 で見たのはその場合である．そのとき，(4.68) で二つのベクトル

$\boldsymbol{w}_{\mathrm{u}}$，$\boldsymbol{w}_{\mathrm{v}}$ のシンプレクティック内積 $(\boldsymbol{w}_{\mathrm{u}} \cdot \Omega \boldsymbol{w}_{\mathrm{v}})$ と記したものは，本節の表記法では $< \Omega | \boldsymbol{w}_{\mathrm{u}}, \boldsymbol{w}_{\mathrm{v}} >$ とあらわされる．

## A.7　ハミルトニアン・ベクトル場

§A.1，§A.2 で配位空間 N 上のベクトル場を考察した．それとまったく同様に，相空間 M 上のベクトル場 $\boldsymbol{v} = v^{\alpha}(\boldsymbol{\eta})\partial_{\alpha}$ を考える．そして $\boldsymbol{v}$ が与えられたとき，その積分曲線にそった点の移動を考察する．すなわち，方程式

$$\frac{d\boldsymbol{\eta}}{d\lambda} = \boldsymbol{v}[\boldsymbol{\eta}] \qquad \left(\frac{d\eta^{\alpha}}{d\lambda} = \boldsymbol{v}[\eta^{\alpha}] = v^{\alpha}(\boldsymbol{\eta}), \quad \alpha = 1, 2, 3, 4\right) \tag{A.100}$$

の初期値を $\boldsymbol{\eta}(0) = \boldsymbol{\eta}_0$ とする解曲線つまり積分曲線 $\boldsymbol{\eta}(\lambda) = \boldsymbol{\Psi}(\lambda; \boldsymbol{\eta}_0)$ にそった点の移動であり，これを写像（変換）

$$\boldsymbol{\Psi}_{\lambda} : \boldsymbol{\eta}(0) \mapsto \boldsymbol{\eta}(\lambda) = \boldsymbol{\Psi}(\lambda; \boldsymbol{\eta}_0) \tag{A.101}$$

と見なす．

ところで，解 $\boldsymbol{\Psi}(\lambda; \boldsymbol{\eta}_0)$ にたいしては，あきらかに

$$\boldsymbol{\eta}(0) = \boldsymbol{\Psi}(0; \boldsymbol{\eta}_0)$$

が成り立つ．すなわち $\boldsymbol{\Psi}_0$ は恒等変換である．そしてひとつのパラメータによって恒等変換から連続的につながっているこの変換を **1 径数変換**という．

それはさらにつぎの性質を有している．第一に，$\boldsymbol{\Psi}(\lambda + \sigma; \boldsymbol{\eta}_0)$ も解である．ところが元の方程式はパラメータ $\lambda$ の原点をずらしても方程式は変わらないから，これは $\lambda = 0$ に点 $\boldsymbol{\eta}_{\sigma} = \boldsymbol{\Psi}(\sigma; \boldsymbol{\eta}_0)$ から出発する解であるから

$$\boldsymbol{\Psi}(\lambda + \sigma; \boldsymbol{\eta}_0) = \boldsymbol{\Psi}(\lambda, \boldsymbol{\Psi}(\sigma; \boldsymbol{\eta}_0)).$$

第二に，元の方程式で $\lambda$ を $-\lambda$ で置き換えた方程式の解は $\boldsymbol{\Psi}(-\lambda; \boldsymbol{\eta}_0)$ で与えられる．したがって

$$\boldsymbol{\eta}(\lambda) = \boldsymbol{\Psi}(\lambda; \boldsymbol{\eta}_0) \quad \text{ならば} \quad \boldsymbol{\eta}(0) = \boldsymbol{\Psi}(-\lambda; \boldsymbol{\eta}_{\lambda}).$$

すなわち，この 1 径数変換において

$$\boldsymbol{\Psi}_0 = \text{恒等変換}, \quad \boldsymbol{\Psi}_{\lambda+\sigma} = \boldsymbol{\Psi}_{\lambda} \circ \boldsymbol{\Psi}_{\sigma}, \quad \boldsymbol{\Psi}_{-\lambda} = (\boldsymbol{\Psi}_{\lambda})^{-1}. \tag{A.102}$$

このことは，写像 $\boldsymbol{\Psi}_\lambda$ の集合が群をなしていることを示している [9]．この群をベクトル場 $\boldsymbol{v}$ によって生成された1 **径数変換群**という．

そこでこの1径数変換が正準変換（シンプレクティック変換）になるための条件を考えよう．

この $\boldsymbol{\eta}(\lambda)=(\eta(\lambda)^1,\eta(\lambda)^2,\eta(\lambda)^3,\eta(\lambda)^4)$ は方程式 (A.100) を満たす．成分であらわして

$$\frac{d\eta(\lambda)^\alpha}{d\lambda}=\boldsymbol{v}[\eta(\lambda)^\alpha]=v^\alpha(\boldsymbol{\eta}(\lambda)). \tag{A.103}$$

(A.101) より $\boldsymbol{\eta}(\lambda)$ は初期値 $\boldsymbol{\eta}(0)$ の関数ゆえ，この両辺を初期値の成分 $\eta_0^\beta=\eta(0)^\beta$ $(\beta=1,2,3,4)$ で微分し

$$\frac{d}{d\lambda}\left(\frac{\partial\eta(\lambda)^\alpha}{\partial\eta_0^\beta}\right)=\frac{\partial v^\alpha(\boldsymbol{\eta}(\lambda))}{\partial\eta(\lambda)^\rho}\frac{\partial\eta(\lambda)^\rho}{\partial\eta_0^\beta}.$$

ここで二つの行列

$$\hat{M}=(M^\alpha{}_\beta):=\left(\frac{\partial\eta(\lambda)^\alpha}{\partial\eta_0^\beta}\right),\quad \hat{V}=(V^\alpha{}_\beta):=\left(\frac{\partial v^\alpha(\boldsymbol{\eta}(\lambda))}{\partial\eta(\lambda)^\beta}\right) \tag{A.104}$$

を定義する．$\hat{M}$ は変換行列（ヤコビ行列）である（微分方程式の解の一意性より $\hat{M}$ は正則）．そうすれば，上式は $\dfrac{d}{d\lambda}M^\alpha{}_\beta=V^\alpha{}_\rho M^\rho{}_\beta$，すなわち

$$\frac{d}{d\lambda}\hat{M}=\hat{V}\hat{M}\quad\text{or}\quad\frac{d}{d\lambda}\hat{M}^t=\hat{M}^t\hat{V}^t.$$

とあらわされ，これより，つぎの行列の関係式が得られる：

$$\frac{d}{d\lambda}(\hat{M}^t\hat{\Omega}\hat{M})=\hat{M}^t(\hat{V}^t\hat{\Omega}+\hat{\Omega}\hat{V})\hat{M}. \tag{A.105}$$

さて，いま，この変換が正準変換であったとする．このとき変換行列はシンプレティック条件 $\hat{M}^t\hat{\Omega}\hat{M}=\hat{\Omega}$ を満たすので

$$\frac{d}{d\lambda}(\hat{M}^t\hat{\Omega}\hat{M})=\frac{d}{d\lambda}\Omega=0. \tag{A.106}$$

しかも $\det\hat{M}\neq 0$ ゆえ $\hat{M}$ は逆をもつ．したがって，$\hat{\Omega}^t=-\hat{\Omega}$ であることに注

---

9) ここでは $\lambda,\sigma$ を実数として，写像 $\boldsymbol{\Psi}_\lambda;\boldsymbol{\eta}(\sigma)\to\boldsymbol{\eta}(\sigma+\lambda)$ の集合が $\boldsymbol{\Psi}_\lambda\circ\boldsymbol{\Psi}_\sigma=\boldsymbol{\Psi}_{\lambda+\sigma}$ を「積」演算として群をなしている．

意すれば，上式は

$$\hat{V}^t\hat{\Omega} + \hat{\Omega}\hat{V} = -(\hat{\Omega}\hat{V})^t + \hat{\Omega}\hat{V} = 0. \tag{A.107}$$

これは成分で書くと $(\hat{\Omega}\hat{V})_{\alpha\beta} = (\hat{\Omega}\hat{V})_{\beta\alpha}$ であり，$\lambda$ は任意ゆえ，この関係は $\boldsymbol{\eta}$ のすべての値について成り立つ．そこで，1 形式 $f = \Omega_{\alpha\nu}v^\nu(\boldsymbol{\eta})d\eta^\alpha$ を考えると，その外微分は

$$df = \Omega_{\alpha\nu}\frac{\partial v^\nu(\boldsymbol{\eta})}{\partial\eta^\beta}d\eta^\beta \wedge d\eta^\alpha = (\hat{\Omega}\hat{V})_{\alpha\beta}d\eta^\beta \wedge d\eta^\alpha. \tag{A.108}$$

この式で，$d\eta^\beta \wedge d\eta^\alpha$ の反対称性と上に導いた $(\hat{\Omega}\hat{V})_{\alpha\beta}$ の対称性を考慮すれば $df = 0$, これより $f = dF = \partial_\nu F d\eta^\nu$ となる関数 $F(\boldsymbol{\eta})$ が存在し，

$$\Omega_{\alpha\rho}v^\rho(\boldsymbol{\eta}) = \frac{\partial F(\boldsymbol{\eta})}{\partial\eta^\alpha} \tag{A.109}$$

と書けることがわかる．この式に左から $\hat{\Omega}^{-1} = \hat{\Omega}' = (\Omega^{\alpha\beta})$ をかけることによって $v^\beta = \Omega^{\beta\alpha}\partial_\alpha F$，したがってベクトル場 $\boldsymbol{v} = v^\beta\partial_\beta$ は

$$\boldsymbol{v} = \frac{\partial F}{\partial\eta^\alpha}\Omega^{\beta\alpha}\frac{\partial}{\partial\eta^\beta} = \frac{\partial F}{\partial\boldsymbol{p}}\cdot\frac{\partial}{\partial\boldsymbol{q}} - \frac{\partial F}{\partial\boldsymbol{q}}\cdot\frac{\partial}{\partial\boldsymbol{p}} \tag{A.110}$$

とあらわされる．§2.10 で関数 $F$ に付随したリー演算子 $\hat{L}_F[\,] = -\{F, \bullet\}$ として導入したものである．

この $\boldsymbol{v}$ は，正準 2 形式による写像によって 1 形式 $dF$ を与えるベクトル場になっている．実際，$<\Omega|\boldsymbol{v}, \bullet> = \Omega_{\rho\nu}v^\rho d\eta^\nu = -dF$．そしてこのようなベクトル場を，関数 $F$ によって生成される**ハミルトニアン・ベクトル場**といわれる．つまりベクトル場の積分曲線にそった点の移動がシンプレクティック変換（正準変換）になるためには，そのベクトル場がハミルトニアン・ベクトル場でなければならない（なお，ハミルトニアン・ベクトル場にたいしては，その生成関数 $F$ を特定するために，通常 $\boldsymbol{v}_F$ のように書かれる）．そしてこのとき，$\boldsymbol{\eta}$ の満たす方程式 (A.100) は

$$\frac{d\boldsymbol{\eta}}{d\lambda} = \boldsymbol{v}[\boldsymbol{\eta}] = \hat{\Omega}'\frac{\partial F}{\partial\boldsymbol{\eta}} \quad \text{i.e.} \quad \frac{d\boldsymbol{q}}{d\lambda} = \frac{\partial F}{\partial\boldsymbol{p}}, \quad \frac{d\boldsymbol{p}}{d\lambda} = -\frac{\partial F}{\partial\boldsymbol{q}}. \tag{A.111}$$

すなわち正準方程式である．

逆に，ベクトル場 $\boldsymbol{v}$ がハミルトニアン・ベクトル場であったとしよう．

そのときには，先に定義した行列 $\hat{V}$ の要素は

$$V^{\alpha}_{\beta} = \Omega^{\alpha\gamma} O_{\gamma\beta} \quad \left( \text{ただし} \quad O_{\gamma\beta} = O_{\beta\gamma} := \left.\frac{\partial^2 F(\boldsymbol{\eta})}{\partial\eta^{\beta}\partial\eta^{\gamma}}\right|_{\boldsymbol{\eta}=\boldsymbol{\Psi}} \right) \tag{A.112}$$

の形をしている．それゆえ $\hat{V}^t\hat{\Omega} + \hat{\Omega}\hat{V} = 0$ となり，(A.105) 式は

$$\frac{d}{d\lambda}(\hat{M}^t\hat{\Omega}\hat{M}) = 0 \tag{A.113}$$

で，行列 $\hat{M}^t\hat{\Omega}\hat{M}$ は $\lambda$ によらない．しかるに $\lim_{\lambda\to 0} \hat{M} = \hat{I}$ (単位行列) であるから，$\lambda = 0$ で $\hat{M}^t\hat{\Omega}\hat{M} = \hat{\Omega}$，すなわち，この場合の変換行列 $\hat{M}$ はシンプレクティック条件を満たし，この場合の変換 $\boldsymbol{\eta}_0 \mapsto \boldsymbol{\eta}(\lambda) = \boldsymbol{\Psi}(\lambda, \boldsymbol{\eta}_0)$ はたしかに正準変換である．

すなわち，**ベクトル場がハミルトニアン・ベクトル場であることが，そのベクトル場の積分曲線にそった点の移動（1 径数変換）が正準変換であるための必要十分条件である．** そしてハミルトニアン・ベクトル場にたいする 1 径数変換，すなわちひとつのパラメータによって恒等変換から連続的につながっている正準変換を **1 径数正準変換**という．

フェルマの原理にしたがう光線の相空間上での記述は，光学的ハミルトニアン自体を生成関数とするハミルトニアン・ベクトル場の積分曲線で与えられる．したがって，相空間上の光線経路にそった点の移動（光の伝播）は正準変換，すなわちシンプレクティック内積を保存するシンプレクティック変換である．

## A.8　ポアソン括弧とラグランジュ括弧

関数 $F$ と関数 $G$ によって生成される二つのハミルトニアン・ベクトル場を，それぞれ $\boldsymbol{v}_F$ および $\boldsymbol{v}_G$ と記す．そして，この二つのベクトル場のベクトルの相空間の各点におけるシンプレティック内積を値とする関数 $< \Omega|\boldsymbol{v}_G, \boldsymbol{v}_F >$ を**ポアソン括弧**といい，$\{F, G\}$ とあらわす．すなわち

$$\{F, G\} := < \Omega|\boldsymbol{v}_G, \boldsymbol{v}_F > = \left(\Omega^{\mu\sigma}\frac{\partial G}{\partial\eta^{\sigma}}\right)\Omega_{\mu\nu}\left(\Omega^{\nu\rho}\frac{\partial F}{\partial\eta^{\rho}}\right) = \frac{\partial F}{\partial\eta^{\rho}}\Omega^{\rho\sigma}\frac{\partial G}{\partial\eta^{\sigma}}. \tag{A.114}$$

これはまた，変数を $\boldsymbol{q}, \boldsymbol{p}$ であらわせば

$$\{F, G\} = \boldsymbol{v}_G[F] = \frac{\partial F}{\partial \boldsymbol{q}} \cdot \frac{\partial G}{\partial \boldsymbol{p}} - \frac{\partial F}{\partial \boldsymbol{p}} \cdot \frac{\partial G}{\partial \boldsymbol{q}} \tag{A.115}$$

のようにも記される．以前に §2.9 で導入したものにほかならない．計算に用いた座標系を明示する場合には，$\{F, G\}_{\boldsymbol{\eta}}$ のような書き方をする．

とくに $\boldsymbol{\eta}$ の成分のあいだのポアソン括弧，

$$\{\eta^\alpha, \eta^\beta\} = \Omega^{\alpha\beta}, \tag{A.116}$$

すなわち

$$\{q^i, p_j\} = \delta^i_j, \quad \{q^i, q^j\} = 0, \quad \{p_i, p_j\} = 0 \ \ (i, j = 1, 2) \tag{A.117}$$

を**基本ポアソン括弧**という．

ポアソン括弧の性質（歪対称性，線形性，ヤコビの恒等式）については §2.9 に記した．いまひとつ重要なことは，つぎの事実である．

座標変換によって基本ポアソン括弧が変わらないことが，その座標変換が正準変換であるための必要十分条件である．というのも，正準変数の変換 $\boldsymbol{\eta} \mapsto \boldsymbol{\eta}_0$ の逆変換を $\boldsymbol{\eta}_0 \mapsto \boldsymbol{\psi}(\boldsymbol{\eta}_0)$，そして変換の行列を $\hat{M} = (\partial\psi^\alpha/\partial\eta_0^\beta) = (M^\alpha_\beta)$ として，基本ポアソン括弧の変換は

$$\{\eta^\alpha, \eta^\beta\}_{\boldsymbol{\eta}} = \Omega^{\alpha\beta} \ \mapsto \{\psi^\alpha(\boldsymbol{\eta}_0), \psi^\beta(\boldsymbol{\eta}_0)\}_{\boldsymbol{\eta}_0} = (\hat{M}\hat{\Omega}'\hat{M}^t)^{\alpha\beta}. \tag{A.118}$$

すなわち，基本ポアソン括弧が不変になる条件と変換行列のシンプレクティック条件が等価であり，それゆえ基本ポアソン括弧の不変性が正準変換の必要十分条件である．

4 次元相空間 M 内の 2 次元曲面 $\Sigma$ 上の座標を $(\xi, \zeta)$ として，曲線 $\zeta = \text{const.}$ にそったベクトル $\boldsymbol{v} = \partial/\partial\xi$ と，曲線 $\xi = \text{const.}$ にそったベクトル $\boldsymbol{u} = \partial/\partial\zeta$ のシンプレクティック形式による写像 $< \Omega|\boldsymbol{v}, \boldsymbol{u} >$ を考える．これももちろんシンプレクティック内積ゆえ，シンプレクティック変換（正準変換）で不変に保たれる．これを**ラグランジュ括弧**といい，〔$\xi, \zeta$〕と記す：

$$〔\xi, \zeta〕 := \left\langle \Omega \middle| \frac{\partial}{\partial\xi}, \frac{\partial}{\partial\zeta} \right\rangle = \frac{\partial\eta^\rho}{\partial\xi}\Omega_{\rho\nu}\frac{\partial\eta^\nu}{\partial\zeta} = \frac{\partial \boldsymbol{p}}{\partial\xi} \cdot \frac{\partial \boldsymbol{q}}{\partial\zeta} - \frac{\partial \boldsymbol{q}}{\partial\xi} \cdot \frac{\partial \boldsymbol{p}}{\partial\zeta}. \tag{A.119}$$

とくに，計算に用いる座標系を明示するときには $〔\psi, \phi〕_{\boldsymbol{\eta}}$ のような書き方をする．

正準変数 $\boldsymbol{\eta}$ の成分のあいだのラグランジュ括弧，すなわち

$$〔\eta^\alpha, \eta^\beta〕 = \Omega_{\alpha\beta} \tag{A.120}$$

を**基本ラグランジュ括弧**という．

座標変換によって基本ラグランジュ括弧が変わらないことが，その座標変換が正準変換であるための必要十分条件である．そのことは，直接的にはつぎのように示される．

ラグランジュ括弧を計算する変数の変換 $\boldsymbol{\eta} \mapsto \boldsymbol{\eta}_0 = \boldsymbol{\phi}(\boldsymbol{\eta})$ にともなう関数の変換は，逆変換を $\boldsymbol{\eta}_0 \mapsto \boldsymbol{\eta} = \boldsymbol{\psi}(\boldsymbol{\eta}_0)$ として

$$F(\boldsymbol{\eta}) = F(\boldsymbol{\psi}(\boldsymbol{\eta}_0)) = \bar{F}(\boldsymbol{\eta}_0), \qquad G(\boldsymbol{\eta}) = G(\boldsymbol{\psi}(\boldsymbol{\eta}_0)) = \bar{G}(\boldsymbol{\eta}_0). \tag{A.121}$$

ラグランジュ括弧 $〔F, G〕$ を $\boldsymbol{\eta}_0$ で計算すると，$\hat{M} = (M^\mu{}_\nu) = (\partial\eta_0^\mu/\partial\eta^\nu)$ として

$$\begin{aligned}〔\bar{F}, \bar{G}〕_{\boldsymbol{\eta}_0} &= \frac{\partial\eta_0^\rho}{\partial\bar{F}}\,\Omega_{\rho\sigma}\,\frac{\partial\eta_0^\sigma}{\partial\bar{G}} = \frac{\partial\eta^\mu}{\partial F}\frac{\partial\eta_0^\rho}{\partial\psi^\mu}\,\Omega_{\rho\sigma}\,\frac{\partial\eta^\nu}{\partial G}\frac{\partial\eta_0^\sigma}{\partial\psi^\nu}\bigg|_{\boldsymbol{\eta}=\boldsymbol{\psi}(\boldsymbol{\eta}_0)} \\ &= \frac{\partial\eta^\mu}{\partial F}(\hat{M}^t\hat{\Omega}\hat{M})_{\mu\nu}\frac{\partial\eta^\nu}{\partial G}\bigg|_{\boldsymbol{\eta}=\boldsymbol{\psi}(\boldsymbol{\eta}_0)}\end{aligned} \tag{A.122}$$

とくに，基本ラグランジュ括弧の変換では

$$〔\eta^\alpha, \eta^\beta〕_{\boldsymbol{\eta}} = \Omega_{\alpha\beta} \mapsto 〔\psi^\alpha(\boldsymbol{\eta}_0), \psi^\beta(\boldsymbol{\eta}_0)〕_{\boldsymbol{\eta}_0} = (\hat{M}^t\hat{\Omega}\hat{M})_{\alpha\beta}. \tag{A.123}$$

これから明らかなように，基本ラグランジュ括弧が不変になる条件と変換行列のシンプレクティック条件とは等価である．

## A.9 相空間の体積とリューヴィルの定理

シンプレクティック変換（正準変換）で不変に保たれる量を**正準不変量**という．

たとえば，曲面 Σ 上の領域 S 上の面積分は

$$\int_{\mathrm{S}} d\theta = \int_{\mathrm{S}} \Omega = \iint_{(\xi,\zeta)\in\mathrm{S}} \left\langle \Omega \middle| \frac{\partial}{\partial\xi}, \frac{\partial}{\partial\zeta} \right\rangle d\xi d\zeta$$

$$= \iint_{(\xi,\zeta)\in \mathrm{S}} \left[\xi, \zeta\right] d\xi d\zeta. \tag{A.124}$$

ここに $[\xi,\zeta]$ はラグランジュ括弧であり，したがって，この積分も正準不変量である．

とくにわかりやすいガウス光学の場合を考える．このとき相空間は 2 次元の $z = \mathrm{const.}$ の平面であり，正準 2 形式は $\Omega = dp \wedge dq$ で与えられる．そこで (A.124) の面積分をこの平面上で考える．この面上に直交座標 $(\xi, \eta)$ をとると

$$\int_{\mathrm{S}} \Omega = \iint_{(\xi,\eta)\in \mathrm{S}} \left\langle dp \wedge dq \,\middle|\, \frac{\partial}{\partial \xi}, \frac{\partial}{\partial \eta} \right\rangle d\xi d\eta$$

は正準不変量である．ところで

$$\left\langle dp \wedge dq \,\middle|\, \frac{\partial}{\partial \xi}, \frac{\partial}{\partial \eta} \right\rangle \Delta\xi \Delta\eta = \left( \frac{\partial p}{\partial \xi}\frac{\partial q}{\partial \eta} - \frac{\partial p}{\partial \eta}\frac{\partial q}{\partial \xi} \right) \Delta\xi \Delta\eta = \begin{vmatrix} \Delta p_\xi & \Delta q_\xi \\ \Delta p_\eta & \Delta q_\eta \end{vmatrix}$$

であり，これは二つの微小ベクトル $\Delta\boldsymbol{p} = (\Delta p_\xi, \Delta p_\eta)$ と $\Delta\boldsymbol{q} = (\Delta q_\xi, \Delta q_\eta)$ の作る微小な平行四辺形の面積 $\Delta\mathcal{S}$ にほかならない．すなわち，ガウス光学においては，$\Omega = dp \wedge dq$ は 2 次元相空間の面積要素を与える．したがって，$\int_{\mathrm{S}} \Omega = \mathcal{S}$ は §4.5 で導入したエミッタンスにほかならず，それが正準不変ということは，光線の伝播にともなってエミッタンスが保存されることを保証している．

ガウス光学を離れて一般の場合で考えると，同様に，4 次元相空間の体積要素は $dq^1 \wedge dq^2 \wedge dp_1 \wedge dp_2 = d\eta^1 \wedge d\eta^2 \wedge d\eta^3 \wedge d\eta^4$ で与えられる．すなわち，領域 V の体積は

$$\mathcal{V} = \int_{\mathrm{V}} dq^1 \wedge dq^2 \wedge dp_1 \wedge dp_2. \tag{A.125}$$

たとえば，§2.13 に記されている，一点 $\boldsymbol{\eta}_{(0)} = \boldsymbol{\eta}(\lambda)$ を始点とする 4 つの微小ベクトル $\delta\boldsymbol{\eta}_{(\alpha)}$ $(\alpha = 1, 2, 3, 4)$ の作る空間を考える．各微小ベクトルにそった曲線を考え，そのパラメータを $\lambda_\alpha$，その接ベクトルを $\boldsymbol{u}_{(\alpha)}$ とすると（$\alpha$ は成分を指定する添え字ではなく，次式で和をとらない）

$$dq^i[\boldsymbol{u}_{(\alpha)}]\delta\lambda_\alpha = \frac{\partial q^i}{\partial \lambda_\alpha}\delta\lambda_\alpha = \delta q^i_{(\alpha)}, \qquad dp_j[\boldsymbol{u}_{(\alpha)}]\delta\lambda_\alpha = \frac{\partial p_j}{\partial \lambda_\alpha}\delta\lambda_\alpha = \delta p_{j(\alpha)}$$

は，それぞれ，$q^i$，$p_j$ の微小ベクトル $\delta\boldsymbol{\eta}_\alpha$ にそった微小変化である．したがって一点 $\boldsymbol{\eta}_{(0)}$ を始点とする４つの微小ベクトル $\delta\boldsymbol{\eta}_{(\alpha)}$ $(\alpha = 1, 2, 3, 4)$ の作る微小空間の体積は

$$\begin{aligned}
\Delta\mathcal{V} &= < dq^1 \wedge dq^2 \wedge dp_1 \wedge dp_2 | \boldsymbol{u}_{(1)}, \boldsymbol{u}_{(2)}, \boldsymbol{u}_{(3)}, \boldsymbol{u}_{(4)} > \delta\lambda_1\delta\lambda_2\delta\lambda_3\delta\lambda_4 \\
&= dq^1 \wedge dq^2 \wedge dp_1 \wedge dp_2 [\boldsymbol{u}_{(1)}, \boldsymbol{u}_{(2)}, \boldsymbol{u}_{(3)}, \boldsymbol{u}_{(4)}]\delta\lambda_1\delta\lambda_2\delta\lambda_3\delta\lambda_4 \\
&= \sum_\pi \mathrm{sgn}(\pi) dq^1[\boldsymbol{u}_{(\pi1)}]dq^2[\boldsymbol{u}_{(\pi2)}]dp_1[\boldsymbol{u}_{(\pi3)}]dp_2[\boldsymbol{u}_{(\pi4)}]\delta\lambda_1\delta\lambda_2\delta\lambda_3\delta\lambda_4 \\
&= \begin{vmatrix}
\delta q^1_{(1)} & \delta q^2_{(1)} & \delta p_{1(1)} & \delta p_{2(1)} \\
\delta q^1_{(2)} & \delta q^2_{(2)} & \delta p_{1(2)} & \delta p_{2(2)} \\
\delta q^1_{(3)} & \delta q^2_{(3)} & \delta p_{1(3)} & \delta p_{2(3)} \\
\delta q^1_{(4)} & \delta q^2_{(4)} & \delta p_{1(4)} & \delta p_{2(4)}
\end{vmatrix}.
\end{aligned}$$

これは (2.151) 式に示したものにほかならない．ところで，

$$\begin{aligned}
\Omega \wedge \Omega &= (dp_1 \wedge dq^1 + dp_2 \wedge dq^2) \wedge (dp_1 \wedge dq^1 + dp_2 \wedge dq^2) \\
&= dp_1 \wedge dq^1 \wedge dp_2 \wedge dq^2 + dp_2 \wedge dq^2 \wedge dp_1 \wedge dq^1 \\
&= -2dq^1 \wedge dq^2 \wedge dp_1 \wedge dp_2
\end{aligned}$$

であり，正準変換によって正準形式 $\Omega$ は不変に保たれる．そしてハミルトニアン・ベクトル場の積分曲線としての相空間上の光線経路にそった点の移動は正準変換で与えられるゆえ，体積要素 $dq^1 \wedge dq^2 \wedge dp_1 \wedge dp_2 = -\frac{1}{2}\Omega \wedge \Omega$ も不変に保たれる．このことがリューヴィルの定理の根拠である．

# 索　引

## あ　行



## か　行

## さ 行

## た　行

## な 行



## は 行

# 山本 義隆

やまもと・よしたか

1941 年　大阪生まれ.

1964 年　東京大学理学部物理学科卒業．同大学大学院博士課程中退.

現　　在　学校法人駿台予備学校勤務.


著 書

『知性の叛乱』(前衛社, 1969)

『重力と力学的世界―古典としての古典力学』(現代数学社, 1981；新版, ちくま学芸文庫, 全 2 巻, 2021)

『演習詳解　力学』(共著, 東京図書, 1984；第 2 版, 日本評論社, 2011；新版, ちくま学芸文庫, 2022)

『熱学思想の史的展開―熱とエントロピー』(現代数学社, 1987:新版, ちくま学芸文庫, 全 3 巻, 2008–2009)

『古典力学の形成―ニュートンからラグランジュへ』(日本評論社, 1997)

『解析力学』I・II (共著, 朝倉書店, 1998)

『磁力と重力の発見』 全 3 巻(みすず書房, 2003, 韓国語訳, 2005, 英訳 *The Pull of History*, World Scientific 2017：パピルス賞, 毎日出版文化賞, 大佛次郎賞を受賞)

『一六世紀文化革命』 全 2 巻(みすず書房, 2007, 韓国語訳, 2010)

『力学と微分方程式』(数学書房, 2008)

『福島の原発事故をめぐって―いくつか学び考えたこと』(みすず書房, 2011, 韓国語訳, 2011)

『世界の見方の転換』 全 3 巻(みすず書房, 2014)

『原子・原子核・原子力―わたしが講義で伝えたかったこと』(岩波書店, 2015；改訂版, 岩波現代文庫, 2022)

『私の 1960 年代』(金曜日, 2015, 韓国語訳, 2017)

『近代日本一五〇年―科学技術総力体制の破綻』(岩波新書, 2018, 韓国語訳, 2018, 中国語訳, 2019；科学ジャーナリスト賞受賞)

『小数と対数の発見』(日本評論社, 2018；日本数学会出版賞受賞)

『リニア中央新幹線をめぐって―原発事故とコロナ・パンデミックから見直す』(みすず書房, 2021)

『ボーアとアインシュタインに量子を読む―量子物理学の原理をめぐって』(みすず書房, 2022)　ほか.

訳 書

カッシーラー『アインシュタインの相対性理論』(河出書房新社, 1976:改訂版, 1996)

同『実体概念と関数概念』(みすず書房, 1979)

同『現代物理学における決定論と非決定論』(学術書房, 1994；改訂版, みすず書房, 2019)

同『認識問題(4)ヘーゲルの死から現代まで』(共訳, みすず書房, 1996)

『ニールス・ボーア論文集(1)因果性と相補性』『同(2)量子力学の誕生』(編訳, 岩波文庫, 1999–2000)

監 修

デヴレーゼ/ファンデンベルヘ『科学革命の先駆者シモン・ステヴィン―不思議にして不思議にあらず』中澤聡訳(朝倉書店, 2009).


# 幾何光学の正準理論

きかこうがく　せいじゅんりろん

2014 年 9 月 1 日　第 1 版第 1 刷発行

2023 年 2 月 15 日　第 1 版第 4 刷発行

著者　山本義隆

発行者　横山 伸

発行　有限会社　数学書房

〒 101-0051　東京都千代田区神田神保町 1-32-2

TEL　03-5281-1777　　FAX　03-5281-1778

mathmath@sugakushobo.co.jp　　振替口座　00100-0-372475

印刷・製本　精文堂印刷(株)

組版　アベリー

図版　野辺真実

装幀　岩崎寿文





ISBN 978-4-903342-77-1